# LIMPIEZA Y DESINFECCIÓN DE ALOJAMIENTOS E INDUSTRIAS ANIMALES

**Editores**

Professor Dr. Dr. h.c. Dieter Strauch
Professor Dr. Reinhard Böhm
Institut für Umwelt- und Tierhygiene
sowie Tiermedizin mit Tierklinik
Universität Hohenheim
Garbenstraße 30, D-70599 Stuttgart

Nota: Pese a todos los esfuerzos realizados por los editores en cuanto a la precisión de las dosis de los medicamentos mencionados en este texto, se ruega muy encarecidamente al lector que en la práctica diaria se utilicen siempre las dosis recomendadas en los prospectos de los medicamentos.

# LIMPIEZA Y DESINFECCIÓN DE ALOJAMIENTOS E INDUSTRIAS ANIMALES


**Dieter Strauch**
**Reinhard Böhm**


Traducido del alemán por

**Dr. Jaime Esaín Escobar**
*Veterinario Militar*


**Editorial ACRIBIA, S.A.**
**ZARAGOZA (España)**

*Título original:* Reinigung und Desinfektion in der Nutztierhaltung und Veredelungswirtschaft, 2ª ed.

*Editores:* Dieter Strauch y Reinhard Böhm

*Editorial:* Enke Verlag in MVS Medizinverlage Stuttgart GmbH & Co.KG, Steiermärker Strasse 3-5
70469 Stuttgart, Germany



I.S.B.N.: 84-200-1023-5

www.editorialacribia.com

IMPRESO EN ESPAÑA PRINTED IN SPAIN



Depósito legal: HU-292/2003 Editorial ACRIBIA, S.A.- Royo, 23 - 50006 Zaragoza (España)

Imprime: Grafic RM Color, S.L. C/ Ganadería, parcela 27B, nave 2. 22006 Huesca. 2004

# Prólogo a la segunda edición

La segunda edición del presente libro era necesaria debido a los cambios y nuevas disposiciones legales habidos en los años últimos referentes a limpieza y desinfección. Por añadidura, en muchos de los conceptos incluidos en la primera edición se han registrado nuevos conocimientos científicos y avances prácticos que han obligado a rehacer por completo los Capítulos 1 y 3, así como los 8 y 9. Debido a su creciente importancia, en la presente edición se han incluido sendos capítulos sobre Piscicultura e higiene de la industria alimentaria. A éstos, ha venido a sumarse el tratamiento independiente que se hace ahora de la Eliminación de cadáveres, del transporte de animales y de la biología y lucha contra plagas. Para lo demás, remitimos al lector al prólogo de la primera edición.

Agradecemos a nuestros colaboradores su participación en el libro, a la vez que valoramos en toda su importancia su competencia científica y sus indicaciones técnicas para la estructuración y mejora del Capítulo 1. Nuestra especial gratitud, asimismo, a la Directora del Lectorado de Medicina Veterinaria, Sra. Dra. Ulrike Arnold, cuya paciente contribución se ha manifestado a lo largo de prolijas aportaciones. También expresamos nuestro agradecimiento al Sr. Veterinario Director a.D. Dr. Karl Heinz Hildebrandt (Wiesbaden), Sr. Hans Dammel de la Lufthansa Technik AG (Frankfurt/M), Sra. Dra. Andrea Escher y Sra. Daniela Berger del Departamento de Ordenación y Puesta en Práctica de Disposiciones Epizoóticas del Ministerio de Asuntos Sociales de Hesse (Wiesbaden), así como al Sr. Dr. Rainer Nagel de la Dirección de Producciones Animales de la Comisión de la UE (Bruselas). Valiosa en extremo la ayuda que hemos recibido de nuestras Secretarias Sra. Ortrun Stauch, Sra. Helga Enderle y Sra. Gisela Kinzler, a las que manifestamos en este punto nuestra más cordial gratitud.

Stuttgart-Hohenheim
*D. Strauch* y *R. Böhm*

# Prólogo a la primera edición

Tanto en la explotación ganadera como en la producción y elaboración de alimentos de origen animal, la desinfección ocupa desde hace mucho tiempo un primerísimo lugar en el marco de las medidas de prevención de enfermedades e higiene general. Pero su importancia ha aumentado todavía más en los últimos tiempos como consecuencia de los cambios estructurales registrados en la producción animal con la tendencia a crear grandes núcleos de explotación ganadera y de las especiales exigencias higiénicas de los modernos procedimientos de producción y comercialización de alimentos. De aquí la necesidad de disponer de información racional y adecuada en lo referente a medidas de desinfección.

Con la presente obra deseamos cubrir esta laguna. El hecho de disponer en la actualidad de importantes fundamentos teóricos y de conocimientos especiales de utilización, ha facilitado mucho la elección de los medios y procedimientos de desinfección más adecuados en cada momento en las diversas áreas de trabajo, con todo lo cual aumenta la eficacia de las operaciones. De acuerdo con esta concepción, el libro se ha estructurado en una Parte General y en una serie de capítulos dedicados a la Explotación de bóvidos y cerdos, avicultura, industrias cárnicas e industrias lácteas. No se ha podido evitar la existencia de algunos solapados, aunque los hemos considerado necesarios para no perjudicar la unidad y coherencia del texto. Las indicaciones contenidas en los diversos capítulos referentes a disposiciones legales, desinfectantes reconocidos y autorizados (Lista DVG, Relación DGHM), direcciones de fabricantes de material y productos desinfectantes, etc., tienen por objeto orientar al lector proporcionándole una rápida información. Al final de los distintos capítulos se incluye la bibliografía necesaria para solventar con más detalle cuestiones concretas.

Somos conscientes de que esta compilación de los conocimientos sobre limpieza y desinfección actualmente disponibles y de aplicación práctica apenas es suficiente para satisfacer las necesidades del amplio círculo de interesados (veterinarios, ganaderos, autoridades nacionales y regionales, departamentos de investigación, establecimientos de industrias cárnicas y lecheras, etc.). Por ello, agradeceremos cualquier observación o comunicación que contribuya a ampliar y completar el contenido del libro.

Expresamos especialmente nuestra gratitud a los diversos autores por sus valiosas aportaciones y competencia profesional en la redacción de los respectivos capítulos.

Asimismo agradecemos su esfuerzo muy cordialmente a cuantas secretarias han participado en la constitución del manuscrito, en particular a la Sra *I. Freitag,* Giessen, así como a la Srta. *G. Alber* y Sra *O. Stauch*, Hohenheim. A la Editorial Enke, y en especial a su representante, el Sr. *J. Niendorf*, damos mil gracias por su inagotable amabilidad y deseo de atender a nuestras solicitudes, así como por la excelente presentación del libro.

Giessen y Hohenheim
*Th. Schliesser* y *D. Strauch*

# Índice de contenido

# Colaboradores

Dr. Christian Baath
TGD Bayern e. V., Abt. Fischgesundheitsdienst
Senator-Gerauer-Straße 23
85586 Poing

Professor Dr. Reinhard Böhm
Universität Hohenheim
Institut für Umwelt- und Tierhygiene
sowie Tiermedizin mit Tierklinik
Garbenstr. 30
70599 Stuttgart

Professor Dr. Reinhard Fries
FB Veterinärmedizin der FUB
Institut für Fleischhygiene und -technologie
Luisenstr. 56
10117 Berlin

Professor Dr. Hafez Mohamed Hafez
Institut für Geflügelkrankheiten
Koserstraße 21
14195 Berlin

Professor Dr. Ing. Eberhard Heidenreich
Färberstraße 21
38518 Gifhorn

Professor Dr. Wolfgang Stein
Tulpenweg 43
35396 Giessen

Professor Dr. Dr. h.c. Dieter Strauch, Stuttgart
Universität Hohenheim
Institut für Umwelt- und Tierhygiene
sowie Tiermedizin mit Tierklinik
Garbenstr. 30
70599 Stuttgart

Professor Dr. Gerhard Wildbrett
Hofmarkstraße 14
85406 Zolling

# Abreviaturas

| | |
|---|---|
| AOX | Compuestos halogenados orgánicos adsorbibles |
| ATCC | American Type Culture Collection |
| ATP | Adenosintrifosfato |
| BMELF | Ministerio Federal de Alimentación, Agricultura y Bosques |
| BMTiersSchV | Orden de Mercado Interior y Protección contra Epizootias |
| CIP | Limpieza *in situ* (Cleaning in Place) |
| CKW | Hidrocarburos clorados |
| CR | Limpieza criogénica |
| D | Desinfección(es) |
| DAB | Farmacopea alemana (Deutsches Arzneibuch) |
| DGHM | Sociedad alemana de higiene y microbiología |
| °dH | Grado de dureza alemana |
| DLG | Sociedad alemana de agricultura |
| DM | Desinfectante |
| DVG | Asociación alemana de veterinaria |
| DVO | Orden de aplicación |
| EDTA | Ácido etilendiaminotetraacético |
| ESP | Peste porcina europea |
| FIHV | Orden de higiene de la carne |
| GflHV | Orden de higiene de la carne de aves |
| GL | Ecuación |
| Gy | Gray (unidad de medida de la dosis de energía) |
| HACCP | Análisis de riesgo y control de puntos críticos. Concepto |
| KBE | Unidades generadoras de colonias |
| KBG | Animal. Ley de destrucción de cadáveres |
| LMH | Higiene alimentaria |
| LD | Dosis letal |
| MF | Microfiltración |
| MHK | Concentración mínima inhibidora |
| Mrd | Megarad |
| NTA | Triacetato de nitrilo |
| OECD | Organización para la cooperación económica y desarrollo |
| O.I.E. | Oficina internacional de epizootias (Office International des Épizooties = Internationales Tierseuchenamt) |

| | |
|---|---|
| PA | Poliamida |
| PDD | Método de la diferencia de presión |
| PE | Polietileno |
| PES | Ácido peracético |
| PESt | Poliéster |
| PMMA | Polimetilmetacrilato |
| PP | Polipropileno |
| PTFE | Politetrafluoretileno |
| PVC | Cloruro de polivinilo |
| QAV | Compuesto de amonio cuaternario |
| R | Limpieza(s) |
| R + D | Limpieza y desinfección (L + D) |
| RLU | Unidades de iluminación relativa |
| RO | Ósmosis inversa |
| SG | Animal. Ley de epizootias |
| TBA | Establecimiento de destrucción de cadáveres |
| TBA-RL-EWG | Norma EWG de destrucción de cadáveres 90/667 |
| TBA-VO | Orden sobre establecimientos de destrucción de cadáveres |
| Tbc | Tuberculosis |
| TDD | Método de diferencia de temperatura |
| TFC | Limpieza de película fina (Thin Film Cleaning) |
| TOC | Compuestos orgánicos totales |
| TRGS | Regulaciones técnicas para gases |
| UF | Ultrafiltración |
| UHT | Calentamiento ultraelevado |
| Valor D | Tiempo de reducción decimal (también Tiempo de destrucción) |
| Valor F | 1F = Suma de todos los efectos letales que actúan en un minuto de calentamiento a 121,1°C (valor de calentamiento) |
| VO | Orden |
| VV-VO | Orden sobre comercio con ganado |
| WHO | Organización mundial de la salud (World Health Organization = Weltgesundheitsorganisation) |

# 1 Fundamentos de la limpieza y desinfección

Reinhard Böhm

## 1.1 Introducción

Limpieza y desinfección (L + D) son actuaciones que tienen por objeto reducir el número de contaminantes existentes en el interior o en la superficie de un producto. La proporción en que se practique cada una de estas operaciones puede ser variable, dependiendo de la naturaleza de los artículos a tratar y del énfasis que se quiera poner bien en la limpieza, bien en la desinfección. Las exigencias cuantitativas y cualitativas resultantes del objetivo perseguido con la medida o medidas a adoptar varían de acuerdo con la esfera de empleo. Aquí, por ejemplo, existen como es lógico diferencias entre la desinfección de alojamientos para el ganado y la desinfección en la industria alimentaria. Esto depende tanto de la cantidad y especie de los microorganismos presentes, como del plazo en que se deba concluir la operación saneadora.

En la mayoría de las ocasiones, L + D son medidas puestas en práctica conjuntamente para reducir el número de gérmenes existentes en superficies diversas. Si bien ambas operaciones se complementan en la práctica y con frecuencia se aplican conjuntamente, aquí debemos estudiarlas por separado. No siempre se realiza primero la limpieza y luego la desinfección. Cuando existe el peligro de que se produzca difusión y/o transmisión directa de agentes infecciosos, tanto en las explotaciones ganaderas como en la desinfección de hospitales, primero se desinfecta y a continuación se limpia, lo que por lo regular va seguido de una segunda desinfección con objeto de evitar una recontaminación residual. No es necesario limpiar los materiales bastante homogéneos cuando se desinfectan con métodos de especial intensidad, como v.gr., radiaciones ionizantes o con una mezcla de productos químicos especialmente indicados.

## 1.2 Definiciones y conceptos

Básicamente es necesario establecer diferencias según el tipo de método utilizado y el objetivo de las medidas encaminadas a evitar o eliminar contaminaciones. Atendiendo a la clase de agente actuante, procede distinguir entre métodos físicos, químicos y biológicos. En la Tabla 1.1 se incluye un resumen de los procedimientos de esterilización, desinfección y conservación más utilizados.

De particular importancia resulta a este respecto la definición de los conceptos de limpieza y desinfección.

Se entiende por ***limpieza*** la separación lo más completa posible y de larga duración de, como mínimo, dos sustancias que se han unido físicamente entre sí. Practicada con éxito la limpieza, se dice que la superficie tratada está limpia. El grado de limpieza puede expresarse a *grosso modo* como «organolépticamente limpio», «ópticamente limpio» o «microscópicamente limpio», cuando no se debe tomar en consideración ninguna identificación química de determinados tipos de suciedad, v.gr. grasas, lo que también es posible y se realiza en la práctica.

La ***desinfección*** es una medida que tiene por finalidad inactivar determinados microorganismos, independientemente de su estado funcional, y/o virus, con un «objetivo definido». Esta es una definición muy amplia que puede y debe ser modificada y concretada por diversos autores y entidades mediante las correspondientes limitaciones y, sobre todo, tomando en consideración la

**Tabla 1.1** Resumen de métodos de inactivación e inhibición de microorganismos y virus.

| **Físicos** | **Químicos** | **Biológicos** |
|---|---|---|
| | ***Esterilización*** | |
| Combustión<br>Calor húmedo<br>Calor seco<br>Radiaciones ricas en energía<br>Alta presión<br>Filtración estéril[1] | Esterilización gaseosa<br>«Esterilización fría» | |
| | ***Desinfección*** | |
| Pasteurización<br>Flameado<br>Cocción<br>Radiación UV | Inactivación química | Microorganismos termófilos<br>Procesos desdobladores exotérmicos<br>Antibiosis<br>Competencia alimentaria<br>Modificación del medio |
| | ***Conservación*** | |
| Frío<br>Calentamiento<br>Desecación | Prod. químicos bacteriostáticos<br>Vacío<br>Gaseado | Microorganismos generadores ácido |

[1] La filtración estéril no elimina ningún virus. [2] La llamada esterilización fría mediante inmersión en productos químicos de intensa acción es en sentido estricto una desinfección, pero en el área anglo-sajona se denomina «esterilización».

esfera de aplicación. La definición primitiva del concepto –«Desinfectar significa poner un objeto en condiciones de que no pueda infectar» (Farmacopea Alemana de 1929)– no puede aceptarse hoy en un campo tan extenso como el que va desde la elaboración de alimentos hasta los vehículos de transporte. La definición hace también superfluo el término poco expresivo de «saneamiento». Asimismo, debe diferenciarse el concepto desinfección de los de antisepsia y antibiosis (41).

La ***antisepsia*** comprende las medidas de destrucción de gérmenes presentes en un hospedador vivo (en la superficie corporal, en las cavidades corporales), a partir de los cuales tiene lugar o podría producirse una contaminación o infección. Con la antisepsia se evita la difusión de gérmenes patógenos en el organismo.

La ***antibiosis*** aprovecha la acción germicida o inhibidora del crecimiento de sustancias que, formadas por microorganismos, se utilizan con fines profilácticos y/o curativos. Su territorio de empleo es el organismo infectado o amenazado de contagio.

Según esto, en la antisepsia se combate el propio foco de infección, y no, como sucede en la desinfección, la vía de contagio. Los antibióticos actúan sobre el metabolismo de células en fase multiplicativa, mientras que los desinfectantes destruyen las células de los gérmenes patógenos también en fase de reposo o en criptobiosis, es decir, independientemente del estado funcional.

A continuación se exponen otras definiciones referentes a actuaciones practicadas de ordinario. El método de destrucción de gérmenes más utilizado es la esterilización, que, allá donde se emplea siempre, tiene primacía sobre la desinfección. Schliesser (41) la define así:

La ***esterilización*** tiene como objetivo la destrucción de *todos* los microorganismos, incluidas las esporas bacterianas, especialmente resistentes. Esto puede conseguirse por procedimientos térmicos (calor seco o húmedo) o químicos (gaseado con oxietileno), así como con radiaciones ionizantes (irradiación, rayos X, rayos gamma), alta presión, etc.

Casi todas las modernas Farmacopeas limitan el término absoluto «*todos*» con una explicación cuantitativa según la cual la probabilidad de supervivencia de gérmenes en la esterilización debe ser inferior a $10^{-6}$.

La ***filtración estéril*** se propone separar, con ayuda de materiales filtrantes adecuados, los microorganismos y/o virus (pero no v.gr. toxinas bacterianas o productos metabólicos disueltos) de los líquidos o gases en que se encuentren. Para la separación de virus sólo sirve por lo regular la ultrafiltración. Como referencia cuantitativa puede servir la exigencia de la Health Industry Manufacturing Association, según la cual cargando una determinada membrana filtrante con $10^7$ KBE/cm$^2$ del germen estándar *Pseudomonas diminuta* (American Type Culture Collection, ATCC 19146) no debe evidenciarse el paso de ningún microbio.

La ***tyndalización*** es un método que hoy ya no se utiliza, consistente en aplicar repetidos calentamientos (70°C-110°C) dejando entre medio tiempo para que germinen los microbios, con lo que se pretende alcanzar cierto grado de esterilización. Se parte del hecho de que las esporas que sobreviven al primer calentamiento germinan en el plazo intermedio (16-24 h a 15°C-25°C) y se convierten en formas vegetativas, que a su vez son destruidas en el calentamiento siguiente. Por lo regular se practican 2-4 calentamientos con los correspondientes tiempos intermedios de germinación.

La ***pasteurización*** es un calentamiento corto y rápido por lo regular a temperaturas inferiores a 100°C. Las temperaturas varían de acuerdo con la textura y sensibilidad térmica del objeto (44°C-85°C); también varían los tiempos de calentamiento (10 s-10 h). Generalmente la pasteurización va seguida de una refrigeración que tiene por objeto impedir la rápida multiplicación de la flora bacteriana que suele sobrevivir y con ello evitar la descomposición del producto.

En la esfera de los procedimientos químicos, conviene definir los conceptos siguientes:

***Bactericida*** es la capacidad de un desinfectante para provocar en concentración adecuada y tras un tiempo de actuación determinado alteraciones conducentes a la muerte irreversible de las células bacterianas.

***Bacteriostasia*** es la facultad de un desinfectante para ocasionar en determinada concentración la inhibición reversible de la capacidad de multiplicación de bacterias.

***Fungicida*** es la capacidad de un desinfectante para provocar en concentración adecuada y tras un tiempo de actuación determinado alteraciones conducentes a la muerte irreversible de las células de hongos y esporas fúngicas.

***Fungistasia*** es la capacidad de un desinfectante de ocasionar en determinada concentración la inhibición reversible de la capacidad de multiplicación de los hongos y la germinación de sus esporas.

***Esporicida*** es la facultad de un desinfectante de provocar en concentración adecuada y tras un tiempo de actuación determinado alteraciones conducentes a la muerte irreversible de esporas bacterianas en fase de reposo.

***Esporostasia*** es la facultad de un desinfectante de impedir en una determinada concentración que germinen esporas bacterianas.

***Viricida*** es la capacidad de un desinfectante de destruir irreversiblemente en concentración adecuada y en un tiempo de actuación determinado a los virus, de manera que éstos pierden su infecciosidad para las células receptibles o/y organismos preferidos.

No existe ningún concepto equivalente que se refiera a la acción de desinfectantes sobre fases adultas de parásitos. De forma análoga a como se han definido los conceptos arriba citados, podemos expresar las siguientes definiciones:

Ejercen ***acción antiparasitaria*** aquellos desinfectantes que, en una concentración adecuada y tras un tiempo determinado de actuación, originan alteraciones en estadios adultos de parásitos conducentes a la pérdida irreversible de la capacidad de desarrollo de éstos.

***Conservantes*** (sustancias conservadoras) son productos químicos definidos o mezclas de productos de escasa toxicidad y bien tolerados por la piel, que en baja concentración –por lo regular en una zona de 0,1-5.000 µg/ml o g– matan los microorganismos o impiden su multiplicación, a la vez que son bien soportados por el artículo que pretenden proteger (49).

Productos químicos microbicidas y viricidas eficaces pueden utilizarse en forma gaseosa, líquida y en algunos casos también en fase sólida.

Si se desea establecer una clasificación atendiendo a la forma de aplicación, resultan importantes en esencia los siguientes conceptos:

Aplicación en fase gaseosa:
En una serie de situaciones de empleo en las industrias lechera y de bebidas diversas, el desinfectante en forma de solución circulante puede establecer en sistemas cerrados contacto directo con las superficies. Sin embargo, en la mayoría de los casos se humedecen las superficies, aplicándose la solución desinfectante sobre éstas con ayuda de medios auxiliares o utensilios especiales. En la ***esterilización gaseosa,*** artículos adecuados para la esterilización son esterilizados en un aparato construido al efecto (esterilizador gaseoso) mediante tratamiento con un gas microbicida, generalmente óxido de etileno o formaldehído; el proceso consta de varias fases.

La ***desinfección gaseosa*** es una medida en la que las superficies y en ocasiones también instalaciones son desinfectadas en un recinto más o menos cerrado herméticamente mediante vaporización de un desinfectante, por lo común formaldehído. La ventaja de la desinfección gaseosa estriba en que permite alcanzar también las partes difícilmente accesibles con desinfectantes en forma gaseosa.

A este respecto, es importante que el empleo de la mayoría de los gases microbicidas como el óxido de etileno y formaldehído está autorizado por las disposiciones de la Ley de Productos Químicos y la Orden de Sustancias Peligrosas y, para su utilización en la práctica, se complementa con las correspondientes disposiciones técnicas. Se tomará en consideración lo expuesto en el punto 25, Párr. 3, de la Orden de Sustancias Peligrosas, así como las Normas Técnicas para Gases (TRGS).

Aplicación de desinfectantes líquidos:
En este tipo de aplicación se distingue entre los diversos tamaños de las gotas de desinfectante, ya que éstas ejercen influencia sobre la dispersión espacial y con ello sobre la eficacia de la desinfección (5). A estos efectos, puede distinguirse la ***desinfección frotando o fregando*** con ayuda de una bayeta, estropajo o cepillo, y la ***desinfección por pulverización***, en la que el desinfectante se aplica con ayuda de aparatos pulverizadores. Aquí puede partirse de un tamaño de gotas (diámetro) de más de 200 μm. El desinfectante actúa con la fase líquida.

La ***desinfección en pulverización fina*** se realiza con los llamados pulverizadores en frío o en caliente. Estos aparatos se gradúan de manera que el diámetro de las gotitas esté entre 50 y 200 μm. También aquí actúa el desinfectante principalmente con la fase líquida que humedece las superficies; en pequeña proporción actúa como fase gaseosa.

La ***desinfección por aerosol*** requiere producir un tipo de gotitas muy finas y por tanto de diámetro en extremo reducido. Su límite superior está en 10 μm, lo que hace necesario emplear aparatos especiales. Como estas gotitas tan pequeñas se evaporan completamente en el aire, ejercen su acción como fase gaseosa, lo que resulta en extremo ventajoso por lo que supone de buen trato a los materiales.

# 1.3 Limpieza

Limpieza y desinfección se complementan en la mayoría de las medidas higiénicas practicadas en las explotaciones ganaderas y en la producción y tratamiento de productos animales. En lo que se refiere a reducción de la carga microbiana existente en las superficies, la participación de la limpieza es variablemente alta, dependiendo de la clase de suciedad, naturaleza y tipo de las superficies y de los métodos de limpieza puestos en práctica.

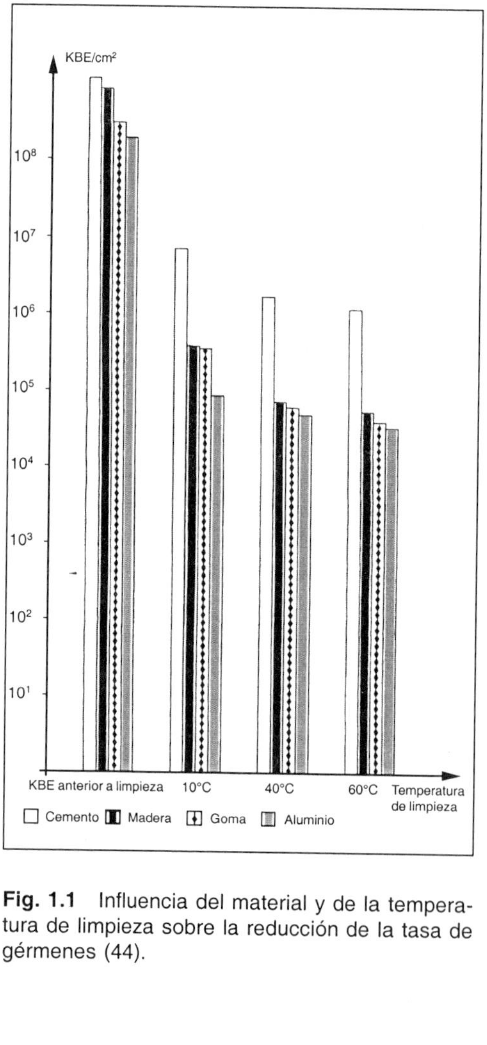


**Fig. 1.1** Influencia del material y de la temperatura de limpieza sobre la reducción de la tasa de gérmenes (44).

## 1.3.1 Fundamentos

En la limpieza debe eliminarse la suciedad junto con los gérmenes adheridos a ella o incluidos en su interior. La suciedad puede ser orgánica o inorgánica, así como muy variable su composición química; también pueden variar mucho sus características físicas. Asimismo, el cuerpo que forma la suciedad con las superficies en contacto puede resultar de consistencia muy variable. Las características vienen dadas, v.gr., por el tipo de explotación animal o por la naturaleza de las sustancias que entran en contacto con las superficies correspondientes. No existe ninguna sistemática uniforme que describa la suciedad. En la Tabla 1.2 se incluyen algunas clasificaciones de suciedades atendiendo a diferentes puntos de vista.

En la limpieza desempeñan papel los siguientes conceptos, solos o en combinación, a la hora de preparar la suciedad para su eliminación con ayuda del agua:

- Difusión
- Imbibición
- Saponificación
- Emulsión
- Suspensión
- Peptización (conversión en solución coloidal)
- Desdoblamiento enzimático
- Solución

El proceso puede acelerarse o demorarse por la actuación de factores auxiliares,

**Tabla 1.2** Caracterización de la suciedad desde diversos puntos de vista según Motz *et al.* (31), Kamm (21) y modificado por Schröder (42).

| Criterio | Concepto/Descripción | Características | Ejemplos |
|---|---|---|---|
| | **Explotación animal** | | |
| Clasificación según deposición | 1. Película de suciedad adhesiva | Unión sólida a las superficies, capa uniforme de menos de 50 µm de espesor | Suciedad residual en superficies ásperas |
| | 2. Capa de suciedad continua | Proteína desecada compacta y/o capas de suciedad con grasa, coaguladas tras calentamiento, si es caso, grosor capa entre 50 µm y 2 mm | Sangre desecada<br>Leche desecada |
| | 3. Capa de suciedad estructurada | Depósitos agrietado, de estructura suelta sin compactar, grosor capa mayor de 2 mm | Suciedad fecal |
| | 4. Suciedad débilmente fijada | Aerógena, fácilmente eliminable | Polvo de pienso |
| | **Elaboración y tratamiento de alimentos** | | |
| Clasificación según fijación a las superficies | 1. Partículas unidas por grasa | | Tratamiento de la carne |
| | 2. Partículas unidas mecánicam. | | Adherencia a superficies rugosas |
| | 3. Sustancias y partículas unidas por fuerzas de atracción | | Películas de grasa sobre plásticos |
| | 4. Partículas con unión coloidal | | Preparados con almidón |
| | 5. Partículas cristalizadas | | Costras de leche |
| Clasificación por su comportamiento frente al agua | 1. Realmente solubles | | Sales, ácidos, carbohidratos de bajo peso molecular |
| | 2. Imbibible | | Proteínas, carbohidratos de alto peso molecular |
| | 3. Emulsionable | | Grasas, lipoides |
| | 4. Suspendible | | Fracción de fibra bruta |
| | 5. Inerte | | Depósitos minerales de las costras de leche |

como por ejemplo ténsidos o elevación de la temperatura.

La fuerza que debe aplicarse para eliminar mecánicamente la suciedad de manera efectiva oscila, según la naturaleza y otras características de la superficie, entre 2 N y 30 N por $cm^2$.

Los objetivos cualitativos de la limpieza en lo que se refiere a reducción de la tasa de gérmenes varían de acuerdo con la zona de empleo y dependen de la naturaleza y otras características de las superficies, así como de la cantidad y tipo de suciedad. En las explotaciones ganaderas se parte de una reducción de la tasa total de gérmenes por $cm^2$ de 3 potencias de 10 como resultado de la limpieza. La Figura 1.1 expresa la influencia de los materiales y de la temperatura de limpieza sobre la disminución de la contaminación microbiana.

Los tres factores más importantes que mejoran la acción de la limpieza en la práctica son: el desinfectante utilizado, el aumento de temperatura y la elevación de la presión. Los límites de estos parámetros los pone primordialmente la naturaleza y características del material a limpiar, que no permite en ocasiones el empleo de determinados productos químicos, ni los deseables aumentos de temperatura y presión, so pena de alterarse o destruirse. Los criterios que deben aplicarse para efectuar la limpieza dependen en cada caso de la zona de aplicación.

## 1.3.2 Sustancias limpiadoras

En líneas generales, los limpiadores pueden clasificarse en alcalinos, ácidos y neutros. Los limpiadores pueden ser sustancias simples o bien mezclas de éstas con otros productos químicos, como v.gr., ténsidos o quelantes.

### *1.3.2.1 Limpiadores alcalinos*

La acción limpiadora de los álcalis se ejerce por solución, emulsión, suspensión y saponificación, pero actúan muy lentamente y sólo en determinados casos se usan como productos simples (v.gr., lejía de sosa en la lucha contra epizootias), aunque con frecuencia entran a formar parte de desinfectantes mixtos. Como producto simple se emplea sobre todo la lejía de sosa, si bien pueden utilizarse también el carbonato sódico y el fosfato sódico (en la Tabla 1.3 se incluye un resumen de los álcalis empleados en la limpieza).

Estas sustancias provocan la imbibición de los residuos proteicos en las superficies. Entonces, cuanto más alto es el pH, mejor es el efecto limpiador, pero también es mayor a la vez el peligro de corrosión o alteración de las superficies (sobre todo metálicas). Un inconveniente del uso exclusivo de álcalis es su mala capacidad emulsionante. Por ello, la grasa inicialmente disuelta se vuelve a depositar en las superficies, y esto sucede también con las partículas de suciedad imbibidas que no se distribuyeron suficientemente en el solvente que es el agua. Por esta razón se utilizan generalmente productos limpiadores mixtos, que, además de álcalis, pueden contener sales neutras (sulfato sódico, cloruro sódico), productos formadores de complejos (v.gr., difosfato tetrasódico, trifosfato pentasódico, gluconato sódico, tartrato sódico, citrato sódico, ácido etilendiaminatetraacético EDTA), ténsidos (aniónicos y no iónicos), así como inhibidores de la espuma. Las sales neutras sirven para fluidificar el producto limpiador o mante-

**Tabla 1.3** Algunos álcalis y ácidos utilizados en las operaciones de limpieza.

| **Álcalis** | **Ácidos** |
|---|---|
| Hidróxido sódico – NaOH | Ácido clorhídrico – NaCl |
| Carbonato sódico (sosa) – $Na_2CO_3$ | Ácido nítrico – $HNO_3$ |
| Carbonato ácido de sodio – $NaHCO_3$ | Ácido sulfúrico – $H_2SO_4$ |
| Silicato sódico – $Na_2O : SiO_2$ (1:1) | Ácido fosfórico – $H_3PO_4$<br>Fosfato diácido de sodio – $NaH_2PO_4$<br>Ácido cítrico |
| Fosfato trisódico – $Na_3PO_4$ | Ácido tartárico |
| Difosfato tetrasódico – $Na_4P_2O_7$ | Ácido glucónico |
| Trifosfato pentasódico – $Na_5P_3O_{10}$ | Ácido sulfamínico – $H_2N\text{-}SO_3H$ |
| Hidróxido amónico – $NH_4O_4$ | |

nerlo en este estado. Los formadores de compuestos fijan los iones alcalino-térreos e impiden la precipitación de los responsables de la dureza del agua en soluciones alcalinas. A la vez fijan iones de metales pesados. Los ténsidos (sustancias superficieactivas o surfactantes) reducen la tensión superficial del agua, con lo que favorecen la penetración de ésta en la capa de suciedad y en estrechas hendiduras. Simultáneamente emulsionan la suciedad grasa y las partículas hidrófobas de suciedad presentes en la solución limpiadora.

Los productos limpiadores se utilizan en el lavado de los establos como aditivo al agua, sobre todo para reblandecer la suciedad, para lo cual deben actuar durante cierto tiempo humedeciendo las superficies. Este reblandecimiento abrevia notablemente la limpieza propiamente dicha que se realiza a continuación, que por lo regular se lleva a cabo con un aparato de limpieza a alta presión.

#### *1.3.2.2 Limpiadores ácidos*

Las sustancias limpiadoras ácidas se emplean sobre todo para eliminar de las superficies las sales difícilmente solubles, lo que no se consigue con limpiadores alcalinos. Estos depósitos, que contienen residuos mayormente orgánicos, dificultan la limpieza y desinfección, a la vez que constituyen un medio de cultivo para las bacterias. Sólo pueden eliminarse eficazmente con ayuda de limpiadores ácidos que contienen ácidos orgánicos o inorgánicos. En la Tabla 1.3 se relacionan algunos ácidos importantes utilizados en limpieza. Como ácidos inorgánicos se emplean, v.gr., el ácido clorhídrico, ácido nítrico, ácido sulfúrico o ácido fosfórico. Entre los ácidos orgánicos, se utilizan el ácido cítrico, ácido tartárico, ácido glucónico o ácido sulfamínico. Estos ácidos solubilizan las sales, pero también ejercen fuerte acción corrosiva sobre los metales; los ácidos clorhídrico y sulfúrico atacan incluso los metales nobles. Menos corrosivos, pero a la vez de menor fuerza limpiadora, son los ácidos orgánicos. Para reducir el efecto corrosivo, es frecuente añadir inhibidores a los limpiadores ácidos. Como inhibidores se utilizan alcoholes de alto peso molecular, aldehídos, aminas o amidas, ácidos sulfónicos, ácidos grasos o compuestos de amonio cuaternario. Las «costras» (fosfato y citrato cálcicos) que se forman en los establecimientos lecheros al calentar la leche, así como los depósitos difícilmente solubles generados en las salas de ordeño, sólo pueden eliminarse con ayuda de productos limpiadores ácidos.

### 1.3.2.3 Limpiadores neutros

Los limpiadores inorgánicos neutros desarrollan una débil acción limpiadora, pero con frecuencia se utilizan asociados a ténsidos, o bien se emplean sólo en la limpieza de superficies sensibles a la corrosión. Aquí hay que citar principalmente el fosfato ácido disódico y también el

**Tabla 1.4** Clasificación de los ténsidos y constitución química de algunos de éstos (22).

| Clase | Subclase | Tipo de ténsido | Estructura | | Denominación abreviada |
|---|---|---|---|---|---|
| Ténsidos ionógenos | Anión activos | Alquilcarboxilato | R-$CH_2$-COONa | R=$C_{10}$-$C_{16}$ | |
| | | Alquilsulfato (Alcoholsulfato graso) | R-$CH_2$-O-$SO_3$Na | R=$C_{11}$-$C_{17}$ | FAS |
| | | Alquilbenzolsulfonato (lineal) | R-$C_6$-$H_4$-$SO_3$Na | R=$C_{11}$-$C_{13}$ | LAS |
| | | Alquiloxietilsulfato (Alcoholetersulfato graso) | R-$CH_2$-$(C_2H_4O)_2$-$SO_3$Na | R=$C_{11}$-$C_{13}$ | FES |
| | Catión activos | Trialquilbenzil-amoniohalógeno | 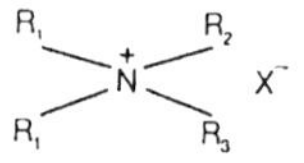 | $R_1$=$C_1$<br>$R_2$=$C_8$-$C_{18}$<br>$R_3$=$C_2H_2$-$C_6H_5$ | |
| | | Alquilpiridinhalógeno | 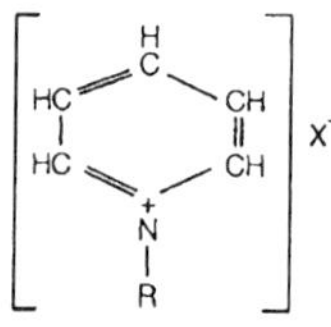 | R=$C_{13}$-$C_{16}$<br>X = Halógeno | |
| | Anfóteros | Betaína | $R_1$-$N^+$-$CH_2$-$COO^-$ (con $R_2$ arriba y $R_2$ abajo unidos al N) | $R_1$=$C_{17}$-$C_{18}$<br>$R_2$=$C_1$ | |
| | | Aminoalquilaminoácido | $R_1$-$(NH$-$R_2)_2$-NH-COOH | $R_1$=$C_{10}$-$C_{12}$<br>$R_2$=$C_2$-$C_4$ | |
| Ténsidos no ionógenos | | Alquilfenoloxietilato | R-$C_6H_4$O-$(C_2H_4O)_n$H | R=$C_8$-$C_{12}$/n=5-10 | APE |
| | | Alcoholetoxilato | R-O-$(C_2H_4O)_n$H | R=$C_8$-$C_{18}$/n=3-15 | FAE |
| | | Etoxipropoxi-polimerizado | HO-$(C_2H_4O)_a$-$(C_3H_6O)_b$ -$(C_2H_4O)_c$-H<br>a=30-40;b=26-50;c=30-40 | | |

sulfato sódico (sal de Glauber), utilizados mayormente como aditivos o sustancias auxiliares de limpiadores neutros mixtos. Los ténsidos neutros no reaccionan o lo hacen sólo muy débilmente como ácidos o álcalis en solución acuosa. Los ténsidos pueden clasificarse en cuatro grupos: aniónicos, catiónicos, anfóteros y no iónicos. En la limpieza se utilizan principalmente los detergentes aniónicos y los no iónicos, ya que los catiónicos sólo desarrollan una deficiente acción limpiadora. En cambio, estos últimos se incluyen entre los desinfectantes en virtud de su acción microbicida. La constitución de los ténsidos es básicamente siempre la misma (la Tabla 1.4 resume los principales tipos de ténsidos). Todos poseen un grupo hidrófobo y otro hidrófilo. Como grupo hidrófobo actúan ácidos grasos, parafina, olefina, alquilbenzol, alcoholes y alquilfenoles. En los ténsidos aniónicos, el ion ténsido está cargado negativamente en solución acuosa. Suele ser generalmente un sulfonato, sulfato o carboxilato de uno de los grupos hidrófobos (v.gr., $RSO_3Na$). El representante más importante es el alquilbenzolsulfonato (LAS). Los ténsidos catiónicos forman en solución acuosa un ion ténsido positivo. A ellos pertenecen sobre todo los compuestos de amonio cuaternario, utilizados como desinfectantes. Los ténsidos no iónicos no forman ningún tipo de ion en solución acuosa.

Al existir un grupo hidrófilo y otro hidrófobo en una misma molécula, los detergentes se acumulan en solución acuosa en las superficies de separación de las fases. Entonces, el grupo hidrófilo contacta con la fase acuosa, mientras que el hidrófobo se separa del líquido. Al acumularse en las superficies de separación, los ténsidos reducen la tensión superficial del agua. Por encima de una concentración crítica para cada sustancia, los surfactantes forman en la solución micelas, en cuyo interior se sitúan los grupos hidrófobos, mientras que los grupos hidrófilos se orientan hacia la fase acuosa. Como consecuencia de disminuir la tensión superficial, los productos limpiadores penetran con mayor facilidad en la capa de sucie-

**Tabla 1.5** Algunos productos formadores de complejos y su capacidad fijadora de calcio a 20°C y 90°C (19).

| **Productos** | | **Capacidad fijadora de Ca a:** | |
|---|---|---|---|
| | | 20°C mg CaO/g | 90°C mg CaO/g |
| Difosfato sódico | $Na_4P_2O_7$ | 114 | 28 |
| Trifosfato sódico | $Na_5P_3O_{10}$ | 158 | 113 |
| Ácido 1 hidroxietano-1,1-difosfónico | $CH_3$-COH-[PO-$(OH)_2]_2$ | 394 | 378 |
| Ácido amino-trimetilenfosfónico | N-$(CH_2$-$PO_3H_2)_3$ | 224 | 224 |
| Ácido nitrilotriacético | N-$(CH_2$-COOH$)_3$ | 285 | 202 |
| Ácido etilendiamintetraacético | $N_2$-$(CH_2)_2$-$(CH_2$-COOH$)_4$ | 219 | 154 |
| Ácido cítrico | $(CH_2$-COOH$)_2$-COH-COOH | 195 | 30 |

dad. Las micelas pueden entonces retener partículas de suciedad y mantenerlas de esta manera en solución en el líquido limpiador. Aquí radica la buena acción limpiadora de los ténsidos.

La toxicidad de estas sustancias para los mamíferos es escasa. La $LD_{50}$ está en torno a las 100 ppm. La mayor toxicidad para los peces obedece a una acción lesiva sobre las branquias, como resultado de la disminución de la tensión superficial del agua (Capítulo 4.4).

#### *1.3.2.4 Otras sustancias activas y auxiliares*

Al agua le corresponde importancia capital en la limpieza; básicamente se procurará trabajar con agua potable. En el proceso limpiador desempeña diversas funciones. Imbibe, disuelve, fluidifica y transporta la suciedad, a la vez que actúa como medio disolvente de los productos químicos utilizados en la L + D. En el ámbito de las disposiciones legales se expresan determinados requisitos sobre el agua; al margen de esto, el agua tiene composición diferente según su origen. A este respecto corresponde especial significación a la dureza del agua, para cuya corrección en determinadas esferas de empleo se utilizan con frecuencia productos fijadores de complejos (quelantes).

Los fijadores de complejos se hallan en el límite entre las sustancias activas y las auxiliares. Parte de estas sustancias ya se han mencionado al tratar de los limpiadores alcohólicos o ácidos. Se trata del difosfato sódico y del trifosfato sódico, en unión del ácido cítrico. Otros reblandecedores se incluyen en la Tabla 1.5. Los más importantes formadores de complejos son los EDTA y los ténsidos-quelantes de ellos derivados. Otros aditivos añadidos de acuerdo con la finalidad de empleo de los productos limpiadores son:

- Enzimas, v.gr., proteasas.
- Imbibidores, v.gr., carboximetilcelulosa.
- Decolorantes, v.gr., perborato sódico.
- Inhibidores de la espuma, v.gr., trialquilmelamina.
- Disolventes, v.gr., isopropanol.
- Clarificadores ópticos.

### 1.3.3 Métodos de limpieza

En la limpieza, componentes físicos y químicos actúan sinérgicamente. La eficacia de los componentes químicos viene determinada por el agente limpiador, y la de los componentes físicos por el método de limpieza.

Básicamente debe distinguirse entre métodos de limpieza húmedos y secos, manuales y mecánicos, así como entre instalaciones fijas y móviles.

El curso de la limpieza sigue por lo regular cuatro fases con medios manuales y mecánicos, si no es que se utilicen instalaciones fijas, como v.gr., CIP (limpieza *in situ*).

El proceso sigue el curso siguiente:

- ***Prelimpieza***: Eliminación de restos de producción; no se necesitan medios especiales; utensilios, suciedades sueltas (suciedad grosera); preferentemente a mano.
- ***Reblandecimiento***: Desprendimiento e imbibición de la capa de suciedad con agua con o sin adición de limpiadores o sustancias auxiliares de la limpieza o en forma de espuma, por lo común utilizando aparatos especiales.

- ***Limpieza***: Eliminación de la suciedad reblandecida previamente con agua caliente o fría a presión o mediante vapor con o sin aplicación de acción mecánica auxiliar, empleando aparatos especiales.
- ***Secado***: Eliminación del agua residual de las superficies o del material mediante secado al aire, secado en caliente o calentando las superficies y en caso preciso el material con o sin medios auxiliares técnicos.

De acuerdo con la naturaleza y características de las superficies, y atendiendo a la finalidad de las medidas limpiadoras, puede hacerse hincapié en una u otra fase del proceso o bien acortar o incluso suprimir fases como la prelimpieza, reblandecimiento y secado.

La limpieza de las máquinas lavadoras o de sistemas cerrados está bastante automatizada y en ella se incluyen actuaciones especiales de acuerdo con el objetivo perseguido. En estos sistemas, la limpieza puede combinarse directamente con la desinfección termo-química.

La limpieza de grandes recintos y superficies requiere por razones de economía laboral el empleo de medios especiales. En algunos tipos de trabajo, la utilización de medios especiales de limpieza permite trabajar entre 7 y 35 veces más rápidamente que en las actuaciones manuales equiparables (37). La L + D manual en la esfera agrícola exige más horas de trabajo por año que si se hace uso de un aparato limpiador de alta presión en actividades comparables (12).

#### *1.3.3.1 Limpieza en seco*

Como método único de limpieza, la limpieza en seco sólo es de utilización en pocas circunstancias y únicamente aplicable en condiciones especiales. El requisito previo para su empleo es la existencia de sólo una suciedad sin adherir sólidamente (polvo) que únicamente se da en la industria molinera y, con muchas limitaciones, en la industria alimentaria (Capítulo 5.3.1). Los inconvenientes de la limpieza en seco estriban principalmente en su limitada eficacia y en provocar la contaminación del aire ambiental con polvo y, con éste, la carga del aire con gérmenes que luego vuelven a caer sobre las superficies. Como medida a practicar en la prelimpieza

**Tabla 1.6** Métodos más importantes de limpieza en seco y sus áreas de empleo

| Método[1] | Utensilios | Áreas de empleo |
|---|---|---|
| Limpieza mediante barrido | Escobas y cepillos de mano<br>Máquinas barredoras | Fabricación de alimentos<br>Explotación animal/Instalaciones interiores y exteriores |
| Limpieza con vacío | Aspiradores de polvo o agua | Fabricación de alimentos<br>Explotación animal |
| Limpieza cañerías | Cepillos móviles o cuerpos de plástico (Sputniks) | Fabricación de alimentos<br>Fabricación de piensos |

[1] La limpieza en seco origina por lo regular aerosoles de polvo salvo en los sistemas cerrados y, excepto en casos especiales, debe ir seguida de una limpieza húmeda.

en la L + D de los alojamientos animales, así como en mataderos e industrias transformadoras de la carne, la limpieza en seco es imprescindible. La finalidad de esta limpieza previa es eliminar toda la suciedad fina y grosera sin adherir que se superpone a la suciedad realmente «pegada» a las superficies subyacentes, utensilios e instalaciones.

En la limpieza manual se emplean escobas de diferente dureza, cepillos, zorros, brochas, escobillones metálicos, espátulas, rascadores y cogedores a utilizar de acuerdo con la naturaleza, dureza y textura de la suciedad.

La posibilidad de elección de utensilios para la limpieza en seco es muy amplia. Su esfera de empleo está mayormente en la superficie de los suelos o bien en instalaciones exteriores sólidas, para lo cual se utilizan cepillos o rodillos de diferente tamaño con y sin aspiración, por lo general aparatos autopropulsados que se reúnen bajo la denominación genérica de máquinas barredoras. La anchura de actuación de estas máquinas varía entre 0,50 y 2,50 m; la velocidad de desplazamiento de las máquinas autopropulsadas es inferior por lo común a 10 km/h. Su esfera de empleo se limita a los alojamientos animales y a las industrias transformadoras con ellos conectadas.

Un importante utensilio de limpieza utilizado a satisfacción en todos los campos es la aspiradora de polvo. Los aparatos e instalaciones eléctricos sensibles a la humedad que deben protegerse del agua en su desinfección, pueden limpiarse con la aspiradora antes de la desinfección con bayetas. A tal fin se recomienda adquirir para el empapado y secado los útiles ya mencionados, que también sirven para eliminar los charcos del suelo y películas líquidas de superficies, con objeto de acelerar el secado de éstas antes de desinfectar (Capítulo 2.3.5).

En determinados sectores de la industria alimentaria se hacen pasar por las conducciones de tuberías fijas bolas de plástico, cepillos o dispositivos limpiadores impulsados por aire a presión (27).

En la Tabla 1.6 se relacionan los métodos más importantes de limpieza en seco y sus campos de empleo.

#### 1.3.3.2 Limpieza húmeda

A la limpieza previa en seco, y, si es caso, a la operación de reblandecimiento de la suciedad, sigue la limpieza húmeda. En muchos casos, las operaciones de reblandecido, limpieza húmeda y aplicación del desinfectante se llevan a cabo con el mismo aparato. Para la limpieza de superficies de fácil acceso puede practicarse una limpieza a alta presión, mediante vapor o limpieza a baja presión con o sin ayuda mecánica. A mano sólo se suelen llevar a cabo las limpiezas a baja presión con ayuda mecánica (cepillos y presión de agua normal).

Para la limpieza de superficies de sistemas cerrados se utiliza por lo común un procedimiento de CIP (limpieza *in situ*); pequeños objetos como son, por ejemplo, instrumental clínico o botellas de leche en la central lechera, se limpian en máquinas limpiadoras especialmente diseñadas a tal fin. Por razones de higiene, es imprescindible utilizar agua potable en la limpieza que tenga por base este líquido elemento. El método más importante de limpieza en la esfera agrícola, aunque con limitaciones concretas en el campo alimentario, es la práctica de la limpieza a alta presión. La Figura 1.2 representa esquemáticamente la constitución de un aparato limpiador

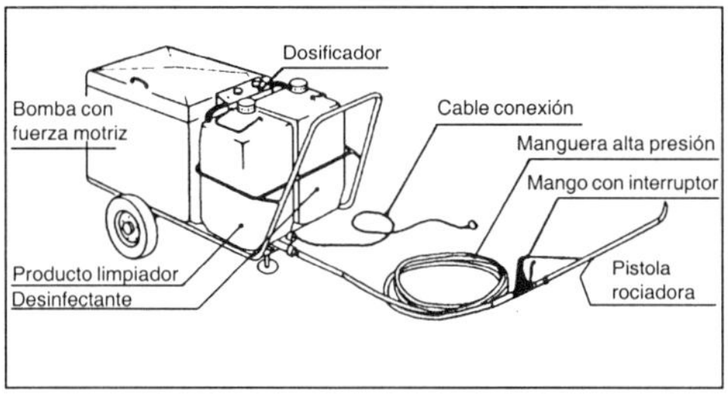


**Fig. 1.2** Representación esquemática de un aparato limpiador de alta presión (1).

de alta presión. Es fundamental distinguir entre aparatos de agua caliente y de agua fría.

Los ***aparatos de agua caliente*** funcionan por lo regular sobre un quemador de petróleo que calienta una cámara con un sistema de serpentines de calentamiento. En las instalaciones fijas también es posible la producción de agua caliente mediante calentadores de gas o electricidad. A los calentadores de alta presión que funcionan con petróleo les afecta la Orden sobre Calderas de Vapor, por lo que sólo pueden funcionar con carácter móvil hasta un volumen de caldera de vapor de 10 litros. Al funcionar deben observarse estrictamente determinadas medidas precautorias citadas en las instrucciones de empleo. En la esfera de las explotaciones ganaderas y en la obtención y preparación de productos animales, los aparatos de agua caliente se prefieren a los de agua fría, si bien resulta bastante más cara su adquisición y es indispensable su cuidado regular.

Los ***aparatos de agua fría*** se emplean a escala universal, disponiéndose de diversos modelos con rendimientos variables. Si la suciedad es de naturaleza grasa, sólo se puede alcanzar un suficiente nivel de limpieza utilizando agentes limpiadores complementarios. Existen aparatos que aprovechan su propio calentamiento para calentar el agua y así, dentro de ciertos límites, aumentan la acción limpiadora del aparato; también cabe la posibilidad de conectar un aparato de funcionamiento de agua fría con un centro productor de agua caliente de alto rendimiento.

Los ***aparatos de vapor fluente*** son máquinas limpiadoras especialmente fabricadas con esta finalidad, o bien aparatos limpiadores con agua caliente a presión convenientemente modificados y adaptados. En el segundo caso hay que tener en cuenta que deben utilizarse las boquillas previstas para esta finalidad (boquillas de vapor), con lo que la presión generada en el sistema no sobrepasa los valores permitidos.

Los elementos constitutivos más importantes para la limpieza en un aparato de alta presión son las bombas y las boquillas (inyectores o toberas). Por lo general son bombas de émbolo (pistones pulimentados en cilindros sin pulir) o de manguito (pistones sin pulir con cierre de manguito en cilindros pulidos); la transmisión de la fuerza motriz se realiza a través de una correa o bien directamente desde el motor mediante un engranaje dentado. La presión que se consigue generar en los inyectores con estas bombas sobrepasa en la actualidad los 200 bar. En actuaciones sobre alojamientos y en la esfera alimentaria son suficientes presiones inferiores a 100 bar. En muchos casos se producen averías en instalaciones y utensilios cuando los chorros actuantes superan los 40 bar de presión. La cantidad de agua propulsada por los aparatos modernos oscila entre 3 y 20 l/min.

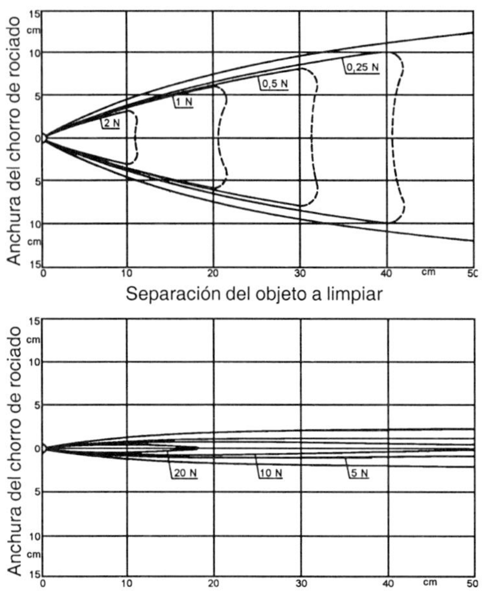


**Fig. 1.3** Fuerza de choque y amplitud del chorro de rociado según la distancia del objeto a limpiar. Arriba: boquilla plana de rociado. Abajo: boquilla redonda de rociado.

El segundo componente importante es la boquilla (inyector o tobera), que determina el reparto de la presión del chorro. Para limpiar puede elegirse entre las boquillas de chorro redondo y las de chorro plano; algunos fabricantes ofrecen también boquillas especiales para utilizar en los alojamientos del ganado. Para pulverizar líquidos, v.gr. desinfectantes, a baja presión se ofertan asimismo boquillas con ángulos de propulsión muy grandes. Las boquillas planas utilizadas en la limpieza no superan por lo común los 45° de ángulo de pulverización. Como en el chorro aplicado la presión disminuye con el cuadrado de la distancia, la separación de aplicación es un parámetro dependiente del tipo de boquilla. En las boquillas planas se trabajará con distancias de 30 cm, mientras que con las boquillas redondas todavía puede obtenerse una buena acción limpiadora a 1-1,5 m. La Figura 1.3 muestra las líneas de actuación medidas para un aparato que funciona con boquilla de chorro redondo y de chorro plano.

Otro componente importante es el dosificador de agente limpiador. En las actuaciones con alta y baja presión, este dosificador debe contar con un mecanismo regulador de la mezcla que permita incorporar el agente limpiante en una banda de concentración comprendida entre 0,5 y 5%. Como en la mayoría de los aparatos limpiadores de alta presión no es suficiente la eficacia de la dosificación del desinfectante a utilizar, también deberían estar capacitados para aspirar cantidades mayores de productos químicos.

## 1.4 Desinfección

La desinfección puede llevarse a efecto por procedimientos físicos, químicos y biológicos. Los métodos biológicos tienen la particularidad de que, mediante actividad metabólica microbiana, actúan sobre los gérmenes a destruir sinérgicamente con las acciones térmica y química. Aun cuando tratamos a continuación por separado los métodos de desinfección físicos y químicos, a este respecto debe subrayarse que ambos principios de acción pueden utilizarse combinados entre sí y que en la práctica también se aprovechan estos efectos. Schliesser (41) propone el siguiente resumen:

## 1.4.1 Métodos físicos

La inmensa mayoría de los procedimientos se basan en la inactivación por efecto de altas temperaturas, pero también ha encontrado campo de empleo la irradiación con diversos tipos de rayos.

### *1.4.1.1 Métodos térmicos*

El calor es con ventaja el medio más seguro para inactivar y matar microorganismos, por lo que reviste particular importancia a la hora de esterilizar. Requisito previo para su empleo es que el material a esterilizar sea accesible al calor y que resista éste. El calor puede aplicarse húmedo y seco.

### *1.4.1.2 Calor húmedo*

El agua caliente y el vapor de agua son mucho más eficaces que el calor seco, supuesta la misma temperatura, ya que su contenido calórico es considerablemente más elevado que el del aire seco. Para el efecto de calentamiento es importante que las temperaturas necesarias para destruir los microorganismos alcancen realmente a éstos, y que los gérmenes no estén protegidos contra la acción térmica por la suciedad en capa simple o múltiple (sangre, pus, heces, etc.).

Los *virus* se estabilizan de forma creciente a medida que descienden las temperaturas (tiempo medio de supervivencia a 4°C: días o meses; por debajo de –20°C hasta –70°C: meses o años); frente al calor, son relativamente lábiles. A temperaturas (calor húmedo) comprendidas entre 55° y 70°C, la infecciosidad se pierde como consecuencia de la desnaturalización de las proteínas cápsidas en casi todos los virus en un plazo de minutos. El hervido inactiva los virus inmediatamente, siempre que no estén protegidos v.gr. en el interior de agujas, por residuos de sangre o suero o por materias de otra naturaleza. En la práctica, por razones de seguridad se recomienda hervir como mínimo durante 30 minutos; a temperaturas inferiores a 100°C (entre 60° y 100°C), es preciso calentar durante una o varias horas. Los virus sin cápsula son por lo regular más resistentes al calor que los capsulados; los parvovirus se manifiestan como especialmente termoestables.

Las ***bacterias***, incluso las termorresistentes como estafilococos y micobacterias, mueren rápidamente, con la excepción de las esporas, por lo común con temperaturas de 75-80°C, o mediante cocción, debido a la desnaturalización de componentes esenciales de las células (proteínas, enzimas, ácido desoxirribonucleico, DNS). Cuando están presentes materias protectoras orgánicas o inorgánicas, se alargan considerablemente los tiempos de actuación. Por ello, se manifiesta eficaz el hervido de los utensilios, instrumental, etc., contaminados en una solución de sosa al 0,5-2%. De acuerdo con las normas del Ministerio de Alimentación, Agricultura y Bosques (Alemania) sobre productos y métodos de desinfección en epizootias de declaración obligatoria, se añadirá un 0,5% de sosa al agua de cocción; el tiempo de cocción será de 15 minutos. Con ello resultan destruidas todas las formas vegetativas de bacterias y bacilos, hongos y esporas de hongos, protozoos, huevos de vermes y ooquistes. La adición simul-

**Tabla 1.7** Grados de termorresistencia de microorganismos de acuerdo con Borneff (7), así como de Konrich y Stutz (23).

| Grado de resistencia | Gérmenes o grupos de gérmenes representativos | Resistencia frente al calor húmedo |
|---|---|---|
| I | Bacterias vegetativas, v.gr. *Staphylococcus aureus*, hongos y esporas fúngicas, virus | 80°C hasta min<br>$F^6_{80}$ < 20 min |
| II | Esporas del carbunco bacteridiano | 100°C 8-15 min<br>$F^6_{100}$ < 20 min |
| III | Esporas térreas nativas mesófilas | 100°C 10-20 h<br>121°C 10-15 min<br>$F^6_{121}$ < 20 min |
| IV | Esporas térreas nativas termófilas | 100°C 40-50 h<br>121°C varias h<br>140°C 5 min<br>$F^6_{133}$ < 20 min |

tánea de desinfectantes estables a las temperaturas respectivas (v.gr., ténsidos) incrementa la eficacia; como producto anticorrosivo puede agregarse al agua un 0,5% de nitrito sódico en forma de tableta.

En tiempos comparables, las ***esporas bacterianas*** sólo resultan destruidas excepcionalmente por las temperaturas de cocción. Las esporas de muchos bacilos y clostridios patógenos y apatógenos resisten por lo general temperaturas de 100°C mantenidas durante varias horas. Ésta es también la razón de que la cocción deba considerarse sólo como medida desinfectantes y no esterilizante.

El empleo de vapor fluente (100°C, presión normal en recipientes sin cerrar, como v.gr., el autoclave de Koch) tiene la ventaja frente al hervido simple de que el vapor puede penetrar en las superficies más profundamente y con ello desarrollar un efecto desinfectante más seguro. Según esto, una esterilización suficiente sólo puede conseguirse con vapor saturado y a presión y con temperaturas superiores a los 100°C, es decir, en calderas a presión (autoclaves). Como parámetros generales valen: 121°C durante 60 minutos o 134°C durante 20 minutos (más detalles en [49]).

En la limpieza y desinfección se utiliza también vapor a presión a la temperatura aproximada de 140°C; el vapor se genera en calderas a la presión de 4-8 bar y el método recibe el nombre de ***chorro de vapor***. Ante todo destaca la acción limpiadora, ya que al salir el vapor por la boquilla de la lanza pulverizadora la temperatura ha descendido ya a unos 100°C. Al aumentar la distancia existente entre la boquilla y la superficie a desinfectar, la temperatura disminuye rápidamente. El enfriamiento subsiguiente a chocar el vapor con paredes y suelos contribuye a que quede en entredicho la inactivación térmica de los gérmenes cuando los tiempos de actuación son cortos. Sólo se desarrolla efecto desinfectante cuando una temperatura constante de 60°C como mínimo actúa durante varios minutos sobre las superficies a tratar. Introduciendo el vapor bajo las llamadas cúpulas de vapor se logra que éste desinfecte los suelos y parques utilizados por el ganado (39). En los espacios cerrados, la aplicación del chorro de vapor es deficiente cuando existen graves inconvenientes para ver bien.

La ***pasteurización***, es decir, el calentamiento durante un tiempo variable de líquidos a distintos grados de temperatura (entre 60° y 85°C), constituye la esencia de una medida de desinfección. Se utiliza para destruir determinados microorganismos (v.gr., en la pasteurización de la leche).

La inactivación térmica de virus y bacterias sigue reglas matemáticas y depende de la naturaleza de los microbios, intensidad de la temperatura y tiempo de actuación de ésta, así como de las condiciones del medio ambiente. La Tabla 1.7 incluye un resumen de los grados de resistencia térmica al calentamiento húmedo. Un parámetro básico para evaluar la cinética de la inactivación es el valor *D*. El valor *D*, tiempo de reducción decimal o índice de destrucción, es el tiempo expresado en minutos necesario para reducir en una potencia de diez la tasa inicial de gérmenes ($N_0$) referido a un microorganismo concreto en una determinada fase funcional y en un medio determinado en condiciones constantes perfectamente definidas (reducción de la tasa de gérmenes 90%). La temperatura se añade a la abreviatura *D* en forma de subíndice ($D_t$). Así, $D_{90}$ = 2 min significa que, con una temperatura constante de 90°C, el número de gérmenes tratados ha disminuido en 2 minutos en una potencia de diez. La Tabla 1.8 reúne a título de ejemplo una serie de valores *D* referentes a salmonelas en líquido de estiércol. Los valores *D* requeridos para inactivaciones de varias potencias de diez del germen en cuestión en condiciones homogéneas, recibe el nombre de valor *F*. El número de potencias de diez se expresa en forma de índice potencial colocado en la parte superior ($F^6_{90}$). Otro importante parámetro descriptivo o de cálculo es el índice *z*. El índice *z*, específico de cada germen, expresa la variación de temperatura en °C necesaria para modificar el valor *D* o el valor *F* en torno al factor 10 (Fig. 1.4). La Tabla 1.9 muestra los datos de resistencia térmica a un calentamiento húmedo de esporas elegidas de bacilos y clostridios.

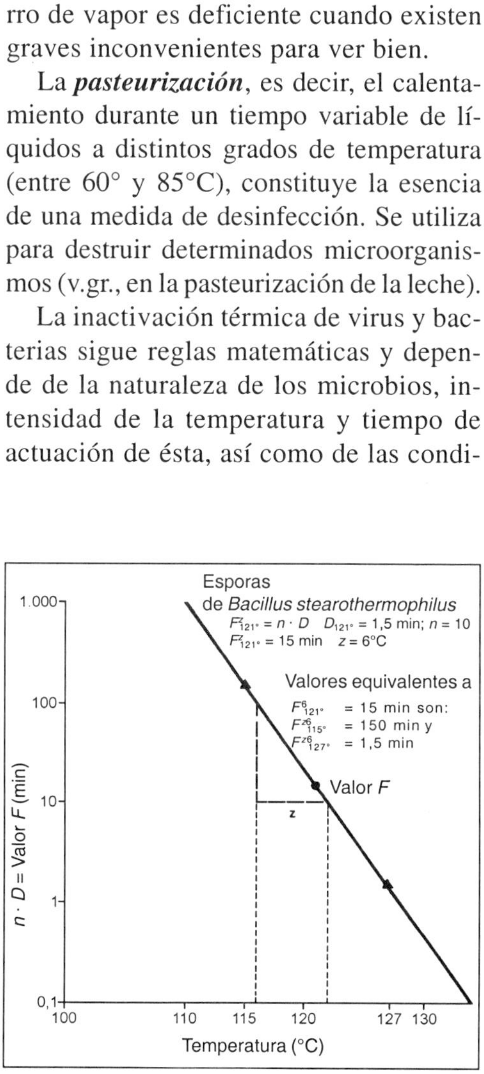


**Fig. 1.4** Curva térmica de tiempos de destrucción de esporas de *Bacillus stearothermophilus*. *n* expresa el número de potencias de 10 a que debe reducirse la tasa de gérmenes existente; el valor *z* describe el ángulo de tendencia de la curva (49).

### *1.4.1.3 Calor seco*

El aire seco es mal conductor del calor. Por ello, para la desinfección, y sobre todo

**Tabla 1.8** Valores *D* para la inactivación térmica de *Salmonella senftenberg* en el estiércol líquido de vacuno (43).

| Temp. (°C) | Valor *D* | Temp. (°C) | Valor *D* | Temp. (°C) | Valor *D* |
|---|---|---|---|---|---|
| 50,0 | 56,7 min | 55,5 | 9,8 min | 61,0 | 111 s |
| 50,5 | 48,3 min | 56,0 | 8,3 min | 61,5 | 86 s |
| 51,0 | 41,2 min | 56,5 | 7,1 min | 62,0 | 73 s |
| 51,5 | 35,1 min | 57,0 | 6,0 min | 62,5 | 63 s |
| 52,0 | 29,9 min | 57,5 | 5,2 min | 63,0 | 53 s |
| 52,5 | 25,5 min | 58,0 | 4,4 min | 63,5 | 45 s |
| 53,0 | 21,7 min | 58,5 | 3,7 min | 64,0 | 39 s |
| 53,5 | 18,5 min | 59,0 | 3,2 min | 64,5 | 33 s |
| 54,0 | 15,8 min | 59,5 | 2,7 min | 65,0 | 28 s |
| 54,5 | 13,4 min | 60,0 | 2,3 min | | |
| 55,0 | 11,5 min | 60,5 | 118 s | | |

**Tabla 1.9** Valores *D* y valores *z* para algunas bacterias formadoras de esporas (49).

| Microorganismo (suspensión de esporas en agua) | Valores *D* en min | Valor *z* | |
|---|---|---|---|
| | a 115°C $D_{115°}$ | a 121°C $D_{121°}$ | °C |
| *Bacillus stearothermophilus* | 15-24 | 1,5-4,0 | 6-7 |
| *Bacillus subtilis* | 2,2 | 0,4-0,7 | 8-13 |
| *Bacillus megaterium* | 0,025 | 0,04 | 7 |
| *Clostridium sporogenes* | 2,8-3,6 | 0,8-1,4 | 13 |

**Tabla 1.10** Tiempos de destrucción de algunas bacterias y esporas con ayuda de aire caliente.

| Especie | Estado | 120°C | 140°C | 160°C | 180°C |
|---|---|---|---|---|---|
| *S. aureus* | Formas vegetativas | 30 min | 15 min | 8 min | |
| *E. coli* | | 30 min | 15 min | 8 min | |
| *Salmonella* | | 20 min | 10 min | 5 min | |
| *Corynebacterium* | | 20 min | 10 min | 5 min | |
| *B. anthracis* | Esporas | 120 min | 60 min | 30 min | 10 min |
| *Cl. botulinum* | | 120 min | 60 min | 20 min | 10 min |
| *Cl. tetani* | | | 30 min | 12 min | 1 min |
| Esporas térreas | | | | 90 min | 15 min |

para la esterilización en seco, no bastan las temperaturas que son suficientes en el calentamiento húmedo. Incluso los virus termosensibles no siempre son inactivados con entera seguridad con calor seco de 100°C cuando se hallan en estado seco o en material desecado.

***Aire caliente.*** En la Tabla 1.10 se citan algunos tiempos de destrucción de bacterias, tal como se registran en la práctica de la esterilización con aire caliente. Los elevados grados de calor necesarios para la desinfección con aire caliente, y todavía más para la esterilización con este medio, con tiempos de actuación relativamente largos, limitan la esfera de empleo a unos pocos materiales insensibles a la temperatura (cristal, acero, etc.).

Los modos de empleo de calor seco más sencillos son: la combustión con llama directa, la calcinación y el flameado. Aun cuando estos métodos se cuentan entre los procedimientos de esterilización, debe subrayarse que, como consecuencia de la destrucción incompleta de todos los gérmenes, no es raro que se produzca sólo una acción desinfectante. Lo más seguro es la combustión completa de materiales u objetos, siempre que lo permitan su valor y textura.

La ***calcinación*** se utiliza principalmente en la práctica laboratorial con asas, agujas de inyección, etc.

El ***flameado*** es el procedimiento que con máxima frecuencia constituye sólo una medida desinfectante. Esto vale para los laboratorios, así como para el empleo con otros fines. El flameado breve o el calentamiento con llama no basta por lo regular para, por ejemplo, los bordes de los tubos de ensayo o para librar de gérmenes recipientes de investigación. Igualmente insuficiente es el método de inmersión habitual en alcohol de pinzas, tijeras, etc., y el subsiguiente flameado, ya que pueden sobrevivir las esporas desecadas. En el flameado del material de superficie rugosa resistente al fuego se añade, además, que los microorganismos en buena medida escondidos en los poros de las superficies o debajo de costras de suciedad quedan al resguardo de la breve actuación de una llama directa. Estudios realizados en morteros de porcelana indican que, para matar las formas vegetativas de bacterias, deben actuar temperaturas como mínimo de 175°C durante 5-30 segundos, y para destruir las esporas de bacterias y térreas, temperaturas de 290°C como mínimo durante 100 segundos. Aunque se utilicen aparatos especiales (sopletes, generadores de llama de metano, propano o butano), únicamente se logra una eficaz acción desinfectante si se aplican las temperaturas y tiempos de acción señalados, o los que, en virtud de la naturaleza de los materiales, puedan mantenerse (41).

### 1.4.2 Radiaciones UV

Como radiación electromagnética de onda corta (longitud de onda 180-400 nm), la luz ultravioleta desarrolla acción microbicida en la zona de 210-310 nm. El efecto microbicida de la luz solar obedece a esta fracción del espectro. También en las fuentes artificiales de luz depende el efecto sobre todo de la presencia de la zona más eficaz de radiaciones, así como de la intensidad y duración de su actuación.

El efecto máximo sobre virus y otros microorganismos se registra alrededor de 265 nm. Como el DNA muestra asimismo su máxima absorción en esta longitud de onda, se admite la acción de la radiación sobre el material genético. En los microorganismos de estructura celular (v.gr., bacterias, células fúngicas), la inducción de peróxidos en las fases acuosas de las células por efecto de las radiaciones desempeña además un papel en el proceso de destrucción. Tanto en virus como en bacterias existen diferencias de especie y de cepa en lo referente a sensibilidad a las radiaciones UV. La sensibilidad varía asimismo con la etapa funcional de las bacterias, que son sensibles en grado máximo si se hallan en fase log de crecimiento, y en estado esporulado su mínimo (las esporas son al menos el doble de insensibles que las formas vegetativas). Además, las alteraciones sobre los ácidos nucleicos son en parte reversibles, por lo que debe contarse con la reactivación de los microorganismos dañados por las radiaciones. Este fenómeno de reactivación por la luz con «reparación» del DNA dañado se produce en virus, bacterias e incluso en organismos pluricelulares bajo la influencia de radiaciones de onda larga del espectro de luz visible o de su proximidad (330-480 nm).

**Tabla 1.11** Dosis letales de radiación UV para diversos microorganismos y virus (49).

| **Microorganismos** | **Dosis letal $\mu W \cdot s/cm^2$** |
|---|---|
| **Bacterias** | |
| *Staphylococcus aureus* | 2.500-5.000 |
| *Streptococcus lactis* | 9.000 |
| *Streptococcus pyogenes* | 2.200 |
| *Escherichia coli* | 2.000-6.000 |
| *Salmonella typhi* | 2.000 |
| *Serratia marcescens* | 1.000-2.500 |
| *Proteus vulgaris* | 6.600 |
| *Pseudomonas aeruginosa* | 10.000 |
| *Pseudomonas fluorescens* | 6.600 |
| *Micrococcus luteus* | 26.400 |
| *Corynebacterium diphtheriae* | 6.500 |
| *Bacillus-subtilis*-esporas | 10.000-60.000 |
| *Bacillus-stearotherm.*-esporas | 160.000 |
| *Bacillus-anthracis*-esporas | 8.700 |
| **Hongos** | |
| *Candida albicans* | 6.000-12.000 |
| *Saccharomyces cerevisiae* | 13.000 |
| *Aspergillus-niger*-esporas | 360.000 |
| *Aspergillus flavus* | 90.000 |
| *Penicillium expansum* | 22.000 |
| *Penicillium roqueforti* | 30.000 |
| *Mucor racemosus* | 35.000 |
| *Rhizopus-nigricans*-esporas | 220.000 |
| **Virus** | |
| Poliovirus | 20.000-28.000 |
| Virus hepatitis | 34.000 |

Observación: Conversión de la hasta ahora dosis letal $\mu W \cdot s/cm^2$ en las unidades SI: Jm-2 × 100 = $\mu W \cdot s/cm^2$.

Para expresar y calificar el efecto letal de la radiación UV sobre los gérmenes, resultan importantes los siguientes conceptos y unidades:

- Producción de radiación, antaño, $\mu W$ $\quad \frac{J}{s}$

- Intensidad de radiación $\quad \frac{J}{m^2 \cdot s}$ antaño $\frac{\mu W}{cm^2}$

(Producción de radiación por unidad de superficie)

- Intensidad de radiación $\quad \frac{J}{m^2}$ antaño $\frac{\mu W \cdot s}{cm^2}$

(Poducción de radiación por unidad de tiempo y superficie)

J = Joule = W · s = $10^6$ $\mu W \cdot s$
W = vatio

La unidad SI $J/m^2$ es difícil de encontrar, sin embargo, en la literatura especializada, por lo que aquí conservamos la antigua unidad $\mu W \cdot s/cm^2$. Para desinfectar se utilizan radiaciones UV generadas en fuentes artificiales, sobre todo allá donde se quiera reducir la tasa de gérmenes de las superficies de cuerpos sólidos, de líquidos o del aire (v.gr., colocando lámparas UV en salas de operaciones, laboratorios, cabinas de siembra, cloacas, potabilizadoras de agua). La reducción de los gérmenes tiene límites, sin embargo, que no deben superarse. La acción sobre huevos de vermes y ooquistes es insegura. Sobre la acción desinfectante ejerce acción perjudicial la escasa penetración de estas radiaciones, que sólo son capaces de matar directamente los microorganismos superficiales. Ya pequeñas capas de suciedad o de polvo, y aún mejor una gruesa capa de suciedad, protegen a los gérmenes del efecto letal de las radiaciones. Lo mismo sucede cuando los microorganismos se encuentran en excretas de personas y animales y en otras materias orgánicas (sangle, células, heces), por las que resultan protegidos. Una eficaz reducción de los gérmenes existentes en el aire ambiental sólo puede esperarse cuando el aire es impulsado continuamente a las proximidades de las lámparas, sin que esto lo perturben desplazamientos de personas o animales.

La radiación directa de alimentos no está permitida, debido a la posible fotooxidación y polimerización de las proteínas y enranciamiento de las grasas. Son excepción los alimentos envasados, frutas, verduras, etc. Como dosis necesaria para reducir los gérmenes en un 90% (lo que es muy poco, atendiendo a las cifras normalmente altas de microorganismos) se citan las de 2.000-3.000 $\mu W \cdot s/cm$ (51). La duración de la irradiación debe ser como mínimo de 2 horas. Se consiguen significativas reducciones de los gérmenes cuando las lámparas UV pueden permanecer encendidas durante toda la noche, como sucede por ejemplo en laboratorios o cabinas de siembra (41).

En la Tabla 1.11 se expresan las sensibilidades relativas de diversos microorganismos frente a las radiaciones UV.

### 1.4.3 Radiaciones ionizantes

Entre las radiaciones ionizantes se incluyen por una parte las radiaciones corpusculares o de electrones (rayos catódicos producidos en instalaciones aceleradoras; radiaciones residuales resultantes de la descomposición de elementos radioactivos) y por otra parte las radiaciones de onda electromagnética (rayos Roentgen, radiaciones gamma de radioisótopos). Se utilizan bien radiaciones catódicas o rayos gamma (de $Co^{60}$), preferentemente para esterilizar instrumental, material quirúrgico de sutura, materiales no recuperables de uso médico, apósitos y medicamentos. Además, se emplean limitadamente en la conservación de alimentos en el extranjero, así como ocasionalmente en algunos países para descontaminar lodos de clarificación (destrucción de salmonelas y huevos de vermes). Debido a su notable capacidad de penetración, que les permite alcanzar mayor profundidad, se suelen utilizar con preferencia los rayos gamma. Los artículos irradiados no resultan radiactivos.

El espectro de actuación es amplio, permitiendo la destrucción irreversible de virus, bacterias, esporas bacterianas, levaduras y hongos. Reactivaciones como las registradas en los rayos UV no se han evidenciado.

Los siguientes conceptos y unidades son importantes para valorar la acción germicida de las radiaciones.

- Unidad de dosis $\frac{1\,J}{kg}$ = Gy, antaño rd (krd, Mrd)
- Producción de dosis $\frac{1\,J}{kg \cdot h} = \frac{Gy}{h}$ antaño

$$\frac{rd\ (krd,\ Mrd)}{h}$$

Gy = Gray = 100 rd
rd = Rad = 0,01 Gy

Son virus con resistencia máxima los que necesitan dosis de radiación comprendidas entre 2 y 4,5 Mrd (1 Megarad = $10^6$ rd) para su inactivación. La muerte se produce por alteración directa de los ácidos nucleicos. En capacidad de resistencia siguen las esporas de bacilos y clostridios (dosis letal, 1-2 Mrd aprox.), seguidas a su vez de las bacterias grampositivas, hongos y levaduras (dosis letal, 0,1-1 Mrd), así como las bacterias gramnegativas (dosis letal, 0,1-0,5 Mrd). En la Tabla 1.12 se incluye un conjunto de valores *D* como dosis de radiación para algunos microorganismos y virus.

Todavía permanece oscuro el mecanismo de acción sobre las células. Se baraja una teoría de efecto directo sobre centros importantes para la vida que se toman como objetivo, y una acción indirecta en la que se inducen radicales o compuestos químicos responsables de la muerte de las células.

La acción microbicida puede verse influida por diversos factores. Primero se determina aquí la *cantidad de gérmenes de partida* y luego el punto final de la reducción de microorganismos para una dosis

**Tabla 1.12** Valores D para algunos microorganismos y virus en Mrd y Gray resumidos por Wallhäußer (49).

| Microorganismos | Valores D en: | |
|---|---|---|
| | Mrd | Gray |
| **Bacterias** | | |
| *Escherichia coli* | 0,009 | 90 |
| *Salmonella typhi* | 0,020 | 200 |
| *Pseudomonas aeruginosa* | 0,016 | 160 |
| *Pseudomonas fluorescens* | 0,012 | 120 |
| *Flavobacterium* sp. | 0,006 | 60 |
| *Staphylococcus aureus* | 0,020 | 200 |
| *Staphylococcus faecium* | 0,280 | 2.800 |
| *Deinococcus radiodurans* | 0,220 | 2.200 |
| *Deinococcus* sp. | 0,500 | 5.000 |
| *Lactobacillus plantarum* | 0,008 | 80 |
| **Formadores de esporas** | | |
| *Bacillus pumilus* | 0,300 | 3.000 |
| *Bacillus subtilis* | 0,060 | 600 |
| *Bacillus brevis* | 0,050 | 500 |
| *Clostridium botulinum* | 0,120 | 1.200 |
| *Clostridium sporogenes* | 0,160 | 1.600 |
| *Clostridium perfringens* | 0,120 | 1.200 |
| *Clostridium tetani* | 0,240 | 2.400 |
| **Levaduras y mohos** | | |
| *Saccharomyces cerevisiae* | 0,050 | 500 |
| *Torula cremoris* | 0,047 | 470 |
| *Torulopsis candida* | 0,040 | 400 |
| *Hansenula* sp. | 0,047 | 470 |
| *Candida krusei* | 0,116 | 1.160 |
| *Penicillium* sp. | 0,014 | 140 |
| *Aspergillus* sp. | 0,025 | 250 |
| *Rhizopus* sp. | 0,100 | 1.000 |
| *Fusarium* sp. | 0,025 | 250 |
| **Virus** | | |
| Vacciniavirus | 0,200 | 2.000 |
| Poliovirus | 0,350 | 3.500 |
| Virus encefalitis | 0,400 | 4.000 |
| Virus rábico | 0,200 | 2.000 |
| Virus glosopeda | 1,300 | 13.000 |

Mrd = Megarad

dada de radiación, lo que a fin de cuentas expresa la eficacia del procedimiento. Cuando, por ejemplo, una dosis de 1 Mrd reduce el número de gérmenes productores de esporas en torno a 3 potencias de 10, con elevadas tasas de partida de gérmenes ($10^6$) el efecto es más difícil de valorar, mientras que con una baja tasa de partida ($10^3$) resultaría muy satisfactorio. La *humedad* acentúa la sensibilidad a las radiaciones al generar $H_2O_2$, que bajo la acción de la radiación se origina en pequeña cantidad a partir del agua. Este proceso se intensifica en presencia de oxígeno disuelto, con lo que se puede elevar todavía más (en 2 ó 3 veces) la sensibilidad de las bacterias ante las radiaciones (es el llamado «efecto oxígeno»). Lo mismo puede decirse de las temperaturas elevadas, que en combinación con la radiación ejercen acción sinérgica (49).

La ***pasteurización por radiación*** (también llamada radiopasteurización) es una posibilidad para mejorar la conservación (conservación por radiación) de una serie de alimentos, como v.gr. pescado, carne, cereales, patatas, cebollas, hongos, frutas y verduras de fácil deterioro, condimentos y drogas. La radiación origina ante todo la exclusión de gérmenes patógenos, provocando por tanto una merma de la cifra de microorganismos. Pero no es suficiente para matar los gérmenes esporulados generadores de toxinas ni las bacterias de la putrefacción productoras de esporas, ya que se encuentra en la zona de dosis de 0,1-1 Mrd. En la República Federal Alemana no se dieron las posibilidades de introducción de este procedimiento, en virtud de las normas alimentarias legales imperantes.

Por añadidura, un inconveniente añadido del empleo de las radiaciones ionizantes es, sobre todo, el elevado costo de las instalaciones tanto de adquisición como de funcionamiento (41).

### 1.4.4 Ultrasonidos

Las ondas sonoras de alta frecuencia provocan la destrucción mecánica de los microorganismos presentes en los líquidos. Este efecto se ve influido por la energía (amplitud) y, en menor cuantía, por la frecuencia de las ondas sonoras, así como por la duración de su actuación.

La acción tiene lugar por la rápida sucesión de ondas de presión y descensos de esta última. Los descensos de presión extraen los gases disueltos (fenómenos de cavitación); las elevaciones de presión atraviesan mecánicamente las paredes celulares. La sucesión extremadamente rápida de estos cambios ocasiona la rotura de las paredes celulares y la destrucción de las células.

Los virus resultan en extremo resistentes, ya que, al no contar con estructura celular, escapan en buena medida al mecanismo de acción de los ultrasonidos, por lo que éstos no consiguen inactivarlos en cuantía significativa. Resultados en parte contradictorios pueden obedecer a la influencia ejercida por otros factores (temperatura, valor del pH, presencia de materia orgánica) que se suelen subestimar. Por ejemplo, basta generalmente con destruir mediante ultrasonidos células hospedadoras de virus para obtener resultados particularmente buenos en suspensiones de virus de alta titulación.

En cambio, ***bacterias, levaduras*** y ***hongos*** se destruyen fácilmente con ultrasonidos. Existen, sin embargo, notables diferencias de sensibilidad. Los microorganismos esferoidales (estafilococos, estreptococos, esporas de hongos), así como las esporas de bacilos y clostridios son más o menos insensibles. También micobacterias patógenas y apatógenas exhiben una llamativa capacidad de resistencia. Las formas vegetativas de otras bacterias bacilares, así como de levaduras y hongos, se desintegran con relativa rapidez y facilidad.

El ***campo de empleo*** de los ultrasonidos es limitado. La destrucción o disminución de gérmenes se utiliza menos para desinfectar que para obtener componentes celulares, extracción de sustancias interiores de las células, enzimas y endotoxinas. Como los ultrasonidos también desprenden partículas de suciedad de los depósitos de ésta, existe asimismo la posibilidad de emplearlos en la limpieza de determinado instrumental y pequeños utensilios.

## 1.4.5 Métodos biológicos

Los espacios vivos poblados de microorganismos, virus y otros seres unicelulares cuentan con un potencial inactivador de estos gérmenes. A tal efecto actúan diversos mecanismos, procedentes de los sistemas biológicos participantes. Estos son, entre otros:

- Desviación del pH.
- Aumento de la temperatura.
- Antibiosis.
- Antagonismo.
- Producción de gases microbicidas.
- Desdoblamiento de nutrientes (mineralización).

Tales procesos, que permiten el aprovechamiento biotecnológico de estos efectos en la desinfección, pueden ser aerobios o anaerobios. El proceso aero-termófilo

**Tabla 1.13** Tiempos decimales medios de reducción (T) en el tratamiento anaerobio mesófilo y termófilo del estiércol líquido de cerdos y ganado vacuno (36).

| Microorganismos | 35°C $T_{90}$ (días) | $s^{a)}$ | 53°C $T_{90}$ (días) | $s^{a)}$ |
|---|---|---|---|---|
| *S. typhimurium* | 2,4 | 0,4 | 0,7 | 0,3 |
| *S. dublin* | 2,1 | 0,7 | 0,6 | 0,2 |
| *E. coli* [b)] | 1,8 | 0,6 | 0,4 | 0,3 |
| *Staph. aureus* | 0,9 | 0,5 | 0,5 | 0,3 |
| *Erys. rhusiopathiae* | 1,8 | 0,5 | 1,2 | 1,2 |
| *B. cereus* | no reducidos | | no reducidos | |
| *Cl. perfringens*, tipo C | no reducidos | | no reducidos | |
| *Str. faecalis* | 2,0 | 0,6 | 1,0 | 0,4 |
| Bacterias coliformes 37°C | 3,1 | 1,2 | n.u | |
| Bacterias coliformes 44°C | 3,2 | 2,1 | n.u | |
| Estreptococos fecales | 7,1 | 4,8 | 2-3,5[c)] | |
| *Mycobact. paratuberculosis* | 5-6,5[d)] | – | 0,7[d)] | |

[a)] s = desviación estándar, [b)] *E. coli* enteropatógeno, serovar. 0:8, 0:147, 0:149, [c)] Zona térmica 50°C-59°C, [d)] evaluado sobre la base de estudios semicuantitativos.

más conocido es la ***formación de compost***. Sustratos y sustancias residuales expuestos a un proceso de formación de compost se autodesinfectan generalmente de forma espontánea, de acuerdo con la termorresistencia de los gérmenes presentes; en estos casos, la acción del calor es el factor determinante de la inactivación microbiana. En relación con la explotación ganadera y la obtención de alimentos de origen animal, la formación de compost a partir de excrementos sólidos y de residuos de matadero desempeña un destacado papel. Para inactivar eficazmente los gérmenes termorresistentes de clase I, hacen falta temperaturas de 50°C durante 2 semanas y de 55°C durante 1 semana. Si la producción de compost se realiza en almiares, éstos deben removerse para que las materias que ocupan posición marginal entren en contacto con la zona caliente de maceración. El proceso anaerobio más importante a este respecto es la producción de biogases. Aquí desarrollan acción microbicida tanto procesos anaerobios mesófilos (25-45°C) como termófilos (45-60°C). Sin embargo, el proceso de inactivación discurre en las instalaciones mesófilas de biogas mucho más lentamente que en las termófilas; mientras que el índice $T_{90}$ (D) para tales instalaciones se halla en la zona térmica del día (Tabla 1.13), en las instalaciones termófilas bastan 20-24 horas a 53°C para que se produzca la inactivación de la mayoría de los gérmenes patógenos con suficiente seguridad.

### 1.4.6 Métodos químicos

El concepto «desinfección» es en la mayoría de ocasiones y situaciones sinónimo del de desinfección química. Esto tiene su razón de ser, pues los métodos químicos de inactivación de microorganismos son muy tenidos en cuenta, debido a su posibilidad de empleo universal en muchos campos de la sanidad pública, así como en la obtención y tratamiento de alimentos y piensos fácilmente alterables. Con frecuencia se combinan métodos físicos y químicos para mejorar el efecto final.

La inactivación química de bacterias y virus depende de la clase, resistencia y número de gérmenes presentes, de la naturaleza y propiedades del desinfectante empleado y de las condiciones externas actuantes durante la aplicación del producto químico.

Diversas sustancias químicas actúan de manera diferente sobre bacterias, hongos, virus y estadios duraderos de parásitos, de acuerdo con el punto de la estructura de las células sobre el que dejen sentir sus efectos.

En las ***bacterias***, las esporas son las formas de máxima resistencia. A este respecto, las esporas de clostridios y las esporas de bacterias exhiben sensibilidad diferente frente a los diversos principios esporicidas. Por lo regular, los oxidantes son más eficaces contra las esporas anaerobias, mientras que los aldehídos ejercen acción más intensa contra las esporas de gérmenes aerobias. En la escala de resistencia siguen las micobacterias a las esporas, luego las formas vegetativas de bacterias grampositivas, seguidas de las gramnegativas. Sin embargo, hay desinfectantes que actúan mejor frente a las bacterias grampositivas que ante especies gramnegativas. De acuerdo con esto, el orden de sensibilidad de las bacterias frente a los productos químicos es el siguiente:

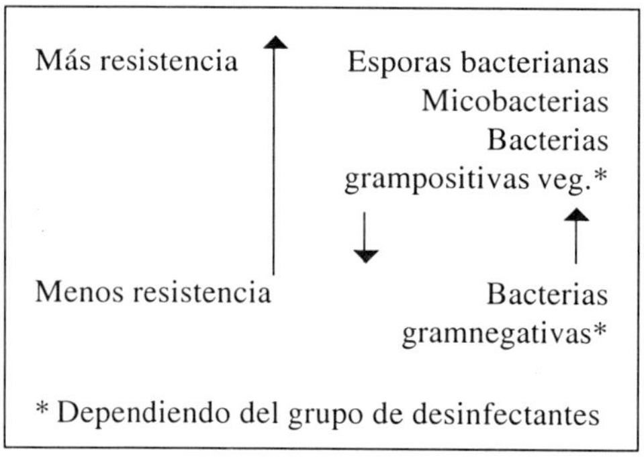


En esta simplificada descripción de las diferentes resistencias, debe tenerse en cuenta que diversos principios activos bactericidas no ejercen apenas acción sobre endosporas de bacterias ni contra micobacterias. Clamidias y rickettsias se comportan a efectos de resistencia como las bacterias vegetativas.

En los ***hongos***, las diferencias entre formas vegetativas y esporas son bastante menores que en las bacterias. Por lo común, las esporas y micelios de los mohos son más resistentes a la mayoría de los desinfectantes químicos que las formas correspondientes de las levaduras.

Sucede generalmente en los ***virus*** que los carentes de cápsula son más resistentes a los productos químicos que los capsulados. Sin embargo, dentro de cada uno de estos dos grupos se registran notables diferencias de resistencia entre las diversas especies y familias. Los resultados obtenidos en experiencias de desinfección realizadas con bacteriófagos o virus fitopatógenos no pueden aplicarse sin más a los virus de los mamíferos, puesto que las interreacciones virus-célula son de otra naturaleza.

Referente a los ***estadios parasitarios reproductores***, sólo se han llevado a cabo pocos estudios comparativos. Frente a los principios activos ensayados en este campo, los ooquistes de coccidios son por lo regular más resistentes que los huevos de lombrices intestinales, si bien no llegan a superar la resistencia de los criptosporidios.

El número de gérmenes presentes o por inactivar es un importante factor para entender y describir la *desinfección*. Sin embargo, resulta difícil llegar a expresar las relaciones matemáticas que describen la cinética de la inactivación en superficies o en condiciones prácticas de desinfección. Asimismo resulta dudoso si el concepto de valor *D*, que en el sistema logarítmico presupone una cinética lineal de la inactivación, puede aplicarse a gérmenes suspendidos en solución desinfectante. Muchas observaciones hablan en tal sentido, porque tanto al principio de la acción del desinfectante como al final del tiempo de actuación, se registra un aplanamiento de la curva lineal de inactivación incluida en el sistema de coordinación logarítmica. Pero, para observaciones comparadas, se puede recurrir a la porción lineal de la curva de inactivación en el cálculo de los valores *D* y *z*. Sin embargo, como estos cálculos siempre se refieren a situaciones ideales, es decir, con los gérmenes suspendidos en las soluciones desinfectantes, la fiabilidad es muy limitada, a diferencia de lo que sucede en la inactivación térmica, a la hora de predecir o valorar el efecto desinfectante en condiciones prácticas.

La clase y propiedades del desinfectante constituyen el segundo factor importante de influencia; estos parámetros determinan básicamente el espectro de actuación y la zona de empleo (Fig. 1.5). A efectos de eficacia, la sustancia debe cumplir esencialmente tres requisitos:

**Tabla 1.14** Ejemplos de mecanismos de acción de algunas sustancias biocidas (8).

| **Mecanismo de acción** | **Sustancia biocida** | **Estructura objetivo** | **Efecto antibacteriano** |
|---|---|---|---|
| ***Reacción química*** | | | |
| Oxidación, principalmente de grupos thiol | Isothiazolinona<br>Compuestos de mercurio orgánico<br>Sales de metales pesados<br>Hipoclorito<br>Compuestos cloro orgánico<br>Bronopol<br>Compuestos metálicos como v.gr., oxina | Enzimas con grupos thio, citoplásmicos y fijados a membrana, v.gr. dehidrogenasas | Inhibición metabólica |
| Reacciones alquílicas generales | Glutaraldehído<br>Formaldehído<br>Liberadores de formaldehído<br>Cloracetamida | Biomoléculas (v.gr., proteína, ARN, ADN) con grupos amino, imino, amido, carboxilo y thiol, a veces con conexiones transversales de las moléculas | Inhibición del metabolismo y multiplicación, posiblemente en unión de lesiones de las paredes celulares |
| Halogenización | Hipoclorito<br>Liberadores de cloro | Aminogrupos de las proteínas | Inhibición del metabolismo |
| Oxidación de radicales libres (v.gr., radicales hidroxilo) | Peróxido de hidrógeno<br>Ácido peracético | Grupos thiol de proteínas y enzimas | Inhibición del metabolismo |
| Formación de quelatos con iones metálicos | EDTA<br>Oxina | Estructuras membranosas cubiertas exteriormente con cationes bivalentes de la pared de células gramnegativas, procesos enzimáticos dependientes de iones metálicos | Lesión de la pared celular, inhibición del metabolismo celular |
| Fijación (formación de puentes de hidrógeno) | Aminoacridina | Fijación a ADN-pares de bases | Alteración de la multiplicación |
| ***Interacciones iónicas*** | | | |
| Interacciones electrostáticas con fosfolípidos | CACs<br>Clorohexidina<br>Biguánidos | Membrana citoplásmica (integridad), enzimas de membrana (alteración del medio y función) | Aumento de permeabilidad celular, idem respiración celular, coagulación intracelular |

*(continúa)*

**Tabla 1.14** (*Continuación*).

| **Mecanismo de acción** | **Sustancia biocida** | **Estructura objetivo** | **Efecto antibacteriano** |
|---|---|---|---|
| ***Interacciones físicas*** | | | |
| Penetración y separación de la doble capa de fosfolípidos, quizá desplazamiento de moléculas fosfolípidos | Fenoles<br>Ácidos débiles<br>Parabenes<br>Tetraclorosalicilanilida<br>Fenoxietanol<br>Fenticlor<br>2-Feniletanol | Gradiente pH trans membranoso, integridad de la membrana | Aumento de permeabilidad celular; alteración procesos de transporte, respiración celular y acopio de energía |
| Solución de fosfolípidos | Alcoholes alifáticos | Integridad de membrana | Aumento de permeabilidad |
| Solución de proteínas de membrana | Compuestos superficie-activos aniónicos | Membrana citoplásmica (integridad), enzimas de membrana (medio y funciones) | Aumento de permeabilidad, lisis, desacoplamiento de procesos energéticos |

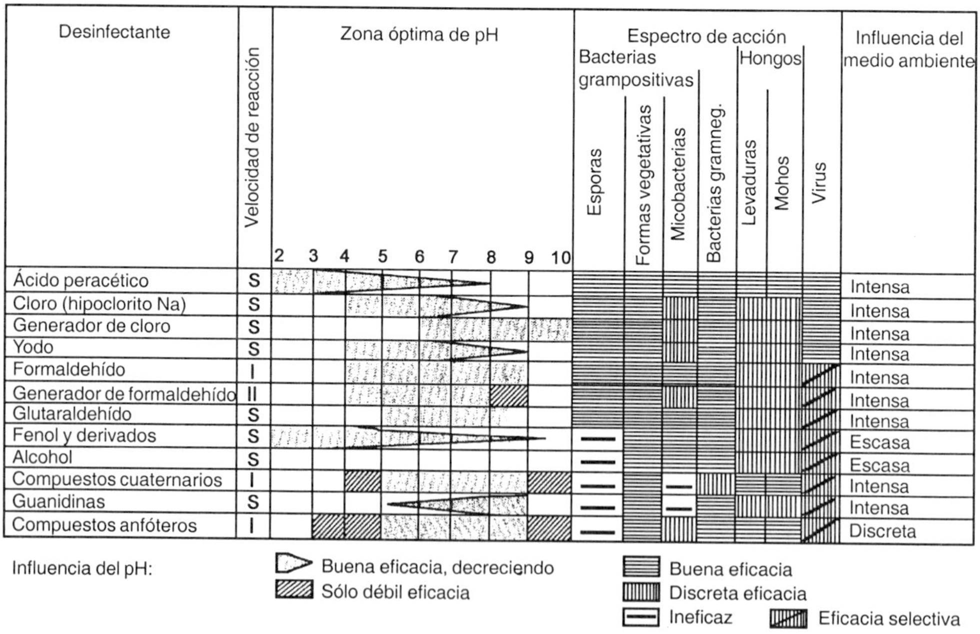


**Fig. 1.5** Espectro de actuación y dependencia del pH de los desinfectantes más importantes (49). s = acción rápida; I = acción lenta; II = acción muy lenta.

- Adsorción a las superficies del objetivo (células bacterianas, partículas víricas, etc.).
- Penetración en las estructuras objetivo.
- Reacción con uno o varios componentes de la estructura objetivo (enzimas, ácidos nucleicos, etc.).

En casos especiales, v.gr. en virus capsulados, basta simplemente con destruir las estructuras superficiales como las envolturas para alcanzar un éxito desinfectante. Los efectos sobre las estructuras microbianas son definitivos o reversibles de acuerdo con la concentración y tiempo de actuación. Los mecanismos básicos más importantes de reacción de los desinfectantes con las estructuras objetivo son, según Denyer y Steward (8):

- Reacciones químicas.
- Acciones iónicas mutuas.
- Acciones físicas mutuas.

En la Tabla 1.14 se incluye un resumen de las acciones respectivas de algunas sustancias microbicidas. Para los ácidos y álcalis no incluidos en el resumen hay que partir tanto de acciones mutuas físicas en baja concentración como también de reacciones químicas (hidrólisis) con proteínas y enzimas de la pared celular, membrana celular y citoplasma.

## 1.4.7 Desinfectantes

Para los más variados fines de empleo, se ofrece gran número de sustancias microbicidas. Los grupos de principios activos a mencionar a este respecto son:

- Aldehídos
- Alcoholes
- Cloro + liberadores de cloro
- Yodóforos
- Liberadores de oxígeno
- Álcalis
- Ácidos
- Fenoles
- Sustancias superficieactivas
  - catiónicas (Quats)
  - anfóteras
  - aniónicas

### *1.4.7.1 Aldehídos*

Los representantes más importantes de los aldehídos a este respecto son el formaldehído (aldehído fórmico), glutaraldehído y glioxal.

El formaldehído (químicamente HCOH) es el desinfectante más utilizado en agricultura. Se obtiene en el mercado en solución acuosa al 35-40%, denominándose entonces formalina. Se emplea tanto en la desinfección de superficies como en la higienización de productos fecales. Pero el formaldehído también puede utilizarse en forma gaseosa como desinfectante. El glutaraldehído COH-$(CH_2)_3$-CHO es un líquido oleoso que se utiliza en la concentración del 2%, desarrollando su efecto óptimo con un pH de 7,5-8,5. El glioxal ($C_2H_2O_2$) se utiliza sobre todo en combinación con el formaldehído y glutaraldehído en productos desinfectantes comerciales. Existe además una serie de compuestos que liberan formaldehído o que actúan como microbicidas por sí mismos, pero renunciamos aquí a su descripción detallada debido a su escaso interés. Son: paraformaldehído, hexametilenotetramina, Quaternum 15, dimetiloldimetilhidantoína y acroleína. En Wallhäußer (49) se encuentran detalles sobre estos compuestos.

La ***forma de acción*** de los aldehídos obedece al grupo aldehído que llevan en su fórmula, el cual reacciona sobre todo con los grupos amino y amida de las proteínas celulares. En solución acuosa forman compuestos de *N*-metilol, que luego, en una etapa posterior, originan con otros aminogrupos puentes metílicos irreversibles. Por este mecanismo se destruyen los componentes de la pared celular, que se torna permeable, alterándose como consecuencia el equilibrio osmótico. Por añadidura, los enzimas celulares se inhiben, lo que a su vez impide el metabolismo celular. Sobre todo en los virus, los aldehídos se fijan también en los ácidos nucleicos, a los que inactivan. Como las reacciones de los aldehídos no sólo se producen con las proteínas de los microorganismos, sino con todas las proteínas, los aldehídos pierden en presencia de proteínas buena parte de su acción desinfectante. Sin embargo, sobre todo el glutaraldehído desarrolla eficacia aunque sea en presencia de una sobrecarga muy intensa de materia orgánica. El efecto depende mucho de la temperatura, viéndose muy perjudicado cuando ésta está por debajo de los 10°C; con temperaturas en torno a los 0°C, se anula. El ***espectro de actuación*** de los aldehídos es amplio. No obstante, la eficacia contra levaduras y mohos es peor que contra las bacterias. Además de las formas vegetativas de las bacterias (incluidas micobacterias), se matan esporas de bacilos y clostridios con concentraciones y tiempos de actuación adecuados. También resultan inactivados gran número de virus.

***Toxicidad:*** El contacto con formaldehído puede provocar irritación en la piel y mucosas de las vías respiratorias y canal digestivo. Reiteradamente se han venido discutiendo las acciones cancerígena y mutágena de los aldehídos (17, 28), aunque hasta el presente no se ha podido demostrar nada. La dosis letal: 50% ($LD_{50}$) es en la rata de 200 mg/kg de peso corporal.

Para desinfectar las superficies de los alojamientos animales, la formalina se utiliza en la concentración del 1-3%. Para la desinfección del agua del estiércol se emplea la concentración del 6-20 kg/m$^3$. El formaldehído también se encuentra en muchos preparados comerciales utilizados en la desinfección de alojamientos ganaderos.

### 1.4.7.2 Alcoholes

Los alcoholes vienen empleándose como desinfectantes desde hace largo tiempo. Desarrollan una rápida acción microbicida, pero sólo si se emplean en concentraciones muy superiores a las de otros desinfectantes. La eficacia de los alcoholes aumenta al hacerlo la longitud de su cadena. El efecto de los distintos alcoholes disminuye en el siguiente orden: *n*-alcoholes primarios > alcoholes isoprimarios > alcoholes secundarios > alcoholes terciarios. Los alcoholes utilizados con máxima frecuencia son etanol, propanol e isopropanol.

El ***modo de acción*** de los alcoholes se basa en la desnaturalización sobre todo de las proteínas. Para desnaturalizar las proteínas, el alcohol no debe estar en forma concentrada, sino disuelto en agua en determinada cuantía; en otro caso, el alcohol sólo exhibe efecto conservador. En el etanol, la concentración eficaz es del 60-70%, y en el isopropanol del 50-70%. En concentraciones inferiores al 30%, el alcohol no es microbicida.

El ***espectro de actuación*** sólo comprende las formas vegetativas de las bacterias. En cambio, las esporas se conservan en alcohol. La acción viricida es buena contra una porción de virus (sobre todo los capsulados), mientras que otros no resultan afectados.

Los alcoholes se utilizan sobre todo en la desinfección de piel y manos. En otros casos, los alcoholes se emplean sobre todo como conservantes en medicamentos, cosméticos y alimentos.

La ***toxicidad*** varía de unos alcoholes a otros. El metanol es relativamente tóxico, mientras que el etanol sólo ejerce efecto tóxico en dosis altas. Así, según Gerhartz y Elvers (13), la $LD_{50}$ del metanol es 490 mg/kg (ratón), del *n*-propanol 1.870 mg/kg (rata), y del etanol 13.700 mg/kg (rata).

### 1.4.7.3 Cloro y liberadores de cloro

Como desinfectantes sirven tanto el elemento cloro como numerosos compuestos clorados orgánicos e inorgánicos (Tabla 1.15). Todos estos compuestos tienen en común que, en solución acuosa, forman ácido hipoclórico (HOCl), el cual atraviesa la pared celular de los microorganismos para dejar sentir en el interior de éstos su fuerte acción oxidante. En estos casos es decisiva la cantidad de «cloro libre disponible», es decir, la cantidad de cloro que no reacciona con otros componentes.

El ***modo de acción*** de los liberadores de cloro no está claro en todos sus detalles (ver Tabla 1.14). Uno es que el HOCl libera oxígeno naciente, que oxida los componentes celulares (con preferencia proteínas celulares, pero también los ácidos nucleicos) (4). Pero éste no es el único efecto, ya que los liberadores de cloro también ejercen acción desinfectante en condiciones que excluyen la oxidación de los componentes celulares. Debe admitirse que el cloro reacciona con los grupos SH de los enzimas celulares, inhibiéndolos.

La acción se ve influida por distintos factores. Cuando aumenta el pH, dismi-

**Tabla 1.15** Compuestos clorados más importantes utilizados en desinfección.

| **Compuesto clorado** | **Áreas de empleo** |
|---|---|
| Hipoclorito sódico o potásico | Antisépticos, desinfección del agua, industria alimentaria, industria lechera |
| Cloruro cálcico | Desinfección de superficies<br>Desinfección del agua |
| Cloramina B<br>*N*-Clorobenzolsulfonamida Na | Desinfectantes de la piel |
| Cloramina T–clorina<br>*p*-Toluolsulfoncloramida Na<br>Tosilcloramida Na<br>Triclorol | Antisépticos<br>Desinfección de manos<br>Desinfección superficies de todas las zonas<br>(v.gr., fabricación de alimentos, explotación animal) |
| Halazon<br>Ácido *p*-diclorosulfamilbenzoico | Desinfección del agua |
| Halane-derivados del ácido cianhídrico<br>Ácido tricloroisocianhídrico | Desinfectante de zonas sin suciedad |

nuye la eficacia de los liberadores de cloro; si se eleva la temperatura, aumenta la eficacia. En presencia de sustancias orgánicas, la acción se reduce notablemente. Aquí se produce tanto la adsorción del cloro a los componentes orgánicos como una transformación química. Esta disminución de la acción recibe el nombre de consumo del cloro.

Los compuestos clorados tienen un extenso ***espectro de actuación*** que se extiende a todos los microorganismos. En la concentración adecuada son microbicidas; las esporas mueren más lentamente que las formas vegetativas. También los virus son inactivados.

Los compuestos clorados se utilizan sobre todo en la higiene lechera para desinfectar las instalaciones lecheras. Pero también en la desinfección de superficies en el campo alimentario, al igual que en alojamientos de animales.

La ***toxicidad*** aguda de los compuestos clorados es escasa. La $LD_{50}$ del cloro gaseoso en el hombre es de unos 300-400 ml/m$^3$. Debe señalarse que los productos con cloro activo en manera alguna pueden mezclarse con ácidos, pues entonces se liberaría cloro gaseoso.

### 1.4.7.4 Compuestos yodados (yodóforos)

Desde hace unos 150 años se conoce la capacidad desinfectante del yodo. A temperatura ambiente es sólido, utilizándose como desinfectante con ayuda de disolventes en forma líquida. El yodo se disuelve bien en alcohol, pero mal en agua. Para disolverse en ésta se utilizan los llamados solubilizantes. El más sencillo de todos es el yoduro potásico (IK). En los yodóforos, el papel de disolventes lo ejercen compuestos orgánicos. Son éstos, entre otros, el polivinil-pirrolidón (PVP-yodo) y los ténsidos aniónicos. Con estos disolventes puede conseguirse una concentración de yodo en el agua hasta del 30%. En todas estas soluciones, el componente activo es el yodo libre. Los yodóforos están generalmente en medio ácido. En la zona alcalina se originan yoduros y yodatos, carentes de acción microbicida. Por debajo de pH 7, la eficacia aumenta a medida que se incrementa el grado de acidez. El yodo libre se va generando lentamente a partir de los yodóforos durante largo tiempo, lo que supone un prolongado período de acción.

El ***modo de acción*** de los compuestos yodados obedece a la intensa capacidad oxidativa del yodo (formación de ácido yodhídrico con hipoyoduro), con lo que resultan desnaturalizadas las proteínas de los gérmenes.

El ***espectro de actuación*** es muy extenso. Los compuestos yodados son ya eficaces tras corto tiempo contra casi todas las especies bacterianas. También son destruidas esporas y micobacterias. La mayoría de los virus mueren ya con bajas concentraciones. La efectividad del yodo se ve poco influida en concentraciones elevadas por la materia orgánica (sangre, suero, heces) o por el pH. En cambio, con bajas concentraciones de yodo (20-50 mg yodo/litro), los factores mencionados ocasionan una acusada pérdida de eficacia, por lo que en la industria lechera la desinfección debe ir precedida por una limpieza a fondo. Debe señalarse asimismo que los yodóforos no deben utilizarse a temperaturas superiores a 40°C, ya que entonces el yodo se evapora (pérdida de eficacia y peligro de corrosión).

La ***toxicidad*** de los compuestos yodados es escasa. La $LD_{50}$ para la rata es de 6 g/kg. En cambio, el yodo puede provocar alergias. Como este elemento atraviesa la piel, en personas sensibles puede causar hipertiroidismo. También se observan ligeras irritaciones de la piel tras el empleo de soluciones yodadas.

Los yodóforos se utilizan sobre todo para la desinfección cutánea. En ganadería encuentran empleo especialmente en la higiene del ordeño como desinfectantes de los pezones.

### *1.4.7.5 Liberadores de oxígeno (peróxidos)*

Los representantes más importantes de los peróxidos son el agua oxigenada y el ácido peracético. Otros peróxidos con campos de empleo variables, a menudo muy limitados, son el peróxido de benzoilo, perborato sódico, permanganato potásico, ácido perbenzoico, perbenzoato sódico y ácido perglutárico. La mayoría de estos últimos compuestos necesitan un activador para poder desarrollar sus efectos.

Los peróxidos son fuertes agentes oxidantes que oxidan las proteínas celulares y los ácidos nucleicos de los microorganismos.

El ***ácido peracético*** se encuentra en el mercado generalmente en solución acuosa entre el 5 y el 40% (ácido peracético equilibrado). En los preparados habituales, su tasa es del 10-15%, existiendo un equilibrio entre el ácido peracético y sus productos de desdoblamiento que son ácido acético y peróxido de hidrógeno (agua oxigenada). El ácido peracético penetra rápidamente a través de la pared bacteriana, lo que explica en parte su eficaz acción. Se desdobla con rapidez en ácido acético y peróxido de hidrógeno. Este último libera a su vez oxígeno atómico (oxígeno naciente), que reacciona enseguida con las sustancias químicas vecinas oxidándolas; por ejemplo, los grupos mercapto pasan a disulfuros (10). Debido a la rápida reacción con la materia orgánica, la eficacia del ácido peracético disminuye acusadamente en presencia de suciedad. Como consecuencia de la elevada facilidad de reacción del oxígeno, con ácido peracético se puede desinfectar también a bajas temperaturas ($\leq$ 10°C). La zona óptima de pH está entre 2,5 y 4.

El ***espectro de actuación*** del ácido peracético es muy amplio. Además de las formas vegetativas de las bacterias, ataca también los esporas. Asimismo, es eficaz contra los virus.

***Toxicidad:*** La toxicidad del ácido peracético es escasa, ya que se descompone rápidamente en ácido acético, agua y oxígeno. Aplicado sobre la piel, ocasiona irritaciones de ésta (25). Se sospecha del ácido peracético como agente cancerígeno. En USA se incluye en la Lista de Sustancias Sospechosas.

El ácido peracético participa en casi todas las presentaciones destinadas a la desinfección de superficies; su concentración de empleo oscila entre el 0,1 y 1% de principio activo. Para desinfectar líquidos se emplean 25-40 l/m$^3$ de un preparado al 15%. En la industria lechera se utiliza en la desinfección de instalaciones de ordeño. El ácido peracético también se presta para desinfectar en forma de aerosol.

Las soluciones de peróxido de hidrógeno son muy inestables, pero pueden estabilizarse añadiendo ácido benzoico. El ***peróxido de hidrógeno*** se desdobla en agua y radicales oxígeno, que desarrollan intensa acción oxidante. Dispone de un extenso ***espectro de actuación***. El pH óptimo se encuentra en la zona ácida. Se utiliza principalmente en la desinfección de heridas en la concentración del 3%. No sirve para desinfectar superficie, debido a ser inestable.

***Toxicidad:*** El peróxido de hidrógeno en altas concentraciones provoca ulceraciones en la piel y mucosas. La presencia gaseosa en el aire puede originar irritaciones en las mucosas. La concentración nociva en el aire está en 10 mg/m$^3$ para el hombre, y en 110 mg/m$^3$ para la rata.

### *1.4.7.6 Álcalis*

También en las centrales lecheras y en la fabricación de bebidas se utilizan como desinfectantes sobre todo el hidróxido sódico (NaOH) y en ocasiones el KOH. En ganadería se emplea asimismo hidróxido cálcico $Ca(OH)_2$ como desinfectante. La lejía de sosa –solución acuosa de hidróxido sódico– es el álcali más fuerte conocido. Una solución al 1% tiene un pH de 13. La lejía de sosa se adquiere en el comercio como un líquido claro y fuertemente cáustico. Pero también puede generarse a partir del NaOH fabricando gránulos (pellets) mediante prensado en seco. Estos gránulos se disuelven en agua con desprendimiento de mucho calor.

El hidróxido cálcico se origina añadiendo cal apagada (CaO) al agua. Entonces se forma con mucha producción de calor el hidróxido cálcico, que es débilmente soluble en agua (1-1,8 g/100 ml). La solución es un fuerte álcali con pH 12.

El ***modo de acción*** de los álcalis se basa sobre todo en su elevado pH, que destruye las paredes de las células bacterianas. También se saponifican los ésteres del ácido fosfórico de los lipoides y se hidrolizan las uniones amidoácidas de los péptidos, resultando desnaturalizadas las proteínas (41). En los virus desprovistos de envoltura, se hidrolizan las uniones azúcar-ácido fosfórico de los ácidos nucleicos (9). En el hidróxido cálcico, se genera gran cantidad de calor como resultado del apagado de la cal. El efecto de los álcalis se acentúa al elevarse la temperatura.

***Espectro de actuación*:** En una concentración del 2%, la lejía de sosa deja sentir sus efectos rápidamente sobre bacterias y virus, pero no contra hongos.

Los inconvenientes de la lejía de sosa son su intensa fuerza corrosiva y su deficiente acción sobre materiales crudos como la madera.

***Toxicidad*:** En forma concentrada, la lejía de sosa es fuertemente cáustica.

El óxido cálcico irrita la piel y mucosas y puede provocar lesiones oculares. La cal es inocua para el medio ambiente. Está autorizado su empleo como abono.

La lejía de sosa se emplea como desinfectante de superficies en la concentración del 2%. Para desinfectar estiércol líquido, se utiliza lejía de sosa industrial al 50% en la cantidad de 16-30 l/m$^3$.

El hidróxido cálcico se aplica como polvo o granulado para higienizar estiércol sólido o productos similares. La lechada de cal es útil para desinfectar estiércol líquido o para la preparación de revestimientos bactericidas de cal.

### *1.4.7.7 Ácidos*

En cuanto a los ácidos, con la excepción de algunos casos particulares, en la desinfección se utilizan la mayor parte de los ácidos orgánicos. Sin embargo, la principal esfera de empleo de estos agentes está en la conservación de alimentos y en cosmética. Sólo algunos representantes se utilizan también como desinfectantes. Los mejores efectos se logran con los ácidos fenilacético, fórmico, acético y propiónico (46).

***Modo de acción*:** Los ácidos orgánicos actúan en parte reduciendo el pH. Sin embargo, la capacidad de liberar protones no acaba de explicar completamente la acción de los ácidos orgánicos, puesto que la mayoría de los que son desinfectantes eficaces son ácidos relativamente débiles. Su máxima eficacia la alcanzan sólo cuando buena parte de los ácidos se encuentra en su forma sin disociar (18). Esto únicamente sucede con valores de pH inferiores al pKa de los ácidos. Cuando el valor del pH aumenta por encima del valor pKa, como consecuencia disminuye la efectividad ostensiblemente. Se presume que los ácidos impiden el ingreso de sustratos al interior de las células, de cuyo transporte se ocupa una bomba de protones. El ***espectro de actuación*** del ácido fórmico es relativamente amplio. Los mohos, sin embargo, son bastante resistentes. Para obtener buenos resultados de los ácidos orgánicos, deben aplicarse en concentraciones relativamente elevadas. Cuando existe una sobrecarga de proteínas, disminuye la eficacia de los ácidos, lo que debe compensarse prolongando el tiempo de actuación o bien incrementando la concentración.

***Toxicidad*:** La toxicidad aguda oral del ácido fórmico ($LD_{50}$) es en la rata de 1.250 mg/kg. La ingestión continuada del 0,5-1% de ácido fórmico en el agua de bebida provoca en la rata lesiones orgánicas y trastornos del crecimiento. No se conocen acciones cancerígenas ni teratógenas. El contacto con el ácido fórmico origina intensa irritación de mucosas.

En los establos se utiliza sobre todo ácido fórmico, que se aplica en la concentración del 2-4% para desinfectar superficies.

### *1.4.7.8 Fenoles*

El fenol es uno de los desinfectantes más antiguos. Se genera al introducir un grupo hidroxi en un anillo aromático. Hoy apenas conserva importancia como desinfectante. En su lugar se emplean eficaces derivados fenólicos. La efectividad del fenol se incrementa notablemente introduciendo en él cadenas alquílicas, restos arílicos y halógenos. En estos casos, la eficacia aumenta de acuerdo con la longitud de la cadena alquílica y con el número de átomos de halógeno. Pero también aquí aumenta la inactivación por efecto de material orgánico, a la vez que se acentúa la toxicidad. La escasa solubilidad en el agua hace necesaria la confección de fórmulas especiales que permitan la solución o emulsión de los fenoles. Esto se consigue frecuentemente utilizando compuestos superficieactivos aniónicos o catiónicos. Los ténsidos no iónicos reducen la eficacia (18).

El ***espectro de actuación*** de los fenoles comprende formas vegetativas de bacterias, si bien la destrucción de los bacilos tuberculosos sólo se consigue con concentraciones altas; virus y esporas no mueren; los mohos únicamente suelen destruirse con concentraciones elevadas. La eficacia aumenta al hacerlo la temperatura y en zonas de pH ácido; la materia orgánica la reduce.

***Modo de acción*:** El fenol es un fuerte veneno protoplasmático. Atraviesa la pared celular destruyéndola. En el interior de las células reacciona con las proteínas, inactivando así los enzimas; a este respecto, las oxidorreductasas y los enzimas del metabolismo de los carbohidratos y proteínas se manifiestan como los más sensibles (ver también Tabla 1.14). De acuerdo con la concentración, actúa sobre el metabolismo celular desarrollando efecto bactericida o bacteriostático.

Los fenoles cuentan con una amplia esfera de empleo. Los cresoles se emulsionan con jabones y se utilizan como jabones cresolados en la desinfección de suelos. Los fenoles halogenados se encuentran ocasionalmente como preparados comerciales para la desinfección de superficies en explotaciones animales.

***Toxicidad*:** La toxicidad aguda oral ($LD_{50}$) para la rata varía mucho de acuerdo con los distintos derivados fenólicos, oscilando entre 530 mg/kg en el fenol y 5.500 mg/kg en la 4-*n*-hexil-resorcina. La $LD_{50}$ del fenol para el hombre es de unos 140 mg/kg. En las personas, el fenol en altas concentraciones resulta cáustico para la piel, a través de la cual es absorbido, de modo que el contacto repetido con preparados fenólicos puede provocar intoxicaciones. La dosis letal media es de 15 g, pero cantidades menores ya pueden originar casos mortales.

### *1.4.7.9 Compuestos superficieactivos*

Los ténsidos aniónicos son menos adecuados como desinfectantes (Cap. 1.3.2), por lo que corresponde mayor importancia a los ténsidos catiónicos, los compuestos de amonio cuaternario. A este respecto hay que mencionar también los ténsidos anfóteros y las guanidinas.

#### Compuestos de amonio cuaternario (CAC)

Su fórmula química es $(R_1R_2R_3R_4\text{-}N^+)\ X^-$, en la que $R_1$-$R_4$ son restos alquílicos y $X^-$ puede ser un anión cualquiera, si bien suele ser bromo o cloro. Dependiendo de los diversos restos (R), los CAC pueden clasificarse en varios grupos (49):

1. Sales de monoalquil-trimetil-amonio: aquí, un resto es una larga cadena alquílica, mientras que los demás son restos metilo.
2. Sales de monoalquil-dimetil-benzil-amonio: un resto es una cadena alquílica larga, otro un resto benzilo, y los demás restos metilo (v.gr., cloruro de banzalconio).
3. Sales de dialquil-dimetil-amonio: dos restos son cadenas alquílicas largas, y dos restos metilo.
4. Sales amónicas heteroaromáticas: un resto es una cadena alquílica larga y los otros tres son compuestos aromáticos.

El ***modo de acción*** de los CAC es bien conocido (ver Tabla 1.14). Actúan sobre la membrana celular, en la que practican poros, a través de los cuales se destruye el interior de la célula. Además, los propios CAC pueden penetrar en las células y provocar en ellas la desnaturalización de las proteínas. Su eficacia se ve influida por diversos factores: la materia orgánica (sangre, suero, heces, leche) la reduce notablemente; también la presencia de jabones actúa de forma negativa. Además, el pH juega importante papel. Con valores de pH ácido, la acción desinfectante es bastante peor que con valores alcalinos, anulándose por completo con valores de pH < 3. Como en la mayoría de los desinfectantes, la eficacia aumenta con temperaturas más elevadas.

Los CAC exhiben un ***espectro de actuación*** relativamente amplio. Por lo general, el efecto contra las bacterias grampositivas es mejor que contra las gramnegativas. Esporas y micobacterias no resultan afectados. La capacidad de inactivación de los virus es sólo escasa; resultan inactivados con preferencia los virus capsulados. Frente a los hongos, los CAC desarrollan sobre todo acción fungistática y no fungicida.

En ganadería, con la excepción de la combinación R + D para salas de ordeñado, estos compuesto se utilizan poco solos, debido a su mal comportamiento con las proteínas, pero se hallan contenidos en muchos preparados mixtos. Debido a su baja toxicidad, los CAC pueden emplearse aquí especialmente para desinfectar los pesebres de terneros. Las principales esferas de empleo son las industrias alimentaria y de la nutrición.

La toxicidad de los CAC es escasa. La **toxicidad** aguda oral del cloruro de benzalconio, $LD_{50}$, es de 450-750 mg/kg (rata). En el hombre, soluciones con concentraciones superiores al 0,1% pueden ocasionar irritaciones de la piel. Concentraciones por encima del 1% provocan lesiones en las mucosas (24).

### Compuesto anfóteros

Los ténsidos anfóteros son aminoácidos de molécula grande que en solución acuosa forman cationes, aniones o iones neutro, de acuerdo con el pH presente. Exhiben un ***modo de acción*** parecido al de los CAC y un ***espectro de actuación*** comparable. En cambio, en contraposición a los CAC, destruyen el bacilo de la tuberculosis.

Se emplean sobre todo en la desinfección de piel y manos en la concentración del 2%.

### Guanidinas

Los guánidos poseen un extenso **espectro de acción** antimicrobiana, pero que en los guánidos sencillos no está exento de lagunas. En cambio, los biguánidos son efectivos contra casi todas las especies bacterianas. Sin embargo, en concentraciones bajas sólo desarrollan acción bacteriostática, ejerciendo acción bactericida únicamente cuando la concentración es entre 500 y 2.000 veces superior. Contra micobacterias y hongos sólo tienen escaso efecto. A temperatura normal, no matan las esporas. El representante más importante de los biguánidos es la clorohexidina.

***Modo de acción*:** Los biguánidos destruyen la membrana citoplásmica, inhibiendo los enzimas al coagular los componentes del citoplasma y las proteínas celulares (ver Tabla 1.14). El pH óptimo es 8. En presencia de materia orgánica y de jabones o ténsidos aniónicos, se registra una merma de la eficacia.

Los biguánidos se emplean en solución alcohólica para la desinfección de manos y piel.

La ***toxicidad*** aguda oral de la clorohexidina corresponde a una $LD_{50}$ de 2 g/kg (ratón). Hasta el presente no se ha evidenciado ninguna acción cancerígena.

## 1.4.8 Aplicación de desinfectantes

Por lo general, los desinfectantes se aplican en estado líquido, pero también en forma de gas, o, en raras ocasiones, incluso en estado sólido. Corrientemente, los desinfectantes actúan asimismo de manera principal a través de la fase en que se aplican, aunque con excepciones. La Ta-

**Tabla 1.16** Sistemática de la aplicación de desinfectantes.

| Fase de aplicación | Fase activa | Tipo de desinfección | Utensilios (ejemplos) |
|---|---|---|---|
| Líquida | Líquida | Introducción<br>Desinfección fija | Tinas<br>Instalaciones CIP |
| Líquida | Líquida | Desinfección con escobas y fregado | Esponjas, bayetas, cepillos |
| Líquida | Líquida | Desinfección por pulverización | Limpiador HD, mochilas de espalda |
| Líquida | Líquida (gaseosa)* | Desinfección por pulverizado fino | Pulverizadores |
| Líquida | Gaseosa | Desinfección por aerosol | Pulverizador Collison, id. ultrasonidos |
| Gaseosa | Gaseosa | Vaporización | Aparato Autex; olla |
| Gaseosa | Gaseosa | Gaseado | Cámaras de gaseado<br>Armarios de gaseado |

**Tabla 1.17** Diferencias entre la desinfección por pulverización y por aerosol.

| | Desinfección por pulverización | Desinfección por aerosol |
|---|---|---|
| Diámetro de las gotitas | Superior a 10 µm | Inferior a 10 µm |
| Desinfectante aplicado | Todos solubles: fenoles, alcoholes, aldehídos, oxidantes, yodados, ténsidos, ácidos, etc. | Formaldehído, ácido peracético, $H_2O_2$, glutaraldehído |
| Principales ventajas | Fácil aplicación (aparatos sencillos) alto rendimiento, amplio repertorio de desinfectantes | Material conservador, ideal para gérmenes en difusión aerógena |
| Principales inconvenientes | Utilización con líquido, formación de pequeños aerosoles de gérmenes, escasa capacidad de penetración | Bajo rendimiento de los aparatos, escaso repertorio de desinfectantes para elegir |
| Principales esferas de uso | Desinfección de establos, producción de alimentos, desinfección de hospitales | Desinfección de recintos pequeños con instalación electrónica o sensible a la humedad |

bla 1.16 proporciona información sobre las diversas posibilidades.

Referente a los utensilios o aparatos a emplear en cada caso, en los capítulos correspondientes se trata sobre su forma de empleo. Aquí sólo aludiremos a las diferencias existentes entre la desinfección por aerosoles y la desinfección en pulverización fina, por ser éste un punto motivo de frecuente discusión. En la Tabla 1.17 se resumen tanto las características como las ventajas e inconvenientes respectivos.

Un caso especial es la desinfección en pulverización fina, realizada aquí con aparatos que producen gotitas de un tamaño que va desde 10 a 100 µm. Aun cuando una parte del desinfectante se evapora al utilizar pulverizadores calientes, la acción principal se produce, sin embargo, a través de la fase líquida.

### 1.4.9 Factores con influencia sobre la desinfección

De acuerdo con circunstancias externas y con la esfera de empleo, la desinfección resulta influida con mayor o menor intensidad por diversos factores. Estos pueden dividirse en factores primarios y secundarios. Los factores primarios más importantes son:

- Cantidad y especie de los microorganismos a destruir.
- Cantidad, tipo, concentración y tiempo de actuación del desinfectante utilizado.
- Grado de limpieza, clase y textura de las superficies a desinfectar.

Los factores secundarios más importantes son:

- Temperatura ambiental (si es caso, temperatura de aplicación).
- Dureza del agua de dilución.
- Humedad relativa y velocidad del aire.

Para estos factores secundarios vale, en general, lo siguiente: cuanto más baja es la concentración de desinfectante aplicado, con más intensidad pueden ellos actuar (16).

Respecto a los factores primarios, de la cantidad y especie de los microorganismos a destruir depende estrictamente el éxito de la desinfección. Esto es irrelevante cuando no se lleva a cabo simultáneamente un cálculo del grado de carga inicial de gérmenes. Cantidad, tipo, concentración y tiempo de actuación se determinan de acuerdo con la experiencia adquirida, o, mejor, llevando a cabo pruebas adecua-

**Tabla 1.18** Resistencia de diversos materiales a la acción de desinfectantes químicos aplicados en concentraciones habituales, según Schliesser (41) (+ resistente, ± poco resistente, – atacable).

| Desinfectantes | Al | Cu | Sn | Latón | Fe | Acero | Acero $V_2A$ | Mampostería | Pinturas | Textiles | Cuero | PVC |
|---|---|---|---|---|---|---|---|---|---|---|---|---|
| Álcalis, ácidos | – | – | – | – | – | + | + | – | – | – | – | ± |
| Cloro | – | – | – | – | – | – | + | + | ± | – | – | + |
| Cloramina | + | | + | | + | + | + | + | + | + | + | + |
| Formaldehído | + | | + | + | + | + | + | + | + | + | ± | + |
| Yodóforos | + | ± | ± | ± | + | + | + | + | ± | + | ± | + |
| Fenoles (sust.) | + | + | + | | + | + | + | + | + | + | + | ± |
| Ácido peracético | + | – | – | – | – | + | + | – | – | + | – | + |
|Ténsidos cat. CAC | + | + | + | + | – | + | + | + | + | + | + | ± |
|Ténsidos anfót. | + | + | + | + | + | + | + | + | + | + | + | ± |

das de los desinfectantes a utilizar en cada caso (Cap. 1.6). La identificación y la corrección de posibles influencias del grado de limpieza, clase y textura de los materiales a desinfectar son mayormente responsabilidades del usuario, que también aquí deberá adoptar las medidas pertinentes para conseguir una eficaz desinfección. La Figura 1.6 muestra la influencia del material sobre la desinfección en alojamientos de animales.

Importante a este respecto es también la resistencia de los materiales. Schliesser (41) resume en la Tabla 1.18 una serie de datos correspondientes a alojamientos animales.

Conviene aquí partir de tiempos de exposición relativamente cortos y de la observancia de amplios espacios de tiempo intermedios. Cuando se desinfecta con otros fines, como v.gr., en la industria lechera o en la preparación de alimentos, donde regularmente se llevan a cabo medidas R + D con intervalos de tiempo relativamente cortos, y donde hay que contar con que largos plazos de contacto, desinfectantes y materiales, deben estar en perfecta co-

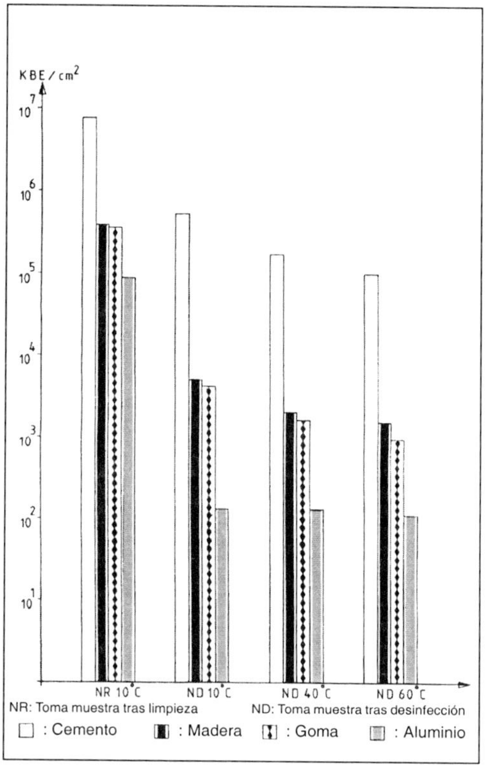


**Fig. 1.6** Influencia del material y de la temperatura de la solución desinfectante sobre el resultado de la desinfección (44).

**Tabla 1.19** Algunos factores para compensar la influencia de la temperatura que fueron determinados para los desinfectantes elegidos y gérmenes de control en la prueba de suspensión y placas de microbiología, según las Normas DVG, con agua estándar de dureza de 17° d (16).

| **Gérmenes** | **Desinfectante de control** | **Prueba en suspensión**<br>**Disminución de la temperatura de:** | | **Prueba en placas**<br>**Disminución de la temperatura de:** | | | |
|---|---|---|---|---|---|---|---|
| | | 20 a 10°C | 20 a 5°C | 20 a 15°C | | 20 a 10°C | |
| *Staphylococcus aureus* | Formaldehído<br>Glutardialdehído<br>Fenol | Tiempo: ×5,3<br>Tiempo: ×14<br>Tiempo: ×4 | Tiempo: ×8<br>Tiempo: ×20<br>Tiempo: ×8 | Tiempo: ×3<br>Tiempo: ×1,7<br>Tiempo: ×2 | Conc.: ×1<br>Conc.: ×1<br>Conc.: ×1,5 | Tiempo: ×3<br>Tiempo: ×1,5<br>Tiempo: ×1,3 | Conc.: ×1,5<br>Conc.: ×2<br>Conc.: ×1,7 |
| *Escherichia coli* | Formaldehído<br>Glutardialdehído<br>Fenol | Tiempo: ×7,5<br>Tiempo: ×10<br>Tiempo: ×10 | Tiempo: ×10,5<br>Tiempo: ×8<br>Tiempo: ×18 | Tiempo: ×3<br>Tiempo: ×1,5<br>Tiempo: ×2 | Conc.: ×1<br>Conc.: ×1,5<br>Conc.: ×1 | Tiempo: ×4<br>Tiempo: ×1,7<br>Tiempo: ×1,3 | Conc.: ×1<br>Conc.: ×2,5<br>Conc.: ×1,2 |

ordinación si se quieren evitar daños, porque incluso el acero más noble resulta atacado en determinadas circunstancias.

Como en las diversas condiciones de desinfección debe contarse con diferentes grados de suciedad, de acuerdo con las distintas esferas de aplicación, al comprobar la eficacia de un desinfectante debe tenerse en cuenta tal circunstancia. El factor secundario más importante es la temperatura ambiente. Su influencia sobre la práctica de la desinfección sólo se suele considerar muy limitadamente a la hora de probar la eficacia de un desinfectante. Los datos obtenidos en los ensayos de suspensión no se pueden trasladar a los ensayos en placas de cultivo, y entre los valores determinados en las pruebas con placas de cultivo y los resultados de experiencias prácticas existe asimismo discrepancia, de acuerdo con el desinfectante y el enfoque de la prueba. La Tabla 1.19 resume los resultados de estas investigaciones. Las recomendaciones resultantes de experiencias muy próximas a la práctica se describen en 2. La influencia de la dureza del agua es positiva o negativa, de acuerdo con el pH óptimo para el desinfectante en cuestión. Los aldehídos actúan por lo regular mejor utilizando aguas duras que con agua bidestilada, mientras que los fenoles pierden fuerza a causa del agua dura (16).

La humedad relativa y la velocidad del aire influyen sobre el secado de las superficies tratadas. Por tal razón, estos factores dejan sentir sus efectos con particular intensidad cuando se trabaja con desinfectantes que necesitan agua para desarrollar su acción (v.gr., aldehídos, fenoles). En el caso de otros compuestos (v.gr., ácido peracético, agua oxigenada), esta influencia es escasa.

## 1.5 Comprobación de productos limpiadores

La comprobación de los efectos de los productos limpiadores *in vitro* no suele ser habitual. La única prueba llevada a cabo en muchos laboratorios es la determinación de la concentración, especialmente cuando las soluciones se utilizan varias veces o sometiendo a titulación las soluciones a aplicar o mediante determinación de la conductibilidad. La comprobación de la acción limpiadora se lleva a cabo bien en condiciones prácticas de limpieza de superficies, bien en especial por medios mecánicos de limpieza en condiciones definidas con suciedad artificial. En la Tabla 1.20 se resumen las posibilidades más importantes de calificación del efecto limpiador en condiciones prácticas. La Figura 1.7 es un ejemplo de cómo puede realizarse la valoración del grado de suciedad por el procedimiento del biuret.

En la comprobación experimental por lo general de métodos de limpieza mecánicos en condiciones estándar, se utilizan diversos métodos que aquí no pueden describirse detalladamente. La Tabla 1.21 incluye un listado de procedimientos seleccionados.

**Tabla 1.20** Posibilidades de comprobación de la acción limpiadora en condiciones prácticas sin suciedad artificial.

| **Métodos de calificación** | **Criterios** | **Escalas de calificación/Métodos de verificación** |
|---|---|---|
| Sensoriales | Aspecto (visual) | Ausencia de suciedad adherida o suspendida (superficies, solución de enjuagado corriente) |
| | Olor | Ausencia de olores específicos |
| Microbiológicos | Número de gérmenes | Obtención de residuos y determinación tasa de gérmenes/cm$^2$. Parámetros microbiológicos. Número total de gérmenes. Ídem de hongos. Ídem de bacterias. Número de gérmenes esporógenos |
| | Contenido de ATP | Obtención líquido usado y bioluminescencia |
| Químicos | Reacciones específicas de identificación | Prueba sobre la propia superficie o tras obtención de residuos (torundas, enjuagados)<br>Grasa: V.gr., determinación de glicerina (15)<br>Tinción rhodamina (50)<br>Proteína: V.gr., reacción del biuret, tinción azul de metileno. Fucsina ácida (3)<br>Almidón: Yodo-yoduro potásico (solución Lugol) |

**Fig. 1.7** Empleo del método del biuret para determinar el grado de suciedad (niveles 1-4) de suciedades proteicas, en combinación con el procedimiento de la torunda-frotis (Foto: S. Krüger).

**Tabla 1.21** Ejemplos de principios y empleo de la prueba experimental de métodos y máquinas limpiadoras con suciedad artificial.

| Ensuciamiento con | Identificación de | Medio de valoración |
|---|---|---|
| 1 parte de sebo de buey + 2 partes de metil-oleato | Grasa | Visual, fotométrico, radiométrico, gravimétrico, conductométrico |
| Grasa comestible | Grasa | (Detalles en 45) |
| Pasta de sémola | Almidón | Visual + solución Lugol |
| Película de almidón de cereales | Almidón | Método anthron (Detalles en 38) |
| Sangre | Enzima | Prueba de la catalasa |
| Suero | Proteína | Biuret |
| Seroalbúmina bovina | Proteína | Lowrey |
| Clara de huevo | Proteína | Biuret |
| ATP | | Bioluminescencia y reacción luciferina-luciferasa |

# 1.6 Comprobación de desinfectantes

De acuerdo con la esfera de empleo, el desinfectante a utilizar debe reunir determinadas condiciones. Según Schliesser (41), el desinfectante ideal debe contar con:

- Amplio espectro de acción contra diversos grupos de microorganismos, o bien alto efecto selectivo contra gérmenes concretos.
- Acción rápida e irreversible en la concentración ordinaria.
- Escasa pérdida de efecto por influencia del medio ambiente (proteína, heces, cambios de pH).
- Composición estable (buena capacidad de depósito del concentrado, estabilidad de la solución de empleo, solubilidad en agua).
- Inocuidad para el hombre y animales durante el empleo y después de éste; inocuidad para alimentos de origen animal (ninguna alteración por olor, sabor, coloraciones anómalas).
- Ausencia de ataque a los materiales.
- Buenas propiedades de empleo (acción limpiadora, capacidad humectante).
- Economía.

Sin embargo, todas estas exigencias no deben tomarse al pie de la letra y de forma absoluta en el marco de los métodos de comprobación cuando el empleo del desinfectante es el apropiado.

Las comprobaciones más importantes son la prueba del efecto, la prueba de las propiedades de aplicación y, en creciente medida, también la prueba de toxicidad ecológica.

## 1.6.1 Prueba de la eficacia

Las pruebas de la eficacia de los desinfectantes pueden llevarse a cabo en experiencias de laboratorio y en condiciones de empleo en la práctica. La prueba más

**Tabla 1.22** Medios inactivadores comprobados (antiinhibidores, neutralizadores) para la comprobación de desinfectantes.

| Esfera de empleo | Antiinhibidor |
|---|---|
| Aldehídos | Histidina 0,1-1% |
| Anfoténsidos | Tween 80 3,0% + lecitina 0,3% |
| Oxidantes | Thiosulfato sódico 0,5% |
| (Generadores de cloro, ídem de oxígeno, yodóforos, etc.) | Cisteína 0,1-0,5% |
| Ácidos orgánicos | Fosfato ácido bisódico de 0,1-0,2 mol/litro |
| Compuestos orgánicos de cinc | Tween 80 3,0% + lecitina 0,3% + cisteína 0,1% |
| Fenoles | Tween 80 1,0 % |
| Metales pesados en combinación orgánica | Cisteína 0,1% |
| Compuestos de amonio cuaternario | Tween 80 3% + lecitina 0,3% |
| Preparados mixtos | Tween 80 3% + lecitina 0,3% + saponina 3% + histidina 0,1%<br>Tween 80 3% + lecitina 0,3% + cisteína 0,1%<br>Tween 80 3% + saponina 3% + histidina 0,1% + cisteína 0,1%<br>Tween 80 3% + lecitina 0,3% + histidina 0,1% + thiosulfato sódico 0,5%<br>Si es preciso, en los preparados ácidos añadir adicionalmente 0,1 mol/litro de fosfato ácido bisódico |

difundida hasta ahora, exceptuada la prueba de los desinfectantes de las manos, es la realizada en el laboratorio. Una prueba completa de esta clase consta de las siguientes fases:

**A Experiencia previa**

- Determinación de la concentración eficaz bacteriostática, fungistática y esporastática.
- Determinación de adecuados medios neutralizadores (antiinhibidores, inactivadores).
- Determinación de la concentración con actividad citotóxica (sólo prueba viricida).

**B Experiencia principal**

- Prueba de suspensión.
- Prueba de los soportes de gérmenes.
- Prueba de laboratorio próxima a la práctica.

Para la prueba práctica, además de los métodos utilizados en la investigación, hasta la fecha no hay (en Alemania) ningunas normas o directrices codificadas, salvo las prescripciones dictadas para la prueba de los desinfectantes para las manos.

Las experiencias previas son extraordinariamente importantes. Sin determinar cuál es la concentración bacterio-espora o fungistática eficaz, no puede recomendarse una concentración de empleo que evite la producción de resistencias a los desinfectantes. La determinación de la concentración inhibidora mínima (MHK) y un adecuado producto inactivador (antiinhibidor, neutralizador) se realiza en el denominado test de dilución, que se describe esquemáticamente en la Figura 1.8. Aun cuando en las posteriores pruebas de laboratorio se determinen concentraciones más bajas que la MHK, sólo deberían recomendarse concentraciones de empleo superiores a la MHK (6).

En una serie geométrica de diluciones, la MHK de un antiinhibidor eficaz debería estar para todos los gérmenes de prueba como mínimo en torno a dos grados de dilución por encima. En la Tabla 1.22 se resumen algunos importantes medios inactivadores.

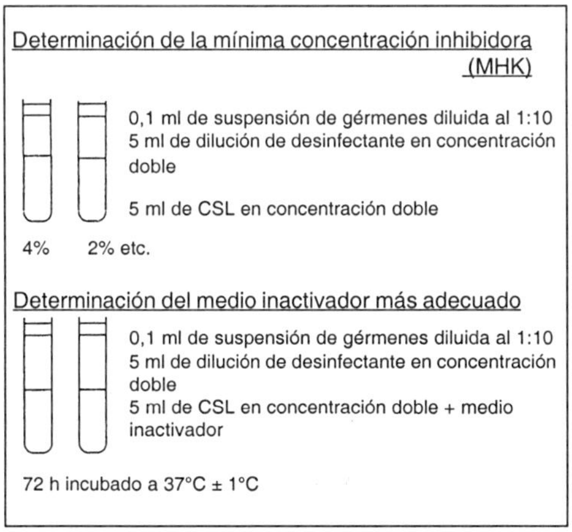


**Fig. 1.8** Representación esquemática de la prueba de dilución según las normas de la Asociación Alemana de Medicina Veterinaria (DVG) para la determinación de la MHK con un inactivador adecuado (desinhibidor).
TSB = Solución de caseinpeptona-peptona harina de habas de soja (CSL).

La observación de los límites de la toxicidad celular en la prueba viricida es importante porque las concentraciones superiores a estos límites imposibilitan la legibilidad del test, y por tanto, en la evaluación cuantitativa mediante grados de dilución, también se limita el límite de comprobación.

Las pruebas de suspensión pueden ser cualitativas (mejor, semicuantitativas) o cuantitativas. La Figura 1.9 muestra un ejemplo de prueba de suspensión cualitativa, y la Figura 1.10 de una prueba de suspensión cuantitativa. Para la determinación del número de gérmenes de control sobrevivientes pueden emplearse, además del método superficial, alternativamente tam-

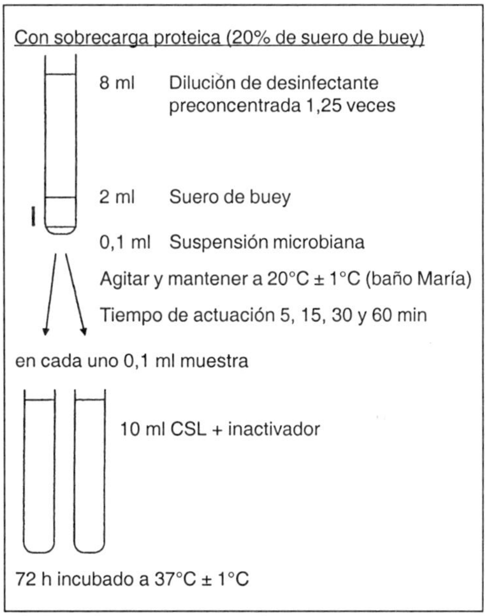


**Fig. 1.9** Representación esquemática de la prueba cualitativa de las suspensiones, de acuerdo con las normas de la Asociación Alemana de Medicina Veterinaria (DVG).
TSB = Solución de caseinpeptona-peptona harina de habas de soja (CSL).

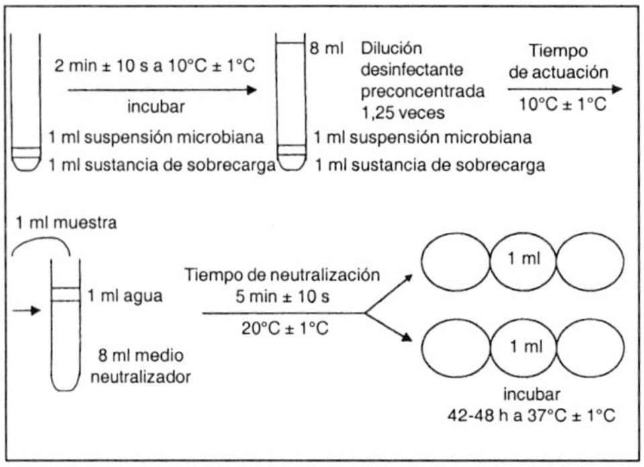


**Fig. 1.10** Representación esquemática de la prueba cuantitativa de las suspensiones para Medicina Veterinaria, según la Norma (EN 1656) de la Comisión Europea de Normalización (CEN-TC 216).

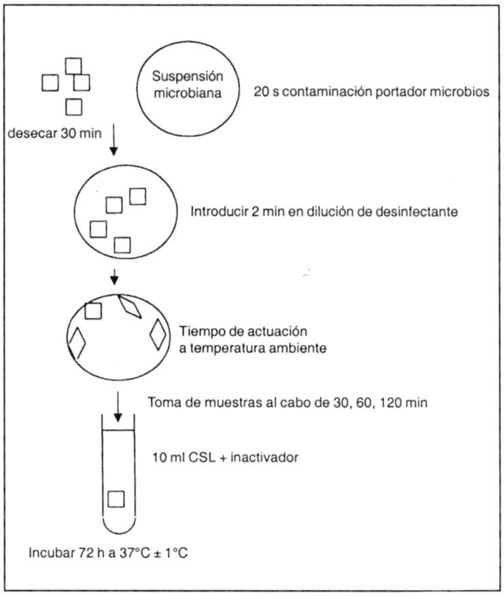


**Fig. 1.11** Representación esquemática de una prueba de soporte microbiano con expresión cualitativa.

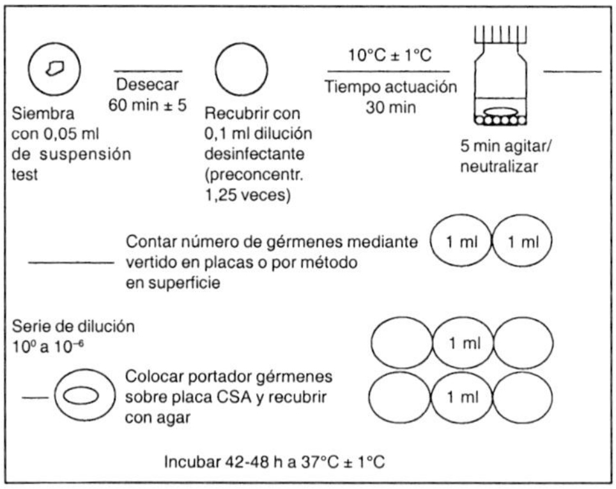


**Fig. 1.12** Representación esquemática de una prueba de soporte microbiano con expresión cuantitativa.

bién la técnica de las placas de vertido o el método de la filtración por membrana.

En la prueba de suspensión se determina *in vitro* en condiciones estandarizadas la acción mutua entre el desinfectante y los gérmenes de prueba en presencia de los factores con influencia sobre el efecto desinfectante (v.gr., proteína, agentes limpiadores, diferentes clases de aguas de dilución). En los resultados de la prueba de suspensión únicamente se basarán recomendaciones de empleo en algunas esferas de actuación, ya que para la mayoría de los campos de utilización dichos resultados tienen sólo muy limitado valor o incluso no permiten sacar ninguna conclusión práctica.

La prueba de los vehículos de gérmenes resulta el más importante de los tests de eficacia especialmente de desinfectantes utilizados en alojamientos de animales. De acuerdo con la esfera de empleo, pueden utilizarse materiales diversos como objetos de comprobación. Las Figuras 1.11 y 1.12 representan esquemáticamente la disposición de estas pruebas de soportes de gérmenes. El resultado de la prueba de un desinfectante puede expresarse de forma cualitativa (soporte libre de gérmenes ex-

**Tabla 1.23** Gérmenes de prueba para Medicina Veterinaria y esfera alimentaria, así como los correspondientes campos de empleo.

| Campo de empleo | Norma de la prueba | Germen de prueba | Cepa |
|---|---|---|---|
| Explotación animal, alimentos, Medicina humana | EN 1040, EN 1656, EN 1276 | *Enterococcus hirae* | DSM 20160 |
| Explotación animal y alimentos | DVG (TH + LM) | *Enterococcus faecium* | DSM 2918 |
| Medicina humana | Wi 216016 | *Enterococcus faecium* | DSM 2146 |
| Explotación animal, alimentos, Medicina humana | EN 1656, EN 1276 Wi 216016, DVG, DGHM | *Staphylococcus aureus* | DSM 799 |
| Explotación animal, alimentos, Medicina humana | EN 1040, EN 1656, EN 1276 Wi 216016, DVG, DGHM | *Pseudomonas aeruginosa* | DSM 939 |
| Medicina humana | DGHM | *Escherichia coli* | DSM 787 |
| Alimentos, Medicina humana | EN 1276, Wi 216016 | *Escherichia coli* | DSM 682 |
| Medicina humana (desinfección de las manos) | pr EN 12054, pr EN 12791 | *Escherichia coli* | NCTC 10538 |
| Alimentos | EN 1276 | *Salmonella typhimurium* | ATCC 13311 |
| Alimentos | EN 1276 | *Enterobacter cloacae* | DSM 6234 |
| Explotación animal, alimentos | DVG, DGHM | *Proteus mirabilis* | DSM 788 |
| Explotación animal | EN 1656 | *Proteus vulgaris* | DSM 30118 |
| Alimentos | EN 1276 | *Lactobacillus brevis* | DSM 6325 |
| Medicina humana | EN 13623 | *Legionella pneumophila* | ATCC 33152 |
| Explotación animal, Medicina humana | Wi 35, Wi 25 | *Mycobacterium avium* | DSM 44157 |
| Explotación animal | DVG (TH) | *Mycobacterium avium* | Av 56 |
| Medicina humana | Wi 35, DGHM | *Mycobacterium terrae* | DSM 43227 |
| Todos los campos | pr EN 216003 | *Bacillus subtilis* (esporas) | DSM 347 |
| Todos los campos | pr EN 216003 | *Bacillus cereus* (esporas) | ATCC 12826 |
| Explotación animal, alimentos, Medicina humana | EN 1275, EN 1657, EN 1650 EN 13624, DGHM, DVG | *Candida albicans* | DSM 1386 |
| Explotación animal, alimentos, Medicina humana | EN 1275, EN 1657, EN 1650 EN 13624 | *Aspergillus niger* | DSM 1387 |
| Alimentos | EN 1650 | *Saccharomyces cerevisiae* | DSM 1333 |
| Medicina humana | DGHM | *Trichophyton mentagrophytis* | DSM 4870 |
| Medicina humana | Wi 22 | Poliovirus | LSC-2ab |
| Explotación animal | DVG (TH) | ECBO-Virus | LCR-4 |
| Explotación animal | Wi 216026 | ECBO-Virus | ATCC Ve-248 |
| Explotación animal | DVG (TH) | Reo-Virus, Tipo 1 | |
| Explotación animal | DVG (TH) | Newcastle Disease Virus | Montana |
| Explotación animal | DVG (TH) | Vaccinia-Virus | Elstree |
| Medicina humana | Wi 216022 | Adenovirus Tipo 5 | ATCC VR-5 |
| Medicina humana | Wi 216022 | Parvovirus bovinos (Haden) | ATCC VR-767 |
| Alimentos | EN 13610 | *Lactococcus lactis* subs. *lactis*, Bacteriófagos P001 | DSM 4262 |
| Alimentos | EN 13610 | *Lactococcus lactis* subs. *lactis*, Bacteriófagos P008 | DSM 4366 |

perimentales con capacidad de multiplicación) o cuantitativa (en el soporte se comprueba la presencia de *n* gérmenes experimentales inactivados). Eligiendo adecuadamente los soportes de gérmenes y las condiciones de la prueba, de ésta pueden extraerse valiosas conclusiones sobre el empleo del desinfectante (26).

Un punto importante es la elección de los gérmenes utilizados en la prueba del desinfectante. En la Tabla 1.23 se resumen los microorganismos que se mencionan en las directrices y normas de comprobación en Medicina Veterinaria e industrias de los alimentos.

En un futuro próximo estarán en vigor en la mayoría de los países europeos normas para la comprobación de los desinfectantes y antisépticos. La base de estas normas para desinfectantes referentes a Medicina Humana y Veterinaria, así como para la esfera alimentaria, el ámbito doméstico, la industria y otras esferas de empleo es como sigue:

**Fase 1**
- Test básico: prueba de suspensión cuantitativa bactericida (EN 1040).
- Test básico: prueba de suspensión cuantitativa fungicida (EN 1275).
- Test básico: prueba de suspensión cuantitativa esporicida.

**Fase 2**
*Etapa 1*
- Prueba de suspensión cuantitativa bactericida (EN 1656, EN 1276).
- Prueba de suspensión cuantitativa fungicida (EN 1657, EN 1650, EN 13624).
- Prueba de suspensión cuantitativa micobactericida.
- Prueba de suspensión cuantitativa esporicida.
- Prueba de suspensión cuantitativa viricida (EN 13610).

*Etapa 2*
- Test bactericida sobre material portador de gérmenes.
- Test fungicida sobre material portador de gérmenes.
- Test micobactericida sobre material portador de gérmenes.
- Test esporicida sobre material portador de gérmenes.
- Test viricida sobre material portador de gérmenes.
- Prueba modelo de desinfección de manos.

**Fase 3**
- Prueba de campo para distintas esferas de empleo.

Las diversas pruebas están diferentemente constituidas en las fases 2 y 3, de acuerdo con la esfera de empleo.

### 1.6.2 Prueba de la técnica de empleo

En la bibliografía especializada se describen los métodos más diversos de comprobación de la aplicación de los desinfectantes de acuerdo con la finalidad de empleo. Se extienden desde la medida de la tensión superficial y del comportamiento de la espuma, hasta pruebas especiales de resistencia de materiales y presencia de residuos. La única directriz codificada es la de la Asociación Agrícola Alemana e.V. (*Deutschen Landwirtschaftsgesellschaft*, DLG), que cuenta con la siguiente constitución:

- **Test de corrosión**
  - Acero galvanizado.
  - Aluminio puro.

- Eternit.
- Poliestirol.
- PVC blando.
- Polietileno.

- **Actividad superficies de separación**
  - Tensión superficial.
  - Duración de la película/tiempo de secado.

- **Test de tolerancia**
  - Capacidad de empleo en establos vacíos.
  - Capacidad de empleo en establos llenos.

- **Test de aplicación**
  - Comportamiento de la espuma utilizando un aparato limpiador de alta presión.
  - Comportamiento de la espuma utilizando un aparato de chorro de vapor.
  - Comportamiento de la espuma en aparatos pulverizadores.
  - Prueba de aparatos vaporizadores.

### 1.6.3 Comprobación de la toxicidad ecológica

Para enjuiciar cualquier peligro ambiental consecuente a la fabricación, transporte y empleo de desinfectantes, en primer lugar hay que observar las normas legales al respecto, en especial las de la Ley de Productos Químicos y de la Orden de Sustancias Peligrosas, así como en el futuro las bionormas de la UE adaptadas a las legislaciones nacionales respectivas. Parámetros que, entre otros a este respecto, deben determinarse o tomarse en consideración a la hora de emitir un juicio, son:

- Toxicidad aguda (mamíferos)
- Toxicidad crónica (mamíferos)
- Clase de agua peligrosa
- Clase de veneno

De acuerdo con la esfera de empleo, el perjuicio sufrido por el medio ambiente tiene su origen en las aguas residuales, aguas de estiércol o purines. En el primer caso, resulta de particular importancia el comportamiento del desinfectante en la depuración de aguas residuales o en los cursos de agua superficiales; en los demás casos citados, cuenta el comportamiento en los purines y en los suelos. En consecuencia, deben llevarse a cabo distintos métodos de control toxicológico ambiental.

En lo referente a comprobación del comportamiento en establecimientos depuradores de aguas residuales, se aplican las normas de comprobación OECD de 1976, 1981 y 1982, en particular la OECD 301 D (test de frasco cerrado) y OECD 301 E (Screening test OECD modificado), así como la OECD 303 A (test de ratificación). Consecuentemente, los principios activos desinfectantes que se citan pueden enjuiciarse tal como vienen reunidos en la Tabla 1.24 según Gode y Hachmann (14).

Para posterior comprobación con organismos acuáticos «objetivo», deben tomarse en consideración los relevantes biotests referentes a aguas residuales según DIN 38412, que vienen resumidos en la Tabla 1.25.

Para determinar el camino seguido por los desinfectantes desde el purín/agua de estiércol hasta el medio ambiente, no se dispone de métodos de seguimiento biológicos específicos. Los métodos de detección habituales de productos protectores de plantas se refieren al sistema terrestre, ya que la mayoría de los otros gérmenes «objeti-

**Tabla 1.24** Resultado de la comprobación de la capacidad de desdoblamiento biológico de principios activos desinfectantes (14).

| **Principio activo estudiado** | **Concentración comprobada, en ppm** | **Test OECD[1]** | **Resultado** |
|---|---|---|---|
| Formaldehído | 5 | 301 D/E | Fácilmente desdoblable |
| Glioxal | 5 | 301 D/E | Fácilmente desdoblable |
| Glutaraldehído | 5 | 301 D/E | Fácilmente desdoblable |
| Etanol | 5 | 301 D/E | Fácilmente desdoblable |
| Isopropanol | 5 | 301 D/E | Fácilmente desdoblable |
| *n*-Propanol | 50 | 301 D/E | Fácilmente desdoblable |
| *o*-Fenilfenol | 2 | 301 D/E | Fácilmente desdoblable |
| *p*-Cl-m-Cresol | 2 | 301 D/E | Fácilmente desdoblable |
| Ácido peracético | 5 | 301 D/E | Fácilmente desdoblable |
| Cloruro de benzalconio | 5 | 301 D/E | Fácilmente desdoblable |
| | 5 | 303 A[2] | Buena capacidad de desdoblamiento o eliminación |

[1] Concentración del test reducida por debajo del umbral microbicida. Esto puede ocurrir, v.gr., porque la cantidad deseada de sustancia para el test no se añade de una sola vez, sino dividida en varias dosis pequeñas de agregación sucesiva. Otra manera es producir en un pase de adaptación una resistencia a la toxicidad del inoculado. Ambas medidas son sólo de efecto limitado. En el caso del cloruro de banzalconio no se consigue: tests de control con sustancias conocidas fácilmente desdoblables permiten reconocer aquí asimismo una inhibición tóxica.

[2] Test de simulación en instalación de clarificado: en este test, se mide en principio un proceso mixto de desdoblamiento biológico propiamente dicho y de eliminación. Pero otros estudios detallados demuestran que en este CAC tiene lugar un genuino desdoblamiento biológico.

**Tabla 1.25** Biotests de relevancia para aguas residuales.

| | **Test de peces** | **Test de algas** | **Test Daphnias** | **Test bacterias luminosas** |
|---|---|---|---|---|
| DIN 38412 Parte | 31 | 33 | 30 | 34 |
| Organismos de test | Goldorfe *Leuciscus idus* | Alga verde *Scenedesmus subspicatus* | Pulga de agua *Daphnia magna* | Bacterias luminosas *Vibrio fischeri* (≙ *Photobacterium phosphoreum*) |
| Representativo de | Peces | Plantas | Invertebrados | Bacterias |
| Criterio de medición | Sobreviven los 3 peces del test | Multiplicación celular con fluorescencia de la clorofila | Movimiento visible en remolino | Bioluminescencia |
| Duración test | 48 h | 72 h | 24 h | 30 min |
| Expr. resultado | $G_F$ | $G_A$ | $G_D$ | $G_L$ |
| Requisitos especiales | Alimentación, mantenimiento (Ley Protección Animal); climatización | Esterilidad para cultivo de cepas y precultivo; aparato medidor de la fluorescencia | Cultivo estandarizado; climatización | Luminómetro y dispositivo para incubar a 15°C |

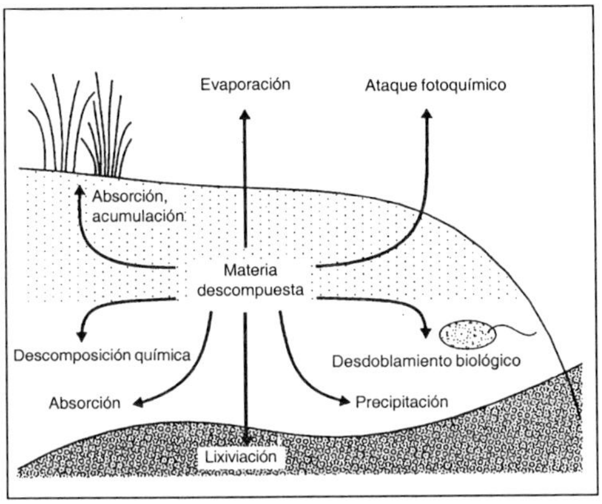


**Fig. 1.13** Ejemplos de reacciones biológicas y no biológicas de sustancias nocivas en el suelo (Dibujo Schamper, según 30).

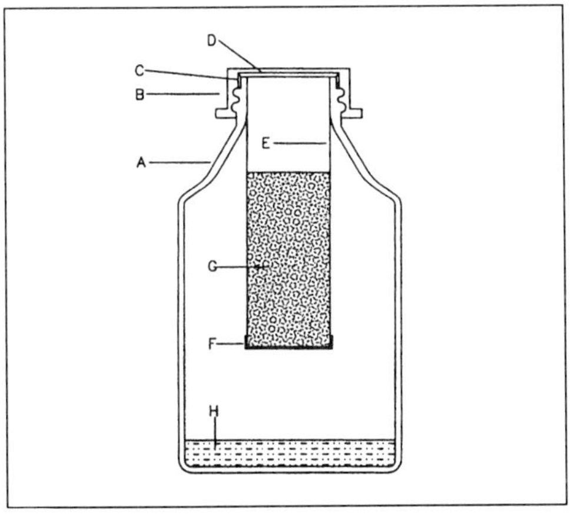


**Fig. 1.14** Sección de un recipiente de reacción para determinar la formación de $CO_2$ en muestras del suelo. (Dibujo Schamper, según 20).

A: Botella exterior de Duran-Glas. Capacidad: 250 ml.
B: Tapa de cierre a rosca de plástico (PTB).
C: Arandela de ajuste de polipropileno (PP).
D: Pieza de cierre hermético de PP.
E: Tubo de centrifugación serrado, con borde de PP.
F: Material de nylon para el intercambio gaseoso.
G: Cantidad pesada de suelo.
H: 20 ml de solución de NaOH 0,2 N.

El cálculo del $CO_2$ producido se realiza de acuerdo con la siguiente fórmula: mmol de $CO_2$/1 g de suelo = ([ml 0,2 n HCl en blanco – ml 0,2 n HCl muestra] x 0,2 mmol/m) x 1/2 x 1/10.

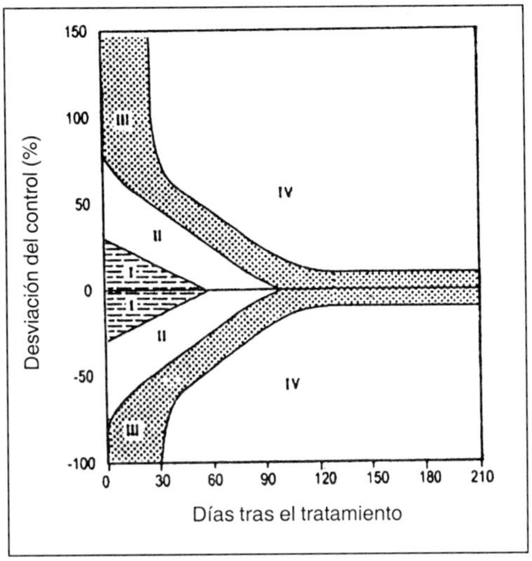


**Fig. 1.15** Esquema para analizar los resultados de la acción de productos protectores de las plantas, de acuerdo con el modelo de Malkomes (1985). I = despreciable; II = tolerable; III = crítico; IV = no tolerable. Tomado de Norma BBA, Parte VI, 1-1 (1990).

vo» caen de lleno en el hecho de que los factores de dilución que cabe esperar para el desinfectante (más de 1:100) resultan demasiado insensibles. Para la mayoría de los principios activos hay que partir de una rápida eliminación al suelo, como se expresa en la Figura 1.13 (40).

Cuando se utilizan desinfectantes que contienen cloro activo, en determinadas circunstancias pueden existir en el medio ambiente compuestos persistentes (AOX).

Para vigilar la acción de elevadas concentraciones de desinfectantes, como pueden producirse en la desinfección del purín en caso de epidemia, se recomienda tras el vertido a suelos naturales en las cantidades habituales en la práctica, la determinación de la actividad dehidrogenasa del suelo según Malkomes (29) y la medida de la respiración del suelo según Alef (2), tal como lo describe Schamper (40).

La Figura 1.14 representa un recipiente de reacción para determinar la formación de $CO_2$ en muestras de suelo (20). En cada caso se realizan 3 repeticiones; en las pruebas ciegas sin muestra de suelo se practican 5 repeticiones.

La interpretación de los resultados puede efectuarse tomando como referencia el modelo de Malkomes (29) de acuerdo con Ehle y Larrmann (11), tal como se describe en la Figura 1.15.

## 1.7 Referencias bibliográficas

1 AEL (1987): Hochdruckreiniger in der Landwirtschaft. Arbeitsgem. f. Elektrizitätsanwendung i. d. Landw., Merkbl. 13, 45128 Essen, Beethovenstr. 32

2 ALEF, K. (1991): Methodenhandbuch Bodenmikrobiologie. ecomed-Verlag Landsberg/Lech

3 BEUTLING, D. (1979): Modellversuche zum Nachweis des Reinigungseffekts in der Lebensmittelindustrie. Mh. Vet.-Med. **34,** 868-870

4 BLOCK, S. S. (1977): Desinfection, Sterilization and Preservation. Lea and Febiger, Philadelphia

5 BÖHM, R., U. THEILEN, F.-J. WILSBERG und D. STRAUCH (1984): Die Abgrenzung der Aerosoldesinfektion von der Sprühdesinfektion unter Berücksichtigung der jeweiligen Anwendungsmöglichkeiten der beiden Verfahren. Tierärztl. Umsch. **39,** 533-538

6 BÖHM, R. (1999): Desinfektion von Stallanlagen - Welche Mittel auswählen. DGS Magazin **51**/6, 29-34

7 BORNEFF, J. (1977): Hygiene. 3. Aufl. Thieme, Stuttgart

8 DENYER, S. P. und G. S. A. B. STEWART (1998): Mechanisms of action of desinfections. Intern. Biodeterioration and Biodegradation **41,** 261-268

9 EDELMEYER, H. (1982): Über Eigenschaften, Wirkmechanismen und Wirkungen chemischer Desinfektionsmittel. Archiv f. Lebensmittelhygiene **33** (1), 1-11

10 EGGENSPERGER, H. (1975): Desinfektionswirkstoffe und ihre Wirkungsmechanismen. Hospital-Hygiene **9/75**, 321-329

11 EHLE, H. und H.-Th. LAERMANN (1991): Prüfung von Pflanzenschutzmitteln auf Aktivitäten der Bodenmikroflora im Rahmen des Zulassungsverfahrens. Nachrichtenbl. Deutscher Pflanzenschutzd., **43** (6), 116-118

12 GRASMANN, W. (1977): Hochdruckreiniger für Hof und Stall. Die landtechn. Zschr. **28,** 234-238

13 GERHARTZ, W. und B. ELVERS (1985): Ullmann's encyclopedia of industrial chemistry. VCH-Verlagsgesellschaft, Weinheim

14 GODE, P. und K. HACHMANN (1992): Zur Ableitung von desinfektionsmittelhaltigem Abwasser ins kommunale Abwassernetz. Hyg. Med. **17**,153-162

15 HEIN, K. (1980): Reinigung und Desinfektion von Kühlbehältern zur Lagerung von Milch im landwirtschaftlichen Betrieb. Dissertation, Techn. Universität München-Weihenstephan

16 HERRE, A. (1985): Untersuchungen über den Einfluss der Wasserhärte und der Temperatur auf die Wirksamkeit einiger

in der Tierhaltung gebräuchlicher Desinfektionsmittelwirkstoffe. Agrarwiss. Diss., Universität Hohenheim

17 HILEMAN, B. (1984): Formaldehyde: Assessing the risk. Environ. Sci. Technol. **18** (7), 216-221

18 HUGO, W.B. und A.D. RUSSEL (1992): Types of antimicrobial agents. In: RUSSEL, A.B.; HUGO, W.B.; AYLIFFE, G.A.J. (eds.): Desinfection, Preservation and Sterilization. Blackwell Scientific Publications, Oxford

19 JACOBI, G. und A. LÖHR (1983): Waschmittel-Inhaltsstoffe. In: Ullmanns Enzyclopädie der technischen Chemie 4. Aufl. Bd. 24. Verlag Chemie, Weinheim

20 JÄGGI, W. (1976): Die Bestimmung der $CO_2$-Bildung als Mass der bodenbiologischen Aktivität - Schweizerische landwirtschaftliche Forschung **15**, 3/4, 371-380

21 KAMM, R. (1976): Reinigung im Lebensmittelbetrieb. Gordian **76**, 159-165

22 KIERMEIER, F., G. WILDBRETT und H. MROZEK (1996): 2. Chemische Hilfsmittel zur Reinigung und Desinfektion. In: WILDBRETT, G. (Hrsg.) Reinigung und Desinfektion in der Lebensmittelindustrie. Behr's Verlag, Hamburg

23 KONRICH, F. und STUTZ, L (1963): Die bakterielle Keimabtötung durch Warme. Stuttgart, F. Enke Verlag

24 KORE, A.M. und A. KISCHE-NESSELRODT (1990): Toxicology of household cleaning products and desinfectants. Vet. Clinics of North America, Small Animal Practice **20**, 525-530

25 KRAMER, A., W. WEUFFEN, M. BAUER, W. HEINZE, E. WERNER, G. LORENZ, U. GRIMM, K. BRACHMANN, H. SCHROEDER, E. SPEIGELBERGER, P. FEHRMANN und H. WEGNER (1982): Subakute und subchronische percutane Verträglichkeitsprüfung im 28- und 90-Tage-Test von Desinfektionsmitteln via epicutaner Applikation, dargestellt am Beispiel der Peroxyethansäure. Pharmazie **37**, 41-46

26 LÄCHELE, R. (1990): Untersuchungen über die bakterizide Wirkung einiger Stalldesinfektionsmittel im Suspensionsversuch und praxisnahen Sprühdesinfektionsmodell unter Berücksichtigung der Faktoren Temperatur und Wasserhärte. Vet. med. Diss. München.

27 LEY, D. (1986): In der Kakao- und Schokoladenverarbeitung für saubere Rohrleitungen sorgen. Zucker- und Süßwarenwirtschaft **39**, 238-239

28 LOOMIS, T.A. (1979): Formaldehyde toxicity. Arch. Pathol. Lab. med. **103**, 321-324

29 MALKOMES, H.-P. (1993): Eine modifizierte Methode zur Erfassung der Dehydrogenaseaktivität (TTC-Reduktion) im Boden nach Herbizidanwendung. Nbl. Deut. Pflschutzd. **9**, 180-185

30 MARGESIN, R., M. SCHNEIDER und F. SCHINNER (1995): Praxis der mikrobiologischen Bodensanierung. Springer-Verlag Berlin Heidelberg 1995

31 MOTZ, R., K. SANDLER und W. STELLMACHER (1974): Erforderlicher Reinigungsgrad von Oberflächen in Tierproduktionsanlagen vor der Desinfektion. Mh. Vet-Med. **29**, 846-849

32 OECD (1971): Pollution by detergents, determination of the biodegradability of anionic synthetic surface active agents

33 OECD (1981): Guidelines for Testing of Chemicals. Ready Biodegradability; Closed Bottle Test 301 D. Adopted by the Council on 12th May 1981, Paris

34 OECD (1992): Guidelines for Testing of Chemicals. 301 D Closed Bottle Test. Adopted by the Council on 17th July 1992. OECD, Paris

35 OECD (1992): Guidelines for Testing of Chemicals. 303 A Confirmatory Test; Adopted by the Council on 17th July 1992, Paris

36 OLSEN, J.E. and H. ERREBO LARSEN (1987): Bacterial decimation times in anaerobic digestions of animal slurries. Biological Wasters, **21**, 153-168

37 PFLUG, R., W. OLSCHOWY und H. STUHRMANN (1977): Aufwand und Effektivität der Kaltwasser-Hochdruckreinigung. Landtechnik **32**, 408-413

38 RIETZ, M., K. RUBOW und M. TEUSCH (1993): Bewertung der Reinigungsleistung beim Geschirrspülen. Seifen, Öle, Fette, Wachse. **119**, 340-348

39 ROLLE, M. und A. MAYR (1993): Medizinische Mikrobiologie, Infektions- und Seuchenlehre, 6. AufL, Enke Verlag, Stuttgart

40 SCHAMPER(1998): Untersuchungen über die ökotoxikologische Wirkung von mit dem Flüssigmist auf landwirtschaftliche Nutzflächen ausgebrachten Resten von Reinigungs- und Desinfektionsmitteln aus der Tierhaltung im Hinblick auf Boden und Grundwasser. Agrarwiss. Diss., Universität Hohenheim

41 SCHLIESSER, Th. (1981): Grundlagen der Desinfektion pp 1-69, In: Th. SCHLIESSER und D. STRAUCH (Hrsg.) Desinfektion in Tierhaltung, Fleisch- und Milchwirtschaft. Enke Verlag, Stuttgart

42 SCHRÖDER, W. (1981): Reinigung und Desinfektion im Lebensmittelbetrieb. Getreide, Mehl, Brot. **35**, 161-168

43 SOLDIERER, W. (1991): Experimentelle Untersuchungen zum Einfluss einer thermischen Desinfektion von Flüssigmist auf die Vermehrungsfähigkeit ausgewählter Mikroorganismen. Vet. med. Diss., Giessen

44 STOY, F.J. (1983): Über die Auswirkung der Hochdruckreinigung und -desinfektion mit unterschiedlichen Temperaturen auf den Keimgehalt von Stalloberflächen. Agrar. wiss. Diss., Universität Hohenheim

45 TRAUTMANN, M. (1981): Methoden zur Messung der Entfettung fester Oberflächen. Tenside Detergents **18**, 73-78

46 TRAUZETTEL, B. (1993): Untersuchungen über die Eignung organischer Säuren als Desinfektionsmittel in der Tierhaltung. Vet. med. Diss., Giessen

47 WALLHÄUßER, K.H. (1984): Praxis der Sterilisation - Desinfektion - Konservierung, 3. Aufl. Thieme, Stuttgart

48 WALLHÄUßER, K.H. (1987): Der Einsatz von Sterilisations- und Desinfektionsmethoden im Bereich der Biotechnologie. Biotech-Forum **4**, 90-172

49 WALLHAÜßER, K.H. (1996): Praxis der Sterilisation - Desinfektion - Konservierung. 5. Aufl. Georg Thieme, Stuttgart/ New York

50 WEINBERGER, P. und G. WILDBRETT (1978): Beiträge zum maschinellen Geschirrspülen. I. Entfetten von Glasoberflächen unter den Bedingungen des maschinellen Geschirrspülens. Fette, Seifen, An-strichmittel. **80**, 43-50

51 WILLINGER, H. (1972): Desinfektion. 206 - 225. In: ROOTS-HAUPT-HARTWIGK, Veterinärhygiene. 2. Aufl. Parey, Berlin-Hamburg

# 2 Limpieza y desinfección en las explotaciones de rumiantes y cerdos

REINHARD BÖHM

## 2.1 Consideraciones previas

Las medidas de desinfección practicadas en la moderna explotación animal, sea ésta convencional o alternativa, son tan imprescindibles como las llevadas a cabo en muchos campos de la industria farmacéutica, en la producción de alimentos o en la gestión de los hospitales.

Según encuestas, casi el 100% de los cebadores de terneros y cerdos, 88-95% de cebadores de bueyes, 87% de productores y recriadores de lechones y el 39-77% de los establecimientos de lechería desinfectan sus establos de forma regular o irregular. Cuanto más especializado es el establecimiento y mayor el número de animales en él explotados, superior es la importancia que corresponde a la desinfección entre las medidas a adoptar para preservar la salud de los efectivos animales.

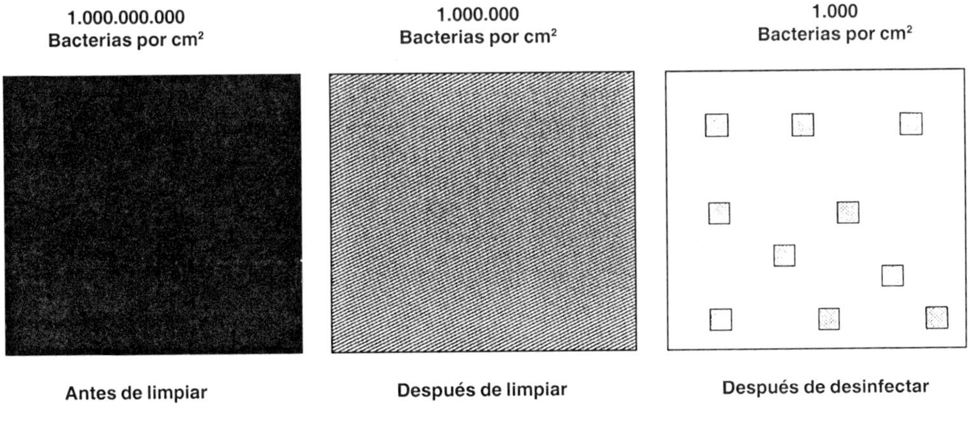


**Fig. 2.1** Exigencias cuantitativas para la limpieza y desinfección como medidas preventivas, atendiendo a la disminución del número total de bacterias por $cm^2$ de superficie de alojamiento.

A continuación se describe de forma extractada el estado actual de los conocimientos sobre posibilidades y objetivos de la desinfección de alojamientos en las explotaciones bovinas, ovinas, caprinas y porcinas, así como las modalidades y puesta en práctica de esta importante medida. Para su realización satisfactoria debe por una parte entenderse la necesidad de las operaciones a realizar, y por otra tener cuidado en evitar actuaciones deficientes.

En primer lugar hay que determinar en qué debe consistir básicamente la desinfección de alojamientos a realizar, independientemente de la especie animal explotada. A continuación se tomarán en consideración las particularidades de la especie animal en explotación, en cuya apreciación se tendrán en cuenta también las cuestiones especiales que plantea la desinfección en caso de epidemia. Por último, se preverán casos especiales de desinfección y se considerarán aspectos concretos de la protección de operarios y medio ambiente.

Pero la desinfección es sólo una medida de las muchas encaminadas a conservar la salud de los animales de la explotación, junto a la cual desempeñan importante papel las medidas organizativas necesarias para disponer de una población animal sana. La creación y mantenimiento en los alojamientos de un clima y unas condiciones de manejo adecuados a la especie explotada, la administración a los animales de cantidades suficientes de nutrientes, minerales y vitaminas de alto valor, la práctica de vacunaciones preventivas, la lucha contra los parásitos y otros tratamientos profilácticos son algunos de los puntos que deben citarse entre los muchos que desempeñan importante papel en este campo. La cuestión de los cometidos que desempeña la desinfección en la explotación de los animales domésticos, así como si debe cumplir la definición general expuesta en el Capítulo 1, sólo puede contestarse tomando en consideración las condiciones en que se lleve a efecto. En principio, la desinfección tiene por misión, en unión de las correspondientes medidas de limpieza, destruir o inactivar determinados microorganismos con un fin concreto. Éstos pueden ser bacterias, virus, hongos o formas de resistencia o de desarrollo de parásitos. Por consiguiente, es ante todo una importante medida para reducir la presión infecciosa.

En caso de epizootia, la desinfección pretende eliminar de la manera más eficaz posible los gérmenes patógenos. En la desinfección preventiva se utilizarán desinfectantes con amplio espectro de actuación, con objeto de reducir la tasa de gérmenes a unas 1.000 bacterias/cm$^2$ de superficie de establo (Fig. 2.1). Esta ilustración muestra también que la finalidad perseguida en el alojamiento no se puede alcanzar sin una limpieza previa. Por ello, toda desinfección de superficies e instalaciones de establos debe regirse por la máxima: **Primero limpiar, después desinfectar.**

En las explotaciones intensivas se practica frecuentemente una segunda desinfección adicional para, reduciendo más el número de gérmenes, crear mejores condiciones de partida para la producción, lo que no es habitual en las granjas rústicas. El efecto de esta segunda desinfección es limitado; por lo regular, existen factores mecánicos primarios (fregado) que originan un descenso de los microorganismos en las superficies, aunque no la inactivación de éstos en las superficies fregadas. Sin embargo, en superficies lisas verticales tiene efectos positivos la aplicación por dos veces de soluciones ordinarias de principios activos de desinfectantes (v.gr., aldehídos, ácidos orgánicos, fenoles) que para dejar sentir sus efectos necesitan suficiente humedad; pero en las superficies resecas también penetra agua con el desinfectante.

Mientras que se comprende fácilmente la necesidad de practicar medidas desinfectantes para combatir las enfermedades de los animales, se cuestiona con frecuencia por qué deben llevarse a cabo desinfecciones preventivas. La necesidad de estas últimas obedece a las siguientes razones:

En el curso de un período de explotación aumenta continuamente la presencia de gérmenes en los alojamientos. Los microorganismos se encuentran en el aire del establo, en el polvo, sobre los animales y, especialmente, en las superficies sucias. No es nada raro detectar mil millones de gérmenes/$cm^2$ de superficie de establo. Al incrementarse el número total de gérmenes, aumenta asimismo la cantidad de gérmenes causantes de problemas.

Son gérmenes responsables de problemas:

- Gérmenes patógenos que introducen enfermedades.
- Gérmenes responsables de enfermedades factoriales excretados por los animales.
- Gérmenes resistentes al tratamiento con antibióticos.
- Gérmenes que, favorecidos por una alta acumulación de animales en espacios reducidos, desarrollan propiedades patógenas (aumento de la virulencia).

Cuanto más prolongada es la explotación, más gérmenes problemas se acumulan en el alojamiento, resultando de esto:

- Durante el período de explotación, estos gérmenes deben reducirse lo más posible para no poner en peligro el éxito de la explotación.
- Antes de instalar los efectivos, debe cuidarse de que los nuevos animales lleguen a un entorno lo más limpio posible, y el proceso de enriquecimiento de los gérmenes debe iniciarse desde un nivel mínimo.

A esto se añade que toda medida encaminada a lograr una menor aplicación de medicamentos en la producción animal, eleva la aceptación de productos animales por el público consumidor. No es de despreciar tampoco el efecto económico que esto lleva consigo. En el cebo de cerdos, con limpiezas y desinfecciones regulares (L + D) pueden lograrse incrementos de los aumentos diarios de peso hasta del 17% y una disminución de la mortalidad en torno al 1,5%. En la producción de lechones, se puede aumentar el número de lechones por cerda madre alrededor de 1,3. Aun cuando este efecto positivo depende de muchos factores, vale la pena llevarlo a cabo correctamente teniendo en cuenta a la vez un criterio consecuente en el manejo de costes y mano de obra. Cuando se utilizan desinfectantes insuficientemente eficaces, es decir, sin comprobar en condiciones prácticas, no se cumplen las concentraciones ni los tiempos de aplicación, o se llevan a cabo de manera deficiente las medidas necesarias de L + D, se pierden los efectos positivos y se malgastan dinero y trabajo.

Un importante punto al que se sigue sin prestar la debida atención es el hecho de que la clase y calidad del material de construcción, así como la disposición e instalación de los alojamientos, condicionan de forma esencial el éxito de las medidas de L + D. Hay materiales y estructuras, como los techos porosos de los establos, que no se pueden limpiar suficientemente, por lo que es más seguro desinfectarlos. Esto es frecuentemente descuidado o incluso ignorado por arquitectos y constructores, que sólo acometen con lentitud los correspondientes estudios al respecto.

La construcción de edificaciones, en lo referente a L + D de alojamientos para el ganado, debe reunir los siguientes requisitos:

- Los materiales de construcción e instalaciones deben ser de fácil limpieza y desinfección y contar con suficiente resistencia para soportar la limpieza a alta presión y la acción de los desinfectantes químicos.
- Las construcciones no deben tener rincones innecesarios.
- Las instalaciones serán desmontables.
- Suelos ranurados y rejillas se podrán levantar, y los canales del purín y agua de estiércol estarán construidos de manera que sean completamente accesibles a la L + D.
- Los aparatos controladores de instalaciones de alimentación y ventilación conviene colocarlos fuera del recinto animal para mantenerlos lo más exentos posible de gérmenes patógenos y evitar así su desinfección. Sobre todo deben estar herméticamente a cubierto del polvo.
- Sistemas de ventilación y comederos deben estar construidos de manera que sea fácil su limpieza y desinfección.

Un punto especialmente crítico es la conformación de las instalaciones de alimentación (comederos) y ventilación. Con frecuencia, no son accesibles a la L + D. Se procurará bien utilizar sistemas de fácil acceso, bien aparatos especiales adaptados para la L + D de esos sistemas o integrados en los mismos.

## 2.2 Proceder general en la limpieza y desinfección

Para la eficaz realización de la L + D son necesarias tanto determinadas medidas organizativas, como el empleo de medios técnicos adecuados. Son factores con influencia sobre el éxito de las operaciones, por una parte, la especie animal explotada, su alojamiento, particularidades estacionales y climáticas, la clase y construcción de los edificios y de las instalaciones exteriores y, por otra parte, las circunstancias ambientales en que deben llevarse a cabo estas medidas, como v.gr., si se trata de una desinfección preventiva o antiepizoótica.

En los grandes establecimientos hacen falta medidas organizativas adicionales. En ellas deben confeccionarse planes higiénicos en que se determinen detalladamente los momentos y alcance de las medidas de L + D a adoptar. Medidas como la lucha contra insectos y roedores nocivos deben hallarse en estrecha relación cronológica con la L + D. En tales programas debe expresarse la exacta designación y concentración de los productos de L + D a utilizar en cada caso. También se habilitarán las medidas precisas para controlar la eficacia de las operaciones; asimismo se concretarán las responsabilidades organizativas de la realización de los diversos trabajos.

## 2.2.1 Utensilios y medios auxiliares para la limpieza

Aquí debe distinguirse entre utensilios y medios auxiliares para la limpieza en seco o limpieza húmeda. Para la primera bastan por lo general útiles auxiliares habituales tales como escobas, cogedores, plumeros, cepillos, rasquetas, etc. Tiene carácter auxiliar el empleo de una aspiradora de polvo, también utilizada en la limpieza húmeda, especialmente para la limpieza en seco de motores y de partes encastradas de instalaciones de difícil acceso. En la limpieza húmeda, por razones de economía del trabajo y eficacia limpiadora se emplearán aparatos limpiadores adecuados de alta presión (limpieza AP), instrumentos que no limitan su empleo sólo a la explotación animal, sino que también, por su carácter versátil y ahorrador de costos, se utilizan en otras actividades de un establecimiento agrícola, como v.gr., en la limpieza de tractores, remolques y toda clase de utensilios. En la Figura 2.2 se resumen los campos de empleo de los aparatos limpiadores AP en agricultura y ganadería. Como el mercado está saturado de ofertas, para que el comprador haga

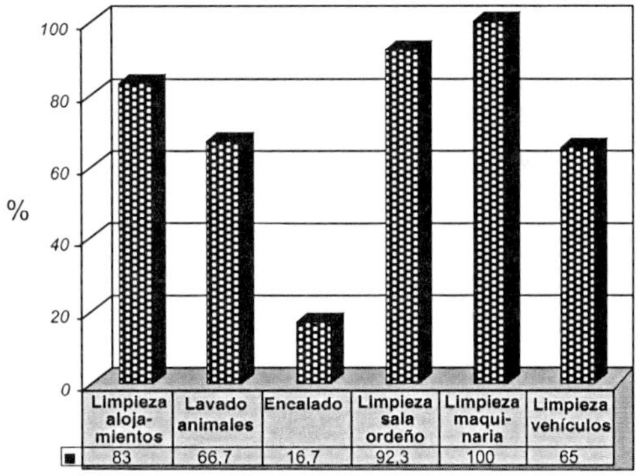


**Fig. 2.2** Áreas de empleo de los aparatos de limpieza a alta presión en agricultura y ganadería y frecuencia de las aplicaciones (en % de cada apartado), según Holzwarth (12).

**Tabla 2.1** Resultados obtenidos con el empleo de aparatos limpiadores de alta presión en explotaciones animales, de acuerdo con la temperatura del agua y las boquillas de aplicación (13).

| **Aplicación con** | **Esfera de empleo** | | |
|---|---|---|---|
| | **Limpieza de establos** | **Lavado de animales** | **Limpieza de salas de ordeño** |
| Siempre agua fría | 66,3% | 27,3% | |
| Siempre agua templada (menos de 50°C) | 9,6% | 72,7% | |
| Siempre agua caliente (más de 50°C) | 10,8% | 0 | |
| Temperaturas variables | 13,3% | 0 | |
| Sólo boquillas de chorro plano | 66,3% | 87,5% | 58,3% |
| Boquillas de chorro plano y cilíndrico | 24,1% | – | 41,7% |
| Sólo boquillas de chorro cilíndrico | 0% | 12,5% | – |
| Boquillas giratorias | 6% | – | – |
| Boquillas de chorro plano, cilíndrico y giratorias | 1,2% | – | – |
| Boquillas de chorro plano y giratorias | 2,4% | – | – |

una adquisición adecuada y económica serán importantes los conocimientos que tenga sobre composición, funcionamiento, rendimiento, ventajas e inconvenientes de los aparatos.

Se recomienda adquirir exclusivamente limpiadores AP de aptitud comprobada para la producción animal. Una recopilación actualizada de aparatos limpiadores AP de eficacia comprobada, junto con los correspondientes informes de funcionamiento, puede solicitarse de la Deutschen Landwirtschaftsgesellschaft e. V. (DLG), Eschborner Strasse 122, D-60489 Frankfurt/M.; en Internet, www.dlg-frankfurt.de.

Respecto al empleo de aparatos de agua caliente o fría, así como sobre la utilización práctica de boquillas, la Tabla 2.1 proporciona adecuada información (13).

En las explotaciones de rumiantes y cerdos es necesario utilizar como mínimo una boquilla de chorro plano, otra de chorro cilíndrico y una tercera pulverizadora. Además, pueden resultar útiles boquillas especiales y diversas piezas terminales para fines concretos.

### 2.2.2 Práctica de la limpieza

El objetivo de la limpieza es la eliminación de materiales orgánicos indeseables del establo, con objeto de suprimir el soporte nutricio de los microorganismos y facilitar la desinfección. Además de la eliminación mecánica de la suciedad, la limpieza de AP tiene, especialmente cuando se practica con agua caliente, el efecto adicional de eliminar gran parte de los gérmenes. Asimismo, la limpieza con secado subsiguiente prepara las superficies porosas, como son la mayoría de las existentes en la explotación de animales, para una mejor penetración del desinfectante en el material respectivo.

Los requisitos que deben cumplirse al practicar las medidas de limpieza, pueden describirse así:

- Limpieza visual de los objetos, de manera que puedan reconocerse claramente la estructura superficial, los colores, así como la textura del material; el agua resultante del enjuagado estará exenta de partículas de suciedad.
- Tiempo lo más breve posible dedicado al trabajo.
- Consumo de agua lo más bajo posible, teniendo en cuenta los costos de almacenado y transporte de purines y residuos líquidos.

Primero se llevan a cabo los preparativos, incluida la limpieza en seco. Cuando el alojamiento está bien barrido, sigue la limpieza húmeda. El primer paso de la limpieza seca es la limpieza de las entradas y salidas de aire del exterior. Aquí precisan atención y cuidados especiales las entradas. De los alojamientos se eliminarán primero todas las suciedades y estiércol. A esto sigue el desmontado de todas las partes desmontables de las instalaciones, como v.gr. comederos y bebederos, aparatos de sujeción y soportes de utensilios. Estas piezas se sacarán de los establos para su L + D detallada. Las instalaciones de ventilación y suministro de pienso se abrirán lo más posible, eliminando luego los residuos de polvo y pienso; todas las partes accesibles se limpiarán con medios mecánicos como cepillos, pinceles y aspiradoras de polvo.

Las costras de suciedad y los restos resecos de heces se eliminan con ayuda de rasquetas y cogedores. Cuanto más completa sea la eliminación de las costras de suciedad, más eficaz será la limpieza húmeda. La suciedad recogida se reúne y se saca del establo. Un problema especial es el planteado por las instalaciones eléctricas. Las instalaciones y aparatos eléctricas no protegidos contra el agua deben desmontarse cuando sea posible. Si esto no es factible, la limpieza se hará con cepillos, aspiradoras de polvo y/o aire a presión. Acto seguido se someten las superficies a un fregado desinfectante, protegiéndolas con papel metalizado y cinta adhesiva resistente al agua. Se desconectarán previamente todos los circuitos no necesarios para la limpieza. Si es preciso, se incluirán en la limpieza los vestíbulos y espacios sanitarios.

La limpieza húmeda consta de tres etapas:

- Reblandecimiento.
- Limpieza de alta presión (AP).
- Secado

Primero se reblandece con agua, si es preciso con adición de un producto limpiador; un segundo reblandecimiento mejora el resultado de la limpieza. El reblandecido se lleva a cabo con 1-1,5 litros de agua/m$^2$ unas 3 horas antes de la limpieza. Poco antes de limpiar se pulveriza otra vez con 0,2-0,3 litros de agua/m$^2$, con lo que la duración de la limpieza se reduce en torno a un 40%.

El pulverizado se hace con baja presión (10-15 bar) y, si hay disponible, con una boquilla pulverizadora. Sigue a esto la limpieza AP propiamente dicha con 13-15 litros de agua/min aplicados con boquilla de chorro plano y una presión de 75-120 bar, de acuerdo con el grado de ensuciamiento y la disponibilidad de mano de obra. Las boquillas de chorro plano proporcionan en grandes superficies un ahorro de trabajo del 45 % frente a las boquillas de chorro cilíndrico; también reducen el consumo de agua en torno a un 55%. Para rincones, grietas, instalaciones de ventilación y superficies separadas por amplios espacios, las boquillas de chorro cilíndrico dan mejores resultados. El agua templada favorece la acción limpiadora. A este respecto, el óptimo se logra con una temperatura de 40°C (32).

Terminadas las operaciones de limpieza, hay que secar las superficies, instalaciones y utensilios limpiados para evitar la dilución –y pérdida de eficacia– del desinfectante aplicado a continuación y permitir la penetración del desinfectante en los poros del material. El secado se acelera poniendo en marcha la ventilación y, si es preciso, también la calefacción. Deben eliminarse los restos de agua de bebederos y comederos. Si las condiciones ambientales exteriores son malas para un buen secado, puede utilizarse adicionalmente un aspirador de agua para eliminar con rapidez la película acuosa. Como la desinfección, si se realiza con el debido cuidado, no tiene lugar en el mismo día de la limpieza, por lo regular basta con el tiempo intermedio de la noche para que se sequen las superficies de los alojamientos.

La sucesión de las etapas de limpieza es la siguiente, expresada en forma resumida:

1. Exterior:
- Paredes exteriores de los alojamientos, aberturas de ventilación, superficies de tejados muy sucias.

2. Interior:
- Limpieza grosera de los suelos, techos y paredes de los establos, incluidas las

instalaciones de ventilación, equipo y comederos y bebederos fijos.

- Limpieza detallada de suelos y, en caso de haber subsuelo de goma, los canales de desagüe y sumideros, así como, si es caso, los canales del purin; en los suelos ranurados hay que conceder especial atención a las superficies laterales de los relieves; los enrejillados desmontables se extraerán para limpiar sus superficies laterales.
- Limpieza de los recintos anejos al alojamiento.
- Por último, limpiar las instalaciones de iluminación y las ventanas.

## 2.2.3 Utensilios para la desinfección

En las explotaciones de grandes y pequeños rumiantes, así como de cerdos, se practica principalmente la desinfección mediante pulverización. Más rara vez se llevan a cabo desinfecciones mediante pulverización fina o incluso gaseando. En lugares en que debe desinfectarse con poco líquido y en situaciones en que hay que desinfectar superficies sin secar, puede resultar conveniente la práctica de la desinfección mediante fregado. Los objetos pequeños, en particular piezas de comederos y bebederos, pueden desinfectarse mediante inmersión y cepillado en solución desinfectante. Aparatos empleados en la desinfección mediante rociado son los pulverizadores de mochila, impulsores de alta presión y pulverizadores especiales de desinfección, tal como se representan en la Figura 2.3. Además de los pulverizadores de desinfección especialmente fabricados para este fin, que disponen de una capacidad dosificadora suficiente, se recomienda el empleo de soluciones desinfectantes previamente diluidas, que se aplican mediante pulverizadores de mochila o limpiadores de alta presión. Se supone que, en caso de utilizar limpiadores de alta presión, éstos cuenten con aspirador de agua o soluciones acuosas.

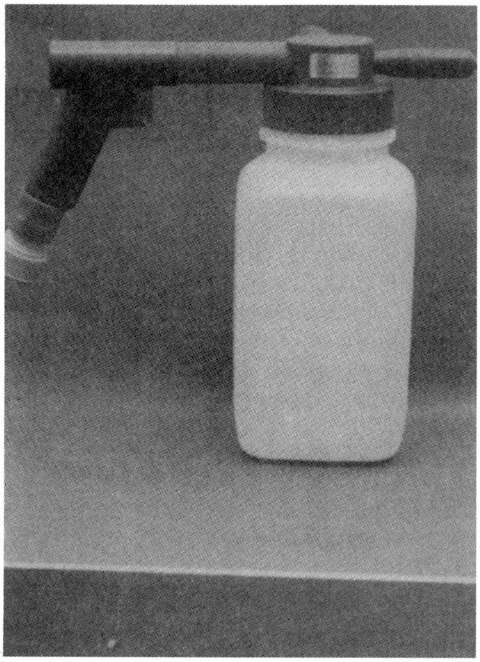

**Fig. 2.3** Rociador para desinfección, conectable a la manguera de agua. (Foto de trabajo).

Como pulverizadores finos pueden emplearse pulverizadores en caliente o en frío, semejantes a los utilizados en la aplicación de productos protectores de plantas. En cambio, su aplicación en la explotación de rumiantes y cerdos es rara, en contraposición con lo que sucede en la cría de aves. Aquí falta una indicación específica de empleo. La Figura 2.4 muestra un pulverizador en caliente, y la Figura 2.5 un aparato pulverizador en frío.

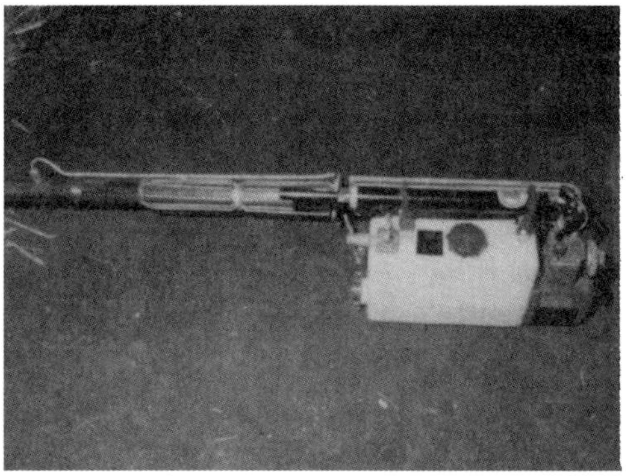

**Fig. 2.4** Aparato nebulizador en caliente.

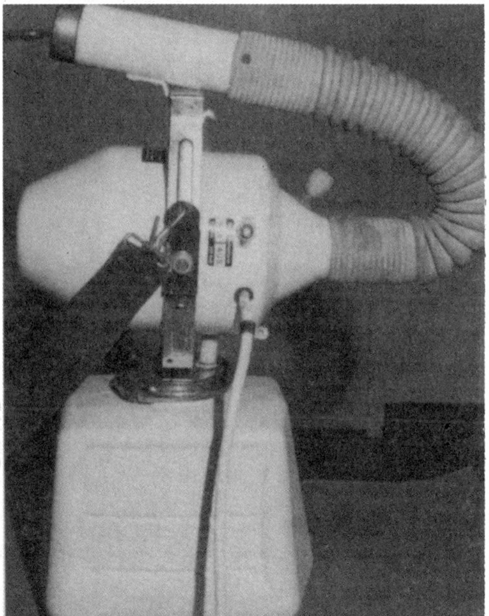

**Fig. 2.5** Aparato nebulizador en frío.

La desinfección gaseosa es rara en lo que aquí respecta. Como máximo se practica la desinfección con vapor caliente con formaldehído, mediante la adecuada aplicación técnica. Como la desinfección gaseosa se limita a recintos pequeños, puede llevarse a cabo bien con aparatos gasificadores especiales, bien con una sencilla caldera eléctrica autoregulada. En caso de emplear formaldehído, es necesario un permiso especial de gaseado, que sólo es concedido por las autoridades competentes cuando éstas comprueban que se dispone de los conocimientos técnicos precisos.

Para desinfectar mediante fregado de superficies lisas sirven bayetas o esponjas limpias previamente lavadas. Si se trata de superficies ásperas, como las de madera o cemento, está indicado el empleo de cepillos. En la desinfección son absolutamente necesarios como protección personal guantes y ropa impermeables al agua. Cuando se manejan productos químicos concentrados, además deben utilizarse gafas protectoras. Al extraer la solución de desinfectante hay que proteger asimismo las mucosas oculares mediante gafas adecuadas que ajusten bien; el tracto respiratorio se protegerá con mascarilla M 3, aunque mejor es utilizar una máscara antigas con el correspondiente filtro de carbón.

## 2.2.4 Práctica de la desinfección

Aquí, el paso más importante es la elección del desinfectante adecuado. Por lo regular se utilizan preparados comerciales. En caso de tener que emplear sustancias puras (principios activos), consultar la parte dedicada a «Desinfección en caso de epizootias». Por lo regular, los desinfectantes comerciales cuentan con propiedades de empleo adecuadas para cada esfera de uso. Para efectuar desinfecciones en las

| **Lista de desinfectantes de eficacia comprobada y que satisfacen las normas DVG, utilizados en las explotaciones animales (Preparados comerciales)** | | | | | | | | | | |
|---|---|---|---|---|---|---|---|---|---|---|
| Las concentraciones sólo sirven aplicadas a razón de 0,4 litros/m² de superficie | | | Concentración habitual y tiempo mínimo de actuación en volumen por ciento (V-%) y horas (h) | | | | | | | |
| Nombre | Fabricante/ * Vendedor | Principio activo | Bactericida | | Tuber-culi-cida | Fungi-cida | Viricida | | Acción antipa-rasitaria | |
| | | | Des. espec. | Des. prev. | | | viri-cida | viricida limitado | Huevos vermes | Cocci-dios |
| 1 | 2 | 3 | 4a | 4b | 5 | 6 | 7a | 7b | 8a | 8b |

**Fig. 2.6** Cabecera de la Lista de Desinfectantes que cumplen las directrices de la Deutschen Veterinärmedizinischen Gesellschaft (DVG), utilizados en las explotaciones animales.

explotaciones de rumiantes y cerdos, debe recomendarse la aplicación únicamente de desinfectantes aprobados y listados por la DVG (Alemania). En la Figura 2.6 se reproduce la cabecera de la Lista. La Lista actualizada puede solicitarse de la Geschäftsstelle de la DVG, Frankfurter Strasse 89, D-35392 Giessen; en Internet, www.dvg.net; en todos los casos, se publica en los Boletines Veterinarios Alemanes. Como las pruebas realizadas por la DVG sólo se refieren a eficacia en determinadas condiciones, en caso de otras modalidades de empleo la información correspondiente debe extraerse de la Lista de Desinfectantes aprobada por la DLG. Los correspondientes informes de comprobación los envía, previa petición, la Geschäftsstelle DLG, Eschborner Landstrasse 122, D-60489 Frankfurt/M.; por Internet: www.dlg-frankfurt.de. Aquí puede obtenerse información tan importante como la resistencia de los materiales, capacidad humectante, fuerza de extracción de la suciedad en caso de emplear aparatos de limpieza de alta presión, así como la tolerancia por parte de personas y animales.

En las desinfecciones preventivas a efectuar en todas las esferas aquí interesadas, se tomarán en consideración las combinaciones de concentración-tiempo de actuación mencionadas en la Sección 4b de la Lista DVG. En caso de existir problemas especiales planteados por enfermedades bacterianas o víricas específicas, serán de utilidad las restantes Secciones de la Lista. En las enfermedades infecciosas de declaración obligatoria, la desinfección se lleva a cabo bajo la dirección técnica del veterinario oficial; en este caso, los desinfectantes comerciales deben cumplir requisitos adicionales.

Como la prueba de los desinfectantes se realiza a 20°C, y los aldehídos, fenoles, sales de amonio cuaternario, ténsidos anfóteros y ácidos orgánicos pierden eficacia con temperaturas bajas, esta merma debe compensarse aumentando la concentración (12, 18). La Figura 2.7 indica cuáles deben ser estas elevaciones de la concentración en la franja comprendida entre

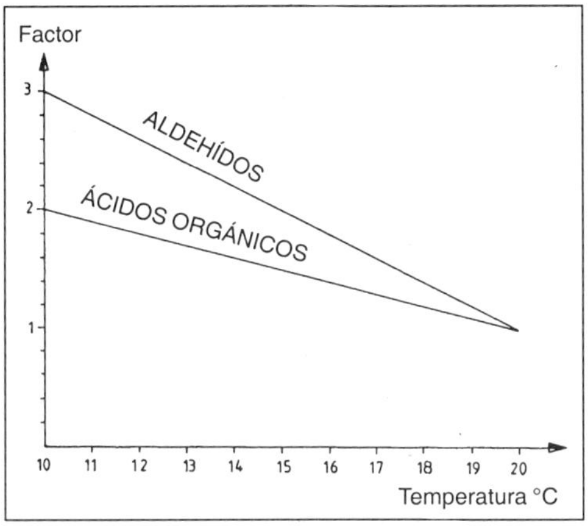


**Fig. 2.7** Diagrama para determinar el factor para un aumento de concentración a temperaturas por debajo de 20°C: factor × concentración a 20°C = concentración de empleo durante el mismo tiempo de actuación. Ejemplo: ácidos orgánicos a 10°C = × 2 concentración dada.

10° y 20°C. Para desinfectar superficies sin ayuda mecánica (desinfección por pulverización) no deben aplicarse preparados con aldehídos, ácidos orgánicos o fenoles como principales principios activos a temperaturas inferiores a 10°C. Antes de utilizar las soluciones ordinarias, y en caso de no haber realizado todavía el reblandecimiento, debe medirse la superficie total de suelos, paredes y techos para calcular el volumen que se necesitará de solución ordinaria, a razón de 0,4 litros/m$^2$.

Estas cifras tienen un suplemento en concepto de compartimientos como mínimo del 30%. En alojamientos con muchas divisiones, como v.gr., jaulas en varios pisos, esta cantidad puede llegar a ser el doble. En tal caso es decisiva la experiencia adquirida. Sin embargo, estas formas de alojamiento son raras en la explotación de rumiantes y cerdos.

Antes de aplicar la solución ordinaria de desinfectante, se controlará la sequedad de las superficies, comprobándose si están todavía intactas las uniones de los empotrados sensibles a la humedad. Comederos y bebederos, especialmente cuando se trata de sistemas de baja presión con cavidades con flotador, conviene desinfectarlos una vez desmontados. El desinfectante se aplica con una boquilla de chorro plano o con boquilla especial para desinfección, como las ofertadas por algunos fabricantes; se aplicará con baja presión. Cuanto más baja sea la presión, menor será el peligro de formación de aerosoles secundarios, que más tarde pueden recontaminar las superficies. La cantidad a aplicar es de 0,4 litros/m$^2$; cantidades más pequeñas, aun cuando son recomendadas por diversos fabricantes y vendedores de preparados comerciales en su afán de competencia comercial, no proporcionan el éxito deseado en la desinfección de superficies verticales, aunque se respeten las concentraciones citadas como eficaces. Esto obedece a la necesidad de una cierta acción mecánica para que penetre el desinfectante en poros, hendiduras y depresiones, lo que no se consigue sin abundancia de líquido en las superficies y sin el escurrido que esto lleva consigo. La aplicación del desinfectante se hará desde la puerta a la fachada posterior de la edificación, y desde el techo al suelo. Debe dejarse transcurrir el tiempo de actuación del desinfectante antes de seguir con las operaciones. Si es posible, con objeto de contar con más tiempo se dejará que el desinfectante actúe durante toda la noche, cosa que se considerará imprescindible en los alojamientos vacíos. Durante el tiempo de actuación conviene que el sistema de ventilación esté parado. En cambio, en los establos parcialmente ocupados debe funcionar la ventilación, con lo que, en cambio, las superficies se secan antes. En tales circunstancias, debe elegirse un desinfectante de la Lista DVG que cuente con un corto tiempo de actuación (≤ 1 hora).

En la fase siguiente se eliminan primero todos los restos de desinfectante de suelos, bebederos y comederos. En la desinfección de alojamientos no se suele practicar un enjuagado general posterior, salvo en excepcionales situaciones de desinfección, en las que se trabaja con elevadas concentraciones de desinfectante en caso de epizootia o si se utilizan determinados desinfectantes antiparasitarios de intensa acción y en los que cabría esperar la formación de residuos. A continuación se separan todos los anejos de los utensilios sensibles, y todas las superficies de unión antes ensambladas se enjuagan cuidadosamente con un paño empapado de solución desinfectante.

Se vigilará la existencia de alteraciones en las instalaciones, sustituyéndose las partes dañadas y reparándose los materiales deteriorados de las edificaciones. Las instalaciones desmontadas y desinfectadas se vuelven a montar, se conecta de nuevo la electricidad y se comprueba el correcto funcionamiento del total.

El alojamiento ya preparado debe permanecer vacío por lo menos 4-5 días antes de introducir en él animales nuevos, aunque mejor serían 2 semanas, en caso de que esto sea posible. En ese espacio de tiempo pueden practicarse medidas adicionales, como v.gr., aplicar una capa de lechada de cal. Si existen instalaciones exteriores de sujeción, v.gr., en caso de haber parque, deben incluirse en el programa de L + D, lo que en épocas frías del año sólo reporta un éxito limitado. Las básculas para pesar animales, rampas de carga y descarga y pasadizos de tránsito se someterán después de cada utilización a las medidas de L + D descritas más arriba. Los silos de piensos sólo se desinfectan en casos excepcionales, pero cada año deben someterse a repetidas limpiezas en seco, teniendo siempre en cuenta las necesarias medidas de protección del personal (exposición al polvo) (Cap. 5).

Las instalaciones de desinfección permanente permiten la renovación total o parcial de los efectivos animales. En los grandes establecimientos se recomienda controlar por procedimiento microbiológico el resultado de la desinfección. Para ello, bien determinar la tasa bacteriana total/cm$^2$ después de la desinfección preventiva con ayuda del método de la torunda-agitado, bien en caso de desinfecciones especiales comprobar la ausencia-presencia de gérmenes responsables de problemas específicos, como v.gr. salmonelas. También en este caso procede practicar el método de la torunda-agitado. No es adecuado para este fin el procedimiento de las placas comprimidas sobre superficies, debido al peligro de que provoquen inhibición residuos del desinfectante. En la Tabla 2.2 se resume el curso de las distintas operaciones a desarrollar en la L + D.

## 2.3 Medidas especiales en los alojamientos de terneros y bóvidos adultos

Se incluye aquí todo lo referente a la organización y realización de la L + D, así como la preparación que debe tener el ganadero para llevar a cabo estas opera-

**Tabla 2.2** Etapas de trabajo en la limpieza y desinfección de alojamientos de animales.

| Etapas | Operaciones a efectuar | Empleo del limpiador de alta presión | Observaciones |
|---|---|---|---|
| 1. Trabajos previos | Desmontar las instalaciones móviles y limpiarlas fuera, extraer el estiércol (usar escobones), sacar los enrejillados del suelo desmontables, limpiando laterales y fondo de las varillas; no olvidar los recintos inmediatos a los establos, ventanas, instalaciones de ventilación y alimentación, canales de desagüe, rincones, recodos y paredes y vallas de separación | | Desconectar los circuitos eléctricos no utilizados; desmontar o proteger (cubrir) las instalaciones eléctricas sin protección contra el agua |
| 2. Limpieza | **Reblandecimiento:** 1-1,5 litros de agua/m$^2$, dejar actuar durante unas 2 horas; poco antes de limpiar volver a aplicar 0,3 litros de agua/m$^2$. En las salas de partos de terneros y lechones se añadirá un desinfectante al líquido de reblandecimiento | Presión de unos 10 bar. Distancia de aplicación: 1,5-2 m. Utilizar boquilla de chorro plano | Desconectar la ventilación |
| | **Limpieza:** 13-15 litros de agua/minuto a 40°C hasta las estructuras superficiales, colores y texturas originales de los materiales de construcción se reconocerán fácilmente, y el agua de lavado escurrirá limpia de partículas de suciedad; si se utilizan desinfectantes, enjuagar luego a fondo (atenuar el efecto del desinfectante) | Presión: 80-100 bar. Distancia de aplicación: hasta 40 cm con boquilla de chorro plano, y más de 40 cm con boquilla de chorro cilíndrico | |
| | **Secado:** Eliminar los restos de agua, dejar secar el alojamiento | | Conectar la ventilación |
| 3. Desinfección | Aplicación. Acción: preparar la solución siguiendo las instrucciones de empleo; aplicar unos 0,4 litros de agua a 40°C/m$^2$ (excepto si se trata de generadores de cloro u oxígeno) sobre todas las superficies y utensilios limpiados (bien barridos) y dejar actuar según instrucciones | Presión: 10-12 bar Cantidad empleada: 400-500 litros/hora. Distancia de aplicación: 1,5-2 m. Boquillas de chorro plano o de desinfección | Desconectar la ventilación; sin embargo, en los alojamientos parcialmente revestidos, procurar una buena ventilación |
| 4. Operaciones posteriores | Eliminar los residuos de desinfectante de comederos y bebederos, secar el alojamiento y dejarlo vacío durante 4-5 días, mejor 2 semanas a ser posible | | Conectar la ventilación |

**Tabla 2.3** Medidas de limpieza y desinfección en alojamientos de terneros y ganado vacuno adulto.

| Clase de alojamiento | Medidas | Momento |
|---|---|---|
| ***Alojamiento de terneros*** | | |
| Método limpio-sucio | L + D | Una vez después del vaciado; comprenderán todo el alojamiento e instalaciones |
| | L + D | Una vez a mediados del período de cebo: comprenderán boxes, conductos y animales |
| | L | Diaria: conducciones de pienso y de heces |
| | L + D | Diaria: bebederos, cocina de piensos |
| Ocupación continuada | L + D | Tras la salida parcial de animales: boxes/plazas vacíos |
| | L | Diaria: conductos de pienso y de heces |
| | L + D | Diaria: bebederos, cocina de piensos |
| ***Vacas lecheras*** | | |
| Sujetas a pesebre, sin pradera | L + D | Dos veces al año: limpieza general del alojamiento |
| Sujetas a pesebre, con pradera | L + D | Una vez al año: tras la salida al prado, todo el alojamiento e instalaciones |
| En corralizas sin «cama» gruesa | L + D | A ser posible, cada dos meses |
| ***Alojamientos de recría y cebo*** | | |
| Método limpio-sucio | L + D | Una vez después de vaciar: todo el establo |
| | L | Según necesidades: conducciones del alojamiento |
| Ocupación continuada | L + D | Tras la salida parcial de animales: boxes/plazas vacíos y todas las conducciones del establo |
| | L + D | Según necesidades: conducciones del alojamiento |
| ***Sala de partos*** | | |
| | L + D | Después de cada ocupación: plaza ocupada |
| | L + D | Cada 2 semanas: paredes y conducciones de abastecimiento |
| | L + D | Diario: conducciones del establo, rejillas de heces y regueras detrás de las hembras recién paridas |
| ***Enfermería*** | | |
| | L + D | Después de cada ocupación: plaza ocupada |
| | L + D | Diario: conducciones del alojamiento |

ciones, principalmente diversos requisitos referentes a explotaciones animales en edificaciones y en grandes establecimientos. Se refiere esto especialmente a las condiciones necesarias para llevar a cabo tales medidas, ya que los momentos para efectuar la L + D vienen dados por el tipo de explotación. Lo mejor es seguir el principio del limpio-sucio, porque todas las zonas de alojamiento y todas las instalaciones pueden tratarse al mismo tiempo, lo que sucede en el cebo de terneros y bueyes. Cuando los alojamientos están ocupados continuamente, sólo se puede practicar la L + D en la parte vaciada de los establos. En tal caso debe trabajarse siguiendo el principio de la rotación, porque permite muy bien planificar las operaciones (desinfección rotativa). En la Tabla 2.3 se incluye un resumen general de los momentos mejores para la práctica de las medidas de L + D.

Para elegir el desinfectante adecuado y su correcta aplicación, en la desinfección especial es necesario asignar el germen patógeno a un grupo taxonómico al que se refieran los datos de la Lista DVG. La Tabla 2.4 contiene una relación de los gérmenes más importantes en esta esfera.

### 2.3.1 Alojamientos de terneros

Las medidas a seguir en los alojamientos de cebo de terneros se caracterizan por la difícil posibilidad de limpieza, resultante del contenido graso de las heces (sustitutos lácteos) y de la necesidad de considerar especialmente sensible la zona de preparación y administración de los sustitutos lácteos, así como la preparación y utilización de los aparatos requeridos para dicha administración, todo lo cual debe incluirse en la medidas de L + D.

En los alojamientos de terneros hay que utilizar productos limpiadores disolventes de las grasas y agua caliente o templada. Es recomendable practicar en el período de cebo por lo menos una limpieza intermedia y desinfección de los boxes, incluidos los animales (lavado). Se cuidará de utilizar un producto que no dañe a los terneros. Los conductos de alimentación y extracción de heces deben limpiarse a diario y desinfectarse una vez a la semana.

Los bebederos se limpiarán y desinfectarán después de cada utilización, y una vez cada día la cocina donde tenga lugar la preparación del pienso para la recría o cebo de los terneros. En caso de utilizar instalaciones de alimentación centralizadas automáticas, los depósitos de mezcla y la red de cañerías se desinfectarán a diario por procedimiento térmico/químico mediante aparatos de CIP. Pero esta medida sólo tiene éxito parcial, porque las conducciones hasta las tetinas constituyen espacios muertos. Debido al problema higiénico que esto plantea, el procedimiento es desaconsejable, al no contar con ninguna solución técnica convincente.

En la cría de terneros puede plantearse un problema especial de desinfección, en caso de presentarse diarrea por criptosporidios. En este caso debe limpiarse con particular insistencia utilizando agua caliente por encima de 60°C. Para desinfectar se emplearán productos incluidos en la Sección 8b de la Lista DVG, en concentración doble, pese a lo cual no queda garantizada su total eficacia, pero al menos se obtienen acciones parciales.

### 2.3.2 Alojamiento de ganado vacuno lechero en corralizas

En esta modalidad, la práctica de la L + D se caracteriza por su continuidad y, en algunos casos, por las bajas temperaturas imperantes en primavera, otoño e invierno.

En las corralizas para vacas lecheras sin salida a los prados, resulta difícil la L + D.

**Tabla 2.4** Subordinación de gérmenes patógenos importantes de terneros y bóvidos adultos a la elección de un desinfectante adecuado para una desinfección especial (sin los gérmenes de epizootias de declaración obligatoria).

| Gérmenes patógenos | Tipo | Enfermedad | Sección de la Lista DVG |
|---|---|---|---|
| Parvovirus bovino | Vs | Diarrea de los terneros | 7a |
| Adenovirus bovino | Vs | «Gripe de las vacas», Diarrea | 7a |
| Enterovirus (ECBO) | Vs | Diarrea de los terneros «Gripe bovina» | 7a |
| Rhinovirus bovino | Vs | «Gripe bovina» | 7a |
| Reovirus | Vs | «Gripe bovina» | 7a |
| Rotavirus | Vs | Diarrea de los terneros | 7a |
| Togavirus (BVD/MD) | Vc | Enfermedad mucosa, Diarrea vírica bovina | 7b |
| Virus parainfluenza Tipo III | Vc | «Gripe bovina» | 7b |
| Ortopoxvirus | Vc | Viruela de la vaca | 7b |
| Parapoxvirus | Vc | Viruela de la ubre Estomatitis papulosa | 7b |
| AHV-1/BHV-3 | Vc | Fiebre catarral maligna (BKF) | 7b |
| *E. coli* | B | Diarrea de los terneros Mamitis | 4a |
| Pasterelas | B | Inflamación pulmonar | 4a |
| *Corynebacterium pyogenes* | B | Mamitis Inflamación de la matriz Inflamación de los pulmones | 4a |
| *Campylobacter* | B | Diarrea | 4a |
| Estafilococos | B | Infección de heridas y pezuñas Inflamación de la ubre | 4a |
| Estreptococos | B | Infección de heridas Inflamación de la ubre Inflamación de los pulmones | 4a |
| Listerias | B | Listeriosis | 4a |
| Leptospiras | B | Leptospirosis | 4a |
| Micobacterias | B | Paratuberculosis | 5 |
| Coxielas | B | Fiebre Q | 4d |
| Ascáridos | P | Diarrea | 8d |
| Estrongílidos | P | Diarrea | 8a |
| Vermes pulmonares | P | Tos, etc. | 8a |
| Coccidios | P | Diarrea de los terneros | 8b |
| Tricofiton | H | Herpes anular | 6 |

Vs = Virus sin cápsula; Vc = Virus capsulado; B = Bacterias; P = Parásitos; H = Hongos.

Lo más eficaz también en este caso sería el método del limpio-sucio. Para ello, los animales deben mantenerse como mínimo una semana fuera de la zona sometida a desinfección, lo cual presupone disponer de praderas cercanas o de un corral anejo. La sala de ordeño debe tener acceso directo desde el corral. Cuando no se disponga de estos medios, la L + D deben llevarse a cabo únicamente durante el tiempo de la toma de pienso, con aislamiento parcial de la zona en cuestión. En este caso hay que utilizar productos de rápida acción que no irriten las mucosas de los animales. Descartar los aldehídos. Se ofrecen preparados a base de principios liberadores de oxígeno. En los alojamientos con cama gruesa, las medidas de L + D sólo son posibles después de extraer por completo la cama correspondiente.

### 2.3.3 Alojamientos de recría y cebo

En las granjas de cebo se practica con frecuencia el sistema limpio-sucio. De no ser así, boxes o secciones del alojamiento se someterán a desinfección rotatoria. En el cebo de bueyes, las tareas de desinfección se caracterizan frecuentemente por bajas temperaturas y por la necesidad de prevenir o corregir alteraciones de las pezuñas. En tal situación, se utilizarán desinfectantes de acuerdo con las recomendaciones de empleo de la Sección 4a de la Lista DVG; además, es recomendable practicar baños de pezuñas con solución de formalina al 4-5% (1,08-1,4% de formaldehído) cada dos meses dos veces seguidas.

### 2.3.4 Celdas de partos

Debe concederse particular atención a las medidas higiénicas a realizar en las celdas de partos. Según Strauch (33), conviene actuar de la manera siguiente:

La L + D se llevará a cabo antes de ingresar cada hembra en la celda. En los grandes establecimientos, el traslado de las vacas próximas al parto debe organizarse de manera que también en la nave de partos se practiquen entradas y salidas en serie o por secciones, con lo que aumenta la eficacia de las medidas de L + D, al abarcar éstas una gran parte de la nave. L + D se realizarán por consiguiente de acuerdo con el ritmo de ingresos en las celdas y antes de cada uno de éstos; debe procurarse que toda la nave de partos sea objeto de L + D por lo menos una vez al mes.

Además de aplicar a la propia hembra las medidas higiénicas de L + D propias del parto, los pasillos, las rejillas de heces y los regueros del purín situados en la parte posterior de las celdas deben limpiarse y desinfectarse a diario hasta la finalización del puerperio. Antes, durante y después del parto son recomendables las siguientes medidas de L + D:

- ***Vaca madre:*** Limpieza a fondo de la región vaginal, grupa, cola, ubre, patas y pezuñas posteriores, desinfectando a continuación cuidadosamente con un producto tolerado por el animal.
- ***Ayudante al parto antes de su actuación:*** L + D de manos y brazos; tener preparado un cubo con agua caliente y jabón, y otro con solución desinfectante templada. Los excrementos aplastados durante el parto se retirarán cuidadosamente con solución desinfectante.
- ***Utensilios para el parto antes de su empleo:*** Limpiar y desinfectar a fondo; a ser posible, dejarlos sumergidos en la solución desinfectante, y, después del parto, volverlos a sumergir. Los instrumentos auxiliares de gran tamaño se colocarán sobre paños limpios.
- ***Recién nacidos:*** Desinfectar el ombligo; a continuación, frotar bien la cría para secarla.
- ***Vaca madre después del parto:*** Limpiar y desinfectar a fondo la parte pos-

terior, ubre y patas traseras. Arrojar las secundinas. El veterinario dictará las instrucciones siguientes al parto.

- *Utensilios para el parto concluido éste:* Limpiar y desinfectar a fondo, secar con cuidado y, sólo entonces, guardar en lugar limpio y cerrado.

### 2.3.5 Enfermería

No pueden dictarse reglas referentes a los alojamientos de animales enfermos porque su habilitación varía con los establecimientos. En todos los casos se observará la higiene más estricta para evitar la transmisión y difusión de gérmenes patógenos, especialmente cuando se trate de infecciones supuradas o bien se excreten o segreguen gérmenes patógenos. Las medidas se considerarán siempre como desinfecciones especiales, por lo que debe seguirse como mínimo el criterio expuesto en la Sección 4a de la Lista DVG.

## 2.4 Medidas especiales en la explotación de ovejas y cabras

De acuerdo con cuál sea la forma de explotación, la cría de ovejas y cabras tiene distintas exigencias en la práctica de las medidas de desinfección. Aquí destaca la explotación sobre el terreno, o bien en forma de cría en aprisco estacional o du-

**Tabla 2.5** Gérmenes patógenos importantes para ovejas y cabras, con la elección del desinfectante adecuado de los incluidos en la Lista DVG.

| Gérmenes patógenos | Tipo | Enfermedad | Sección de la Lista DVG |
|---|---|---|---|
| *Escherichia coli* | B | Diarrea | 4a |
| Clamidias | B | Abortos | 4a |
| Listerias | B | Encefalitis, abortos | 4a |
| Pasterelas | B | Inflamación ubre, id. pulmones, muermo ovino | 4a |
| Salmonelas | B | Diarrea, abortos | 4a |
| Yersinias | B | Pseudotuberculosis | 4a |
| Tricofiton | H | Tiña decalvante | 6 |
| Reovirus | Vs | Enfermedades respiratorias, diarrea | 7a |
| Papilomavirus | Vs | Papilomatosis (enfermedad verrugosa) | 7a |
| Virus Borna | Vc | Enfermedad de Borna | 7b |
| Parapoxvirus | Vc | «Boquera», pústulas cutáneas | 7b |
| Virus variólicos | Vc | Viruela | 7b |
| Retrovirus | Vc | Maedi, Visna | 7b |
| Retrovirus | Vc | Artritis-encefalitis de la cabra (CAE) | 7b |
| Vermes filiformes | P | Trastornos respiratorios, diarrea | 8a |
| Anquilostomas | P | Diarrea | 8a |
| Coccidios | P | Diarrea | 8b |

rante todo el año, que requiere la práctica de medida de L + D. No pueden dictarse normas respecto al momento de aplicar dichas medidas, pues dependen principalmente de la forma y manera en que se desarrolle la estancia en alojamientos, salida a pastoreo o cría en praderas comunales. En los alojamientos de ovejas y cabras, la desinfección preventiva se realizará como se describe en el punto 2.2. Sin embargo, la empresa es difícil en la práctica debido a la frecuencia con que se utilizan construcciones viejas o simples, con materiales de mala calidad. Por ello, se recomienda siempre encalar los alojamientos después de la desinfección preventiva o especial. En la Tabla 2.5 se resumen los gérmenes contra los cuales puede ser necesario adoptar medidas especiales de desinfección. Debido a la frecuencia de las superficies ásperas e irregulares, es recomendable el empleo de preparados a base de aldehídos o de ácidos orgánicos.

En las granjas que explotan cabras lecheras en modernas instalaciones, son de aplicación básicamente los mismos principios de actuación de los establecimientos de vacas lecheras.

## 2.5 Medidas especiales en la explotación de cerdos

Las medidas preventivas encargadas de proteger la salud, como la L + D, gozan de gran aceptación en la explotación porcina. Cuanto más intensiva es la producción, más cuidadosas y consecuentes deben ser las medidas higiénicas a adoptar. Esto es aplicable a la desinfección de alojamientos y al establecimiento y funcionamiento de instalaciones de desinfección fijas. Los principales problemas de la explotación porcina los constituyen los suelos ranurados con sumidero subyacente para el purin, así como los dispositivos de ventilación y alimentación. En las explotaciones que funcionan bajo el principio del limpio-sucio, las medidas de L + D pueden llevarse a cabo con mucha eficacia. En todas las demás formas de explotación deben hacerse frotis para conocer la efectividad de las medidas higiénicas. Las celdas de partos deben limpiarse con agua caliente a 40°C y un producto limpiador. Debido al gran número de gérmenes patógenos que pueden infectar las cochiqueras, es imprescindible realizar desinfecciones especiales cuando se trate de resolver problemas de población. La Tabla 2.6 proporciona información sobre una lista de gérmenes patógenos, con expresión de su naturaleza y desinfectante que debe elegirse para su desinfección especial, extraido de la Lista DVG.

En cuanto al momento en que deben llevarse a cabo las medidas de L + D, en la Tabla 2.7 se incluye un resumen general al respecto. Los principios son los siguientes:

Los alojamientos de cebo que funcionen por el sistema del limpio-sucio, se limpiarán y desinfectarán a fondo cuando queden vacíos, incluyendo en las operaciones todas las edificaciones e instalaciones. Si las cochiqueras participan de un régimen de ocupación continuada, vaciándose del todo sólo por secciones, las medidas de L + D se realizarán con carácter rotatorio a intervalos determinados.

Los alojamientos de recría también se utilizarán siguiendo el principio del lim-

**Tabla 2.6** Relación de algunos gérmenes patógenos importantes para el cerdo, con expresión del desinfectante más adecuado de la Lista DVG (sin citar epizootias de declaración obligatoria).

| Gérmenes patógenos | Tipo | Enfermedad | Sección de la Lista DVG |
|---|---|---|---|
| Bordetelas | B | Enfermedad del estornudo | 4a |
| Campylobacter | B | Diarrea | 4a |
| Escherichia | B | Diarrea, enfermedad de los edemas, MMA | 4a |
| Erysipelotrix | B | Mal rojo | 4a |
| Haemophilus | B | Neumonía y pleuritis, inflamación de articulaciones | 4a |
| Micoplasmas | B | Gripe de los lechones | 4a |
| Pasterelas | B | Enfermedad del estornudo, tos contagiosa | 4a |
| Salmonelas | B | Diarrea | 4a |
| Estafilococos | B | Tizne de los lechones | 4a |
| Estreptococos | B | Abscesos, infección de heridas | 4a |
| Coronavirus | Vc | Gastroenteritis contagiosa (TGE) | 7b |
| Coronavirus | Vc | Diarrea vírica epizoótica (EVD) | 7b |
| Coronavirus | Vc | Desmedro y vómito de los lechones (HEV) | 7b |
| Parvovirus | Vs | Infección parvovírica de los cerdos (SMEDI) | 7a |
| Virus variólicos | Vc | Viruela | 7b |
| Áscaris | P | Infestación por lombrices | 8a |
| Estrongiloides | P | Infestación por vermes filiformes | 8a |
| Esofagostomum | P | Infestación por vermes nodulares | 8a |
| Tricofiton | H | Tiña decalvante | 6 |

B = Bacterias, Sección 4a-4b Lista DVG; Vc = Virus capsulados, Sección 7b Lista DVG; Vs = Virus sin cápsula, Sección 7a Lista DVG; Pa = Parásitos, Sección 8 Lista DVG; H = Hongos, Sección 6 Lista DVG.

**Tabla 2.7** Resumen de los momentos en que se recomienda llevar a cabo las medidas de L+ D en los alojamientos porcinos.

| Tipo de alojamiento | Medida | Momento |
|---|---|---|
| ***Nave de cebo*** | | |
| Método limpio-sucio | L + D | Tras el vaciado: toda la nave con instalaciones |
| | L | Según necesidades: pasillos de la nave |
| Ocupación continuada | L + D | Las zonas de la nave vaciadas y todos los pasillos de la nave e instalaciones de abastecimiento |
| | L + D | Según necesidades: pasillos de la nave |
| ***Nave recría/Nave cerdas de vientre*** | | |
| Método limpio-sucio | L + D | Tras el desalojo: toda la nave con instalaciones |
| | L | Según necesidades: pasillos de la nave |
| Ocupación continuada | L + D | Tras el desalojo de secciones de la nave: toda la zona desocupada, todos los pasillos de la nave e instalaciones de abastecimiento |
| | L + D | Según necesidades: pasillos de la nave |
| Cochiqueras de parto | L + D | Tras el desalojo |
| | L + D | Tras largos períodos vacíos: 2-3 días antes de volver a ocupar |

pio-sucio (posible a partir de 40 cerdas de vientre). Cuando no pueda cumplirse este requisito, el principio del limpio-sucio se practicará por lo menos en las diversas secciones del alojamiento. En los apartados siguientes se exponen más detalles sobre este tema.

### 2.5.1 Cochiqueras de parto y de recría

El lavado de la cerda de vientre antes de alojarla en la sección de partos es una importante medida que debe practicarse a la vez que una previa desparasitación. Existen plataformas especiales para este lavado, en las que también pueden utilizarse aparatos de limpieza con agua a alta presión. Debe emplearse agua templada a unos 37°C con un flujo de unos 350 litros/hora a presión moderada (10-15 bar) en combinación con un preparado especial para lavar y desinfectar los animales. La boquilla conviene que tenga un gran ángulo de incidencia (40-80°C), y se aplicará a una distancia de 30-40 cm del cuerpo del animal. También aquí conviene realizar un reblandecimiento previo (2-3 min), lavando a continuación (3-4 min/animal). Al empezar el trabajo debe tenerse en cuenta que el chorro debe dirigirse primero al cuerpo del animal, que es cuando la solución sale de la boquilla a la temperatura eficaz (suficientemente templada).

Las celdas de parto deben desinfectarse inmediatamente después del parto y de la eliminación de las secundinas. También se extraerá la cama de paja, que se sustituirá de inmediato por otra limpia. Tras el desalojo de la celda, es necesaria una L + D a fondo. Las celdas de parto que estuvieron vacías largo tiempo, deben someterse de nuevo a una L + D entre 2 y 3 días antes de ocuparlas otra vez.

Todos los alojamientos de lechones, sea cualquiera el sistema de explotación, así como las celdas de parto y las plazas para cerdas gestantes, deben limpiarse y desinfectarse después de cada vaciado. Para la limpieza también se recomienda aquí la aplicación de un producto limpiador y/o agua templada. Asimismo es imprescindible una desinfección parcial. Siempre que sea posible, debe procurarse la L + D sucesiva de varias unidades, de acuerdo con un plan predeterminado. Esto debe realizarse de manera amplia, incluyendo paredes, techos y conductos de ventilación. En todas las desinfecciones parciales se incluirán los pasillos sistemáticamente, para evitar que en ellos se acumulen los gérmenes.

En los alojamientos de recría en que no se practique el sistema del limpio-sucio, en el caso de que quede completamente vacía una zona amplia, sección o serie de plazas, debería aprovecharse inmediatamente la oportunidad para practicar una profunda operación de L + D que comprenda todos los elementos movibles y fijos, incluidos los recintos de abastecimiento, paredes, techos, pozos de ventilación, etc. Con esto pueden compensarse los inconvenientes de una sólo posible desinfección parcial

### 2.5.2 Alojamientos de cebo

Según Strauch (33), los alojamientos de cebo que no funcionen bajo el principio del limpio-sucio deben tratarse siguiendo los mismos principios que se han expuesto en el punto 2.5.1 referentes a los alojamientos de recría.

Los alojamientos de cebo que funcionen por la fórmula del limpio-sucio, una vez vaciados se someterán a una L + D a fondo que debe comprender todas las zonas de la edificación del alojamiento y sus instalaciones. Si sólo se vacía totalmente una parte de la nave, las medidas de L + D se llevarán a cabo con carácter rotatorio y a intervalos previamente acordados.

Un problema todavía sin resolver es la L + D eficaz de los suelos ranurados y de rejillas, y en particular sus caras laterales e inferiores. Si únicamente se limpia desde arriba con aparatos de AP, sólo se limpian las superficies superiores. En las caras laterales de listones y traviesas la acción limpiadora es sólo reducida, y en las superficies inferiores de los listones y rejillas en T es del todo inexistente. La necesidad de esto resultante de desmontar o mantener levantadas tales enrejillados durante las operaciones de L + D se incumple muchas veces en la práctica porque en la mayoría de los alojamientos no lo permite el tipo de colocación. En tales casos, los posibles gérmenes patógenos que queden en el suelo podrán multiplicarse y ocasionar problemas, sin que nos hayamos apercibido de ello. Es presumible, por consiguiente, que las colas de los cerdos introducidas entre los listones resulten infectadas por los gérmenes situados en las caras laterales e inferiores de listones o rejillas que no fueron afectados por las medidas de L + D aplicadas con anterioridad.

Existen en el mercado algunos utensilios especiales y prolongadores aplicables a los aparatos limpiadores de alta presión que facilitan y mejoran la L + D de estos puntos críticos.

Como es lógico, sirven también para las regueras de heces, que en la mayoría de los casos tampoco pueden limpiarse y desinfectarse bien. Se comprende que un canal de recogida de heces sin desinfectar tenga importancia como posible fuente de recontaminación y producción de enfermedades infecciosas.

Siempre que sea posible, estas zonas deben incluirse inexcusablemente en las operaciones sobre todo de desinfección especial.

## 2.6 Desinfección en caso de epizootias

Las desinfecciones a realizar en caso de epizootia se harán siguiendo las instrucciones del veterinario, el cual seguirá las normas del Ministerio Federal de Alimentación, Agricultura y Bosques sobre productos y métodos para la práctica de la desinfección en las epizootias de declaración obligatoria, tal como vienen expresadas actualmente (11). En la legislación vigente se incluyen muchas definiciones y normas detalladas alusivas a procedimientos científicos actualizados y comprobados, que se corresponden con las directrices de desinfección más avanzadas de Europa. En este punto no es posible relacionar todos los detalles, pero a continuación se exponen los conceptos más importantes para llevar a cabo las desinfecciones a practicar en la lucha contra las epizootias de declaración obligatoria de los rumiantes, y, cuando es necesario, se completan con los conocimientos más actuales al respecto.

Las medidas de L + D a realizar en la lucha contra las epizootias son:

- Desinfección preliminar
- Limpieza
- Desinfección continuada
- Desinfección final
- Lucha antiplagas

## 2.6.1 Desinfección preliminar

La desinfección previa comprende una serie de medidas desinfectantes que se practican antes de la desinfección final, cuando, existiendo epizootias altamente contagiosas, la desinfección final puede permitir aún la difusión de gérmenes o bien se trata de una epizootia cuyo germen causal pueda transmitirse al hombre. En los casos en que sea necesaria una desinfección preliminar, ésta precederá a la limpieza.

En la desinfección preliminar, las superficies, objetos y materiales a desinfectar se remojan con desinfectante durante 1 a 4 horas antes de comenzar la limpieza, de acuerdo con las características de la epizootia de que se trate. La cantidad a utilizar es de 1-1,5 litros/m$^2$.

Estas medidas limitan la creación de aerosoles de gérmenes en la posterior limpieza, como se muestra en la Figura 2.8.

## 2.6.2 Limpieza

A diferencia de lo que sucede en la desinfección preventiva, en el marco de una desinfección contra epizootias la limpieza se lleva a cabo de manera total y rigurosa, lo que significa que, v.gr., se quemarán los objetos combustibles, se

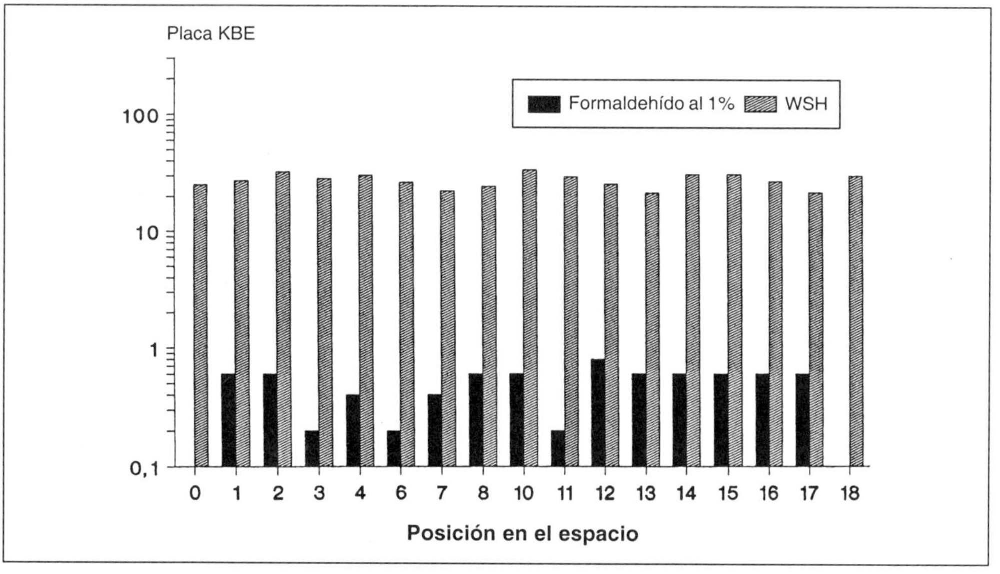


**Fig. 2.8** Disminución de la sobrecarga de aerosoles por aplicación de formaldehído al 1% antes de la limpieza en comparación con aplicación de agua de dureza estándar (WSH), medido como KBE sobre placas de sedimentación, según Schmid *et al.* (28). Germen de test: *Staphylococcus aureus.*

levantarán los suelos y se desmontarán las instalaciones para tratarlas aparte. Como desinfectantes se utilizan:

- Solución de sosa (3 kg de sosa, $Na_2CO_3$, en 100 litros de agua caliente).
- Solución de jabón (3 kg de jabón blando en 100 litros de agua caliente).

Pero también pueden utilizarse otros productos limpiadores existentes en el comercio. Con temperaturas por debajo del punto de congelación, se añadirá sal común a la solución limpiadora:

- Hasta –10°C: 1,6 kg de NaCl por cada 10 litros de agua.
- Hasta –20°C: 3,0 kg de NaCl por cada 10 litros de agua.

Se hacen indicaciones detalladas sobre la limpieza de locales y superficies, instalaciones, utensilios y materiales.

#### 2.6.2.1 Estiércol sólido, camas, restos de pienso y otros materiales

Deben eliminarse del alojamiento y acumularse en un lugar adecuado antes de efectuar la desinfección final. En casos en que el acúmulo de los mencionados residuos extraídos para la limpieza y desinfección no puedan depositarse en la misma granja o ello resulte inconveniente, su depósito puede efectuarse en un lugar adecuado fuera del establecimiento, siempre contando con la autorización del veterinario. En tal caso se observarán las precauciones necesarias durante el transporte.

El agua sucia resultante de la limpieza se acumulará en los pozos de purín o excrementos líquidos hasta su desinfección o bien en otro punto adecuado de la granja.

Los cadáveres y partes de los animales se tratarán de acuerdo con las disposiciones vigentes sobre eliminación de cadáveres de animales. Los restos de sangre o contenido de estómago e intestinos deben desinfectarse.

Cuando la acumulación y depósito de los materiales y líquidos resultantes de la limpieza tiene lugar en la granja infectada por una epizootia u otro lugar con peligro de difusión de la epidemia, debe llevarse a cabo una desinfección preliminar.

Esta desinfección previa a la limpieza también debe realizarse en caso de existir epizootias particularmente contagiosas y de actuar gérmenes transmisibles al hombre.

La desinfección preliminar se practica bañando los materiales en cuestión con un desinfectante adecuado. Estos materiales tampoco deben luego llevarse temporalmente a lugares desde los que puedan fluir aguas sucias hasta campos a los que tengan acceso otras personas o animales, pozos o corrientes de aguas superficiales.

#### 2.6.2.2 Utensilios y alojamientos

Los montajes de madera y los revestimientos de listones deben desmontarse siempre que sea necesario. Las partes de madera se flamearán, si no es que puedan ponerse en condiciones de desinfectarse alisando su superficie.

En las construcciones de ladrillo o mampostería, las partes deterioradas o desprendidas de la obra deben separarse de las paredes y someterse a desinfección química.

El revestimiento del suelo que no ofrezca superficie íntegra, se levantará en caso preciso. El material del suelo que aparezca debajo se extraerá y desinfectará, en caso de que se haya humedecido con líquidos infecciosos. Una vez eliminadas las partes deterioradas y efectuada una L + D a fondo, puede volverse a aplicar el revestimiento del suelo, en cuyo caso debe darse preferencia a un material impermeable.

En caso de aplicar en el suelo revestimientos impermeables, se eliminarán las partes sueltas o dañadas. Se rasparán las grietas, desinfectándose el material resultante. La misma conducta se seguirá con paredes y obras de separación, pozos, regueras de desagüe y canales. En los suelos enrejillados se cuidará la limpieza de los espacios intermedios y cara inferior de los listones.

En los suelos rotos y agrietados, si es necesario se eliminará la capa más superficial, al tiempo que se drenan los puntos húmedos. El material residual resultante se someterá a desinfección. Los suelos de tierra o arena humedecidos con excretas, deben levantarse y arrojarse por lo menos en una profundidad de 20 cm, desinfectándose el material resultante. El material retirado del suelo se empapará de desinfectante, y, el no retirado, se desinfectará por lo menos con 5 litros de desinfectante/m$^2$.

Se limpiarán a fondo techos, paredes, todas las instalaciones (partes internas y externas de entradas y salidas de ventilación, transportadores de pienso, bebederos, comederos y otras partes de los alojamientos, puertas, ventanas, etc.), suelos, regueras del purín, canales, pozos, rejillas, suelos ranurados y medios de extracción del estiércol. El empleo de un aparato de limpieza de alta presión debe preferirse por lo regular a la limpieza manual. La limpieza se llevará a cabo tal como se ha descrito en el punto 2.2.2. Los utensilios combustibles de escaso valor serán quemados. Útiles y objetos de madera, metal, plástico, cuero o goma, así como de tela, se lavarán a fondo con solución desinfectante o bien se tratarán con el aparato limpiador de alta presión.

En caso de combatir gérmenes de epizootias transmisibles al hombre, utensilios y objetos se someterán a una desinfección previa a la limpieza.

#### 2.6.2.3 Cargaderos, mataderos y vehículos de transporte

En la limpieza de cargaderos y lugares e instalaciones semejantes, incluidos los mataderos, asi como de los vehículos empleados en el transporte de ganado, los recintos de barcos y aviones utilizados en estas operaciones deberán someterse a las prescripciones citadas en las Normas de la BML (11). Esto es aplicable asimismo a los camiones que transporten materiales infecciosos (Capítulos 6 y 7), así como a los locales e instalaciones en que se deposite o manipule ese material.

#### 2.6.2.4 Terrenos, recintos feriales y pastos

En los lugares y terrenos en que se reúnan animales (mercados de ganado, exposiciones, etc.), lo primero es reunir los excrementos de las reses. Los terrenos con superficie impermeable a la humedad se limpiarán por procedimiento mecánico (barrido). Con los excrementos y otras suciedades se procederá como se ha descrito en el punto 2.6.2.1. A continuación se lavará el terreno con agua. Se recomienda el empleo de un aparato limpiador de alta presión. El agua sucia resultante no se verterá en vías de comunicación ni en lugares a los que tengan acceso animales. Los terrenos con superficie no consolidada se limpiarán de excrementos y suciedad lo mejor posible. Los materiales de equipo de estos terrenos y lugares se tratarán como se ha descrito en el punto 2.6.2.2. Calles y caminos se limpiarán de acuerdo con su constitución. Las instalaciones existentes en los prados (corralizas, locales de ordeño, comederos, bebederos) se limpiarán también de acuerdo con su estructura.

#### 2.6.2.5 Animales, personas y vestimenta

Cuando esté indicada la desinfección de los animales, se limpiará cuidadosamente la suciedad adherida a la superficie corporal, incluidos cascos y pezuñas, mediante lavado u otro método adecuado (preferible el limpiador de alta presión). Como producto limpiador se empleará agua de jabón o los preparados del lavado de manos utilizables en el lavado de animales.

Las personas se lavarán las manos y otras partes sucias del cuerpo con agua caliente y producto limpiador. Las vestiduras y calzado se limpiarán a fondo y luego se desinfectarán. Los trajes no recuperables se eliminarán de forma inocua después de su uso.

Puede renunciarse a limpiar la vestimenta de trabajo cuando se vaya a sumergir inmediatamente en solución desinfectante o se deposite en recintos cerrados (cajones metálicos, bolsas de plástico destinadas al autoclave) para ser sometida a tratamiento por el calor.

### 2.6.3 Desinfección continuada

La desinfección continuada es la desinfección que se practica de forma seguida durante un brote de una enfermedad infecciosa fácilmente diseminable. Comprende todos los utensilios, objetos y personas que contacten directamente con los animales enfermos o sus excretas, así como el entorno inmediato de los animales y los pasillos de los alojamientos, todo ello con objeto de mantener lo más baja posible la concentración de gérmenes en el establo. Para ello se utilizan instalaciones fijas de desinfección en los pasillos de entrada y salida de los alojamientos, incluyendo también zanjas de tránsito con solución desinfectante, tinas y esterillas de desinfección. Como estas instalaciones fijas de desinfección tienen una eficacia limitada, en el caso de epidemias altamente contagiosas se recomienda llevar a cabo siempre una desinfección de las botas en un recipiente lo bastante alto con una eficaz solución de desinfectante y con la ayuda de un cepillo especial para este fin (acción mecánica). Para desinfectar los vehículos es aconsejable la aplicación por tres veces consecutivas de un aparato limpiador de alta presión o bien un cepillado comparable a la desinfección de las botas con un baño de desinfectante (punto 2.7.6.7).

### 2.6.4 Desinfección final

Con el nombre de desinfección final o de cierre se designa el conjunto de medidas de L + D prescritas para caso de un brote epizoótico. Se lleva a cabo tras el alejamiento de todos los animales enfermos o sospechosos o bien, si permanecen en el establecimiento, después de comprobar su buen estado sanitario.

En la desinfección en caso de epizootia debe darse preferencia a los procedimientos térmicos frente a la desinfección química. Se pueden emplear los métodos siguientes:

- ***Quemado***: Éste es el procedimiento más seguro, siempre que lo permitan el bajo valor y la textura de los objetos a tratar.
- ***Hervido***: La cocción es método de elección en condiciones prácticas para pequeños objetos y materiales resistentes. Al agua de cocción se añade un 0,5 % de carbonato sódico ($Na_2CO_3$). Tiempo de cocción: 15 minutos.
  Los objetos deben cubrirse totalmente con agua. La agregación simultánea de un desinfectante adecuado, como v.gr. un ténsido, potencia la eficacia.
- ***Método de desinfección con vapor***: Procedimiento consistente en aplicar vapor a presión a 100°C en aparatos cerrados (autoclaves). Este es el método más seguro y universal para objetos agrupables y termoestables.
  Para determinados fines sirven también procedimientos con vapor fluente a más de 100°C. En la Lista de desinfectantes y métodos comprobados y reconocidos por la Oficina Federal de Salud (Alemania) se incluyen procedimientos de esta clase y sus esferas de empleo (v.gr., utensilios y lavaderos).
  A este respecto no puede recomendarse el empleo de aparatos de aplicación de chorro de vapor. Estos aparatos funcionan también con vapor fluente a más de 100°C, pero cuando el chorro llega a la superficie a tratar, se ha enfriado tanto que carece de acción desinfectante sobre los materiales, por lo regular malos conductores (son excepción las jaulas metálicas). Por ello, siempre hay que utilizar desinfectantes químicos a título complementario.

En el límite entre la desinfección física y la química se encuentra el llamado autocalentamiento, resultante de una acción físico-química, pero también biológica.

- ***Autocalentamiento***: Este método, en el que mediante la aplicación de temperaturas disgenésicas y/o el empleo de productos químicos (v.gr., cal viva) se produce la destrucción bacteriana, sirve muy bien para desinfectar el estiércol sólido y otros residuos orgánicos (v.gr., camas, piensos).
  En los métodos de tratamiento de estiércol líquido, que provocan el autocalentamiento mediante aporte de aire, deben cumplirse las siguientes condiciones para lograr una desinfección eficaz: La temperatura debe mantenerse como mínimo a 50°C durante 3 días y con un pH superior a 8,5.
- El personal encargado de realizar la **desinfección química** debe llevar ropa (preferentemente trajes de un solo uso) y medios protectores (v.gr., delantales, guantes, gafas, máscara antigas), siempre que el desinfectante utilizado lo haga necesario. Este desinfectante se aplicará en la concentración recomendada a las superficies bien secas. La cantidad a utilizar oscilará entre 0,4 y 1 litro/$m^2$ de superficie, de acuerdo con la textura de ésta. La operación se llevará a cabo de forma repetida (en dos tiempos), cuando el desinfectante escurra rápidamente de la superficie. Por lo demás, la desinfección se realizará tal como se ha expuesto en el punto 2.2.4. Es inexcusable respetar los tiempos mínimos de actuación marcados. Para temperaturas inferiores a 20°C se elegirán desinfectantes y concentraciones adecuados.

Antes de una desinfección en caso de epizootia es imprescindible calentar previamente los alojamientos, lo que se llevará a cabo con ayuda de aparatos impulsores de aire caliente de funcionamiento con gas. Con bajas temperaturas, el éxito de las medidas de L + D es cuestionable en todo caso, ya que los principios activos (lejía de sosa, liberadores de ácido) aplicados a superficies rugosas sufren mermas en su eficacia y las superficies no pueden secarse suficientemente bien antes de aplicar la solución desinfectante.

El enjuagado del desinfectante sólo es necesario cuando, debido a lo elevado de la concentración o a la acción de determinados principios activos, pueden producirse efectos tóxicos sobre personas y animales, o bien quedar residuos en alimentos (v.gr., desinfecciones en caso de carbunco).

### 2.6.4.1 Alojamientos y locales

En los establos y otros alojamientos de animales, así como en locales en que se deposite o manipule material infeccioso, todas las superficies e instalaciones deben tratarse con solución desinfectante. Para ello se procederá como se ha descrito en el punto 2.2.4, ya que por lo general se trata de alojamientos vacíos. Durante el tiempo de actuación del desinfectante se mantendrán cerradas puertas y ventanas, y se suspenderá la ventilación. Con temperaturas por debajo del punto de congelación, es imprescindible calentar el alojamiento antes de desinfectar; con temperaturas inferiores a 10°C, esto también se llevará a efecto, si es posible.

Concluidas las medidas de desinfección y antes de volver a ocupar los alojamientos, éstos se ventilarán a fondo y los residuos de desinfectante se eliminarán de comederos y bebederos mediante enjuagado a fondo (punto 2.2.4).

### 2.6.4.2 Estiércol sólido, camas y restos de pienso

Los materiales reunidos como se indica en el punto 2.6.2.1 se desinfectan mediante compactado y agregación de un desinfectante adecuado.

El compactado de los materiales a desinfectar debe realizarse básicamente en la granja infectada en un lugar lo más impermeable posible al agua, plano, que pueda empaparse con seguridad y al que no tengan acceso animales sensibles a la enfermedad infecciosa o que puedan difundir la epidemia, así como tampoco personal no autorizado. El agua sucia generada en estos recintos no podrá llegar a otras granjas, a caminos accesibles a personal y animales extraños, y tampoco a cursos de agua superficiales y subterráneos. La eliminación de estiércol sin desinfectar de la granja que sufra una epizootia, según lo expuesto en el punto 2.6.2.1 sólo debe dirigirse a un lugar que reúna los mismos requisitos que se citan en el punto anterior para la granja infectada.

La desinfección se lleva a cabo constituyendo un almiar en el que el estiércol se entremezcla a fondo y uniformemente con cal viva granulada en la proporción como mínimo de 100 kg en 1 m$^3$ de estiércol, se humedece y se deposita luego bajo una cubierta de papel metálico al menos durante 5 semanas.

Los utensilios empleados en el apilado del estiércol, así como las ropas protectoras del personal participante en estas operaciones, deben desinfectarse cuidadosamente al finalizar los trabajos siguiendo las instrucciones del veterinario oficial. En otro caso se procederá como se ha expuesto en el punto 2.8.2.

### 2.6.4.3 Estiércol líquido

El estiércol líquido (purín), aguas fecales y aguas sucias deben desinfectarse agregando desinfectantes químicos, salvo que se practique en ellos algún método de autocalentamiento. Los productos a utilizar para ello, sus concentraciones de empleo y los tiempos de actuación se citan más abajo. Antes y durante la incorporación del desinfectante, y otras 6 horas después, los purines se entremezclan a fondo. Durante todo el tiempo de actuación, el estiércol líquido se seguirá entremezclando regularmente con el desinfectante con ayuda de un agitador. En los alojamientos ocupados por animales, se adoptarán las debidas medidas precautorias. Concluido el plazo de actuación, el estiércol líquido se llevará con preferencia al medio agrícola, donde servirá de abono a los campos mediante labrado.

Cuando se utilice cal, lejía sódica, formalina y ácido peracético en las concentraciones debidas, no hay que contar con la producción de daños en vegetales y medio ambiente, siempre que no se sobrepase la aplicación máxima de 20 $m^3$/ha.

Los sólidos procedentes del estiércol líquido se tratarán como estiércol sólido.

Si en casos excepcionales no es posible desinfectar el estiércol líquido, puede alejarse el peligro de contagio sometiendo el estiércol líquido a depósito prolongado, cuando esta medida viene citada expresamente en las respectivas epizootias. Al purín en proceso de desinfección no se le debe agregar ningún otro purín durante el depósito. Trasladado a los campos, el estiércol líquido debe incluirse inmediatamente en el terreno mediante labrado. Acto seguido hay que desinfectar a fondo todos los utensilios empleados en estas operaciones.

Sobre la conducta a seguir en la desinfección del purín, puede consultarse también el punto 2.8.1.

### 2.6.4.4 Utensilios, objetos y textiles

Objetos y utensilios de metal, madera, cuero, goma, plástico o textiles, incluida la ropa protectora, así como pelo, lana o plumas, serán quemados a ser posible, siempre que materiales, tamaños y valores lo permitan. En otro caso, se someterán a un método de desinfección por el calor.

Si no se dispone de métodos térmicos, objetos y utensilios se someterán a desinfección química, para lo cual se empaparán o sumergerán en solución desinfectante lo más caliente posible. Sobre los objetos que no se presten a esto se hará actuar el desinfectante lo más caliente posible dos veces, con la finalidad de que éste actúe el mayor lapso de tiempo. Es recomendable la utilización de un aparato limpiador de alta presión.

### 2.6.4.5 Medios de transporte, superficies y plazas de estancia

Los vehículos de transporte se desinfectarán con un producto adecuado (ver también más adelante). Aquí se procurará que la cara inferior de los vehículos quede incluida en la desinfección. Se intentará utilizar aparatos pulverizadores o limpiadores de alta presión. La desinfección se llevará a cabo sobre suelos impermeables a los líquidos. La solución de desinfectante que escurra debe dirigirse a los pozos de purín o al sistema de vertido. Se respetarán las disposiciones contenidas en la legislación sobre medidas contra la difusión de epizootias en el comercio con ganado.

En la desinfección de superficies húmedas debe doblarse por lo menos la concentración de desinfectante; también se tendrá en cuenta la influencia de la temperatura. En el punto 2.6.6 se aporta más información sobre este tema.

Superficies sólidas y plazas de estancia, así como otros lugares similares que cuenten con suelo con revestimiento impermeable, se desinfectarán con un desinfectante adecuado. Si se desinfectan superficies húmedas, también aquí se doblará por lo menos la concentración de desinfectante, y se tendrá en cuenta asimismo la influencia de la temperatura. El punto 2.6.6 proporciona más datos fundamentales a considerar en estas operaciones.

#### 2.6.4.6 Personal

La desinfección de manos y otras partes del cuerpo de los operarios se realiza con los productos adecuados para ello.

Para desinfectar las manos se emplearán preparados de eficacia comprobada. A tal fin se recurrirá a la Lista de desinfectantes químicos aprobados de acuerdo con las normas legales, y a los métodos de desinfección declarados de utilidad por la Asociación Alemana de Microbiología e Higiene. También se consultará la Lista de desinfectantes y procedimientos de desinfección aprobados y reconocidos por el Departamento Federal de Sanidad. Siempre que sea posible, se evitará la contaminación de la piel mediante adecuadas medidas de protección.

### 2.6.5 Lucha contra plagas

Tiene por objeto destruir de la forma más completa posible los roedores (ratas, ratones) y artrópodos que transmiten y difunden los gérmenes responsables de epizootias. Esta lucha debe realizarse antes de limpiar, para evitar el escape de estas plagas animales a edificaciones próximas y medio circundante (ver Capítulo 10).

La necesidad de llevar a cabo una operación contra plagas antes de limpiar viene señalada en las normas dictadas para combatir las correspondientes epizootias. Con tal finalidad se emplean los siguientes productos:

- ***Roedores nocivos***
  Lista de productos contra ratas y ratones caseros (rodenticidas) del registro de productos protectores de vegetales del Departamento Federal de Biología para Agricultura y Explotación Forestal.
- ***Artrópodos***
  Lista de productos y métodos de lucha contra plagas comprobados y aprobados por el Departamento Federal de Sanidad para combatir parásitos animales (artrópodos).

### 2.6.6 Resumen de las medidas necesarias contra diversas enfermedades epizoóticas

Las enfermedades epizoóticas en que es necesaria una lucha contra plagas vienen relacionadas en el Apéndice A1 de este capítulo. Desinfectantes, concentraciones y tiempos de actuación, tal como deben llevarse a efecto en la desinfección continuada, vienen resumidos para la desinfección contra epizootias en la Tabla A2 del Apéndice.

En casos en que deba practicarse una desinfección previa, la elección del correspondiente desinfectante se limitará a lejía de sosa, preparados con aldehídos o que contengan ácido fórmico. Los productos liberadores de oxígeno o cloro se descomponen con demasiada rapidez sobre las superficies sucias. En la Tabla A3 del Apéndice se incluye un resumen de desinfectantes que pueden utilizarse en la desinfección de enfermedades epizoóticas.

Para la desinfección final o de cierre que se realiza después de limpiar, puede emplearse por lo regular cualquier principio activo, siempre que esté considerado en las normas como desinfectante adecuado para superficies. La Tabla A4 del Apéndice incluye los desinfectantes a emplear en diversas enfermedades epizoóticas.

Respecto a la carga de dispositivos de desinfección continuada, en la desinfección de botas hay que pensar siempre en recipientes que permitan, además de sumergir las botas en la solución desinfectante, llevar a cabo un tratamiento mecánico con cepillo de mango largo. En la desinfección de las llantas de los vehículos se preferirá el método en tres tiempos de Bachmann (1).

También se hacen reflexiones sobre el llenado de las zanjas que deberán atravesar las ruedas de los vehículos en caso de epizootia y que se considera medida desinfectante adicional, pero insuficiente. El producto de elección a emplear en este caso es la lejía de sosa, aunque también puede utilizarse ácido fórmico. La Tabla A5 del Apéndice resume las recomendaciones pertinentes. En el punto 2.7 y en los Capítulos 6 y 7 se describen detalles referentes a la realización de estas prácticas.

En la desinfección final deben incluirse asimismo el estiércol sólido o líquido y el purín. En caso de epizootia pueden utilizarse los productos incluidos en la Tabla A6 del Apéndice. En el punto 2.8 se incluyen más detalles al respecto.

Aun cuando en este capítulo sólo se trata la desinfección referente a ganado vacuno, équidos, cerdos, ovejas y cabras, a continuación deben exponerse algunas particularidades sobre la desinfección en caso de enfermedad epizoótica en conejos y abejas. En la enfermedad hemorrágica de los conejos (RHD) sólo hace falta una desinfección de cierre. La Tabla A7 del Apéndice indica los desinfectantes que pueden utilizarse en esta operación. En las jaulas metálicas se recomienda, después de limpiar, y por consiguiente antes de la desinfección, flamear la jaula con el soplete o con un quemador de gas, con objeto de eliminar los pelos. Pequeñas cantidades de estiércol sólido, restos de pienso y cama conviene trasladarlos a una instalación quemadora de basura para su combustión. Si esto no es posible, en los grandes establecimientos puede llevarse a cabo la compactación del estiércol con 100 kg de cal viva granulada por $m^3$ de estiércol, o bien pueden sumergirse en desinfectante pequeñas cantidades. A tal fin se utiliza lejía de sosa al 2%, formalina al 4% (1,48% de formaldehído) o desinfectantes comerciales incluidos en la Lista DVG, Sección 7a. Con esta finalidad no procede emplear productos liberadores de cloro y oxígeno.

En la Tabla A8 del Apéndice se resume la conducta a seguir en las dos enfermedades epizoóticas de las abejas: cría pútrida maligna e infestación por ácaros.

## 2.7 Limpieza y desinfección de vehículos de transporte, instalaciones exteriores y recipientes de transporte

En el Capítulo 7 se tratará detalladamente la L + D de los vehículos de transporte. Aquí sólo procede exponer algunos conceptos importantes referentes a la desinfección en caso de enfermedades epizoóticas. La conducta general a seguir y los detalles específicos se hallan contenidos en dicho Capítulo 7. En la lucha contra las enfermedades epizoóticas reviste importancia la desinfección de los vehículos de transporte y estaciones de carga. Sin embargo, la eficaz realización práctica de la L + D resulta extraordinariamente difícil, debiendo además en los meses invernales del año realizarse a bajas temperaturas, lo cual afecta tanto a la L + D de los medios de transporte como de los puntos de carga.

En la desinfección de los vehículos de transporte coinciden tres dificultades básicas:

- Tiene lugar por lo regular bajo presión de tiempo. Los plazos de secado y de actuación del principio activo durante horas, tal como serían necesarios para efectuar la L + D como señalan las normas, no pueden respetarse.
- La L + D tiene lugar por lo general a cielo abierto. Esto significa que, al menos en la estación invernal, predominan temperaturas que dificultan extraordinariamente la desinfección, si no es que la hacen del todo imposible.
- Los materiales utilizados en la estructura interior de los vehículos de transporte son muy variados, lo que exige un proceder distinto para cada construcción; en tales circunstancias, es muy difícil hacer recomendaciones generales.

Lo mismo puede decirse en principio para los puntos de carga e instalaciones exteriores. Aquí, en cambio, el tiempo no es factor limitante, si bien los problemas derivados de las bajas temperaturas y constitución de las superficies son más acusados.

Sucede distinto en la desinfección de los recipientes de transporte, en los que puede practicarse una L + D mecanizada, a la vez que los materiales son regularmente más aptos para la desinfección, y la L + D puede llevarse a cabo bajo cubierto, que es decir a las temperaturas necesarias para la desinfección de superficies.

### 2.7.1 Exterior de los vehículos

Es fundamental someter los vehículos a una L + D de la carrocería antes de que abandonen la granja con enfermedad epizoótica; estas operaciones comprenderán también la estructura y llantas. La desinfección de estas últimas es el punto más importante y también el más difícil de llevar a cabo. Bachmann (1) pudo comprobar que las zanjas llenas de desinfectante que se preparan en ocasiones para ser atravesadas por los coches y camiones sólo desarrollan una acción limitada, con insuficiente acción desinfectante, lo que obliga a practicar la desinfección en dos etapas con el aparato limpiador de alta presión. La limpieza intensiva de las llantas se hará con cepillo, de manera análoga a la descrita en la desinfección de las botas. Sin embargo, en las llantas colocadas en pareja (ruedas dobles) la cara interna de la rueda exterior y la cara interna de la interior no son accesibles con este procedimiento.

a

b

c

En la Figura 2.9 se representan gráficamente las etapas a seguir en la desinfección de las llantas de los vehículos con ayuda del aparato limpiador de alta presión. Como desinfectante se utiliza lejía de sosa al 2%, o bien ácido fórmico al 3%, con tiempos de actuación de 20 minutos.

El empleo de los desinfectantes comerciales no está probado en este caso. Cabe esperar, sin embargo, que también sean eficaces los desinfectantes incluidos como comprobadamente eficaces en la actual Lista oficial de la DVG (*Deutschen Veterinärmedizinischen Gesellschaft*, Asociación Alemana de Medicina Veterinaria), en las concentraciones que se citan en la Sección 4a con tiempos de actuación de 1 hora.

En los establecimientos de eliminación de cadáveres y en los mataderos también pueden construirse instalaciones fijas de limpieza y desinfección, debiendo comprobarse la eficacia de estas operaciones en el caso concreto de cada empresa. En el Capítulo 6 se incluyen detalles sobre este tema.

En la desinfección de las estructuras desde el exterior procede actuar tal como se ha expuesto más arriba para los espacios interiores. Si no se trata de una desinfección rutinaria, sino del traslado de animales vivos o muertos de una granja

**Fig. 2.9** Fases seguidas en la desinfección de neumáticos:
**a** Empapado del neumático con desinfectante (a unas 3 bar) en concentración ordinaria; tiempo de actuación: como mínimo 5 minutos.
**b** Limpieza del neumático con aparato de alta presión, (3 bar, aprox.).
**c** Pulverización del neumático con solución desinfectante (3 bar, aprox.) hasta que escurra líquido (mínimo: 15 segundos); tiempo de actuación: 20 minutos.

con enfermedad epizoótica o desde un establecimiento en la zona de aislamiento hasta el matadero, los vehículos utilizados se desinfectarán primero por dentro y luego por fuera. Únicamente cuando se trate de evitar la difusión de la epizootia desde una región infectada, las medidas se limitarán a las llantas y a la carrocería y estructura exterior del vehículo. Siempre que sea posible, los vehículos se colocarán sobre una sólida placa de plástico y el líquido de escurrido se verterá en la fosa del purín o en otro punto que ofrezca seguridad sanitaria.

### 2.7.2 Espacios interiores de los vehículos

Los espacios de carga de los vehículos de transporte de animales insuficientemente desinfectados o sin desinfectar representan un destacado riesgo epidemiológico para la difusión de epizootias. Por esta razón deben ser objeto de cuidadosas medidas de desinfección para evitar la presentación de epizootias. En el Capítulo 7 se describe detalladamente la conducta a seguir y las particularidades a tener en cuenta.

Decisiva importancia corresponde a la elección del desinfectante que se deba utilizar. Básicamente se recurre a los principios activos empleados por lo común también en la desinfección epizoótica: formaldehído, ácido fórmico y ácido peracético. En los aldehídos hay que tener en cuenta la estrecha dependencia existente con eficacia y temperatura, así como en el ácido fórmico. El ácido peracético se descompone con rapidez sobre superficies ásperas y es agente corrosivo relativamente fuerte.

La merma de eficacia que sufren sobre superficies ásperas los desinfectantes efectivos en otras circunstancias, puede corregirse aumentando la concentración. El único principio activo que ofrece aquí esta particularidad es el ácido peracético, también eficaz sobre superficies con temperaturas comprendidas entre 0° y –10°C. En

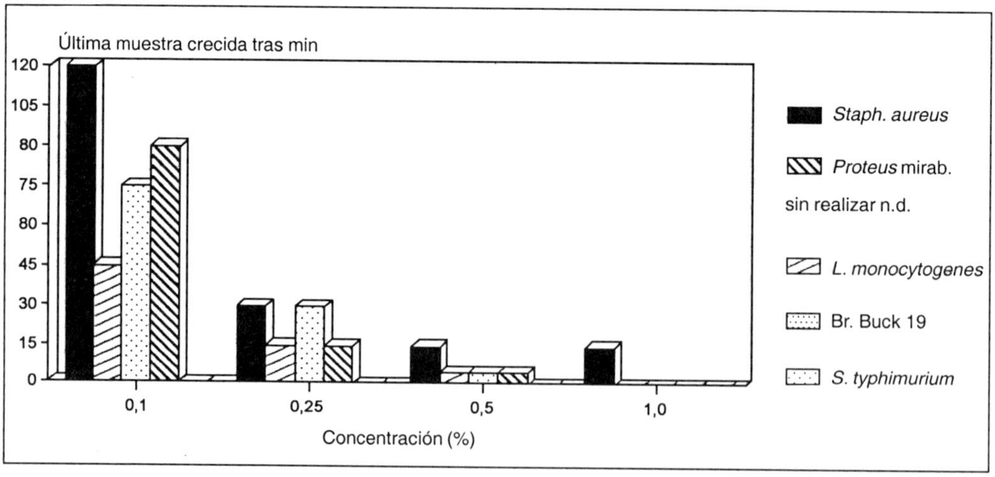


**Fig. 2.10** Concentración y tiempos de actuación empleando soluciones de ácido peracético (0,1-1%) en la prueba de portadores de gérmenes según la DVG con diversas especies bacterianas.

cambio, sobre superficies oxidadas o manchadas de sangre, no actúa el ácido peracético. Como indica la Figura 2.10, con un tiempo de actuación de 30 minutos deben utilizarse concentraciones de principio activo del 0,25% como mínimo.

Un principio activo utilizado frecuentemente en las desinfecciones de epizootias y de vehículos es la lejía de sosa. Tan buena es la lejía de sosa incluso a bajas temperaturas sobre superficies de metal y de goma con acción mecánica reforzante (desinfección de botas con cepillos de mango), como desaconsejable es su aplicación como desinfectante bacteriano sobre superficies de madera. La Figura 2.11 indica que aquí deben aplicarse concentraciones del 10%, pero esto resulta perjudicial económicamente por el riesgo que implica de corrosión y picado. Ello hace que este principio activo no se utilice mayormente en la desinfección de espacios interiores de vehículos.

También pueden utilizarse los desinfectantes a base de aldehídos, ácidos orgáni-

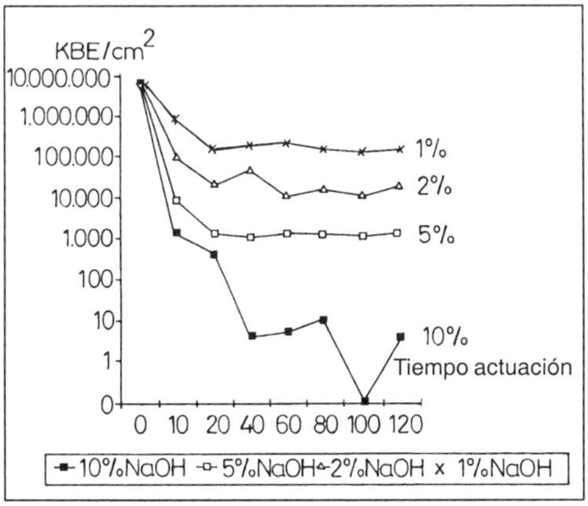


**Fig. 2.11** Resultados de pruebas de desinfección con lejía de sosa sobre superficies de madera (desinfección por rociado, a razón de 0,4-0,8 litros/m²). Germen de test: *Staphylococcus aureus* DSM 799.

cos y ácido peracético existentes en el comercio. Punto de referencia para el cálculo de la concentración necesaria es en este caso la información incluida en la Sección 4a de la Lista oficial de desinfectantes aprobados y considerados eficaces para las explotaciones ganaderas de acuerdo con las normas de la DVG. Los desinfectantes relacionados y probados para la esfera alimenticia no sirven para estos otros fines.

Partiendo de las dos horas de actuación asignadas a aldehídos y ácidos orgánicos y al valor de una hora para el ácido peracético, debido al corto tiempo de actuación previsto (30 minutos) se deberá incrementar la concentración en torno al factor 2 y, si es preciso, habrá que compensar adicionalmente la influencia de la temperatura con una nueva elevación de la concentración (punto 2.2.4). La Tabla 7.2 del Capítulo 7 contiene resumidas las recomendaciones necesarias para efectuar los aumentos de concentración requeridos. Las cifras de concentración incluidas entre paréntesis se refieren al empleo adicional de acción mecánica durante el tiempo de actuación (desinfección mediante fregado). En el Capítulo 7 se incluye más información al respecto.

En este punto es preciso señalar con el mayor énfasis que, de acuerdo con el nivel actual de conocimientos, no es posible la desinfección de superficies con una temperatura por debajo del punto de congelación. Añadiendo hasta un 15% de sal común a diversos desinfectantes, éstos pueden proteger de la congelación sin pérdida de eficacia hasta un límite de −10°C. Al formaldehído también se le puede agregar glisantina hasta una concentración del 40% sin que resulte influida perjudicialmente su acción. Sin embargo, el agua de limpieza puede congelarse en las superficies, imposibilitando con ello la desinfección.

### 2.7.3 Instalaciones exteriores

Aquí hay que citar en primer lugar los puntos de carga de ganado y los parques cercados; los parques sin cercar prácticamente no se desinfectan.

Si bien las especificaciones del Punto 2 de la Orden de Tráfico de Ganado exigen también un espacio y otras instalaciones para la carga, descarga y traslado de ganado que permitan una fácil L + D, la discrepancia entre la teoría y la práctica es aquí todavía mayor que en los vehículos. Por una parte existe la necesidad de conformar suelos no resbaladizos para los animales, pero por otra está la carencia de revestimientos del pavimento impermeables a los líquidos y resistentes a la acción atmosférica. Lo ideal sería contar con ladrillos o baldosas que impidiesen resbalar a los animales o bien revestimientos de plástico o goma pegados y también antirresbalones. Pero, por razones económicas, no se suele disponer de estos medios. En su lugar, las operaciones de carga de ganado se realizan en rampas de cemento más o menos lisas. En el Punto 2, Sec. 3, N° 3 de la Orden de Tráfico de Ganado (Alemania) se especifica la necesidad de contar como mínimo con un aparato limpiador de agua caliente a alta presión para una desinfección rápida y segura. Adicionalmente se señala la conveniencia de tener un aspirador de agua. Como el cemento es con mucho material de lo más difícil de limpiar y desinfectar, el agua aplicada a la presión normal de la conducción se considera insuficiente para esta finalidad. La L + D en estos casos se caracteriza por las dos dificultades siguientes:

- La influencia negativa de la temperatura de los meses invernales sobre la desinfección se hace más marcada aquí que en los vehículos de transporte, así como el comportamiento de las superficies para el secado, por la gran masa en extremo inerte en el aspecto termodinámico de cemento y del suelo situado por debajo.
- Las superficies ásperas y con frecuencia deterioradas dificultan el empleo de desinfectantes como el ácido peracético, en principio eficaces a bajas temperaturas.

Como consecuencia hay que esperar que, al menos en los meses invernales, sólo se puedan lograr resultados incompletos en la desinfección de los puntos de carga. Únicamente en los meses de verano y con tiempo seco se puede contar con una suficiente acción desinfectante observando los principios que se exponen más abajo.

En lo referente a técnicas y métodos de L + D a utilizar en esta situación, no se dispone de resultados de experiencias científicas específicas sobre puntos de carga del ganado que tuvieran en cuenta los conocimientos modernos sobre inactivación de restos de desinfectante y obtención de imprimaciones de gérmenes efectuadas sobre superficies. Sin embargo, tomando como referencia los resultados de otros estudios similares, pueden deducirse las siguientes recomendaciones: La superficie bien barrida se humedece durante 1 hora con 1-1,5 litros/m$^2$ de la correspondiente solución desinfectante. Después se limpia con el aparato de agua a 80-100 bar de presión, utilizando agua caliente como mínimo a 60°C; la limpieza se hará desde la periferia a los desagües. Una vez secas las superficies después de la limpieza (en caso de disponer de ellos, se utilizarán medios auxiliares para acelerar el secado), se aplica el desinfectante en la cuantía de 0,4 litros/m$^2$. Como productos limpiadores puede utilizarse solución de formaldehído al 2% o de ácido fórmico al 4%. Se vigilarán los ajustes correspondientes a la temperatura imperante. En lo que concierne a los desinfectantes comerciales contenidos en la Lista oficial DVG (para explotaciones animales) y que se basan en estos principios activos, es de aplicación en lo referente a elección y ajustes en concepto de temperatura lo expuesto en el punto 2.7 y Capítulo 7 sobre «Desinfección de vehículos». El tiempo de actuación en este caso debe ser como mínimo de 2 horas. Siempre que sea posible, la seguridad de la desinfección puede incrementarse especialmente en situaciones críticas y difíciles mediante actuación mecánica (cepillado, fregado) sobre un empapamiento con desinfectante.

Con las superficies de cemento que sirven como parques o caminos a los animales puede procederse como se ha descrito más arriba. En la desinfección con temperaturas bajas también puede utilizarse cal viva. En tal caso debe procederse como sigue (29):

Sobre las superficies sin limpiar pero secas se aplican 2,5 kg/m$^2$ de cal viva (molida), observando las correspondientes medidas protectoras en el trabajo; luego se aplica agua a razón de 3-6 litros/m$^2$. Tras un tiempo de actuación de 4 horas, la superficie se enjuaga a fondo. La Figura 2.12 y la Tabla 2.8 muestran la relación existente entre las cantidades aplicadas de cal y agua en lo referente a la cinética de la inactivación.

Las superficies limpiadas y secadas previamente pueden desinfectarse con cantidades menores de cal viva. Entonces basta 1 kg/m$^2$ de CaO con 1,5 litros de agua/m$^2$.

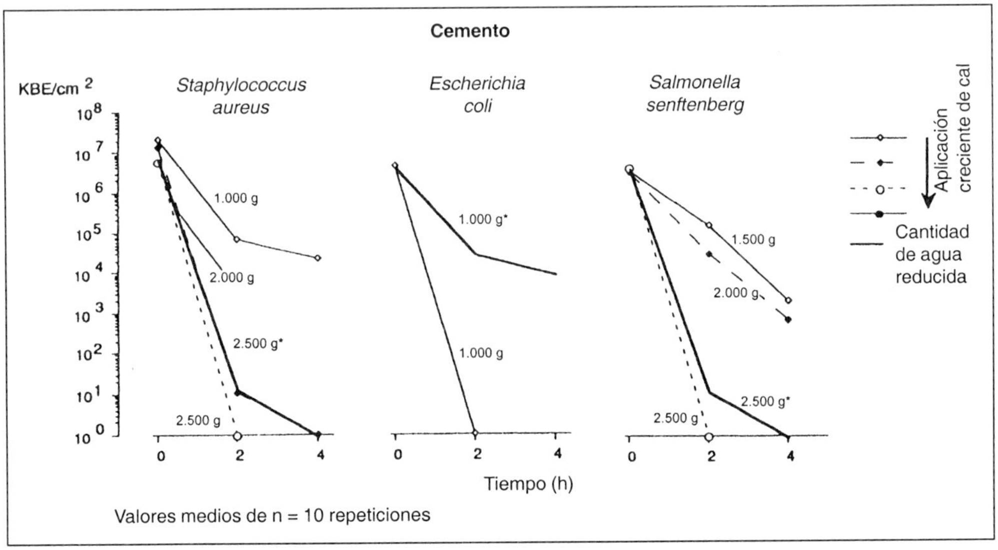


**Fig. 2.12** Tasa media de gérmenes en superficies de cemento ensuciadas con heces y tratadas con cal viva, según diversos tiempos de actuación.

**Tabla 2.8** Cantidades empleadas de cal y concentraciones de medio de inactivación (IM) con tiempos de inactivación de 2 y 4 horas sobre soportes de gérmenes de cemento (superficies sin limpiar), según Schneider *et al.* (29).

| Germen | Cantidad de cal g/m² | Cantidad de agua litros/m² | Concentración IM mol/litro $NaH_2PO$ |
|---|---|---|---|
| *Staphylococcus aureus* | 1.000 | 3 | 0,7 |
| | 2.000 | 4,7 | 1,5 |
| | 2.000 | 2 | 1,5 |
| | 2.500 | 6 | 1,5 |
| | 2.500 | 3 | 1,5 |
| *Escherichia coli* | 1.000 | 3 | 0,7 |
| | 1.000 | 1,5 | 0,7 |
| *Salmonella senftenberg* | 1.500 | 3 | 1,3 |
| | 2.000 | 4,7 | 1,5 |
| | 2.000 | 2 | 1,5 |
| | 2.500 | 6 | 1,5 |
| | 2.500 | 3 | 1,5 |

En la práctica de este método de desinfección hay que actuar con cuidado, procurando aplicar el agua a baja presión, con lo cual ninguna parte de la superficie a desinfectar con el chorro de agua queda sin alcanzar.

### 2.7.4 Recipientes de transporte

De acuerdo con lo expuesto en los apartados de desinfección de vehículos de transporte y desinfección de instalaciones exteriores, la desinfección de los recipientes utilizados en el transporte debe realizarse siempre bajo techado y a una temperatura en torno a 20°C. La limpieza puede llevarse a cabo a máquina o a mano. La limpieza mecanizada (máquinas lavadoras) debe hacerse con agua caliente como mínimo a 60°C. En cuanto a la limpieza a mano, consta de las siguientes etapas:

- Reblandecido (1-1,5 litros de agua/m², 2 horas) o bien reblandecer en tinas al efecto.
- Limpieza (agua caliente por lo menos a 40°C y 80-100 bar).
- Secado y desinfección (0,4 litros/m², de acuerdo con la Sección 4a de la Lista DVG).

Como productos limpiadores se utiliza ácido fórmico al 4%, formaldehído al 1% o ácido peracético al 0,25%, con unos tiempos de actuación de 2 horas. En lugar de desinfectarlos por pulverizado, los objetos y utensilios pequeños pueden desinfectarse mediante inmersión en baño desinfectante. Durante el tiempo de actuación, la temperatura debe mantenerse en torno a los 20°C.

## 2.8 Desinfección del estiércol

En el ámbito de la lucha contra las enfermedades infecciosas de declaración obligatoria, pero también en relación con medidas especiales llevadas a cabo para sa-

**Tabla 2.9** Tiempos de supervivencia de diversos gérmenes zoonósicos en el estiércol.

| Germen | Tiempo de supervivencia apreciado | Observaciones | Bibliografía |
|---|---|---|---|
| Aftovirus (glosopeda) | 21-103 días | | Strauch y Ballarini (35) |
| *Bacillus anthracis* | 150 días | | Mitscherlich y Marth (21) |
| Brucelas | 240 días | *B. abortus* en purín de vaca | Mitscherlich y Marth (21) |
| *Burckholderia mallei* | 40 horas | En orina | Rolle y Mayr (27) |
| *Burckholderia pseudomallei* | 3 años | En pilas de estiércol | Mitscherlich y Marth (21) |
| *Francisella tularensis* | 192 días | | Politzer (26) |
| *Listeria monocytogenes* | 36-106 días | | Mitscherlich y Marth (21) |
| *Mycobacterium bovis* | 6-9 meses | | Mitscherlich y Marth (21) |
| *Salmonella* spp. | 2,5-5,5 meses | | Strauch y Ballarini (35) |

near los establecimientos en otras enfermedades infecciosas, es necesario destruir los gérmenes patógenos presentes en los excrementos de los animales, pues dichos microorganismos pueden sobrevivir largo tiempo en el estiércol, como se indica la Tabla 2.9.

Esto puede llevarse a cabo en los excrementos sólidos y líquidos por métodos o procesos físicos, químicos y biológicos. Para el purín sólo se utilizan procedimientos físicos o químicos. Como los métodos biotecnológicos (biológicos) y físicos requieren mucha mano de obra técnica, y, por añadidura, dependen en parte de la disponibilidad de instalaciones fijas, estos procedimientos revisten en la práctica papel secundario en comparación con los métodos químicos. Como las posibilidades de desinfección de purín y agua de estiércol por una parte y estiércol sólido por otra están sujetas a grandes diferencias, estos dos grupos se tratan a continuación por separado.

**Tabla 2.10** Temperaturas necesarias en un túnel continuo de microondas para inactivar diversas bacterias, virus y formas de resistencia de parásitos (tiempo de permanencia en el campo de acción del microondas inferior a 1 segundo [30]).

| Germen de control | Tipo de purín | Temperatura | Reducción del título |
|---|---|---|---|
| *Salmonella senftenberg* | Purín de vaca<br>Purín de cerdo | 85,2°C<br>72,2°C | $10^7$<br>$10^7$ |
| Virus ECBO | Purín de vaca<br>Purín de cerdo | 76,0°C<br>74,3°C | $10^3$ 1)<br>$10^5$ |
| *Ascaris suum* (huevos) | Purín de cerdo | 63,8°C | N.D. 2) |

1) El título de partida era sólo de $10^5$ $KID_{50}$/ml, cifra que en todas las demás experiencias era superior a $10^7$.
2) Sólo análisis cualitativo. Control: tasa de embrionado 100%, muestras tratadas: tasa de embrionado 0%.

### 2.8.1 Estiércol líquido y purín

El estiércol líquido puede albergar los más variados microorganismos patógenos en alta concentración. Así, por ejemplo, en una población vacuna en la que el 50% de los animales estaban enfermos de salmonelosis, se hallaron $10^4$-$10^5$ salmonelas/ml en el recipiente de depósito del estiércol líquido. Por lo regular, el proceso de destrucción de gérmenes presentes en el agua de estiércol durante el depósito es sólo relativamente lento, de acuerdo con los datos aportados por Larsen y Munch (19). Por consiguiente, hacen falta plazos de depósito muy largos para que tenga lugar la autodepuración del estiércol líquido.

En la práctica apenas se utilizan métodos físicos para inactivar los gérmenes infecciosos del estiércol líquido. Estudios experimentales con instalaciones portátiles de microondas continuos han demostrado que este método es básicamente viable, si bien el costo de los aparatos es relativamente alto (30). La Tabla 2.10 indica las temperaturas necesarias en este caso para inactivar diversos gérmenes.

También se han descrito las irradiaciones con rayos gamma y electrones, así como con fuentes de $Co^{60}$ (15.16). En el límite entre métodos físicos y químicos se encuentra la oligolisis, es decir, el tratamiento electrolítico con iones Cu (22). Ninguno de los procedimientos aquí citados han

**Tabla 2.11** Efecto del método de aireación mediante volteado sobre diversos virus presentes en el agua de estiércol de cerdo (6, 23).

| **Familia** | **Género** | **Agente causal** | **Receptibles** | **Inactivación** | **Tiempo mínimo de actuación** | |
|---|---|---|---|---|---|---|
| | | | | Temp. | pH | Horas |
| ***Virus no capsulados*** | | | | | | |
| Picornavirus | Enterovirus | CBV-D (Cat. bov. vag.) | Bóvidos | 55°C | 6,5 | 48 |
| | | LCR-4 | Bóvidos | | | |
| | | Teschen | Cerdos | 48°C | 9,0 | 48 |
| | | Enfermedad vesicular porcina (SVD) | Cerdos | 45°C | | 48 |
| | Aftovirus | Glosopeda | Rumiantes, Cerdos | 50°C | 8,0 | 48 |
| Reovirus | Reovirus | Tipo 1 | Mamíferos, Aves | 48°C | 9,0 | 78 |
| Adenovirus | Mastadenovirus | Hepatitis contagiosa canis (HCC) | Perro | 48°C | 9,0 | 87 |
| ***Virus capsulados*** | | | | | | |
| Herpesvirus | Herpesvirus | Virus de la pseudorrabia (enfermedad de Aujeszky) | Cerdos, Carnívoros | 40°C | | 50 |
| Virus variólico | Virus ortovariólico | Vacuna | Terneros | 50°C | 7,0 | 40 |

logrado introducirse en la práctica para la inactivación de gérmenes patógenos en el agua de estiércol.

Los métodos biotecnológicos adecuados para inactivar los gérmenes patógenos del estiércol líquido pueden ser de distinta clase. Básicamente existe la posibilidad del tratamiento termófilo aerobio o anaerobio. Los procedimientos anaerobios sólo pueden funcionar con éxito si actúan por el sistema de partidas y se garantiza un tiempo mínimo de actuación de 22-24 horas con temperaturas superiores a 53°C. En lugar de las instalaciones de una sola fase, son de eficacia muy superior las instalaciones de dos fases, mesófila/termófila o termófila/termófila, ya que especialmente en el tratamiento aerobio-termófilo el tiempo de actuación puede adaptarse fácilmente a las necesidades de inactivación. En la Tabla 2.11 se incluyen algunos ejemplos de inactivación de virus en instalaciones de tratamiento aerobio-termófilo.

El agua de estiércol de bóvidos se comporta de manera más problemática que el purín de cerdo o que las mezclas de purines en lo referente a alcanzar las temperaturas necesarias para la inactivación. De acuerdo con la temperatura, valor del pH y gérmenes presentes, los tiempos de actuación se fijarán entre 48 horas y 2 semanas. Como recomendación estándar puede citarse un tratamiento a 50°C y un pH superior a 8,5, con una duración de 3 días (33).

Con el tratamiento aerobio-termófilo se alcanzan resultados de desinfección rápidos, siempre que las temperaturas superen los 60°C. Requisitos previos para conseguir esto es la elección del correcto ventilador y el eficaz aislamiento del recipiente de ventilación que, con el fin de minimizar las emisiones de $NH_3$ y olores, debe cubrirse.

También es posible separar los materiales sólidos del agua de estiércol. Los productos separados deben convertirse en compost adecuadamente, para lo cual, una vez bien extremezclados, debe mantenerse en toda la masa una temperatura mínima de 55°C durante 2 semanas. También se pueden tratar con cal viva como se ha indicado en el estiércol sólido (punto 2.8.2). El líquido resultante se desinfectará por medios químicos, en cuyo proceso la velocidad de destrucción de los agentes infecciosos se duplica aproximadamente, debido a la falta de material sólido.

Mientras que los métodos físicos y biotecnológicos puestos en práctica para inactivar los gérmenes epizoóticos y zoonósicos del estiércol líquido y purín se lleva a cabo mayormente en instalaciones fijas, la desinfección química se aplica de forma universal e independiente del lugar, lo que la convierte en método de elección en la lucha contra las epizootias.

A la práctica de la desinfección del estiércol líquido se le atribuye erróneamente un alto grado de dificultad. Por tal razón, existe en la práctica una marcada tendencia a prescindir de esta medida. Pero en estudios y observaciones realizados en la práctica se ha apreciado que sólo en algunas epizootias de declaración obligatoria la difusión de sus agentes causales a través del estiércol carece de importancia epidemiológica relevante. Por ello, en el ámbito de la lucha contra las epizootias resulta por lo común imprescindible la desinfección del estiércol líquido contaminado. Debido a la dificultad que supone en la práctica diluir en el estiércol líquido productos químicos granulados o pulverizados, a diferencia del empleo antaño preconizado de preparados de cal sólida hoy día se recomienda utilizar sólo preparados líquidos. Muchas fábricas de cal suministran camiones tanques con lechada de cal al 40% a los lugares de empleo. Sin embargo, en casos especiales en que se dispone de instrumentos agitadores (más de 60 PS para un depósito de 500 m$^3$), se practica con éxito el entremezclado de productos sólidos. La eficacia de la desinfección con preparados líquidos o soluciones depende asimismo de la intensidad con que se entremezcle el estiércol líquido. Como en muchos establecimientos agropecuarios los agitadores y las instalaciones de bombeo son demasiado sencillos para remover las capas profundas, se recomienda disponer de un aparato agitador transportable adecuado, v.gr. a través de las Cajas de Compensación de Epizootias, Cooperativas Agrícolas o de los organismos técnicos auxiliares que pueden actuar en caso de necesidad en el lugar de la epizootia (Figuras 2.13 y 2.14) o como premio a los ganaderos con establecimientos convenientemente equipados. Especialmente problemática resulta la desinfección del purín acumulado en los alojamientos ocupados.Tras efectuar la desinfección final del establo, el alojamiento de animales nuevos existiendo un depósito de purín con material contaminado con gérmenes epizoóticos, choca contra los principios higiénicos básicos. Por esto, el estiércol líquido debe desinfectarse mientras el alojamiento esté vacío. Si en situa-

**Tabla 2.12** Recomendaciones para la desinfección química del estiércol líquido.

| Principio activo | Bacterias vegetativas | Virus sin cápsula | Virus capsulados | Micobacterias | Esporas |
|---|---|---|---|---|---|
| Lechada de cal al 40%<br>Tiempo de actuación | 60 kg/m$^3$<br>4 d | 60 kg/m$^3$<br>4 d | 40 kg/m$^3$<br>4 d | – | – |
| Lejía de sosa al 50%<br>Tiempo de actuación | 30 litros/m$^3$ (NaOH al 1,5%)<br>4 d | 30 litros/m$^3$<br>4 d | 20 litros/m$^3$ (NaOH al 0,8%)<br>4 d | – | – |
| Formalina (formaldehído al 37%)<br>Tiempo de actuación | 15 litros (kg)/m$^3$ (formalina al 1,5%)<br>4 d | 15 litros/m$^3$<br>4 d | 10 litros (kg)/m$^3$ (formalina al 0,6%)<br>4 d | 25 litros (kg)/m$^3$ (formalina al 2,5%)<br>14 d | Hasta 5% extracto seco 50 kg/m$^3$ 5-10% extr. seco 100 kg/m$^3$<br>4 d |
| Ác. peracético PES 15 (ácido peracético al 15%)<br>Tiempo de actuación | 25 litros/m$^3$ (ác. peracético al 0,375%)<br>1 h | – | 40 litros/m$^3$ (ác. peracético al 0,6%)<br>4 d | – | –<br>–<br>– |
| Nitrato cálcico*<br>Tiempo de actuación | 20 kg/m$^3$<br>7 d | – | – | 20 kg/m$^3$<br>1 mes | –<br>– |

* Es absolutamente necesario disponer de un agitador para revolver el nitrato cálcico a fin de conseguir su disolución; en otro caso sedimenta en el fondo y resulta muy difícil poderlo extraer del recipiente.

**Fig. 2.13** Aparato revolvedor-inmersor a motor, para introducir recipientes en el suelo y aplicar purín bajo la superficie de los campos.

**Fig. 2.14** Brazo agitador abatible, también adecuado para depósitos altos.

ciones especiales resulta inevitable desinfectar el establo lleno de animales, el procedimiento a seguir debe adaptarse a las particularidades locales (condiciones de ventilación, conformación del suelo, etc.), y de forma que animales y personal no sufran daño por los gases nocivos desprendidos. En este caso se evitarán los desinfectantes alcalinizantes, siendo el formaldehído el producto de elección.

De acuerdo con el estado actual de los conocimientos científicos, para desinfectar el estiércol líquido y el purín se utilizarán los siguientes principios activos: cal en forma de lechada, formalina (solución acuosa estabilizada de formaldehído al 37%) y lejía sódica industrial (solución al 50%). En la Tabla 2.12 se incluye una serie de tiempos de actuación y concentraciones de empleo comprobados. El ácido peracético sólo es recomendable para la desinfección de volúmenes pequeños y únicamente con gérmenes patógenos bacterianos. Se tendrá en cuenta la intensa formación de espuma.

En la desinfección química del estiércol líquido es esencial un entremezclado intenso. En la Tabla 2.13 se incluye información sobre los requisitos de los agitadores de acuerdo con las dimensiones de los depósitos y del tipo de estiércol líquido. Antes de incorporar el desinfectante debe homogeneizarse por completo el estiércol líquido. El límite de la capacidad de homogeneización de los estiércoles líquidos de bóvidos y cerdos se encuentra entre el 12 y el 13% de sustancia seca. El desinfectante se verterá lo más cerca posible de la zona de turbulencia del depósito. Su incorporación puede efectuarse especialmente en los grandes volúmenes con el chorro de estiércol, por tanto a presión o por aspiración en las tuberías de conducción. La agregación debe estar terminada en el plazo de seis horas cuando se utilizan aparatos de homogeneización continuada.

Con la homogeneización, se garantiza la estabilidad de la suspensión del desinfectante durante el tiempo de funcionamiento del aparato. Reviste máxima importancia el volumen del depósito cuyo contenido deba desinfectarse. Se procurará que sea lo más pequeño posible (300-500 m$^3$), sobre todo cuando se disponga de agitadores de poca fuerza. En los depósitos pequeños puede servir en ocasiones una bomba de agitación.

Para la eficaz desinfección química del estiércol líquido conviene señalar que el depósito debe ser lo más redondo posible, con objeto de lograr la buena homogeneización del estiércol y garantizar el entremezclado óptimo del desinfectante. Ade-

**Tabla 2.13** Características de empleo de diversos sistemas de agitación (17).

| **Tipo de sistema** | **Costes (DM aprox.)** | **Capacidad máxima de los depósitos en:** | | |
|---|---|---|---|---|
| | | **Estiércol de bóvido líquido (m$^3$)** | **Estiércol de cerdos líquido (m$^3$)** | **Estiércol de pollos líquido (m$^3$)** |
| ***Sistemas hidráulicos**** | | | | |
| Bomba fuera del depósito | | | | |
| Potencia nominal: 3.000 l/min | 20.000 | 500 | 400 | 200 |
| Potencia nominal: 5.000 l/min | 25.000 | 800 | 600 | 400 |
| Bomba de motor de inmersión | | | | |
| Motor E 7,5 kw | 18.000 | 800 | 600 | 400 |
| Motor E 13 kw | 22.000 | 1.200 | 900 | 600 |
| ***Sistemas mecánicos*** | | | | |
| Hélices a través pared depósito | | | | |
| Tractor 40 kw | 7.000 | 900 | 700 | 500 |
| Tractor 80 kw | 9.000 | 1.200 | 1.000 | 800 |
| Motor inmersión-Agitador | | | | |
| Motor E 7,5 kw | 10.000 | 1.300 | 1.000 | 700 |
| Motor E 13 kw | 15.000 | 1.800 | 1.500 | 1.100 |
| Mezclador de torre | | | | |
| Tractor 60 kw | 15.000 | 1.800 | 1.500 | 1.100 |
| Tractor 100 kw | 30.000 | 2.100 | 1.800 | 1.300 |

Las cifras se refieren a estiércol líquido con contenido ordinario de extracto seco y a depósitos con una relación diámetro/altura de 4/1.

* Los sistemas hidráulicos pueden aprovecharse también para el llenado de depósitos.

más es necesario disponer de una reserva de espacio (volumen), para que el depósito no rebose al añadir el desinfectante. Tomando como referencia las dosis señaladas en la Tabla 2.12, es necesario habilitar en los depósitos el siguiente volumen de reserva: formalina, 0,6-2%; lechada de cal al 40%, 2-6%; lejía de sosa, 2-4%; ácido peracético (15%), hasta el 10%. En resumen, procede señalar:

- Cuanto más intenso es el agitado antes de añadir el desinfectante y más frecuente y mejor es el entremezclado durante el tiempo de actuación (como mínimo 1 hora diaria para un tiempo de actuación de 4 días), mejor es el resultado de la desinfección.
- Sólo el estiércol líquido contenido en depósito redondo se desinfecta con seguridad, ya que sólo aquí puede conseguirse un entremezclado uniforme. En los depósitos cuadrangulares, el producto que ocupa los rincones muertos debe desplazarse con ayuda de agitadores adecuados reversibles.
- Pequeñas cantidades de estiércol que contengan bacterias patógenas pueden desinfectarse con ácido peracético a la entrada en el depósito de estiércol, para dejar sitio en el depósito lleno para la agregación de principios activos más baratos.
- El estiércol desinfectado debe aplicarse a campos de cultivo e introducirse cuanto antes en la tierra. Esto es imprescindible en el caso de desinfectar micobacterias y esporas. En caso de ser forzosa la distribución en praderas, la aplicación no sebrepasará los 20 m³/ha.
- En la desinfección con álcalis, debe contarse con pérdidas de nitrógeno, cuya cuantía se expone en la Figura 2.15.
- Salvo en el caso de utilizar ácido peracético, en la aplicación de formalina al estiércol de vacuno con elevada tasa de ES (más del 5%), puede formarse espuma, lo que debe tenerse en cuenta.

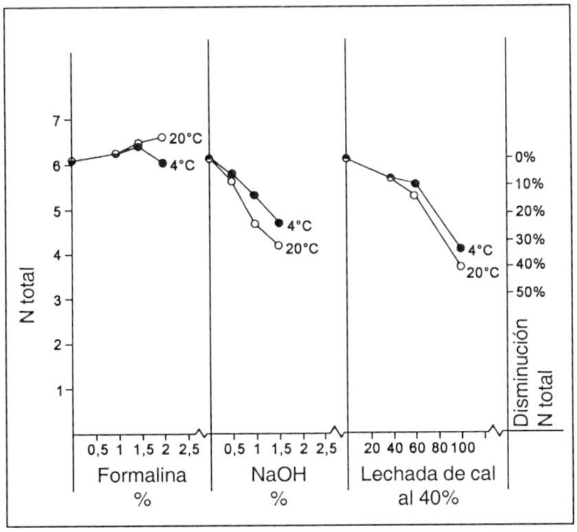


**Fig. 2.15** Pérdida de nitrógeno en la desinfección de estiércol líquido.

- Si se procede con cuidado, no son de temer daños en el medio ambiente.
- Sólo se presentan cambios en la viscosidad cuando se utiliza lejía de sosa con concentración a partir del 2% (20).
- El estiércol líquido desinfectado nunca debe mantenerse largo tiempo en el depósito, pues en caso contrario existe el peligro de corrosión de las bombas instaladas y de las partes metálicas.

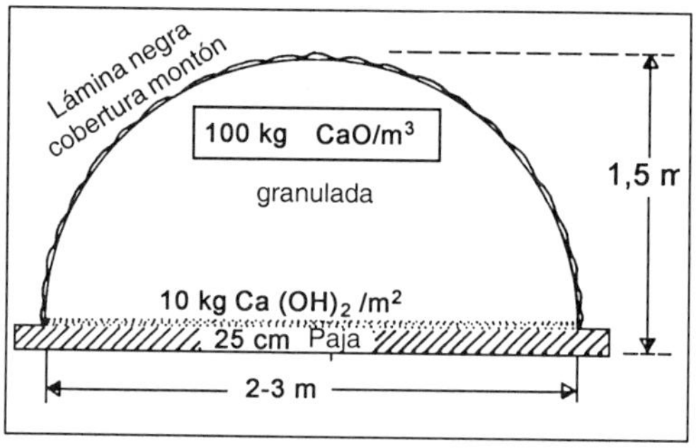


**Fig. 2.16** Representación esquemática de la constitución de una pila de estiércol sólido con cal viva granulada.

## 2.8.2 Estiércol sólido

En contra de lo opinado en tiempos pasados, sólo en un número bajísimo de casos se registra en el estiércol sólido recogido, apilado o compostado un aumento de temperatura capaz de inactivar gérmenes patógenos.

Tomando en consideración las dudas surgidas tras estudios efectuados en Suecia (25) sobre la eficacia del método de desinfección de estiércol sólido mediante empacado de los excrementos, practicado durante largos años y también utilizado en la esfera de la lucha contra las epizootias (34), se han realizado investigaciones con objeto de elaborar un procedimiento eficaz para la desinfección del estiércol sólido (2.31). A la conclusión de estos estudios se dedujo que el compostado del estiércol hasta ahora practicado sin agregación de productos químicos desinfectantes, debe ser recomendado siguiendo la variante descrita a continuación con incorporación de cal (Figura 2.16). El método puede llevarse a cabo sin grandes exigencias laborales con los medios existentes en una dependencia para estiércol sólido, utilizando cal viva granulada.

En la zona en que se practique el compostado del estiércol se prepara un lecho de paja como mínimo de 25 cm de grosor. Sobre ella se dispone una capa de cal apagada lo más apretada posible (unos 10 kg/m² de cal hidratada, $Ca(OH)_2$), que sirve para captar el líquido generado en el estiércol. El éxito de la desinfección del estiércol depende del entremezclado uniforme del estiércol sólido con la cal viva y de observar un suficiente tiempo de actuación. El entremezclado uniforme se consigue con un dispersador de estiércol cuya anchura de acción sea como máximo de 2-3 m. El estiércol sólido a desinfectar se carga en el dispersador. Durante la carga se añade al estiércol la cal granulada (cal viva, CaO) como mínimo en dos capas uniformes. Como cifra adecuada se estima la agregación de 100 kg de cal viva granulada por metro cúbico de estiércol del establo.

A continuación, la mezcla de estiércol sólido-cal viva se va extrayendo con la mayor lentitud posible del dispersador de estiércol a la vez que se va humedeciendo de manera intensa y continuada con un abundante chorro de agua; por este procedimiento se forma un almiar aproximadamente de 1,5 m de altura. Este montón se cubre luego por completo con una lámina de silo negra y sólida que se sujeta a

**Fig. 2.17** Extensión de una capa de paja y espolvoreado con cal hidratada (cal muerta).

**Fig. 2.18** El estiércol y la cal viva granulada se cargan por capas en el repartidor de estiércol.

la altura del suelo con piedras o de otra manera, para protegerla contra la acción del viento. Las Figuras 2.17 a 2.20 muestran el proceder a seguir en la preparación de una pila de estiércol de este tipo.

En los casos en que sea inevitable la formación manual del almiar, debe también efectuarse un entremezclado y humedecido a fondo. Los almiares hechos a mano deben revolverse por lo menos una vez cada 5 semanas.

Esta pila de estiércol se mantendrá como mínimo durante 5 semanas. Luego el estiércol se distribuirá en campos de labor sin cultivar y se introducirá en la tierra enseguida mediante labrado. Cuando no sea posible el labrado inmediato del estiércol, o bien deba aplicarse el estiércol sobre praderas o campos cultivados para la producción de alimentos, la pila de estiércol se revolverá al cabo de 5 semanas y se dejará por lo menos durante 10 semanas.

**Fig. 2.19** Vertido de la mezcla de estiércol y cal sobre la base de paja.

**Fig. 2.20** Cubrición de la pila de estiércol con capa protectora (en lugar de neumáticos de coche pueden utilizarse piedras).

Este procedimiento sirve para inactivar todas las bacterias mesófilas no esporuladas y los virus. Para destruir las esporas deben aplicarse temperaturas más altas. A tal fin se recomienda la siguiente variante:

- Sobre la capa de paja, en lugar de la cal apagada se pone ya cal viva (unos 100 kg/m$^2$).
- Con el estiércol se mezclan 200 kg de cal viva/m$^3$.
- Simplemente distribuir en las tierras de labor y labrar enseguida.

En la formación de los almiares de estiércol es importante observar alguna reglas básicas. En primer lugar se preferirá un suelo consolidado a otro sin consolidar. La elección del lugar para formar estas pilas de estiércol debe realizarse con gran cuidado. En todos los casos debe estar alejado de edificaciones y de materiales combustibles, porque no debe excluirse la posibilidad de que se produzca una autocombustión parcial de la paja subyacente en el apilado normal del estiércol, y también es bastante posible la autocombustión de todo el almiar en la variante practicada para destruir los gérmenes esporulados. Por esta razón, tampoco deben utilizarse cubiertas de coche para sujetar la lámina de cobertura, según se recomendaba antiguamente, porque en caso de arder forman un humo indeseable. Asimismo debe controlarse la temperatura para, en caso necesario, poder enfriar el almiar regándolo con agua. También se vigilará que el distribuidor de estiércol cargado con la mezcla cal-estiércol no retenga ésta demasiado tiempo. La mezcla debe vaciarse lo antes posible, pues en caso contrario existe el peligro de que el vehículo se incendie. Utensilios y vehículos se limpiarán y desinfectarán a fondo después de cada utilización.

### 2.8.3 Control de resultados

Para controlar la eficacia de las medidas practicadas se dispone de métodos directos e indirectos. Los métodos indirectos se basan en determinar la tasa de principio activo residual tras la actuación del desinfectante de acuerdo con valores prácticos previamente determinados, o tomando como referencia la documentación y vigilancia de las fases del trabajo o el desarrollo de la actuación. El método de control de los residuos de principio activo puede llevarse a cabo por medios ácidos o alcalinos atendiendo al pH o bien mediante determinación específica del principio activo, v.gr., concentración de cloro. Este procedimiento sirve para enjuiciar las acciones en líquidos, pero sobre superficies el producto es repelido con rapidez. Por esta razón, en los alojamientos sólo puede emplearse en casos excepcionales (v.gr., desinfección del agua de bebida).

Para determinar la cuantía del residuo en superficies, se dispone de los métodos de la imprimación, frotis o enjuagado. Al utilizar cualquiera de estos procedimientos es esencial en el cultivo de bacterias y hongos tras desinfectar añadir al medio o solución nutricios un medio neutralizador adecuado (contrainhibidor), pues en caso contrario una acción bacteriostática o fungistática secundaria puede falsear los resultados.

Se recomiendan los siguientes medios neutralizadores polivalentes (contrainhibidores). (Concentración final en agar y/o en el líquido):

- Preparados comerciales, salvo liberadores de cloro y oxígeno:
  Tween 80 3% + lecitina 0,3% + saponina 3% + histidina 0,1%.

- Preparados comerciales a base de liberadores de cloro y oxígeno:
  Tween 80 3% + saponina 3% + histidina 0,1% + cisteína 0,1%.

Tras el empleo de sustancias puras, se recomienda la agregación de los siguientes productos químicos, que neutralizan la acción secundaria inhibidora del crecimiento:

- Con aldehídos: histidina 0,1-1%.
- Con preparados clorados: tiosulfato sódico 0,5%.
- Con preparados de amonio cuaternario: Tween 80 3% + lecitina 0,3%.
- Con fenoles: Tween 80 1%.
- Con ácidos orgánicos: 0,1-0,2 ml $Na_2HPO_4$/litro.
- Con álcalis: 0,1-0,2 mol $NaH_2PO_4$/litro.

Esta metódica del estudio microbiológico del entorno apenas puede estandarizarse y tropieza con muchos inconvenientes nada despreciables para la exacta valoración de las investigaciones (8, 9, 24). Para los alojamientos animales los menos adecuados son los procedimientos de estampación, entre los cuales son los más utilizados:

- Cultivo de contacto Agarflex de Kanz (14).
- Método de las placas Rodac (Becton y Dickinson, Postfach 1016, D-69006 Heidelberg).
- Agar Würste de Ten Cate (36).

Los métodos de imprimación sólo permiten un cálculo grosero de la tasa de gérmenes. Cuanto más lisa es la superficie, más exacto resulta este recuento. El más utilizado es el procedimiento de la torunda y agitación en medio líquido. Se humedecen torundas de 10 g de algodón en agua peptonada tamponada estéril que contenga el contrainhibidor adecuado, y, con ayuda de una plantilla que delimite 10 $cm^2$ de superficie, se frotan las torundas cuidadosamente mediante movimientos circulares. Esto se lleva a cabo de la siguiente manera: la superficie en estudio se frota con dos torundas húmedas con un intervalo de 20 segundos mediante movimiento giratorio y con presión uniforme. Las dos torundas se introducen luego en 50 ml de líquido de agitación y durante 24 horas se agitan en el refrigerador a 4°C a razón de 200 vpm. Para extraer mejor los gérmenes, al líquido de agitado se le agregan perlas de vidrio hasta la mitad de su volumen. Del líquido de agitado se toma después 1 ml para efectuar el recuento de gérmenes en una serie de diluciones (agua peptonada con antiinhibidor). Se toma la cantidad de 0,1 ml de líquido de agitado y de cada una de las diluciones y se llevan a agar nutricio (TSA + antiinhibidor). El límite de identificación está aquí en unos $10^2$ colonias cultivadas/$cm^2$; las cifras de gérmenes por debajo de esta cantidad sólo pueden determinarse por filtración del líquido de agitado.

El mejor método sería el del enjuagado, si se dispusiera del aparato adecuado para ello (7), pero por desgracia no existe actualmente en el mercado este tipo de instrumentos. Hay que desechar los procedimientos destructivos.

Deben tomarse como mínimo 10 muestras del suelo, 10 muestras de las instalaciones y 10 muestras de las paredes. En las desinfecciones preventivas de superficies de madera y cemento se obtiene éxito si la tasa bacteriana total está entre $10^4$ y $10^3$ colonias cultivadas a 37°C. En las desinfecciones especiales, los correspondientes gérmenes patógenos tienen que haber desaparecido de las superficies tratadas.

## 2.9 Protección en el trabajo y protección ambiental

Como en toda actividad profesional, también en la esfera agropecuaria deben cumplirse las disposiciones preventivas de accidentes dictadas por las entidades oficiales competentes. En lo referente a L + D de alojamientos de animales explotados por el hombre, existe una serie de medidas protectoras. Como durante las operaciones de limpieza pueden desprenderse en las acciones mecánicas correspondientes gérmenes de las superficies tratadas, aquí son de aplicación las disposiciones contenidas en la Orden de Sustancias Biológicas (4), la cual obliga a los empresarios a una evaluación de riesgos y, si es caso, a adoptar las pertinentes medidas de protección laboral. En el caso de desinfecciones practicadas para combatir zoonosis, estas medidas se orientan a la clasificación de los gérmenes presentes de acuerdo con una escala de riesgo. La Tabla 2.14 muestra la ordenación a este respecto de los gérmenes más importantes responsables de enfermedades de declaración y lucha obligatorias del ganado en explotación y en su caso también del hombre.

En las zoonosis de difusión aerófila, la amenaza se conjura generalmente con una

**Tabla 2.14** Clasificación de gérmenes zoonósicos de acuerdo con la Normativa UE de Materias Biológicas Laborales y publicaciones de asociaciones profesionales sobre grados de riesgo y protección.

| Enfermedad | Agente causal | Tipo | Categoría del agente |
|---|---|---|---|
| Enfermedad de Aujeszky | Herpesvirus porcino Tipo 1 | V | 2 |
| Brucelosis | *Brucella abortus* | B | 3 |
| | *Brucella melitensis* | B | 3 |
| | *Brucella suis* | B | 3 |
| Aborto por clamidias (oveja) | *Chlamydia psittaci* | B | 2 (3) |
| Ectima contagioso | Virus-Orf (Parapox V.) | V | 2 |
| Infección EHEC (excreción) | *Escherichia coli* O:157 | B | 3* |
| Listeriosis | *Listeria monocytogenes* | B | 2 |
| Glosopeda (fiebre aftosa) | Aphthovirus | V | N (4) |
| Carbunco bacteridiano | *Bacillus anthracis* | B | 3 |
| Psittacosis/ornitosis | *Chlamydia psittaci* | B | 3 |
| Fiebre Q | *Coxiella burnetii* | B | 2 (3) |
| Muermo | *Burkholderia mallei* | B | 3 |
| Salmonelosis | *Salmonella* spp. | B | 2* |
| Estomatitis vesicular | Vesiculovirus | V | 2 |
| Rabia | Lyssavirus | V | 3 |
| Tricofitosis | Especies de tricofitos | P | 2* |
| Tuberculosis | *Mycobacterium bovis* | B | 2 |
| (diversas especies animales) | *Mycobacterium tuberculosis* | B | |
| | *Mycobacterium avium* | B | |
| Yersiniasis | *Yersinia enterocolitica* | B | 2* |

N = Ninguna referencia en la Normativa UE; ( ) = Categoría diferente de acuerdo con distintos puntos de vista; * = Escaso peligro de contagio aerógeno.

desinfección preventiva (punto 2.6.1). Pese a ello, en todos los casos debe instruirse al personal trabajador sobre posibles peligros, medidas preventivas y de protección, y síntomas de las enfermedades. Es imprescindible recomendar la protección de las vías respiratorias (máscara P3 o máscara antigás con filtro de carbón). El contagio por contacto se evita con las pertinentes medidas de protección personal (ropa protectora, guantes, protección de boca y ojos). Si se trabaja con aparatos de limpieza de alta presión, el chorro no debe dirigirse a personas. Cuando se trate de aparatos limpiadores de alta presión calentados con petróleo, además de cumplir las normas de protección contra emisiones, se procurará que los gases de escape salgan de los alojamientos. La concentración de estos gases se corregirá con las pertinentes medidas de ventilación.

Para el almacenado y empleo de desinfectantes rigen las disposiciones vigentes sobre productos químicos, la Orden de Materias Peligrosas y la legislación sobre el agua. También puede encontrarse información sobre la manipulación de productos químicos en el Boletín de las asociaciones profesionales sobre sustancias químicas peligrosas (3).

Los desinfectantes son productos químicos que exigen cuidados especiales para su depósito, manipulación y eliminación. De los grupos de preparados utilizados en explotación animal, los menos tóxicos para el hombre y animales son los liberadores de oxígeno y los ácidos orgánicos, aunque tampoco el manejo de sus concentrados está exento de riesgos. Los peróxidos concentrados que contacten con metales pintados, objetos herrumbrosos y materia orgánica pueden desdoblarse de forma explosiva, por lo que en los trasiegos se evitará el contacto con estos materiales. Por ello, en el manejo de desinfectantes concentrados deben adoptarse en general extremadas precauciones.

Siempre deben cumplirse las siguientes medidas preventivas generales:

- Los desinfectantes concentrados estarán fuera del alcance de los niños, y se guardarán en locales lo más frescos y bien ventilados posible. Nunca se utilizarán sin autorización.
- En la aplicación de las diluciones ordinarias deben utilizarse gafas protectoras, guantes de goma largos y delantales de goma.
- Las diluciones ordinarias se prepararán en recipientes limpios y muy poco tiempo antes de su aplicación; el agua será de calidad potable.
- La cantidad necesaria de principio activo se dosificará exactamente con una copa graduada, de acuerdo con la concentración prescrita.

En la aplicación del desinfectante hay que tener en cuenta que puede provocar irritación de las mucosas y, si el contacto es prolongado, ocasionar afecciones cutáneas y alergias. Al utilizar diluciones ordinarias muy concentradas (TB, carbunco, etc.), por lo regular se sobrepasa la concentración máxima autorizada para puestos de trabajo (CMA). En todos los casos se evitará el contacto con la piel y mucosas, y al aplicar las soluciones habituales se utilizarán guantes y ropa protectora impermeable. En la desinfección de los establos es recomendable el empleo de máscaras protectoras de las vías respiratorias con filtro de carbón, y, si se supone que se va a superar el valor máximo admitido para interiores, esta última medida será obligatoria (10). Asimismo debe subrayarse que, de acuerdo con lo dispuesto en las Normas Técnicas para Gases (NTG), el gaseado con formaldehído requiere autorización. La desinfección normal de los alojamientos utilizando aparatos pulverizadores no supone ningún tipo de gaseado.

Los productos limpiadores y desinfectantes ofertados en el comercio son por lo regular biológicamente desdoblables. Pese a ello, también aquí deben observarse algunas normas básicas:

- La primera regla es que el desinfectante no debe emplearse en concentraciones y cantidades superiores a las estrictamente necesarias para alcanzar el objetivo de la desinfección.
- Utilizar sólo productos de eficacia comprobada e incluidos en la lista oficial al efecto. Cada aplicación de un producto químico ineficaz supone una sobrecarga innecesaria del medio ambiente.
- En las explotaciones de ganado vacuno lechero se aplicarán en salas de ordeño, conducciones de la leche y recipientes los desinfectantes necesarios de manera que ingrese la menor cantidad posible de ellos en la canalización del establecimiento.
- Los residuos de concentrados y grandes cantidades de las soluciones ordinarias no deben eliminarse a través de la canalización, sino que se confiarán al servicio especial de retirada de productos químicos domésticos de la localidad (Alemania) (v.gr., vehículos de defensa ambiental).
- Pequeños restos de dilución ordinaria pueden verterse en la fosa del purín.
- Los residuos de desinfectantes de acción parasitaria que contengan disolventes orgánicos, así como los concentrados y soluciones de empleo ordinario, deben entregarse en todos los casos al servicio local de retirada de productos peligrosos.

En el futuro, la salida de desinfectantes al mercado de la UE estará regulada por las normas dictadas al respecto. En la Tabla 2.15 se incluye un resumen de los factores de influencia más importantes sobre la L + D de alojamientos animales desde puntos de vista ecológicos. Combinando adecuadamente los factores de mayor influencia sobre los fines de empleo, desde los referentes a edificaciones hasta los concernientes a la economía laboral, puede lograrse un punto óptimo de actuación.

**Tabla 2.15** Factores con influencia sobre la limpieza y desinfección y posibilidades de corrección modificando la magnitud de las influencias bajo puntos de vista ecológicos.

| Factor influyente | Óptimo | Insuficiencia [1)] | Superación [2)] | Observaciones |
|---|---|---|---|---|
| Superficie lisa | Buena limpieza. Renuncia a usar productos químicos | Mayor empleo de productos químicos, agua y energía | Entorno desagradable para los animales. Peligro de resbalar | |
| Aumento de la temperatura en el alojamiento | Elección de desinfectante sin restricciones. Menor concentración de empleo. Acción segura. | Elección limitada de desinfectante, por lo común corrosivo. Alta concentración de empleo. Acción insegura | Mayor consumo de energía | |

(*continúa*)

**Tabla 2.15** (*Continuación*).

| Factor influyente | Óptimo | Insuficiencia [1)] | Superación [2)] | Observaciones |
|---|---|---|---|---|
| Empleo de agua caliente | A 40°C, acción buena, segura y rápida de la L + D | Pérdida de efecto. Mayor concentración de empleo del desinfectante | Mayor consumo de energía. Desdoblado demasiado rápido de algunos desinfectantes | |
| Empleo de alta presión en la limpieza tras reblandecido a fondo | Limpieza buena y segura. Ahorro de agua | Mayor empleo de tiempo y de agua. Conservación de edificaciones e instalaciones | Menor vida de edificaciones e instalaciones. Mayor consumo de energía | |
| Empleo de productos limpiadores | Limpieza a fondo. Bajas necesidades de energía y agua | Aplicación de medidas auxiliares como aumento de la temperatura de limpieza. Reblandecido fraccionado. Mayores necesidades de agua y energía | Innecesario ingreso de productos químicos en el medio ambiente (a veces, sustancias nutricias) | |
| Empleo de liberadores de oxígeno en lugar de aldehídos, álcalis y ácidos orgánicos | Aplicación en una amplia zona de temperaturas. Rápido desdoblamiento | Efecto inseguro | Mayor corrosión | Siempre existe el riesgo de corrosión. Pérdida de efecto en presencia de herrumbre y sangre. |
| Empleo de ácidos orgánicos en lugar de aldehídos, álcalis y liberadores de oxígeno | Rápido desdoblamiento en el medio ambiente. Baja toxicidad | Limitado espectro de acción de diversos ácidos orgánicos. Efecto inseguro a temperaturas subóptimas | Mayor corrosión | Sólo utilizable en una limitada zona de temperaturas en la desinfección de superficies |
| Cantidad de mano de obra | Reducción al mínimo del empleo de desinfectante. Acción segura por un mojado uniforme | Con menos de 0,4 litros/m$^2$ hay pérdida de efecto sobre superficies ásperas | Acción segura. Recomendable en particular aplicar 2 x 0,4 litros/m$^2$ en la desinfección por epizootia. En la desinfección preventiva, innecesario vertido de productos químicos en el medio ambiente | La reducción de la mano de obra sólo es posible cuando se recurre al empleo simultáneo de potentes medios mecánicos (desinfección mediante fregado) |

[1)] Se supone una desviación hacia abajo del punto óptimo del parámetro correspondiente en lo referente a características, temperatura, presión, tiempo, concentración o cantidad.
[2)] Se supone una desviación hacia arriba del punto óptimo del parámetro correspondiente en lo referente a características, temperatura, presión, tiempo, concentración o cantidad.

## 2.10 Referencias bibliográficas


1 BACHMANN, T. (1992): Überprüfung der Wirksamkeit ständiger Desinfektionseinrichtungen für Fahrzeuge und Erprobung alternativer Methoden zur Reinigung und Desinfektion von Fahrzeugreifen. Vet. med. Diss., Gießen

2 BERGDORF, V. (1989): Virologische Untersuchungen über die Eignung der Düngerpackung gemäß § 14 Nr. 1 der Anlage A-BAFV zur Desinfektion von Festmist. Agrarwiss. Diss., Univ. Hohenheim

3 Berufsgenossenschaft (BG) Chemie (1986): Merkblatt für gefährliche chemische Stoffe ZH 1/81. Carl Heymanns Verlag KG, Luxemburger Str. 449, D-51149 Köln

4 Biostoffverordnung - Bio Stoff.V (1999): Verordnung über Sicherheit und Gesundheitsschutz bei Tätigkeiten mit biologischen Arbeitsstoffen. Bundesgesetzblatt Teil I Nr. 4, ausgegeben zu Bonn am 29. Januar 1999

5 BÖHM, H.O., C. SIEBER, D. STRAUCH (1980/1): Das Umwälzbelüftungsverfahren (System FUCHS) zur Behandlung von flüssigen tierischen und kommunalen Abfällen. 8. Mitteilung: Die Wirkung der Umwälzbelüftung auf das Virus der Maul-und Klauenseuche. Berl. Münch. Tierärztl. Wschr. **93,**48-50

6 BÖHM, H.O., C. SIEBER, D. STRAUCH (1980/2): Das Umwälzbelüftungsverfahren (System FUCHS) zur Behandlung von flüssigen tierischen und kommunalen Abfällen. 9. Mitteilung: Die Wirkung der Umwälzbelüftung auf das Virus der Aujeszkyschen Krankheit. Berl. Münch. Tierärztl. Wschr. **93,** 112-114

7 BÖHM, R. und B. KRAUS (1983): Vergleich der Leistungsfähigkeit des Thran-Bakterienkollektors (Absprühmethode) mit anderen Verfahren zur Bestimmung des Oberflächenkeimgehaltes im Modellversuch. Hyg. + Med. **8,** 255-259

8 CORRETTI, K. (1966): Über den Wert einiger bakteriologischer Methoden zur Ermittlung der Betriebshygiene in Fleischwarenbetrieben. Fleischwirtschaft, **46,** 139-141; 144-145

9 DEMETER, K.J. (1964): Über die Abklatschmethode und ihre bedingte Brauchbarkeit für den quantitativen Keimnachweis auf Oberflächen. Molkerei-Ztg., **18,** 907-909

10 DFG (1997): MAK- und BAT-Werte-Liste 1997, Mitteilung 33. WILEY-VCH Verlagsgesellschaft mbH, D-69451 Weinheim

11 GEISSLER, A., A. ROJAHN, H. STEIN (1998): Sammlung tierseuchenrechtlicher Vorschriften. B I.1 b. Verlag R.S. Schulz, Starnberg

12 HERRE, A. (1985): Untersuchungen über den Einfluss der Wasserhärte und der Temperatur auf die Wirksamkeit einiger in der Tierhaltung gebräuchlicher Desinfektionswirkstoffe. Agrarwiss. Diss., Univ. Hohenheim

13 HOLZWARTH, C. (1988): Erhebungen bei Besitzern von Hochdruckreinigern über ihre Gepflogenheiten bei Reinigung und Desinfektion im Stall und von Maschinen und Geräten. Agrarwiss. Diplomarbeit, Univ. Hohenheim

14 KANZ, E. (1962): Bakteriologische Nährböden in Kunststoff-Flaschen, eine neue Verpackungs- und Anwendungsform. Pharm. Ind., **24,** 556-561

15 KLEINER, U., P. TRENNER, U. BAUER (1983): Ergebnisse aus Modellversuchen zur Dekontamination der Gülle mittels ionisierender Strahlung - nachgewiesen

an Testkeimen. Z. ges. Hyg. **29,** 172-174

16 KOVÁCS, F., G. TAMÁSI (1979): An experimental study of methods for liquid manure disinfection. Acta Veterinaria Academiae Scientarum Hungaricae **27,** 55-64

17 KOWALEWSKY, H.-H. (1999): Behandlung und Ausbringung von Flüssigmist. aid-Heft Nr. 1201. Auswertungs- und Informationsdienst für Ernährung, Landwirtschaft und Forsten e.V., Friedrich-Ebert-Str. 3, D-53177 Bonn

18 LÄCHELE, R. (1990): Untersuchungen über die bakterizide Wirkung einiger Stalldesinfektionsmittel im Suspensionsversuch und praxisnahen Sprühdesinfektionsmodell unter Berücksichtigung der Faktoren Temperatur und Wasserhärte. Vet. med. Diss., Univ. München.

19 LARSEN, H.E. and B. MUNCH (1990): Reduction of pathogenic and indicator organisms in biological waste -especially slurry- subjected to various treatments, pp. 169-177. In: Strauch, D. (Ed): Aktuelle Probleme der Desinfektion von Nutztierställen sowie Fest- und Flüssigmist. Bericht des 3. Hohenheimer Seminars. Deutsche Veterinärmedizinische Gesellschaft e.V., Frankfurter Str. 89, D-35392 Gießen

20 MARKERT, TH. (1990): Möglichkeiten zur chemischen Desinfektion von Salmonellen in Schweineflüssigmist und die Auswirkungen der anschließenden Ausbringung auf Grünland. Vet. med. Diss., Univ. Gießen

21 MITSCHERLICH, E. und E.H. MARTH (1984): Microbial survival in the environment. Springer, Heidelberg, New York, Tokyo

22 MÜLLER, W. (1985): Erfahrungen mit einem Güllebehandlungsverfahren (Oligolyse). Tierärztl. Umschau **40,** 343-350

23 NAGEL, R., C. STRAUB, D. STRAUCH (1976): Das Umwälzbelüftungsverfahren (System FUCHS) zur Behandlung von flüssigen tierischen und kommunalen Abfällen. 6. Mitteilung: Vorläufige Untersuchungen über die Wirkung der Umwälzbelüftung auf ein vom Rind stammendes Picornavirus. Berl. Münch. Tierärztl. Wschr. **89,** 443-445

24 PATTERSON, J.T. (1971): Microbiological assessment of surfaces. J. Food Technol., **6,** 63-72

25 PLYM-FORSHELL, L. (1983): The effect of composting solid animal manure on the survival of salmonella bacteria, pp. 35-44. In: Strauch, D. (Ed.), (1983): Hygienic Problems of Animal Manure, DVG/FAO-Workshop, Deutsche Veterinärmedizinische Gesellschaft e.V, Frankfurter Str. 89, D-35392 Gießen

26 POLITZER, R. (1967): History and incidence of tularaemia in the Soviet Union: a review. The Institute of contemporary Russian Studies. Fordham Univ. Bronx (zit. Weiß und Amtsberg, 1995)

27 ROLLE, M. und A. MAYR (1993): Medizinische Mikrobiologie, Infektions- und Seuchenlehre. 6. Aufl, F. Enke, Stuttgart

28 SCHMID, P., C. SIEVERS, R. BÖHM und D. STRAUCH (1990): Mögliche Maßnahmen zur Vermeidung von Keimaerosolen bei der Reinigung und Desinfektion im Tierseuchenfall. pp. 60-75. In: Bericht des 3. Hohenheimer Seminars: Aktuelle Probleme der Desinfektion von Nutztierställen sowie Fest- und Flüssigmist. Deutsche Veterinärmedizinische Gesellschaft e.V. Frankfurter Str. 87, D-35392 Gießen

29 SCHNEIDER, T., R. BÖHM und D. STRAUCH (1992): Untersuchungen über den Einsatz von Branntkalk zur Desinfektion von Stallböden. Tierärztl. Umschau **47,** 534-538

30 SCHORPP, B. (1995): Anwendung von Mikrowellen zur Desinfektion von Flüssigmist. Vet. med. Diss., Univ. Gießen
31 SCHWARTZ, A. (1990): Bakteriologische Untersuchungen zur Überprüfung der Düngerpackung gemäß Anlage A-BAFG auf ihre seuchenhygienische Wirksamkeit unter heutigen Haltungs- und Fütterungsbedingungen. Vet. med. Diss., Univ. Gießen
32 STOY, F.J. (1983): Über die Auswirkung der Hochdruckreinigung und -desinfektion mit unterschiedlichen Temperaturen auf den Keimgehalt von Stalloberflächen. Agrarwiss. Diss., Univ. Hohenheim
33 STRAUCH, D. (1981): Reinigung und Desinfektion in der Rinder- und Schweinehaltung, pp 70-306. In: Th. Schliesser und D. Strauch: Desinfektion in Tierhaltung, Fleisch- und Milchwirtschaft. Enke Verlag, Stuttgart, 1. Aufl.
34 STRAUCH, D., R. BÖHM und W. PHILIPP (1991): Seuchenhygienische Probleme und baulich-technische Gegenmaßnahmen. Landtechnik **46,** 442-445
35 STRAUCH, D. and G. BALLARINI (1994): Hygienic aspects of the production and agricultural use of animal wastes. J. Vet. Med. **B 41**,176-228
36 TEN CATE, L. (1963): Eine einfache und schnelle bakteriologische Betriebskontrolle in fleischverarbeitenden Betrieben mittels Agar-»Würsten« in Rilsan-Kunstdarm. Fleischwirtschaft, **15,** 483
37 WEIß, R. und G. AMTSBERG (1995): Listeriose. In: H. Blobel und Th. Schliesser, Handbuch der bakteriellen Infektionen bei Tieren. Band II, Teil 3. 2. Aufl. Gustav Fischer Verlag, Jena

# Apéndice

**Tabla A1** Epizootias en las que es necesaria la lucha antiplagas.

| Organismos objetivo | Rumiantes | Cerdos | Équidos | Conejos |
|---|---|---|---|---|
| Insectos | Enfermedad de la lengua azul<br>Enfermedad «Lumpy skin»<br>Glosopeda<br>Peste de los pequeños rumiantes<br>Fiebre del valle del Rift<br>Peste bovina<br>Salmonelosis<br>Estomatitis vesicular | Glosopeda<br>Estomatitis vesicular | Peste equina africana<br>Anemia infecciosa de los solípedos<br>Encefalomielitis equina<br>Estomatitis vesicular | RHD |
| Roedores nocivos | Brucelosis<br>Glosopeda<br>Peste de los pequeños rumiantes<br>Peste bovina<br>Salmonelosis | Parálisis contagiosa porcina<br>Enfermedad de Aujeszky<br>Brucelosis<br>Glosopeda<br>Peste porcina<br>Enfermedad vesicular porcina | | |

**Tabla A2** Epizootias en que se practica la desinfección continuada y desinfectantes utilizados a tal fin.

| Desinfectante/Tiempo de actuación | Enfermedad epizoótica |
|---|---|
| Ácido fórmico al 4%/2 horas | Parálisis contagiosa porcina<br>IBR/IPV<br>Glosopeda<br>Salmonelosis<br>Rabia<br>Enfermedad vesicular porcina |
| Ácido fórmico al 5%/2 horas | Brucelosis (bóvidos, cerdos, ovejas y cabras) |
| Ácido peracético al 0,15%/1 hora<br>(1% de ácido peracético al 15%) | Peste porcina africana<br>Parálisis contagiosa porcina<br>Enfermedad de Aujeszky<br>IBR/IPV<br>Glosopeda<br>Peste de los pequeños rumiantes<br>Enfermedades contagiosas eruptivas de ovejas y cabras<br>Fiebre del valle del Rift<br>Peste bovina<br>Peste porcina (ESP)<br>Estomatitis vesicular<br>Rabia<br>Enfermedad vesicular del cerdo |
| Ácido peracético al 0,3%/1 hora<br>(2% de ácido peracético al 15%) | Brucelosis<br>Salmonelosis |
| Ácido peracético al 1%/2 horas<br>(6,7% de ácido peracético al 15%) | Carbunco bacteridiano<br>Carbunco enfisematoso |
| Desinfectantes comerciales de la Lista DVG, Sección 4a (sólo preparados en concentraciones con un tiempo de actuación recomendado de 2 horas o menos) | Brucelosis<br>Salmonelosis |
| Desinfectantes comerciales de la Lista DVG, Sección 7a (sólo preparados en concentraciones con un tiempo de actuación recomendado de 2 horas o menos) | Peste porcina africana<br>Enfermedad de Aujeszky<br>IBR/IPV<br>Peste de los pequeños rumiantes<br>Enfermedades contagiosas eruptivas de ovejas y cabras<br>Fiebre del valle del Rift<br>Peste bovina<br>Peste porcina (ESP)<br>Estomatitis vesicular<br>Rabia |
| Desinfectantes comerciales de la Lista DVG, Sección 7a: Concentración doble. (Sólo preparados en concentraciones -dobles- con tiempos de actuación de 2 horas o menos) | Parálisis contagiosa del cerdo<br>Glosopeda<br>Enfermedad vesicular del cerdo |

**Tabla A3** Enfermedades epizoóticas en que se practica una desinfección preliminar y productos desinfectantes utilizados. En las enfermedades epizoóticas citadas entre corchetes no está prescrita la desinfección preliminar, pero por decisión del veterinario oficial puede completar las medidas de lucha en casos especiales.

| **Desinfectantes/Tiempo de actuación** | **Enfermedad epizoótica** |
|---|---|
| Ácido fórmico al 4%/ 2 horas | Muermo, glosopeda<br>[Parálisis contagiosa porcina] |
| Ácido fórmico al 5%/2 horas | Brucelosis (bovina, porcina, ovina, caprina) |
| Formalina al 1%<br>(Formaldehído al 0,37%) | Enfermedad de Aujeszky |
| Formalina al 2%/2 horas<br>(Formaldehído al 0,74%) | Fiebre del valle del Rift, peste porcina (ESP) |
| Formalina al 3%/2 horas<br>(Formaldehído al 1,11%) | Fiebre porcina africana, encefalomielitis equina, estomatitis vesicular, rabia |
| Formalina al 5%/2 horas<br>(Formaldehído al 1,85%) | Brucelosis<br>Muermo |
| Formalina al 30%/2 horas*<br>(Formaldehído al 11,1%) | Carbunco bacteridiano |
| Glutaraldehído (pH 8,0-8,5) al 4%/2 horas | Carbunco bacteridiano |
| Lejía de sosa al 1%/1 hora | Peste de los pequeños rumiantes, peste bovina |
| Lejía de sosa al 2%/2 horas | Encefalomielitis equina, fiebre del valle del Rift, peste porcina (ESP), estomatitis vesicular, rabia |
| Lejía de sosa al 2%/4 horas | Glosopeda |
| Lejía de sosa al 3%/2 horas | Peste porcina africana |
| Desinfectantes comerciales de la Lista DVG, Sección 4a (sólo preparados en concentraciones con tiempos de actuación de 2 horas o menos y que no contengan compuestos generadores de oxígeno y cloro) | Brucelosis (bovina, porcina, ovina, caprina)<br>Muermo |
| Desinfectantes comerciales de la Lista DVG, Sección 5 | Tuberculosis de los bóvidos |
| Desinfectantes comerciales de la Lista DVG, Sección 7a (sólo preparados en concentraciones con tiempos de actuación de 2 horas o menos y que no contengan compuestos generadores de oxígeno y cloro) | Enfermedad de Aujeszky, peste pequeños rumiantes, encefalomielitis equina, fiebre valle Rift, peste bovina, peste porcina (ESP), estomatitis vesicular, rabia<br>[Parálisis contagiosa porcina, enfermedades contagiosas eruptivas de ovejas y cabras] |
| Desinfectantes comerciales de la Lista DVG, Sección 7a, en concentración doble (sólo preparados en concentraciones –dobles– con tiempos de actuación de 2 horas o menos y que no contengan compuestos generadores de oxígeno y cloro) | Glosopeda<br>Enfermedad vesicular del cerdo |

* Absolutamente imprescindibles las medidas de protección laboral (ropa protectora, protección del aparato respiratorio).

**Tabla A4** Desinfectantes a utilizar en la desinfección final.

| Desinfectante/Tiempo de actuación | Enfermedad epizoótica |
|---|---|
| Ácido fórmico al 4%/1 hora | Enfermedad contagiosa de la cubrición del caballo<br>Tricomoniasis<br>Vibriosis de los bóvidos |
| Ácido fórmico al 4%/2 horas | Anemia infecciosa de los solípedos<br>Leucemia enzoótica de los bóvidos<br>IBR/IPV<br>Glosopeda<br>Muermo<br>Salmonelosis |
| Ácido fórmico al 5%/3 horas | Brucelosis (bovina, porcina, ovina, caprina) |
| Formalina al 1%/1 hora<br>(Formaldehído al 0,37%) | Peste equina africana |
| Formalina al 2%/2 horas (Formaldehído al 0,74%) | Peste porcina (ESP) |
| Formalina al 3%/2 horas<br>(Formaldehído al 1,11%) | Peste porcina africana<br>Anemia contagiosa de los solípedos<br>Enfermedad de Aujeszky |
| Formalina al 3%/2 horas | Enfermedad contagiosa de la cubrición del caballo<br>Leucemia contagiosa de los bóvidos<br>Enfermedad «Lumpy skin»<br>Glosopeda<br>Peste de los pequeños rumiantes<br>Encefalomielitis equina<br>Enfermedad contagiosa eruptiva de ovejas y cabras<br>Fiebre del valle del Rift<br>Peste bovina<br>Estomatitis vesicular<br>Rabia<br>Tricomoniasis<br>Vibriosis de los bóvidos |
| Formalina al 4%/2 horas<br>(Formaldehído al 1,48%) | Parálisis contagiosa de los cerdos<br>Enfermedad vesicular de los cerdos |
| Formalina al 5%/2 horas<br>(Formaldehído al 1,85%) | Brucelosis (bovina, porcina, ovina, caprina)<br>Perineumonía bovina<br>Muermo |
| Formalina al 6%/2 horas<br>(Formaldehído al 2,22%) | Salmonelosis |
| Formalina al 10%/4 horas<br>(Formaldehído al 3,7%) | Tuberculosis bovina |
| Formalina al 30%/2 horas*<br>(Formaldehído 1,1%) | Carbunco bacteridiano, carbunco enfisematoso |

(*continúa*)

**Tabla A4** (*Continuación*).

| **Desinfectante/Tiempo de actuación** | **Enfermedad epizoótica** |
|---|---|
| Glutaraldehído (pH 8,0-8,5) al 2%/2 horas | Carbunco enfisematoso |
| Glutaraldehído (pH 8,0-8,5) al 4%/2 horas | Carbunco bacteridiano |
| Lejía de sosa al 1%/2 horas | Peste equina africana<br>Anemia contagiosa de los solípedos |
| Lejía de sosa al 2%/1 hora | Glosopeda |
| Lejía de sosa al 2%/2 horas | Enfermedad contagiosa de la cubrición del caballo<br>Enfermedad de la lengua azul<br>Leucemia enzoótica de los bóvidos<br>IBR/IPV<br>Enfermedad «Lumpy skin»<br>Peste de los pequeños rumiantes<br>Encefalomielitis equina<br>Enfermedad contagiosa eruptiva de ovejas y cabras<br>Fiebre del valle del Rift<br>Peste bovina<br>Peste porcina (ESP)<br>Estomatitis vesicular<br>Rabia<br>Tricomoniasis<br>Vibriosis de los bóvidos |
| Lejía de sosa al 3%/2 horas | Peste porcina africana |
| Lejía de sosa al 4%/2 horas | Encefalopatía espongiforme bovina<br>Modorra de las ovejas |
| Solución de hipoclorito sódico (mínimo 2% de cloro libre)/2 horas | Encefalopatía espongiforme bovina<br>Modorra de las ovejas |
| Ácido peracético al 0,15%/1 hora (1% de ácido peracético al 15%) | Anemia contagiosa de los solípedos<br>Enfermedad de Aujeszky<br>Enfermedad contagiosa de la cubrición del caballo<br>Leucosis enzoótica de los bóvidos<br>IBR/IPV<br>Enfermedad «Lumpy skin»<br>Peste de los pequeños rumiantes<br>Enfermedad contagiosa eruptiva de ovejas y cabras<br>Fiebre del valle del Rift<br>Peste bovina<br>Peste porcina (ESP)<br>Estomatitis vesicular<br>Rabia<br>Enfermedad vesicular de los cerdos |
| Ácido peracético al 0,15%/2 horas (1% de ácido peracético al 15%) | Peste equina africana |

(*continúa*)

**Tabla A4** (*Continuación*).

| **Desinfectante/Tiempo de actuación** | **Enfermedad epizoótica** |
|---|---|
| Ácido peracético al 0,3%/1 hora<br>(2% de ácido peracético al 15%) | Parálisis contagiosa porcina<br>Brucelosis (bovina, porcina, ovina, caprina)<br>Glosopeda<br>Muermo<br>Salmonelosis<br>Vibriosis de los bóvidos |
| Ácido peracético al 0,9%/2 horas*<br>(6% de ácido peracético al 15%) | Carbunco bacteridiano<br>Carbunco enfisematoso |
| Desinfectantes del comercio de la Lista DVG, Sección 4a (sólo preparados con tiempo de actuación de 2 horas o menos) | Enfermedad contagiosa de la monta de los caballos<br>Brucelosis (bovina, porcina, ovina, caprina)<br>Perineumonía bovina<br>Muermo<br>Salmonelosis<br>Tricomoniasis<br>Vibriosis de los bóvidos |
| Desinfectantes del comercio de la Lista DVG, Sección 5 | Tuberculosis bovina |
| Desinfectantes del comercio de la Lista DVG, Sección 7a (sólo preparados en concentraciones con tiempo de actuación de 2 horas o menos) | Peste porcina africana<br>Anemia contagiosa de los solípedos<br>Enfermedad de Aujeszky<br>Leucemia enzoótica bovina<br>IBR/IPV<br>Peste de los pequeños rumiantes<br>Encefalomielitis equina<br>Viruela de ovejas y cabras<br>Fiebre del valle del Rift<br>Peste bovina<br>Peste porcina (ESP)<br>Rabia |
| Desinfectantes del comercio de la Lista DVG, Sección 7a; doble concentración (sólo preparados en concentraciones –dobles– con tiempos de actuación de 2 horas o menos) | Peste equina africana<br>Parálisis contagiosa del cerdo<br>Glosopeda<br>Enfermedad vesicular de los cerdos |

* Imprescindible la adopción de medidas de protección laboral (ropa protectora, protección de las vías respiratorias).

**Tabla A5** Productos adecuados para efectuar la desinfección de botas y vehículos en caso de brote epizoótico.

| **Aplicación** | **Desinfectante** | **Enfermedad epizoótica** |
|---|---|---|
| Desinfección de botas | Lejía de sosa al 2% | Peste porcina africana<br>Parálisis contagiosa de los cerdos<br>Enfermedad de Aujeszky<br>Brucelosis (bovina, porcina, ovina, caprina)<br>IBR/IPV<br>Glosopeda<br>Peste de los pequeños rumiantes<br>Viruela de la oveja<br>(Fiebre del valle del Rift)[1]<br>Peste bovina<br>Muermo<br>Salmonelosis<br>Peste porcina<br>(Rabia)[1]<br>Enfermedad vesicular de los cerdos |
| | Formalina al 30%<br>(Formaldehído al 11,10%) | Carbunco bacteridiano<br>Carbunco enfisematoso |
| Desinfección de cubiertas de vehículos | Lejía de sosa al 2%<br>Ácido fórmico al 4% | Peste porcina africana<br>Parálisis contagiosa de los cerdos<br>Enfermedad de Aujeszky<br>IBR/IPV<br>Glosopeda<br>Peste de los pequeños rumiantes<br>Peste bovina<br>Salmonelosis<br>Peste porcina<br>Enfermedad vesicular de los cerdos |
| Zanjas para desinfectar las ruedas de vehículos | Formalina al 15% (14,8%)<br>(Formaldehído al 4%)<br>Lejía de sosa al 2% | En todas las epizootias actuación insuficiente. Sólo puede aplicarse como medida protectora complementaria |

[1] En determinadas situaciones puede reforzar la lucha antiepizoótica, pero nunca imponerse obligatoriamente.

**Tabla A6** Desinfectantes para estiércol líquido, purín y estiércol sólido en caso de epizootia.

| Aplicación | Desinfectante | Enfermedad epizoótica |
|---|---|---|
| Estiércol líquido o purín | Lechada de cal al 40%<br>40 kg/m$^3$,<br>Tiempo actuación: 4 días | Peste equina africana<br>Enfermedad de Aujeszky<br>Enfermedad de la lengua azul<br>IBR/IPV<br>Perineumonía bovina<br>Peste de los pequeños rumiantes<br>Encefalomielitis equina<br>Fiebre del valle del Rift<br>Peste bovina<br>Muermo<br>Peste porcina<br>Estomatitis vesicular |
| | Lechada de cal al 40%<br>60 kg/m$^3$,<br>Tiempo actuación: 4 días | Brucelosis<br>Glosopeda<br>Salmonelosis |
| | Lejía de sosa al 50%<br>16 litros/m$^3$ (NaOH 0,8%),<br>Tiempo actuación: 4 días | Enfermedad de Aujeszky |
| | Lejía de sosa al 50%<br>20 litros/m$^3$ (NaOH 1%),<br>Tiempo actuación: 4 días | Peste equina africana<br>Enfermedad de la lengua azul<br>IBR/IPV<br>Peste de los pequeños rumiantes<br>Encefalomielitis equina<br>Fiebre del valle del Rift<br>Peste bovina<br>Muermo<br>Peste porcina (ESP)<br>Estomatitis vesicular |
| | Lejía de sosa al 50%<br>30 litros/m$^3$ (NaOH 1,5%),<br>Tiempo actuación: 4 días | Glosopeda<br>Salmonelosis |
| | Formalina 6 kg/m$^3$<br>(Formaldehído 0,22%),<br>Tiempo actuación: 4 días | Enfermedad de Aujeszky |
| | Formalina 10 kg/m$^3$<br>(Formaldehído 0,37%),<br>Tiempo actuación: 4 días | Peste equina africana<br>Peste porcina africana<br>Enfermedad de la lengua azul<br>IBR/IPV<br>Perineumonía bovina<br>Peste de los pequeños rumiantes<br>Encefalomielitis equina<br>Fiebre del valle del Rift<br>Peste bovina<br>Peste porcina (ESP)<br>Estomatitis vesicular |
| | Formalina 15 kg/m$^3$<br>(Formaldehído 0,56%),<br>Tiempo actuación: 4 días | Brucelosis (bovina, porcina, ovina, caprina)<br>Muermo<br>Salmonelosis |

(*continúa*)

**Tabla A6** (*Continuación*).

| Aplicación | Desinfectante | Enfermedad epizoótica |
|---|---|---|
| | Formalina 20 kg/m$^3$<br>(Formaldehído 0,74%)<br>Tiempo de actuación: 4 semanas | Parálisis contagiosa porcina<br>Glosopeda<br>Enfermedad vesicular de los cerdos |
| | Formalina 20 kg/m$^3$<br>(Formaldehído 0,74%).<br>Tiempo actuación: 2 semanas | Tuberculosis bovina |
| Estiércol líquido o purín | Formalina 50 kg/m$^3$<br>(Formaldehído 1,85%),<br>Tiempo actuación: 4 días<br>¡Atención a formación de espuma! | Carbunco bacteridiano<br>Carbunco enfisematoso |
| Estiércol sólido | Cal viva granulada,<br>100 kg/m$^3$ en una pila de estiércol | Peste equina africana<br>Peste porcina africana<br>Anemia contagiosa de los solípedos<br>Parálisis contagiosa porcina<br>Enfermedad de Aujeszky<br>Enfermedad de la lengua azul<br>IBR/IPV<br>Enfermedad «Lumpy skin»<br>Perineumonía bovina<br>Glosopeda<br>Peste de los pequeños rumiantes<br>Encefalomielitis equina<br>Enfermedad contagiosa eruptiva de ovejas y cabras<br>Fiebre del valle del Rift<br>Peste bovina<br>Muermo<br>Salmonelosis<br>Peste porcina<br>Estomatitis vesicular<br>Modorra de las ovejas<br>Tuberculosis bovina<br>Enfermedad vesicular de los cerdos |
| | Cal viva granulada, 200 kg/m$^3$<br>en una pila de estiércol*<br>¡Atención a quemaduras! | Carbunco bacteridiano<br>Carbunco enfisematoso |

* Apilado de estiércol como se ha descrito en el punto 2.8. Se guardará una distancia suficiente de construcciones y objetos combustibles, ya que existe peligro de autocombustión.

**Tabla A7** Productos para la desinfección epizoótica en RHD.

| Utilización | Desinfectante | Concentración | Tiempo de actuación |
|---|---|---|---|
| Desinfección de superficies | Formalina (Formaldehído) | 4% (1,48%) | 2 horas (2 horas) |
| | Lejía de sosa | 2% | 2 horas |
| | Ácido peracético | 2% | 1 hora |
| | Desinfectantes comerciales de la Lista DVG, Sección 7a, en concentraciones con tiempo de actuación de 2 horas o menos | Lista DVG, Sección 7a | Lista DVG, Sección 7a |
| Excrementos, restos de pienso, cama de paja | Lejía de sosa | 2% | 24 horas |
| | Formalina (Formaldehído) | 4% (1,48%) | 24 horas (24 horas) |
| | Desinfectantes comerciales de la Lista DVG, Sección 7a (salvo liberadores de cloro y oxígeno) | Lista DVG, Sección 7a | Lista DVG, Sección 7a |
| | Quemar | | |

**Tabla A8** Práctica de la desinfección en epizootias de declaración obligatoria de las abejas.

| Enfermedad epizoótica | Material | Medidas |
|---|---|---|
| Putrefacción maligna de la cría | Alojamiento de abejas (paja) | Quemar |
| | Alojamiento de abejas y pertrechos (madera) | Rascar y cepillar con lejía de sosa al 2% hirviente, luego flamear hasta que la superficie aparezca uniformemente ennegrecida |
| | Alojamientos de abejas con plástico, objetos de hojalata, cristal o plástico | Tratar con solución de lejía de sosa al 2% hirviente. Eliminar antes restos de cera y resina y calentar a +230°C, 20 minutos, o someter al autoclave a 120°C, 30 minutos |
| | Abejas muertas, cría viva o muerta, panales de cría | Quemar |
| | Panales enteros, partes o restos de los mismos, panales de provisiones, cera | Quemar |
| | Miel | Quemar, enterrar a 0,5 m |
| Acariasis | Alojamientos de abejas | Limpiar con solución de sosa al 3% caliente; dejar secar como mínimo 48 horas |
| | Abejas muertas, cría viva o muerta, panales de cría, etc. | Quemar |

# 3 Limpieza y desinfección en la industria avícola

Hafez Mohamed Hafez y Reinhard Böhm

## 3.1 Observaciones preliminares

En este campo también son de aplicación las directrices descritas en el Capítulo 2 referentes a conducta a seguir en la limpieza y desinfección (L + D), por lo que aquí no procede repetir todos y cada uno de los detalles al respecto. Pero por ser muy diversos los tipos y maneras en que se explotan las distintas especies avícolas, así como la finalidad y organización de la explotación y la magnitud de los establecimientos, en lo que se refiere a medidas higiénicas existe una serie de particularidades que conviene describir a continuación en las diferentes especies de aves. Una diferencia básica en relación con las medidas citadas en el Capítulo 2 para animales mamíferos es la existencia en avicultura de establecimientos de incubación, en los que son necesarias medidas higiénicas específicas.

En la explotación de las gallinas existen diversas actividades cada una altamente especializada, que están representadas por las granjas de reproducción, de cebo (pollos) y de gallinas de puesta. La forma y manera de organizar el establecimiento y la constitución de las edificaciones, factores de importancia decisiva para la L + D, son particularmente variadas en lo que se refiere al cebo de pollos. El tipo de organización va desde el mantenimiento de las aves en jaulas que permiten una L + D muy eficaces en los alojamientos sencillos con suelo de rejilla, hasta la explotación en parques, donde la eficacia de las medidas higiénicas es sólo muy limitada. En la explotación de gallinas ponedoras se añaden una serie de dispositivos técnicos para la recogida y transporte de los huevos en el alojamiento, cuya L + D requiere un proceder especial y cuyas partes constitutivas sensibles a la humedad, como v.gr., los motores eléctricos, deben ser objeto de manejo cuidadoso y donde la desinfección no suele llevarse a cabo de manera óptima. Lo mismo puede decirse de otras instalaciones, como las de alimentación y ventilación.

Hasta mediados de los años 60, los pavos se cebaban mayormente según la fórmula extensiva. Esta forma de explotación todavía se sigue en la actualidad por los amigos de esta especie, así como en la cría bio- y ecológica de pavos; en parte, también se practica en pequeñas granjas con 200-400 aves.

La producción de pavos de cebo y de pavos reproductores se lleva a cabo en Alemania casi de forma exclusiva en alojamientos parcialmente abiertos, con ventilación libre y mantenimiento en suelos con cama gruesa. En las naves hay instalados comederos y bebederos, y también se dispone de una reducida enfermería. Como cama se suele utilizar durante la recría una capa de 5-10 cm de grosor de virutas blandas. Por lo común se echa encima una capa de paja de trigo, cebada o centeno. Para cubrir las elevadas necesidades de aire puro de los pavos, se practican aberturas adicionales de ventilación en el techo (chimeneas), con o sin incorporación de ventiladores. La mayoría de los alojamientos para pavos cuentan con suelo de cemento o asfalto. No obstante, en ocasiones se dispone de alojamientos con suelo natural.

En el caso de las aves reproductoras, los machos se mantienen en grupos desde las 12-20 semanas de edad en un alojamiento cerrado con ventilación forzada.

La explotación de las demás especies aviares de interés para nosotros se describe más adelante, y va desde la producción a escala industrial hasta la cría como hobby.

## 3.2 Programación de la limpieza y desinfección

Mientras que en la explotación de aves como afición o en las granjas avícolas pequeñas es difícil establecer el momento en que conviene realizar la L + D, que por añadidura depende de circunstancias externas, como la estación del año o el grado de ensuciamiento, al igual que de factores subjetivos de complicada determinación, en la explotación industrial de aves es absolutamente necesario programar una actuación sistemática con las correspondientes medidas organizativas.

Requisitos básicos para realizar con éxito la tareas de L + D son disponer de una buena dotación de material y contar con personal bien instruido. Antes de alojar los animales debe establecerse por escrito y convenientemente articulado un plan de L + D que se adaptará a las particularidades de la granja. Este programa no sólo se referirá a la L + D de edificaciones e instalaciones, sino también a la dotación que hará falta para llevar a efecto dichas tareas de L + D. A esto se añadirá una estricta higiene de los alojamientos, que incluirá la lucha contra insectos y otras plagas.

El programa de L + D debe comprender los puntos siguientes:

- Desarrollo cronológico del plan.
- Clase, cantidad y concentración de los productos de limpieza y desinfectantes a utilizar.
- Vigilancia continuada de las diversas etapas de L + D, que deben protegerse de posibles acciones nocivas.
- Es de utilidad llevar una lista de control, que permite la comprobación a la vez completa y resumida de las actuaciones.
- Es recomendable llevar a cabo estudios microbiológicos para comprobar la eficacia de las distintas etapas de L + D.

## 3.3 Limpieza

En el punto 2.2 se describen los trabajos previos necesarios, los objetivos de las medidas de limpieza y las etapas de trabajo y utensilios requeridos para ello. También en avicultura la finalidad de la limpieza es la eliminación de materiales orgánicos indeseables del alojamiento, para reforzar la eficacia de la desinfección y favorecer la penetración de los principios activos en las superficies porosas. Los desinfectantes sólo dejan sentir sus efectos sobre superficies secas. Sin embargo, este objetivo no se consigue siempre por completo en avicultura, sobre todo en alojamientos sin suelo sólido, en los que cuenten en el techo con materiales de construcción porosos y permeables al aire, o en instalaciones exteriores que por efectos atmosféricos no pueden secarse o sólo hacerlo parcialmente. Por esta razón, las medidas higiénicas sólo tienen valor limitado en las aves mantenidas en parques. En establecimientos pequeños en que se mantengan aves continuamente, así como en la cría de aves de adorno, los animales deben sacarse del alojamiento, del parque, de la pajarera o de la jaula antes de llevar a cabo las correspondientes medidas de L + D. Determinadas pequeñas prácticas diarias de limpieza se realizan por lo común también en presencia de las aves o bien se practican apartando utensilios diversos, como v.gr., los receptáculos de los bebederos.

En el método del limpio-sucio, se procederá de la manera siguiente:

- Se extraerán del alojamiento todas las aves vivas y muertas. En esta operación se pondrá especial atención en que no escape ningún animal (cría de pollos).
- Inmediatamente después de extraer las aves, debe llevarse a cabo la lucha contra insectos y plagas (Capítulo 10).
- Cama y estiércol se extraerán y, si es preciso, se tratarán por separado.
- Practicar trabajos preparatorios como desmontado de aparatos, desplazamiento de partes móviles de instalaciones y similares (punto 2.2).
- Realización de la limpieza en seco.
- Realización de la limpieza húmeda.
- Dejar secar las superficies.
- Llevar a cabo las reparaciones necesarias.
- Control visual de la limpieza y, si es preciso, repetir ésta.

### 3.3.1 Limpieza en seco

La limpieza en seco se facilita con una limpieza grosera practicada barriendo, soplando o aspirando las superficies y objetos, con lo que se elimina toda la suciedad sólida suelta; además, esto favorece las siguientes operaciones de limpieza y reduce el trabajo y los costes en concepto de limpieza húmeda.

En primer lugar deben limpiarse mecánicamente los ventiladores y entradas de aire desde el exterior del alojamiento.

La limpieza seca comienza en los alojamientos con la eliminación de todos los restos de pienso que hayan quedado en los comederos, así como extrayendo el agua residual de los bebederos. Acto seguido se procede a desmontar y retirar todas las instalaciones móviles del alojamiento como recipientes para comida, bebederos, nidales de puesta, paredes de separación, etc. Todo este material debe apilarse fuera del local sobre una superficie sólida para su posterior L + D. Las líneas de pienso y agua se extraen en su totalidad. Toda la cama se eliminará, depositándose en un remolque. Estos vehículos deberán cargarse siempre que sea posible dentro del alojamiento; de éste y de la granja sólo deben salir bien cubiertos. La carga debe humedecerse bien, para que la acción del viento no disemine partículas de paja. En ningún caso se depositará la cama de paja en inmediata proximidad de los alojamientos, ni siquiera por corto tiempo. Además, los techos de los alojamientos, medios de iluminación, ventiladores, vigas, vasares, paredes, mallas metálicas y salientes de cualquier tipo deben limpiarse de polvo y de suciedad adherida mediante cepillado, barrido y aspiración. La limpieza debe practicarse desde arriba (techos) hacia abajo (paredes y suelo). Para eliminar las partículas de polvo y suciedad, pueden utilizarse aspiradoras industriales de gran potencia, dotadas de los filtros correspondientes.

Con referencia a esto, la totalidad de las superficies internas y suelos del alojamiento deben limpiarse de toda suciedad grosera.

Para lograr un resultado satisfactorio en la desinfección, los rincones y objetos muy sucios conviene rascarlos a mano, para después frotarlos con cepillo de alambre y barrer hasta limpiar los poros en toda su profundidad. Hay que prestar atención especial a la limpieza de ángulos, nichos, agujeros, hendiduras y grietas.

### 3.3.2 Limpieza húmeda

La limpieza húmeda de una explotación avícola consta de tres fases: reblandecimiento, limpieza propiamente dicha con agua, y enjuagado.

Antes de iniciar la limpieza húmeda, se desconectarán las instalaciones eléctricas innecesarias. Los aparatos eléctricos sin protección contra la humedad deben desmontarse, cubrirse o separarse después de limpiarse en seco a mano, con ayuda de un aspirador o con un aparato de aire a presión. Las partes que queden al descubierto deben frotarse con una bayeta empapada en solución desinfectante antes y después de su cierre hermético. En el punto 2.2 se aportan más detalles.

El reblandecimiento tiene por finalidad acelerar las operaciones de limpieza. Debe realizarse con agua templada (40°C). Las zonas muy sucias se reblandecerán con ligera presión (10-20 bar). Hace falta como mínimo 1-1,5 litros de líquido reblandecedor por $m^2$. El tiempo de reblandecido no será inferior a 2-3 horas. La incorporación de líquido limpiador al agua de reblandecimiento aumenta la eficacia de la medida, acorta la duración de la operación y reduce el consumo de agua. Cuando es necesaria o recomendable una desinfección previa (reducción de la producción de aerosoles), al agua de reblandecido se agregará un desinfectante adecuado en la concentración necesaria.

En la operación propiamente dicha de limpieza con agua, deben eliminarse todas las partículas de suciedad, dejando las superficies limpias a simple vista. Esto se consigue mejor utilizando un aparato limpiador de alta presión (80-100 bar). Las zonas de difícil acceso se limpiarán con ayuda de toberas y otros adminículos auxiliares (punto 2.2). La limpieza se realiza de arriba a abajo, desde detrás hacia delante, debiendo extenderse a techos, chimeneas de ventilación, ventiladores, paredes, suelos, pasillos y, si es caso, también a los nidales de puesta empotrados. Se prestará particular atención no sólo a las partes superficiales, sino también a todos los puntos de difícil acceso y superficies escondidas. Los comederos y bebederos desmontables se limpiarán de uno en uno a mano o mediante aparato de limpieza húmeda, sumergiéndolos luego en una tina o pilón con solución desinfectante. Los objetos y utensilios no permanecerán en la solución desinfectante un tiempo demasiado corto. Se mantendrán a remojo el tiempo que señale la Lista DVG para la concentración de cada producto, pero no menos de 30 minutos.

Se incluirán en la limpieza todos los almacenes y vestíbulos. Si no es posible limpiar mecánicamente estas dependencias, se limpiarán a mano con ayuda de cepillos o bayetas y agua. El enjuagado no debe seguir inmediatamente a la limpieza a presión, sino que conviene esperar a que se depositen los aerosoles formados, lo cual sucede por lo regular en el plazo de 1-2 horas, según sea la altura del local. El enjuagado se hace con agua fría a baja presión (10-20 bar). Es absolutamente necesario evitar que queden charcos. El recinto se dejará secar durante la noche. Si las condiciones climáticas exteriores son malas para lograr un buen secado, puede utilizarse un aspirador de agua para eliminar con rapidez la película de agua.

La limpieza húmeda sólo se da por concluida cuando también se han lavado los exteriores del alojamiento (paredes y techo) y el vestíbulo de ingreso al mismo. El entorno debe estar limpio, sin charcos y exento de vegetación en una franja de 1,5-3 metros.

Terminada la limpieza, se llevarán a cabo con la mayor rapidez todas las reparaciones precisas (corregir grietas del suelo, reparar los marcos de las puertas, renovar los revestimientos estropeados de las paredes, etc.). Siempre que sea preciso, se realizará una segunda limpieza.

Un control visual de los resultados de la limpieza (impresión directa) es de máxima importancia. En caso necesario, las partes que no aparezcan limpias se someterán a una segunda limpieza manual.

## 3.4 Desinfección

A diferencia de lo que sucede en otras especies de explotación industrial, en avicultura es del todo habitual que la desinfección por pulverización de las superficies de los alojamientos vaya seguida de una segunda desinfección, consistente unas veces en una desinfección finamente pulverizada, practicada con un nebulizador en caliente, y otras en una desinfección gaseosa (punto 1.4.8). Asimismo puede ser necesario que la desinfección preventiva contra bacterias, virus y hongos vaya seguida de una desinfección especial contra fases de resistencia de diversos parásitos. Además debe tenerse en cuenta que determinados alojamientos sin suelo sólido o instalaciones exteriores, incluidos parques, no se pueden someter a desinfección química. En estos casos deben utilizarse otros métodos supletorios, por lo general menos eficaces.

### 3.4.1 Desinfección de superficies con desinfectantes líquidos

Como una desinfección sólo es suficientemente eficaz cuando se practica sobre superficies limpias, debe llevarse a cabo no únicamente antes de controlar la limpieza, sino también no más tarde de 24 horas tras la conclusión de las operaciones de ésta.

Es fundamental seguir siempre las instrucciones de uso del fabricante en lo referente a seguridad en la manipulación de los desinfectantes, diluciones y directrices de empleo. Además se cumplirán estrictamente las recomendaciones y prescripciones del fabricante de los aparatos utilizados. El personal trabajador evitará posibles peligros y adoptará todas las medidas de seguridad necesarias. Esto incluye el uso de ropas y calzado de seguridad, gafas y delantales protectores, protección de boca y nariz, así como guantes. Durante el trabajo estará prohibido fumar, comer y beber.

Con todos los desinfectantes, además de cumplir las recomendaciones de concentración, se aplicará suficiente cantidad de solución desinfectante sobre las superficies a tratar. La cantidad de solución desinfectante a aplicar depende de las dimensiones del alojamiento. Al número total de metros cuadrados del alojamiento (suelos, paredes y techo) se añadirá un 30% (en el caso de gallinas ponedoras alojadas en pisos de jaulas, un 100%). Por cada 100 $m^2$ de superficie calculada, se aplicarán como mínimo 40 litros de solución de desinfectante a distribuir mediante aspersión. La solución ordinaria de desinfectante se pulveriza a baja presión con el aparato limpiador de alta presión, o bien con ayuda de un aparato de baja presión (10-20 bar) (11). Cuando se vaya a añadir al desinfectante sustancias limpiadoras superficieactivas, debe quedar asegurada la compatibilidad de ambos productos químicos (3).

Se pulverizarán con la solución desinfectante todas las partes del alojamiento y sus instalaciones fijas. Generalmente se emplea a tal fin un producto con amplio espectro de actuación contra gérmenes patógenos de las aves (Sección 4b de la Lista DVG). En esta desinfección por aspersión se actúa fundamentalmente de arriba a abajo y desde atrás hacia delante. Se prestará especial atención a los nidales de puesta empotrados, al igual que a utensilios como bebederos y comederos. Debe tenerse en cuenta que, durante la desinfección, la temperatura del alojamiento no descenderá por debajo de los 10°C.

A continuación de esta desinfección debe regarse el suelo con una solución desinfectante eficaz contra ooquistes de coccidios y formas de resistencia de parásitos. Cumplido el tiempo de actuación correspondiente al desinfectante utilizado, se retiran a motores y aparatos eléctricos las envolturas protectoras y bandas de sujeción. Luego, las partes destapadas se frotan con una bayeta empapada en solución desinfectante. Concluida la desinfección por aspersión, debe guardarse un plazo de descanso como mínimo de 4-10 días, tiempo requerido para el completo secado del alojamiento. Es importante que durante estos días no pise nadie a ser posible dentro del recinto, y, si ello es inevitable, se utilizará ropa y zapatos protectores.

Todos los utensilios como horcas, escobas, espátulas, cepillos, vehículos y demás pertrechos para la L + D deben también limpiarse y desinfectarse después de cada empleo, guardándose después en lugar limpio. Terminada la desinfección, las ropas y calzado utilizados serán desinfectados, y los operarios se lavarán las manos.

### 3.4.2 Desinfección gaseosa

Antes de volver a llenar los alojamientos, es recomendable practicar una segunda desinfección de éstos en forma de gaseado con formalina. En la explotación de aves reproductoras, esto es incluso necesario.

Junto con la desinfección húmeda, la nebulización con formalina aplicada con aparatos especiales es extraordinariamente eficaz. Este procedimiento permite asimismo la penetración del desinfectante en junturas, grietas y hoyos. El gaseado conviene llevarlo afecto inmediatamente después de secarse el alojamiento limpiado y desinfectado, y darlo por concluido como mínimo 48 horas antes de llenar con animales el recinto. El material y partes de las instalaciones extraídos del alojamiento para su limpieza y desinfección por separado, se vuelven a colocar en su sitio, a la vez que se distribuye cama nueva. Para que sea eficaz, el gaseado debe realizarse con una humedad relativa ambiental como mínimo del 70% y a una temperatura como mínimo de 20°C. Cebos y trampas para la lucha contra ratas y ratones deben retirarse inmediatamente antes del gaseado y, una vez concluido éste, se volverán a colocar, pues en otro caso puede verse alterada la eficacia de los cebos.

Debe recordarse que la desinfección gaseosa con formaldehído, de acuerdo con la Ley de Sustancias Peligrosas, sólo puede realizarse con permiso de las Autoridades competentes (permiso de gaseado). En la República Federal de Alemania, según la región de que se trate, este permiso lo otorga la Presidencia del Gobierno, Autoridades Regionales o la Inspección de Industria sólo a las personas que pueden demostrar estar en posesión de la calificación profesional requerida. Por lo común, esta clase de desinfección se lleva a efecto por empresas especializadas en la lucha contra plagas en la forma acordada (v.gr., gaseado con vapor caliente).

Para nebulizar se cerrarán todas las puertas, pantallas y aberturas y conductos de ventilación. La nebulización la practicarán sólo operarios con protección respiratoria (máscara antigas). El alojamiento permanecerá cerrado durante el tiempo de actuación, para que el desinfectante pueda desarrollar su acción.

Sin embargo, antes de alojar los animales debe ventilarse bien, con objeto de que las aves no sufran daños provocados por la formalina.

Una forma especial de gaseado, en la que se han especializado diversas empresas de servicios, es la aplicación de vapor caliente. Para que sea eficaz este método, es necesario que:

- El vapor se distribuya uniformemente por el recinto.
- La temperatura del local estará por encima de los 60°C y la humedad relativa entre el 65 y el 80%, parámetros que se mantendrán durante el gaseado en todas las partes del alojamiento como mínimo 30 minutos.
- Se nebulizará a razón de 20-30 litros de formalina (solución de formaldehído al 37%) por 1.000 $m^3$ de volumen de alojamiento.

### 3.4.3 Control de la limpieza y desinfección

El control de los efectos de las medidas de L + D realizando estudios microbiológicos es recomendable, y absolutamente necesario en las aves de cría. Debe llevarse a cabo indefectiblemente antes de volver a llenar los alojamientos, ya que éstos y los utensilios deficientemente desinfectados puede constituir una fuente de contagio para los nuevos efectivos. Las muestras se tomarán directamente en el alojamiento vacío tras la conclusión de la L + D. Si el estudio bacteriológico arroja resultados insatisfactorios, hay que repetir la L + D. Los resultados de las investigaciones bacteriológicas pueden demostrar también la existencia de puntos débiles de higiene, a los que en futuras desinfecciones habrá que dedicar especial atención.

De acuerdo con las instrucciones dictadas por la WHO sobre desinfección de alojamientos, en caso de presentarse *Salmonella enteritidis* (3) se recomienda tomar del suelo del local 20-30 muestras con torundas (incluidas grietas, hendiduras y espacios de dilatación), así como de las paredes (de cada rincón a 1 metro de altura), comederos, chimeneas de ventilación, ventiladores y, si se trata de aves reproductoras, también de los nidales de puesta. Las torundas serán 10 gramos de algodón, guata de celulosa o gasa con buena capacidad de empapado, enrollados sobre una varilla de madera o metal; se esterilizarán antes de su empleo. Una superficie de 1 $m^2$ se frota cuidadosamente con la torunda humedecida, que luego se lleva a un recipiente de vidrio con solución salina fisiológica estéril u otro medio adecuado de transporte que contenga un eficaz producto inactivador (neutralizador), para su posterior estudio en el laboratorio.

En caso de tener que cultivar gérmenes bacterianos, se recomiendan los siguientes medios inactivadores:

- Desinfectantes del comercio, salvo peróxidos, productos yodados y preparados de cloro: 3% polisorbato (Tween 80) + 0,3% lecitina + 3% saponina + 0,1% histidina.
- Desinfectantes del comercio a base de peróxidos, productos yodados y preparados de cloro: 3% polisorbato (Tween 80) + 3% saponina + 0,1% histidina + 0,1% cisteína.
- Aldehídos (sustancia pura): 0,1% histidina.
- Preparados clorados (sustancias puras): 0,5% tiosulfato sódico.
- Sales de amonio cuaternario (sustancias puras): 3% polisorbato (Tween 80) + 0,3% lecitina.
- Fenoles (sustancias puras): 1% polisorbato (Tween 80).
- Ácidos orgánicos (sustancias puras): 0,1-0,2 mol/litro NaHPO.

En lo referente a otros procedimientos de valoración del resultado de la L + D, consultar el Capítulo 2.

## 3.5 Medidas especiales en diversas especies de aves

Además de las informaciones generales para realizar la L + D en explotaciones animales contenidas en el Capítulo 2 y en este mismo capítulo, en casos particulares se registran peculiaridades propias de cada especie avícola, resultantes de la forma de explotación y de las características del germen actuante en cada caso. A continuación se exponen de manera resumida estas informaciones especiales.

### 3.5.1 Explotación de gallinas

Aquí requiere medidas higiénicas específicas en particular la explotación de gallias ponedoras, como resultado del empleo de cintas transportadoras de excrementos y de instalaciones industriales de recogida, transporte, clasificación y depósito de huevos. Las heces resecas y los residuos desecados de huevos rotos deben eliminarse de las partes metálicas si es caso rascando con una espátula o con un cepillo de cerdas de alambre. Las cintas transportadoras se desmontarán siempre que sea posible, para limpiarlas y desinfectarlas por separado. Las costras de suciedad es frecuente que sólo se puedan eliminar tras una noche entera de reblandecimiento. Las partes defectuosas u obstruidas que no puedan limpiarse suficientemente, se sustituirán por piezas nuevas. Todos los locales en que se manipulen huevos serán incluidos ineludiblemente en los programas de L + D.

Especial cuidado hay que poner asimismo en la L + D de los comederos. Al construir los alojamientos se diseñará ya un sistema que permita limpiar y desinfectar a fondo y bien.

Al limpiar, se pondrá atención en todos los ángulos en que cambie la dirección del sistema de propulsión del pienso, así como en todos aquellos puntos en que pudieran acumularse restos de éste, porque tales lugares, donde también puede haber residuos de agua, se transforman en nidos en que se multiplican gérmenes bacterianos como las salmonelas, capaces de contaminar el sistema de distribución del pienso.

También se pondrá máximo cuidado en la elección del sistema de ventilación, que deberá ser accesible a la L + D. En ocasiones, los fabricantes de instalaciones de ventilación ofrecen métodos de limpieza adaptados a las mismas. En lo referente a L + D de sistemas de bebederos y silos de pienso, se encontrará información más adelante en este mismo capítulo.

La elección del desinfectante más adecuado para la desinfección que debamos realizar resulta facilitada con la información incluida en la Tabla 3.1, en la que se toman en consideración los diversos gérmenes patógenos que atacan a las gallinas. Plantean problemas especiales los alojamientos de construcción ligera, sin suelo consolidado, del modelo llamado Louisiana, utilizados especialmente en la cría de broilers.

Aquí el suelo no hay que desinfectarlo prácticamente, bastando con extraer el estiércol (por lo regular anualmente o cada 7-8 tandas de cebo) para eliminar del alojamiento los gérmenes patógenos presentes en la cama. Si son medidas de desinfección especial en la lucha contra enfermedades como v.gr., infección salmonelósica, hay que proceder de acuerdo con las recomendaciones de la WHO (3), es decir, extrayendo del alojamiento el estiércol cubierto con una lámina protectora ordenada por las autoridades de la mayoría de los territorios. Si no se dispone de lámina protectora, el estiércol se retirará junto con 10 cm de suelo. Antes de emplearlo nuevamente, hay que someter el estiércol a un tratamiento que destruya los gérmenes en él presentes. Esto puede consistir en una formación de compost apilado (punto 2.8), en cuya operación se mezclan 100 kg de cal viva con 100 $m^3$ de estiércol. Es necesario humedecer el estiércol

**Tabla 3.1** Relación de algunos gérmenes patógenos de importancia para las gallinas, y elección de los desinfectantes contenidos en la Lista DVG más adecuados para combatir cada microorganismo.

| Agente causal | Tipo | Enfermedad | Sección en la Lista DVG |
|---|---|---|---|
| *Salmonella* spp. | B | Salmonelosis | 4a |
| *Escherichia coli* | B | Colisepticemia | 4a |
| *Pseudomonas* | B | Pseudomoniasis | 4a |
| *P. multocida* | B | Cólera | 4a |
| *Ornithobacterium rhinotracheale* | B | Enfermedad vías respiratorias | 4a |
| Campilobacter | B | Campilobacteriosis | 4a |
| *Mycoplasma* spp. | B | Micoplasmosis | 4a |
| *Staphylococcus aureus* | B | Infección por estafilococos | 4a |
| *Enterococcus faecalis* | B | Infección por estreptococos | 4a |
| *Clostridium perfringens* | B | Enteritis necrosante | 4a |
| *Aspergillus fumigatus* | H | Aspergilosis | 6 |
| Picornavirus | Vs | Encefalomielitis aviar (AE) | 7a |
| Enterovirus | Vs | Hepatitis vírica de los pavos | 7a |
| Reovirus | Vs | Artritis vírica | 7a |
| Adenovirus | Vs | Síndrome de la caída del huevo (EDS) | 7a |
| Birnavirus | Vs | Bursitis infecciosa (Gumboro) | |
| Virus influenza | Vc | Infección influenza A (peste aviar) | 7b |
| Paramyxovirus | Vc | Enfermedad de Newcastle | 7b |
| Paramyxovirus | Vc | Infección PMV 2, 3 | 7b |
| Neumovirus | Vc | Síndrome de la cabeza hinchada (SHS) | 7b |
| Coronavirus | Vc | Bronquitis infecciosa | 7b |
| Retrovirus | Vc | Leucosis, Reticuloendoteliosis | 7b |
| Virus viruela aviar | Vc | Viruela | 7b |
| Herpesvirus | Vc | Laringotraqueítis infecciosa (ILT), Enfermedad de Marek | 7b |
| Coccidios | Pa | Coccidiosis | 8b |
| Ascáridos | Pa | Infestación por lombrices | 8a |
| Syngamus | Pa | Traqueítis parasitaria | 8a |

B = Bacterias; Sección 4a-4b Lista DVG; H = Hongo: Sección 6 Lista DVG; Vs = Virus sin cápsula; Sección 7a Lista DVG; Vc = Virus capsulados; Sección 7b Lista DVG; Pa = Parásitos - Sección 8a - 8b Lista DVG.

relativamente seco (unos 100 litros de agua/m$^3$). Para depositarlo debe elegirse un lugar sólido, suficientemente apartado de construcciones combustibles. Todos los elementos móviles y desmontables deben sacarse del alojamiento, para limpiarlos y desinfectarlos por separado en un lugar idóneo. A esto sigue la limpieza en seco del recinto, para lo cual se hará uso de un aspirador de polvo adecuado y de bastante potencia, con objeto de poder limpiar suficientemente bien las zonas de difícil acceso y las superficies ásperas y resquebrajadas. Sin embargo, antes conviene eliminar de las diversas partes de local e instalaciones las costras de suciedad con ayuda de espátulas o de cepillos fuertes. Paredes, techos, puertas, pilares de sostén y pantallas de las bocas de ventilación deben cepillarse con solución de sosa caliente. La desinfección conviene hacerla con gas. Si esto no es posible o deseado, también puede practicarse una desinfección por aspersión de paredes, techos y partes sólidas empotradas. Para proteger el medio ambiente, deben utilizarse preparados aprobados a base de ácidos orgánicos. También es recomendable encalar las superficies ásperas de la construcción.

### 3.5.2 Explotación de pavos

Para la L + D se procederá básicamente como se ha descrito más arriba. Pero también en esta especie surgen problemas en la L + D de alojamientos con suelo natural. A tal fin puede servir cualquiera de los desinfectantes adecuados que se incluyen en la Tabla 3.2 utilizados con frecuencia para combatir los gérmenes patógenos de los pavos. El desarrollo del trabajo a realizar en la L + D de la explotación sobre el suelo se expone en la Tabla 3.3.

En los alojamientos con suelo natural, en la cría de pavos también es habitual limpiar sólo en seco, renunciando por lo general a la desinfección como medida preventiva. Sin embargo, cuando se presentan infecciones, es imprescindible llevar a cabo una desinfección aprovechando que estén vacíos los alojamientos. Entonces, en estos alojamientos se procederá como se ha expuesto en la cría de gallinas.

Nada más sacar los animales y antes de iniciar la limpieza, se llevará a cabo una lucha contra insectos y roedores nocivos.

Tras eliminar restos de agua y pienso, se procede a desmontar las partes móviles y utensilios, que deben depositarse fuera del alojamiento en espera de su posterior L + D. Acto seguido se extrae la cama de paja o virutas.

La limpieza en seco de todo el recinto del alojamiento se efectúa con un aspirador industrial dotado de filtro de bacterias. Las costras de suciedad o polvo visibles en paredes, techos, puertas, pilares, columnas y pantallas se eliminan con solución de lejía de sosa caliente (NaOH 3 kg/100 litros agua) o con agua de jabón caliente (3 kg jabón líquido/100 litros agua), de acuerdo con las recomendaciones de la WHO (3). En los alojamientos en que el suelo está revestido con una lámina de plástico a 50 cm de profundidad, no puede recomendarse una limpieza húmeda. En este caso debe retirarse la capa más superficial del suelo (25 cm, aprox.), que será sustituida por una capa de material seco, como tierra o arena. La capa de tierra retirada, siempre que no existan disposiciones en contra de índole epizoótica o haya necesidad de romper determinadas cadenas infecciosas, será vertida junto con la cama para introducir ambas en la tierra mediante labrado. En otro caso, con este material se hará una pila a la que se agregará cal viva (punto 2.8.2).

En los alojamientos con suelo natural no se puede llevar a cabo por lo general la desinfección húmeda. El método de elección en tal caso es el gaseado, para cuya práctica es obligado elevar la oportuna solicitud. Este permiso no se concede siempre a los alojamientos abiertos.

Durante el gaseado con formalina deben estar cerradas herméticamente las pantallas y aberturas de ventilación. Antes de volver a poblar los alojamientos es necesario comprobar la eficacia de las medi-

**Tabla 3.2** Elección de los desinfectantes de la Lista DVG adecuados para algunas enfermedades contagiosas de los pavos.

| Agente causal | Tipo | Enfermedad | Sección de la Lista DVG |
|---|---|---|---|
| *Salmonella* spp. | B | Salmonelosis | 4a |
| *Escherichia coli* | B | Colisepticemia | 4a |
| *Pseudomonas* | B | Pseudomoniasis | 4a |
| *P. multocida* | B | Cólera | 4a |
| *Ornithobacterium rhinotracheale* | B | Enfermedad vías respiratorias | 4a |
| *Campylobacter* | B | Campilobacteriosis | 4a |
| *Chlamydia psittaci* | B | Ornitosis | 4a |
| *Mycoplasma* spp. | B | Micoplasmosis | 4a |
| *Staphylococcus aureus* | B | Infección por estafilococos | 4a |
| *Enterococcus faecalis* | B | Infección por estreptococos | 4a |
| *Erysipelothrix rhusiopathiae* | B | Mal rojo | 4a |
| *Clostridium perfringens* | B | Enteritis necrosante | 4a |
| *Clostridium botulinum* | B | Botulismo | 4a |
| *Aspergillus fumigatus* | H | Aspergilosis | 6 |
| Picornavirus | Vs | Encefalomielitis aviar (AE) | 7a |
| Enterovirus | Vs | Hepatitis vírica de los pavos | 7a |
| Reovirus | Vs | Enteritis infecciosa, artritis vírica | 7a |
| Rotavirus | Vs | Enteritis infecciosa | 7a |
| Adenovirus | Vs | Enteritis hemorrágica | 7a |
| Parvovirus | Vs | Enteritis | 7a |
| Virus influenza | Vc | Infección influenza A (pesta aviar) | 7b |
| Paramyxovirus | Vc | Enfermedad de Newcastle | 7b |
| Paramyxovirus | Vc | Infección PMV 2, 3 | 7b |
| Neumovirus | Vc | Rinotraqueítis de los pavos (TRT) | 7b |
| Coronavirus | Vc | Enteritis por coronavirus | 7b |
| Retrovirus | Vc | Enfermedad linfoproliferativa | 7b |
| Retrovirus | Vc | Reticuloendoteliosis | 7b |
| Avipoxvirus | Vc | Viruela aviar | 7b |
| Herpesvirus | Vc | Infección de los pavos por herpesvirus | 7b |
| Coccidios | P | Coccidiosis | 8b |
| Ascáridos | P | Infestación por lombrices | 8a |
| Syngamus | P | Infestación por vermes traqueales | 8a |

B = Bacteria, Sección 4a-4b Lista DVG; H = Hongo, Sección 6 Lista DVG; Vs = Virus sin cápsula, Sección 7a Lista DVG; Vc = Virus capsulado, Sección 7b Lista DVG; P = Parásito, Sección 8a-8b Lista DVG.

**Tabla 3.3** Orden de actuación en la limpieza de las explotaciones sobre el suelo.

| |
|---|
| **1. Desalojo** |
| **2. Lucha contra ratones, ratas e insectos parásitos** |
| **3. Limpieza en seco:**<br>– Desmontar las paredes de separación de rejilla y sacarlas del alojamiento<br>– Eliminar los restos de pienso de comederos y línea de distribución<br>– Desmontar comederos y bebederos y sacarlos del alojamiento<br>– Desmontar los nidales de puesta y sacarlos del alojamiento<br>– Levantar las líneas de distribución de pienso<br>– Elevar las mangueras de los bebederos<br>– Eliminar del silo los restos de pienso<br>– Reunir la cama de paja vieja y sacarla del alojamiento<br>– Aspirar el polvo<br>– Barrer el alojamiento<br>– Limpiar y desinfectar la conducción de agua |
| **4. Limpieza húmeda:**<br>– Limpieza húmeda del recinto, utensilios y vestíbulo del alojamiento<br>– Limpieza húmeda de la cara exterior del alojamiento y calles<br>– Secado del alojamiento<br>– Control visual, y repetición de la limpieza, si es caso |
| **5. Realización de reparaciones** |
| **6. Preparación del alojamiento para la desinfección:**<br>– Montar las instalaciones de comederos y bebederos (quedarán suspendidas)<br>– Introducir en el alojamiento y montar las paredes de separación de rejilla<br>– Práctica de la primera desinfección (desinfección húmeda)<br>– Práctica de la desinfección contra parásitos<br>– Toma de muestras con torundas y placas de impresión<br>– Introducir y distribuir la cama de paja<br>– Práctica de la segunda desinfección (gaseado) |
| **7. Preparación del alojamiento para la recepción de animales**<br>– Ventilación a fondo<br>– Instalación de comederos y bebederos |

das de L + D mediante pruebas bacteriológicas (torundas).

Si el gaseado no es posible, se procederá como se ha descrito en el punto 3.5.1 para las gallinas.

### 3.5.3 Aves acuáticas

Las bases de la L + D en el caso de las aves acuáticas no se diferencian de las descritas para las demás especies zootécnicas y dependen ante todo de la forma de explotación.

Desde la explotación antaño habitual de pequeñísimos efectivos, se ha pasado en la actualidad a la producción de aves acuáticas en grandes establecimientos. La explotación de estas aves tiene lugar sobre cama de paja o sobre enrejillado; también se practica un sistema mixto. Además existe la explotación al aire libre (prados) aprovechando la vecindad de aguas corrientes o estancadas, acequias artificiales o canales sin posibilidad de nadar (Tabla 3.4).

En la explotación sobre suelo de rejilla o listones, se distingue entre mantenimiento total sobre rejilla y la distribución del alojamiento en una zona con cama de paja y otra zona que cuenta con suelo de rejilla metálica o listones. Es frecuente la explotación de pequeños efectivos en sencillos alojamientos con acceso a prados, que cuentan muchas veces con una instalación para baño.

El método de los canales constituyó la forma de explotación más frecuente de patos de cebo en los grandes establecimientos de la antigua DDR. En los parques anejos a los alojamientos se construyen canales de cemento cuya agua se renueva cada día. Los parques se recubren con una capa de arena con gravilla en la proximidad de los bebederos, o bien son todos de cemento (36).

En el alojamiento, la L + D se llevan a cabo de forma semejante a la descrita al tratar de gallinas y pavos. En las desinfecciones especiales hay que subordinar el germen patógeno actuante a un grupo de gérmenes de los citados en la Lista DVG, con objeto de elegir y aplicar el desinfectante adecuado (Tabla 3.5).

Plantean problemas especiales las formas de explotación de otras especies avícolas, incluida la L + D en caso de utilizar parques.

La eficacia de las medidas preventivas en los parques es muy limitada, y la puesta en práctica de las mismas muy trabajosa. En la explotación en parques, las aves están expuestas a las fluctuaciones climáticas, depredadores naturales (mamíferos y aves) y a numerosos agentes patógenos, especialmente parasitarios. Practicando regularmente medidas idóneas, se previene la infestación de los parques, los cuales deben contar con una capa de hierba densa y sin calvas. Cuidándolos continuamente, deben mantenerse en activo estado biológico. Después de cada tanda de cría de animales, deben llevarse a cabo cuidados intensivos, con objeto de impedir la acumulación de gérmenes. Es necesario contar con parques alternativos (20).

Después de cada período de explotación, se vaciarán los comederos automáticos y se procederá a limpiar las conducciones de pienso. Luego se extraerá la cama del alojamiento y de los nidales de puesta. También se retirará el estiércol de los parques. Si es preciso, se distribuirá cal viva (3 t/ha) en el terreno, en el que se introducirá mediante labrado o rastrillado.

**Tabla 3.4** Formas de explotación de aves acuáticas (40).

| **Explotación extensiva** (con parque) | **Explotación intensiva** (sin parque) |
|---|---|
| Explotación en campo abierto<br>Explotación en aguas naturales<br>Explotación en praderas | Explotación sobre cama gruesa<br>Explotación sobre rejilla |

**Tabla 3.5** Relación de algunos agentes patógenos importantes para las aves acuáticas y a tener en cuenta en la elección de los desinfectantes adecuados de la Lista DVG.

| **Agentes patógenos** | **Tipo** | **Nombre de la enfermedad** | **Sección de la Lista DVG** |
|---|---|---|---|
| *Salmonella* spp. | B | Salmonelosis | 4a |
| *Escherichia coli* | B | Colisepticemia | 4a |
| Aeromonas | B | Septicemia por aeromonas | 4a |
| *P. multocida* | B | Cólera aviar | 4a |
| *Campylobacter* | B | Campilobacteriosis | 4a |
| *Riemerella anatipestifer* | B | Septicemia exudativa | 4a |
| *Chlamydia psittaci* | B | Ornitosis | 4a |
| *Mycoplasma* spp. | B | Micoplasmosis | 4a |
| *Staphylococcus aureus* | B | Estafilococia | 4a |
| *Clostridium botulinum* | B | Botulismo | 4a |
| *Listeria monocytogenes* | B | Listeriosis | 4a |
| Erysipelothrix | B | Mal rojo | 4a |
| Astrovirus | Vs | Hepatitis vírica | 7a |
| *Micobacterium avium* | B | Tuberculosis aviar | 5 |
| *Aspergillus fumigatus* | H | Aspergilosis | 6 |
| Reovirus | Vs | Miocarditis infecciosa de los ánades | 7a |
| Reovirus | Vs | Infección por reovirus de los patos | 7a |
| Lyssavirus | Vs | Rabia | 7a |
| Picornavirus | Vs | Hepatitis vírica | 7a |
| Adenovirus (Grupo I) | Vs | Infecciones adenovíricas | 7a |
| Adenovirus | Vs | Síndrome «egg drop» | 7a |
| Parvovirus | Vs | Enfermedad de Derzsy | 7a |
| Virus influenza | Vc | Infección influenza A (peste aviar) | 7b |
| Paramyxovirus | Vc | Infección por PMV 4, 6, 8, 9 | 7b |
| Retrovirus | Vc | Reticuloendoteliosis | 7b |
| Virus variólico | Vc | Viruela | 7b |
| Herpesvirus | Vc | Peste de los patos | 7b |
| Coccidios | P | Coccidiosis | 8b |
| Ascáridos | P | Infestación por lombrices | 8a |
| *Amidostomum* | P | Parasitosis gástrica | 8a |

B = Bacterias, Sección 4a-4b Lista DVG; H = Hongo, Sección 6 Lista DVG; Vs = Virus sin cápsula, Sección 7a Lista DVG; Vc = Virus con cápsula, Sección 7b Lista DVG; P = Parásitos, Sección 8a-8b Lista DVG.

**Tabla 3.6** Relación de algunos agentes patógenos importantes para las codornices y a tener en cuenta en la elección de los desinfectantes adecuados de la Lista DVG.

| Agente patógeno | Tipo | Nombre de la enfermedad | Sección de la Lista DVG |
|---|---|---|---|
| *Salmonella* spp. | B | Salmonelosis | 4a |
| *Escherichia coli* | B | Colisepticemia | 4a |
| *Campylobacter* | B | Campilobacteriosis | 4a |
| *Chlamydia psittaci* | B | Ornitosis | 4a |
| *Mycoplasma* spp. | B | Micoplasmosis | 4a |
| *Staphylococcus aureus* | B | Estafilococia | 4a |
| *Clostridium colinum* | B | Enteritis ulcerosa | 4a |
| Erysipelothrix | B | Mal rojo | 4a |
| *Aspergillus fumigatus* | H | Aspergilosis | 6 |
| Picornavirus | Vs | Encefalomielitis aviar | 7a |
| Adenovirus | Vs | Bronquitis de las codornices | 7a |
| Adenovirus | Vs | Síndrome del «egg drop» | 7a |
| Virus influenza | Vc | Infección influenza A (peste aviar) | 7b |
| Paramyxovirus | Vc | Enfermedad de Newcastle | 7b |
| Retrovirus | Vc | Reticuloendoteliosis | 7b |
| Virus variólico | Vc | Viruela | 7b |
| Coccidios | P | Coccidiosis | 8b |
| Criptosporidios | P | Criptosporidiosis | 8b |
| Syngamus | P | Infestación verminósica traqueal | 8a |
| Ascáridos | P | Lombrices intestinales | 8a |

B = Bacterias, Sección 4a-4b Lista DVG; H = Hongo, Sección 6 Lista DVG; VS = Virus sin cápsula, Sección 7a Lista DVG; Vc = Virus con cápsula, Sección 7b Lista DVG; P = Parásitos, Sección 8a-8b Lista DVG.

La esterilización espontánea de los parques naturales puede favorecerse manteniéndolos vacíos largo tiempo y ahuecando (mullido) el suelo repetidas veces. Según recomienda Strauch (44), se retirará siempre que sea posible la capa más superficial del suelo (10 cm en el caso de las aves, 30 cm en los cerdos), para aplicar a continuación una solución de formalina al 2% (20 litros/m$^2$), que debe actuar por lo menos durante 3 días. Por último, el suelo se completará con una capa nueva. El estrato retirado se eliminará de forma inocua. Para matar los parásitos, se recomienda asimismo aplicar vapor al suelo bajo cubierto, con aparatos adecuados generadores de vapor. Asimismo se ha descrito el empleo de bromuro de metilo (365 g/m$^2$), también bajo cubierto de láminas impermeables al gas. La desinfección del suelo de tierra también se puede conseguir ocasionalmente con un aparato de flameado a gas que se acopla a cualquier tractor y que cuenta con un quemador de gas propano, como los que se utilizan en la lucha contra la maleza. Utilizando arados superficiales en unión de una cobertura metálica aislante, pueden alcanzarse temperaturas superiores a 70°C en una profundida de 8 cm de suelo.

Los prados también se desinfectan sólo con dificultad y de forma insuficiente.

Cuando se producen infecciones con formas bacterianas vegetativas, debe llevarse a cabo una cuidadosa distribución, y con ella la dilución de las partículas de estiércol.

### 3.5.4 Codornices

Las codornices (*Coturnix*) son las aves comestibles más pequeñas objeto de explotación industrial. Entre las especies incluidas en este género, la codorniz japonesa es la que reviste mayor importancia económica. La cría de codornices ocupa en Asia Oriental un destacado papel. En Europa se crían codornices sobre todo en Francia e Italia. En Alemania sólo se cría un limitado número de codornices como aves de consumo. Además de la cría en el suelo, también se practica la explotación en jaulas con determinado número de aves (37).

La práctica de la L + D en la cría de codornices depende ante todo de la forma de explotación y del tipo de aprovechamiento. Esencialmente no se diferencia de los procedimientos descritos en otras especies avícolas de explotación industrial.

Para realizar una desinfección especial, habrá que subordinar el agente patógeno actuante a uno de los grupos a que se refiere la Lista DVG, al objeto de poder elegir y aplicar el desinfectante más indicado.

### 3.5.5 Aves ornamentales

La mayor parte de las aves ornamentales frecuentemente criadas se mantienen en jaulas, pajareras o en una dependencia circunscrita (palomas). De acuerdo con esto, la práctica de la L + D se orientará a la forma de explotación y a la estructura en que se hallen las aves. Si se tiene en consideración que las aves ornamentales cautivas no pueden volar libremente cada día, el mantenimiento en una pajarera grande es sin duda la mejor elección. Pajareras puede haber en la casa, en el jardín o ser de tipo mixto. En las pajareras interiores tienen las aves la ventaja de encontrarse eficazmente protegidas contra las circunstancias externas (tiempo atmosférico, bichos, ladrones, etc.). El tipo de construcción, planta y ubicación de las pajareras dependerán decisivamente de la especie y número de aves que vayan a contener. También la forma de la pajarera se rige por la especie avícola (que vuele o se encarame). El suelo será de arena, tierra, gravilla o cemento, según preferencias y necesidades (19).

La conducta a seguir en la L + D se regirá por el tamaño de jaulas y pajareras, por los problemas patológicos a afrontar y por los medios técnicos disponibles.

En el caso de una sola jaula o de unas pocas de éstas, basta con la limpieza diaria sin medidas especiales de desinfección. Las bandejas metálicas del suelo, comederos, bebederos y tinas de baño se retirarán, vaciarán, limpiarán groseramente y se enjuagarán con agua templada. Si los recipientes están muy sucios, se hará uso de productos limpiadores. En este último caso es necesario practicar un enjuagado final a fondo con abundante agua limpia. Los residuos de pienso y las costras de excrementos adheridos entre los listones del enrejillado deben eliminarse rascando estos últimos. En la L + D tampoco se olvidarán las instalaciones convencionales como aseladeros, perchas y nidales. La limpieza regular sirve para reducir olores, gases nocivos, gérmenes patógenos y la producción de polvo. Por añadidura, el

**Tabla 3.7** Desarrollo rutinario de los trabajos de cuidado (29).

| |
|---|
| **Diariamente:**<br>• Distribuir pienso o cambiar el existente (eliminar frutas, verduras y carne viejas)<br>• Cambiar el agua (mejor, dos veces al día)<br>• Enjuagar los bebederos<br>• Cambiar el agua de los baños, poniendo agua limpia<br>• Controlar la temperatura y humedad ambientales<br>• Controlar los nidales de las aves reproductoras<br>• Retirar la suciedad grosera de la arena |
| **Semanalmente:**<br>• Limpiar las jaulas y pajareras, incluidos comederos, bebederos y baños, aplicar un producto limpiador, tras lo cual se enjuagará con agua limpia.<br>• Cambiar la arena (en ocasiones, dos veces en la semana)<br>• Rastrillar bien las pajareras y si es preciso lavarlas mediante aspersión |
| **Cada tres o cuatro semanas:**<br>• Desinfectar comederos y bebederos<br>• Control de los parásitos, si es caso enviando muestras de heces sospechosas a un centro veterinario |
| **Cada tres meses:**<br>• Desinfección de jaulas, pajareras y aseladeros<br>• Cambiar las ramas u horquillas o, al menos, limpiarlas<br>• En los suelos naturales, retirar la capa superficial (3 cm) o bien aplicar encima una cantidad equivalente de arena nueva limpia. |
| **Cada seis meses:**<br>• Retirar y renovar el suelo natural hasta una profundidad aproximada de 20 cm |

polvo de los alojamientos de aves puede actuar como alergeno para el personal de servicio. Actúa como alergeno para el hombre (pulmón de avicultor) el polvo finamente granulado de heces y plumas que contenga proteína, pero también el polen de las flores, esporas de mohos y algunas especies bacterianas (26).

En los grandes establecimientos es aconsejable una limpieza a fondo cada cuatro semanas y, eventualmente, una desinfección cada tres meses, sobre todo cuando se produzca un intenso tráfico de animales (29). La L + D de las grandes pajareras no es tan fácil como en las jaulas sencillas. Primero hay que desalojar completamente la pajarera, y luego someterla a limpieza seca. Esto comprende la retirada de todas las partes desmontables, que, tras aspirar el polvo que contengan y eliminar las grandes partículas de suciedad, deben limpiarse por el sistema húmedo. También las partículas de suciedad que hayan quedado en la pajarera deben eliminarse con la aspiradora, espátula, rascador o cepillo de cerdas de metal. Si se utiliza la aspiradora, contará con un fino filtro de polvo. La limpieza mecánica va seguida de un enjuagado a fondo con agua corriente limpia y abundante. Las pajareras exteriores pueden limpiarse con un aparato de chorro de vapor. Tras el secado a fondo, sigue la desinfección. La aspersión del suelo sin consolidar no suele proporcionar una suficiente desinfección, por lo que, junto a otras razones, sólo es recomendable condicionalmente, ya que muchos pájaros acuden a picotear en el suelo.

La capa superficial del suelo, que será de arena o gravilla, debe renovarse con frecuencia. El suelo natural de las pajareras exteriores debe cavarse aproximadamente una vez al año. En caso necesario, las plantas se rociarán con agua limpia o se renovarán. Las vías de comunicación utilizadas con frecuencia deben incluirse en los programas de limpieza (26). Cuando se dispone de más locales de los necesarios, es conveniente mantener vacío uno u otro de éstos durante algunas semanas o meses, con lo que «se restablecen» en el aspecto sanitario. En la Tabla 3.7 se resume el desarrollo de los trabajos regulares de limpieza y cuidados de los alojamientos.

Si en el efectivo se diagnosticaron enfermedades infecciosas en los últimos tiempos, deben practicarse desinfecciones especiales, para lo cual es necesaria la inclusión del agente patógeno actuante en uno de los grupos de gérmenes contenidos en la Lista DVG, con objeto de elegir y aplicar un desinfectante adecuado (Tabla 3.8).

## 3.6 Limpieza y desinfección de sistemas de conducción de agua potable y de silos de pienso

En la L + D del sistema de conducción de agua potable y de las instalaciones de distribución de pienso, en particular de los silos que contienen éste, debe ponerse mucho cuidado, prestando máxima atención a la realización de las operaciones correspondientes. Antes de volver a ocupar los alojamientos con animales, es preciso por lo regular llevar a cabo algunas medidas higiénicas fundamentales, como las que se citan a continuación.

### 3.6.1 Sistema de conducción del agua potable

La L + D del sistema de conducción del agua potable forma parte de una higiene de los alojamientos completa y eficaz.

Se eliminarán los restos de agua y se desmontarán y sacarán fuera del alojamiento los bebederos redondos y acanalados. Tras limpiarlos con ácido fosfórico (37%, pH 1-2) para eliminar los depósitos de cal, se sumergirán por lo menos durante 30 minutos en solución desinfectante.

Todo el sistema de conducción puede desinfectarse llenando con desinfectante (sal de amonio cuaternario) el depósito de entrada previamente limpiado. Aquí debe comprobarse que queda llena de desinfectante la totalidad de la conducción. El desinfectante permanecerá 24 horas en el sistema de conducción, expulsándolo a continuación. En ocasiones es necesario repetir esta operación varias veces, hasta desprender todo resto de suciedad o de algas de la conducción. Por último, el sistema se enjuaga a fondo con suficiente cantidad de agua limpia, eliminándose así todo residuo de desinfectante.

**Tabla 3.8** Relación de algunos agentes patógenos de importancia para las aves ornamentales y a tener en cuenta en la elección del desinfectante más indicado de la Lista DVG.

| Agente patógeno | Tipo | Nombre de la enfermedad | Sección de la Lista DVG |
|---|---|---|---|
| *Salmonella* spp. | B | Salmonelosis | 4a |
| *Escherichia coli* | B | Colisepticemia | 4a |
| *Klebsiella* | B | Infecciones por klebsielas | 4a |
| *Yersinia* | B | Yersiniasis | 4a |
| *Pseudomonas* | B | Pseudomoniasis | 4a |
| *Aeromonas* | B | Septicemia por aeromonas | 4a |
| *P. multocida* | B | Cólera aviar | 4a |
| *Haemophilus* | B | Infección por hemófilos | 4a |
| *Campylobacter* | B | Campilobacteriosis | 4a |
| *Chlamydia psittaci* | B | Ornitosis/psittacosis | 4a |
| *Mycoplasma* spp. | B | Micoplasmosis | 4a |
| *Staphylococcus* | B | Estafilococia | 4a |
| *Clostridium botulinum* | B | Botulismo | 4a |
| *Listeria* | B | Listeriosis | 4a |
| *Mycobacterium* | B | Tuberculosis aviar | 5 |
| *Aspergillus fumigatus* | H | Aspergilosis | 6 |
| Reovirus | Vs | Infección por reovirus de las palomas | 7a |
| Adenovirus | Vs | Infecciones por adenovirus | 7a |
| | | Hepatitis corpúsc. inclusión de las palomas | |
| Polyomavirus | Vs | Muda francesa | 7a |
| Circovirus | Vs | Enfermedad del pico y plumas de papagayos | 7a |
| Virus influenza | Vc | Infección influenza A (peste aviar) | 7b |
| Paramyxovirus | Vc | Enfermedad de Newcastle, PMV2, PMV3 | 7b |
| Retrovirus | Vc | Leucosis | 7b |
| Flavivirus | Vc | Meningoencefalitis | 7b |
| Herpesvirus | Vc | Enfermedad Pacheco de los papagayos | 7b |
| | | Infección por herpesvirus de las palomas | |
| Virus variólico | Vc | Viruela | 7b |
| Coccidios | P | Coccidiosis | 8b |
| Criptosporidios | P | Criptosporidiosis | 8a |
| Ascáridos | P | Lombrices intestinales | 8a |

B = Bacterias, Sección 4a-4b Lista DVG; H = Hongo, Sección 6 Lista DVG; Vs = Virus sin cápsula, Sección 7a Lista DVG; Vc = Virus con cápsula, Sección 7b Lista DVG; P = Parásitos, Sección 8a, Lista DVG.

### 3.6.2 Silos de pienso

Es imprescindible someter a L + D el silo de pienso de vez en cuando. En el silo, además de ácaros del pienso, pueden proliferar mohos. En los restos de pienso adheridos al borde del silo, tras formarse agua de condensación o de penetrar agua de lluvia, se multiplican en especial mohos, pero también salmonelas. Estos residuos de pienso deben eliminarse regularmente. Por lo común basta con una limpieza seca del silo, que puede llevarse a cabo con ayuda de raspadores de plástico o metal de mango muy largo.Tras esta limpieza previa, los raspadores se sustituyen por cepillos de cerdas metálicas o escobas de fibra dura, con objeto de limpiar bien las paredes comenzando por arriba. Si sucede que después de la desinfección el silo deba permanecer vacío algún tiempo para secarse, entonces también puede someterse a limpieza húmeda y desinfección. Durante estas operaciones debe cuidarse de que el apoyo inferior del tornillo sin fin extractor del pienso sea desmontado o permanezca cubierto, para que el lubricante no escurra fuera (44).

Para destruir los mohos, los silos herméticamente cerrados pueden gasearse con formalina y permanganato potásico en concentración elevada (70 ml de formalina concentrada sobre 45 g de permanganato potásico por metro cúbico de capacidad; tiempo de actuación: 3 horas). Además del necesario permiso para efectuar el gaseado, el requisito previo para esto es, sin embargo, introducir por debajo en el silo un recipiente suficientemente grande (v.gr., una lata con permanganato potásico), al que luego se vierte la formalina (11). En este proceder debe evitarse respirar los vapores de formalina que se generan rápidamente. En la L + D de los silos de pienso deben observarse además ls necesarias medidas protectoras del personal (exposición al polvo).

### 3.6.3 Medidas higiénicas adicionales

Una vez efectuada la L + D, conviene llevar a cabo las siguientes medidas complementarias:

- Todas las instalaciones fijas para la desinfección continuada deben volverse a poner en perfecto estado de funcionamiento (recipientes y bañeras llenos de desinfectante adecuado, o esteras empapadas en éste); el desinfectante debe renovarse como mínimo dos veces por semana.
- A la entrada del alojamiento, el calzado debe someterse a una limpieza grosera y luego desinfectarse en una tina con ayuda de un cepillo.
- En la antesala del alojamiento debe haber a disposición del personal calzado y ropa de protección en el trabajo. Estas vestimentas sólo se utilizarán en el alojamiento en cuestión y se lavarán regularmente.
- En el alojamiento sólo pueden introducirse animales nuevos después de comprobar durante 48 horas el perfecto funcionamiento de los aparatos de climatización y de la suficiente calefacción del recinto.
- Se evitarán drásticamente el tráfico innecesario y las visitas.

## 3.7 Desinfección en caso de enfermedades infecciosas en avicultura

En las desinfecciones practicadas en las explotaciones avícolas con ocasión de sufrir enfermedades infecciosas se procederá básicamente como se ha descrito en el Capítulo 2. En él se definen los distintos conceptos y medidas, así como las operaciones generales a desarrollar. Aquí sólo se expone en forma de tabla un resumen de las medidas de desinfección en la lucha contra la peste aviar, enfermedad de Newcastle y psittacosis/ornitosis.

***Peste aviar*** (influenza aviar): La influenza aviar, altamente virulenta, origina en las aves una enfermedad aguda y muy contagiosa. Sin embargo, aparecen también formas de curso inaparente en diversas especies de aves. De acuerdo con la Orden contra la Peste Aviar y Enfermedad de Newcastle (Orden de la Peste Aviar de 21.12.1994) y la Norma 92/40/EWG del Consejo de 19 mayo 1992, existe la peste aviar clásica de declaración obligatoria cuando se origina una enfermedad infecciosa del ave ocasionada por el virus de la influenza A con un índice de patogenia intravenosa (IVPI) en gallinas de 6 semanas de 1,2 o más, o se evidencia una infección por influenza A del subtipo de virus H5 o H7 en la que en el marco del análisis secuencial nucleótido se comprueba la presencia de múltiples aminoácidos básicos en la zona de escisión de la hemoaglutinina. La enfermedad se presenta mayormente en regiones en las que existen rutas de aves migratorias y caracterizadas por una elevada concentración de población avícola. Esto asigna un importante papel a las aves silvestres en la difusión y transmisión de los virus de la influenza.

En la Tabla 3.9 se resumen las medidas necesarias de desinfección y desinfectantes a utilizar.

***Enfermedad de Newcastle*** (ND): Es una enfermedad altamente contagiosa con tendencia a difundirse con carácter epizoótico o panzoótico, que está ocasionada por el paramixovirus de serotipo 1 (PMV-1). Tanto en gallinas como pavos, la infección por PMV-1 origina trastornos respiratorios y/o del sistema nervioso central, así como descenso de la puesta. Según la Orden contra la Peste Aviar y la Enfermedad de Newcastle (Orden de la Peste Aviar de 21.12.1994) y la Norma 92/66/EWG del Consejo de 14 julio 1992 existe la enfermedad de Newcastle de declaración obligatoria cuando se aísla un PMV cepa 1 con un índice de patogenia intracerebral (ICPI) en pollitos de un día superior a 0,7. Las aves silvestres también aquí pueden actuar como hospedadoras y transmisoras de la enfermedad, lo que debe tenerse en cuenta en la lucha contra la misma. Las medidas a adoptar en la desinfección se asemejan esencialmente a las de la peste aviar. En la Tabla 3.9 se resumen éstos y otros conceptos.

A nivel mundial existen infecciones ocasionadas por clamidias, bacterias intracelulares obligadas, que provocan en pájaros, aves de explotación industrial, mamíferos y personas procesos patológicos diversos. La infección puede cursar de forma inaparente o bien manifestarse con elevadas pérdidas. La infección por

*Chlamydia psittaci* se conoce en las aves psittácidas con el nombre de ***psittacosis***. En otras aves no pertenecientes al género de las psittácidas, o en otros animales, se denomina ornitosis. En Alemania, la infección en las psittácidas es de declaración obligatoria, y en las aves de explotación industrial de registro obligatorio.

**Tabla 3.9** Relación de las medidas de desinfección más importantes y desinfectantes a utilizar, de acuerdo con el estado actual de conocimientos y con las directrices de las normas de desinfección en el caso de enfermedades epizoóticas (BML 1993).

| **Enfermedad epizoótica** | **Lucha contra plagas** | **Desinfección previa** | **Desinfección continuada** | **Desinfección final** | **Desinfectante** |
|---|---|---|---|---|---|
| **Peste aviar** | Necesaria (Artrópodos) | Necesaria | | | Lejía de sosa al 2%-2 horas<br>Formalina al 2%-2 horas (formaldehído 0,74%)<br>Desinfectantes comerciales, ver Desinfección final |
| | | | Necesaria | | Ácido peracético al 0,15%-1 hora<br>(1% de ácido peracético al 15%)<br>Desinfectantes comerciales, ver Desinfección final |
| | | | | Desinfección de superficies | Lejía de sosa al 2%-2 horas<br>Formalina al 3%-2 horas<br>(Formaldehído 1,11%)<br>Ácido fórmico al 4%-2 horas<br>Desinfectantes comerciales de acuerdo con su inclusión en la Lista DVG, Sección 7a, con un tiempo de actuación de 2 horas o menos |
| | | | | Estiércol sólido | Quemar las pequeñas cantidades de cama y estiércol; en otro caso, amontonar mezclando con cal viva (punto 2.8.2) o bien transformar en estiércol líquido |
| | | | | Estiércol líquido | Lechada de cal al 40%, 40 kg/m$^3$-4 días<br>Formalina 10 l (kg)/m$^3$-4 días<br>(Formaldehído 0,37%) |
| **Enfermedad de Newcastle** | Necesaria (Artrópodos) | Necesaria | | | Lejía de sosa al 2%-2 horas<br>Formalina al 2%-2 horas<br>(formaldehído 0,74%)<br>Desinfectantes comerciales, ver Desinfección final |
| | | | | Necesaria | Ácido peracético al 0,15%-1 hora<br>(1% de ácido peracético al 15%)<br>Desinfectantes comerciales, ver Desinfección final |

(*continúa*)

**Tabla 3.9** (*Continuación*).

| Enfermedad epizoótica | Lucha contra plagas | Desinfección previa | Desinfección continuada | Desinfección final | Desinfectante |
|---|---|---|---|---|---|
| **Enfermedad de Newcastle** | | | | Desinfección de superficies tras limpiar | Ácido peracético al 0,15%-1 hora<br>(1% de ácido peracético al 0,15%)<br>Formalina al 2%-2 horas<br>(Formaldehído 0,74%)<br>Desinfectantes comerciales de acuerdo con su inclusión en la Lista DVG, Sección 7a, con un tiempo de actuación de 2 horas o menos |
| | | | | Estiércol sólido | Quemar las pequeñas cantidades de cama y estiércol; en otro caso, amontonar mezclando con cal viva (punto 2.8.2), o bien transformar en estiércol líquido |
| | | | | Estiércol líquido | Lechada de cal al 40%, 40 kg/m$^3$-4 días<br>Formalina: 10 l(kg)/m$^3$-4 días<br>(Formaldehído 0,37%) |
| **Psittacosis/ornitosis** | Necesaria (Artrópodos + roedores nocivos) | Necesaria | | | Formalina al 3%-2 horas<br>(Formaldehído 1,11%)<br>Desinfectantes comerciales, ver Desinfección final |
| | | | Necesaria | | Ácido peracético al 0,15%-1 hora<br>(1% de ácido peracético al 15%)<br>Desinfectantes comerciales, ver Desinfección final |
| | | | | Desinfección de superficies tras limpiar | Formalina al 3%-2 horas<br>(Formaldehído 1,11%)<br>Ácido peracético al 0,15%-1 hora<br>(1% de ácido peracético al 15%)<br>Desinfectantes comerciales a base de aldehídos contenidos en la Lista DVG, Sección 4a, con un tiempo de actuación de 2 horas o menos |
| | | | | Estiércol sólido | Excrementos de aves, restos de pienso y cama se introducen en sacos de plástico y se queman convenientemente en un establecimiento triturador-quemador<br>Empapar en solución de formalina al 3% (Formaldehído 1,11%), con tiempo de actuación de 4 días, luego enterrar.<br>(ATENCIÓN: No en zonas de protección de aguas 1-3a) |

Pero también aquí se recomienda, en virtud de su carácter zoonósico, obrar en consecuencia, en caso de haberse emitido un diagnóstico. Debido al peligro del contagio aerógeno, es inexcusable la protección de las vías respiratorias al practicar las operaciones de L + D (como mínimo, filtro P3). En la Tabla 3.9 se resumen las medidas a adoptar.

## 3.8 Medidas a adoptar en la incubación de huevos

Para alcanzar el objetivo perseguido de producir pollitos sanos y valiosos, es imprescindible disponer de huevos limpios procedentes de reproductores sanos, con el fin de romper la transmisión vertical de gérmenes desde los animales reproductores a su descendencia. Son imprescindibles, asimismo, otras medidas higiénicas generales en la incubación que eviten la contaminación de los huevos y el contagio de los pollitos recién nacidos. Además del manejo de los huevos a incubar, revisten gran importancia otras medidas higiénicas encaminadas a reducir la tasa de gérmenes de las cámaras de incubación y de eclosión, así como de los locales ocupados por la instalación incubadora.

### 3.8.1 Manejo de los huevos a incubar

En la producción y manipulación de los huevos para incubar hay que tener siempre presente que se trabaja con material vivo. El manejo de estos huevos por diversos métodos se ha generalizado en la esfera internacional. La higiene de la incubación es importante medida para evitar la transmisión de gérmenes patógenos, ya que éstos pueden estar tanto en la cáscara como en el interior de los huevos.

La contaminación primaria de los huevos para incubar con gérmenes patógenos puede producirse por vía transovárica, al asentarse los gérmenes en los folículos del ovario, o bien al penetrar en el interior de los huevos a través de la mucosa del oviducto. La infección puede tener lugar tanto por vía hematógena como por contacto con el peritoneo o los sacos aéreos infectados. La contaminación secundaria por gérmenes patógenos, y por gérmenes de la suciedad y de la putrefacción, se produce en el ensuciamiento fecal de la cáscara con posterior penetración de los gérmenes, en especial durante el paso por la cloaca en el acto de la puesta o cuando existe un entorno sucio, como nidales de puesta con abundante tasa microbiana; en las gallinas que ponen los huevos en el suelo, por contacto con las manos durante la recogida, o al contactar con las bandejas de transporte y con las cintas transportadoras. Tras la puesta, el contenido del huevo se reduce como consecuencia del enfriamiento de éste a la temperatura ambiente. También aumenta la cámara de aire existente en el polo obtuso. Como consecuencia de la retracción de la masa del huevo, son absorbidos gérmenes al interior de éste a través de los poros de la cáscara. Además, algunas bacterias son capaces de penetrar a través de la cáscara con movimiento propio.

En la obtención de huevos para incubar vale el principio general de que, cuanto antes se interrumpe tras la puesta la penetración de gérmenes a través de la cáscara, menor será la cantidad de gérmenes patógenos o de la suciedad que penetren en los huevos. Por esta razón, se ha manifestado provechosa la práctica de una desinfección inmediata en la granja y otro tratamiento en la planta incubadora.

La mayoría de los métodos de tratamiento de los huevos para incubar sirven ante todo para obtener huevos pobres en gérmenes, así como para reducir la penetración activa y pasiva de bacterias capaces de contaminar la masa del huevo (desinfección de la superficie de los huevos). Además del gaseado, se han ensayado otros procedimientos en seco, como la aplicación de aire caliente y radiaciones. También se han utilizado métodos húmedos, como el lavado de los huevos con detergente químico, la aspersión de los huevos y la inmersión en desinfectante, solos o en combinación con procedimientos secos (gaseado).

Para reducir o eliminar los gérmenes patógenos presentes en los huevos, se emplean métodos especiales de tratamiento basados en la introducción de sustancias activas en el seno de aquéllos, como v.gr. inyección de productos con actividad antimicrobiana o la inmersión en desinfectante y/o antibiótico.

Según Baxter-Jones y Wilding (5), el tratamiento ideal para reducir o eliminar los gérmenes debe cumplir los siguientes requisitos:

1. No provocar ninguna merma en la tasa de eclosión, ni en la calidad de los pollitos.
2. Originar pocos gastos en su práctica y mantenimiento.
3. Será de fácil realización.
4. De manipulación segura para el personal.
5. A ser posible, no se utilizarán antibióticos, para evitar la producción de resistencias.

### *3.8.1.1 Métodos secos*

**Gaseado con formaldehído**

El gaseado con formaldehído de los huevos para incubar es el tratamiento más frecuente a que se somete este material vivo. El formaldehído (HCHO) es un gas incoloro y de olor irritante que se encuentra en el mercado en solución acuosa al 35-40% con el nombre de formalina. Cuenta con un amplio espectro de acción sobre bacterias, esporas bacterianas, hongos y virus. A partir de formalina, permanganato potásico y agua o paraformaldehído y agua se obtiene formaldehído gaseoso cuyos efectos óptimos se alcanzan con temperaturas de 22-26°C y humedad relativa ambiental del 70-90%. Asimismo, el éxito de la desinfección depende de la concentración del gas durante unos 20-30 minutos (22, 23).

El gaseado con formaldehído de los huevos para incubar reduce drásticamente el número de gérmenes presentes en ellos, pero sin llegar a eliminarlos del todo. La completa desinfección del interior no se consigue, debido a ser escaso el poder de penetración del gas a través de la cáscara (48). El primer gaseado debe practicarse en la granja inmediatamente después de la puesta (gaseado inicial) e irá seguido de otros 3-4 gaseados, precisamente después de la clasificación, durante el incubado previo, tras el reparto (paso desde la incubadora inicial a la de eclosión) e inmediatamente antes de los nacimientos (gaseado terminal). No debe efectuarse ningún gaseado en las primeras 96 horas de la incubación, debido a la sensibilidad del disco germinal (15).

El gaseado se hará con una mezcla de agua, formalina y permanganato potásico En un recipiente esmaltado o de gres se vierten por metro cúbico de capacidad 17 $cm^3$ de agua y 25 g de permanganato potásico, mas 35 $cm^3$ de formalina concentrada. La formalina también puede evaporarse en ollas de evaporación calentadas con electricidad. Cuando se utiliza formaldehído en polvo, se evaporarán por $m^3$ de volumen 3 g del polvo en cuestión en las ollas citadas, sin ningún otro aditivo (11). El tiempo de actuación del gas de formalina es de 20-30 minutos. A continuación se ventilará bien el recinto gaseado. Como ya se ha indicado más arriba, el gaseado con formaldehído requiere una autorización expresa para el establecimiento (41, 42). A pesar de las estrictas disposiciones legales, el formaldehído se utiliza con mucha frecuencia en el gaseado de los huevos para incubar, debido a su amplio espectro de actuación, a su fácil aplicación y a su bajo precio. No obstante, como consecuencia del carácter irritante de sus vapores para los ojos, nariz y vías respiratorias altas (39), y a una supuesta acción teratógena y cancerígena para el hombre (2), en la actualidad es muy mala la aceptación del empleo de formaldehído en amplios círculos de la población. Por esta razón, se ensayan otros métodos opcionales de desinfección.

Como alternativa al gaseado con formalina, se han llevado a efecto ensayos con ozono, que se ha comprobado que reduce con la misma eficacia que el formaldehído la tasa de microorganismos presente sobre la cáscara de los huevos. Sin embargo, los huevos gaseados con ozono muestran un porcentaje de eclosiones un 26,5-37,5% menor que los grupos testigos (47).

### Métodos térmicos

Requisito previo para el empleo de procedimientos térmicos como tratamiento de los huevos para incubar es que la tasa de nacimientos no resulte perjudicada por las temperaturas empleadas para reducir o eliminar los gérmenes indeseables. Yoder (50) consiguió inactivar micoplasmas calentando los huevos de gallina a temperaturas internas de 43-46°C durante 12-14 horas, pero la tasa de eclosiones descendió en torno al 8-12%. Haciendo actuar calor seco de 85°C durante 10 minutos y 100°C durante 5 minutos, Pflüger (35) logró reducir la tasa de *Salmonella typhimurium* en torno a un 90% en huevos de incubación infectados artificialmente, sin que la tasa de nacimientos se viera influida de forma negativa. Sin embargo, todavía no existe información suficiente referente a la conveniencia del procedimiento en condiciones prácticas.

### Radiación UV

La capacidad de penetración de los rayos UV es escasa, de manera que ya pequeñas cantidades de polvo o suciedad (heces, proteína, células, etc.), o simplemente una cáscara muy gruesa de los huevos a tratar, pueden influir negativamente en la acción de las radiaciones sobre los gérmenes. Trabajando Berman *et al.* (6) con huevos de gallina para incubar infectados experimentalmente con *Escherichia coli*, salmonelas y pseudomonas, pudieron comprobar que, después de aplicar radiaciones UV, disminuía de forma significativa la tasa de gérmenes existente sobre la cáscara de los huevos. En cambio, Dorn (10) no logró ninguna inhibición significativa de la proliferación de *Salmonella gallinarum-pullorum* en huevos para incubar infectados experimentalmente y luego sometidos a la acción de radiaciones UV.

En la actualidad se fabrican y utilizan comercialmente instalaciones de rayos UV. Los inconvenientes del procedimiento están en los largos tiempos de actuación que hacen falta para lograr la desinfección (41, 42).

**Radiaciones ionizantes**

Para disminuir o eliminar los gérmenes presentes en la superficie de la cáscara, Dorn (10) sometió huevos para incubar a la acción de una fuente de radiaciones ionizantes ($P^{32}$), comprobando que la cáscara caliza sólo posee una reducida capacidad de absorción de estas radiaciones, que por ello penetran en los huevos y pueden provocar lesiones en los embriones.

Pero, además de esta notable acción nociva, el empleo de radiaciones ionizantes lleva implícitos muchos problemas legales y de seguridad.

### 3.8.1.2 Métodos húmedos

**Lavado de los huevos**

Para lavar los huevos, éstos se sumergen en solución detergente o desinfectante a temperatura ambiente o calentada, si es caso lavándolos a mano con cepillo o utensilio similar.

La ventaja del procedimiento estriba en el humedecimiento completo y seguro de la superficie de los huevos y en el exacto cumplimiento de los tiempos de contacto.

El lavado de los huevos para incubar en solución detergente caliente (60-62°C) o solución desinfectante a temperatura ambiente o calentada (40-44°C) reduce la tasa bacteriana existente en la superficie de la cáscara. Al contrario, el número de gérmenes existentes en el interior de los huevos aumenta cuando la temperatura de la solución lavadora es menor que la del huevo. El efecto bactericida del desinfectante depende esencialmente del principio activo, concentración y tiempo de actuación (25,38).

**Pulverizado y nebulizado**

La pulverización de desinfectante o la nebulización en local cerrado tienen por finalidad humedecer completamente la superficie de los huevos. Sin embargo, con ello no se accede a los gérmenes que ya penetraron en los huevos. Después de pulverizar con tres desinfectantes distintos (derivado fenólico, jabón desinfectante y yodo) huevos de gallina para incubar infectados artificialmente con *Escherichia coli* y *Staphylococcus aureus*, Furuta y Sato (12, 13) no pudieron evidenciar ninguna disminución de la tasa de bacterias presentes en la cáscara de los huevos. En cambio, el pulverizado de huevos para incubar con el 1,5 ó 3% de un compuesto de amonio cuaternario, reducía la microflora aerobia de la cáscara de los huevos en torno al 98,1-99,9% ya a los 30 minutos del tratamiento (8). También pulverizando huevos de gallina para incubar con el 5% de $H_2O_2$ consiguieron Sheldon y Brake (43) la completa eliminación de la microflora natural de las cáscaras de los huevos (gérmenes aerobios, coliformes, levaduras y hongos). Patterson *et al.* (34) pulverizaron con espuma de dióxido de cloro ($Cl_2O$) durante 15 minutos huevos de gallina para incubar infectados artificialmente con *Escherichia coli* o *Streptococcus faecalis*, obteniendo tasas de reducción de la cifra de gérmenes existentes en la cáscara de los huevos entre 100 y 2.000 veces mayores que las registradas en huevos testigos sin tratar. Resultados análogos consiguió Seemann (41) aplicando 800 ppm de un compuesto de amonio cuaternario, con el 2% de peróxido de hidrógeno + 200 ppm de un compuesto de amonio cuaternario, con el 3% de Rodasept, o con 200 ppm de dióxido de cloro.

Para lograr una buena desinfección, es imprescindible mojar por completo toda la superficie de los huevos. A diferencia de lo que sucede con las bandejas convencionales para huevos (cartón, plástico), los soportes para transporte y preincubado garantizan una superficie de humectación suficiente. La aplicación del desinfectante puede realizarse mediante nebulizadores portátiles o, si se trata de cámaras cerradas, con ayuda de instalaciones nebulizadoras en frío. Las medidas a adoptar de protección laboral dependen de la clase de desinfectante utilizado y del método de aplicación elegido.

**Ultrasonidos**

Haciendo pasar ondas sonoras de alta frecuencia por un medio líquido, se originan multitud de burbujas de tamaño microscópico que estallan inmediatamente. Este súbito estallido de tal cantidad de burbujitas origina un efecto de frotamiento sobre la superficie de la cáscara de los huevos, desprendiendo las partículas de suciedad adheridas. Al medio líquido pueden agregarse desinfectantes o antibióticos.

Huevos ensuciados artificialmente pueden limpiarse bien con un tratamiento de ultrasonidos. Éste, sin embargo, es sólo un tratamiento superficial, es decir, que reduce únicamente la tasa de gérmenes presentes en la superficie de la cáscara, pero no los de la cara interna de ésta, ni los que se hallan en la clara de los huevos (9). Wladyka *et al.* (49) y Alls *et al.* (1) pudieron comprobar que un tratamiento con ultrasonidos provocaba incluso el aumento del número de bacterias y hongos presentes en el interior de los huevos. Todavía se carece de información suficiente sobre la conveniencia de utilizar el procedimiento en la práctica.

**Método de inmersión (bañado de los huevos, *egg dipping*)**

En el método del bañado de los huevos, los destinados a incubar se sumergen en una solución de desinfectante o antibiótico. Para combatir eficazmente tanto los microorganismos de la cáscara como los del interior, es necesario un procedimiento que permita la penetración del desinfectante o antibiótico desde el exterior al interior de los huevos. En la práctica se utilizan métodos basados en la diferencia de temperatura (TDD) o en la diferencia de presión (PDD). Aquí, el ingreso de líquido en los huevos sumergidos resulta influido por diversos factores (Fig. 3.1).

En el método de la diferencia de temperatura (TDD), los huevos para incubar previamente templados se sumergen en una solución refrigerada de un desinfectante o antibiótico. Como consecuencia de la reducción de volumen que experimenta el contenido de los huevos al introducir éstos calientes en la solución fría, el líquido de inmersión es absorbido al interior de los huevos a través de los poros de la cáscara (46). La diferencia térmica entre los huevos calentados previamente y la solución de inmersión refrigerada debe ser de 15-20°C.

Bailey *et al.* (4) estudiaron la eficacia de diversos tratamientos de huevos para incubar (TDD, pulverizado y gaseado), aplicando distintos desinfectantes a huevos de gallina para incubar infectados experimentalmente con *Salmonella typhimurium.*

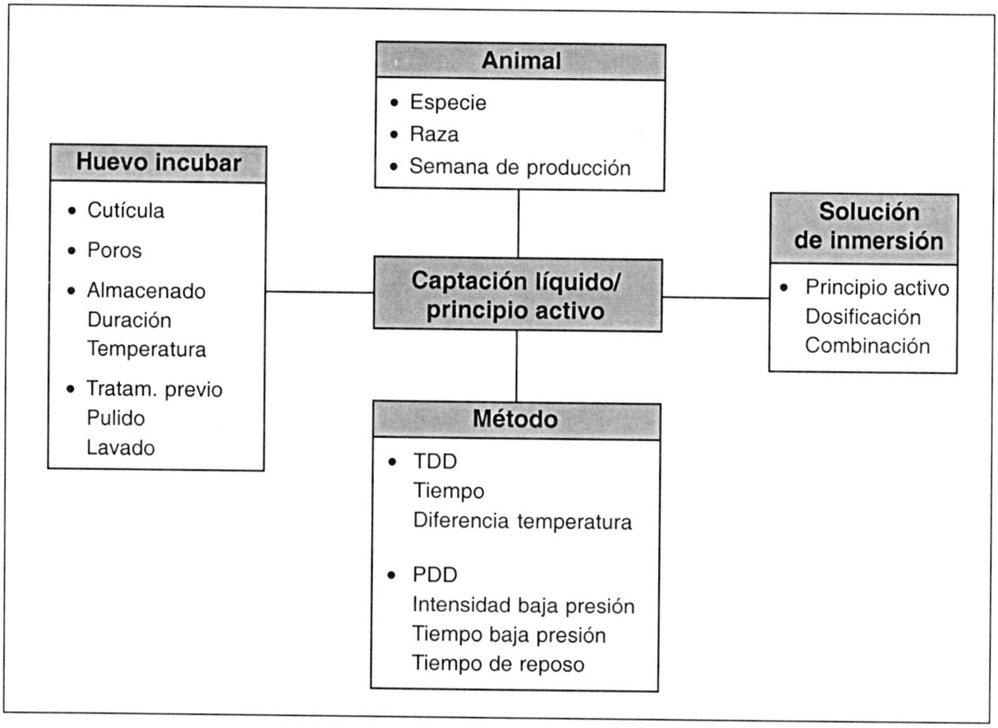


**Fig. 3.1** Factores con influencia sobre la captación de líquido y tasa de principio activo en el huevo para incubar (Hafez, 1997).

Pudo comprobarse que un tratamiento practicado lo antes posible tras la puesta mediante TDD con clorhidrato de polihexametilén-biguanidina (PHMB), $H_2O_2$ o fenol reducía con máxima eficacia la tasa de *Salmonella typhimurium*.

Mandl *et al.* (30, 31) bañaron en agua calentada a 60°C, y acto seguido en desinfectantes diversos mantenidos a temperatura ambiente, huevos de gallina de raza de cebo destinados a la incubación infectados artificialmente con *Salmonella senftenberg*. En dos experiencias de incubación llevadas a cabo independientemente entre sí, no pudo evidenciarse *S. senftenberg* en ninguna de las muestras de vitelo e intestino de los pollitos nacidos, cuando los huevos infectados fueron tratados antes de su incubación con agua caliente a 60°C (1 minuto) y luego durante 5 minutos con una solución al 2% de Lysovet-PA a temperatura ambiente. En las pruebas, la tasa de nacimientos no se vio influida negativamente. En cambio, aplicando un tratamiento combinado –inmersión en agua templada a 60°C, seguido de tratamiento con $H_2O_2$ al 2% o Lysovet-PA con el método TDD– a huevos para incubar de gallina de raza de puesta artificialmente infectados con $10^2$ UFC de *Salmonella enteritidis*, no se apreció ninguna reducción significativa de la tasa de aislamiento de salmonelas en los pollitos nacidos de estos huevos.

El método TDD con sustancias de acción antimicrobiana fue utilizado por primera vez en la lucha contra los micoplasmas. Olson *et al.* (33) y Stuart y Bruins (45) consiguieron reducir la tasa de reaislamiento de micoplasmas en huevos de gallina para incubar que fueron precalentados en la estufa de incubación y luego se sumergieron durante 30 minutos en solución de 400 ppm de eritromicina enfriada a 5°C. Sin embargo, la tasa de nacimientos de los grupos tratados descendió entre el 3,1 y el 46,2%. En cambio, en experiencias llevadas a cabo en condiciones similares con graves infecciones por micoplasmas, es decir, con elevadas tasas de partida de gérmenes en los huevos para incubar, Levine y Fabricant (28) evidenciaron una limitada eficacia de la eritromicina en la concentración de 400 ppm. Estos autores consiguieron, sin embargo, la completa eliminación de los gérmenes utilizando 1.200 y 1.500 ppm de tilosina.

La tasa de eclosiones en los huevos tratados con tilosina era mayor que en los huevos testigos sin tratar. Resultados semejantes se obtuvieron con huevos de pava para incubar. La inmersión durante 15 minutos de huevos de pava, precalentados, en solución enfriada a 7°C de 1.000 ppm de tartrato de tilosina, originó la merma de inflamaciones de los sacos aéreos y de la tasa de identificación de micoplasmas en los pavipollos recién nacidos (27). Para combatir las salmonelas y la *Salmonella arizona* mediante TDD, además de gentamicina se han utilizado diversos otros antibióticos. En el método TDD no es fácil la automatización. Además de no resultar exactos el mantenimiento de la temperatura y tiempo de actuación en este método, sobre el mismo gravitan asimismo muchos factores fluctuantes, así como elevadas necesidades de trabajo y tiempo. En la práctica, el método de diferencia de presión (PDD) se ha impuesto en la práctica al método TDD.

En el método PDD, los huevos para incubar se sumergen en el líquido correspondiente introducidos en un recipiente herméticamente cerrado. El aire del recipiente se extrae con una bomba de vacío, hasta alcanzar en el receptáculo una determinada presión negativa. Como resultado de la diferencia de presión generada, el aire abandona la cámara de aire a través de los poros de la cáscara y disminuye la presión interna del huevo (fase de presión negativa). Tras abrir la válvula, el aire vuelve a precipitarse en el recipiente hasta que se alcanza la presión atmosférica. La presión interna de los huevos es ahora menor que la atmosférica que actúa sobre el líquido. En virtud de esta diferencia de presión, el líquido de inmersión y el desinfectante o antibiótico en él contenido son impelidos al interior de los huevos (fase de reposo), hasta que se establece el equilibrio entre las presiones.

Voeten (46) demostró que el tratamiento por el método PDD con 10.000 ppm de tartrato de tilosina de huevos de gallina para incubar artificialmente infectados, originaba la total eliminación del *Mycoplasma gallisepticum* de los mismos. Trabajando con el método PDD y 2.500 ppm de tilosina, Iritani *et al.* (24) consiguieron eliminar el *Mycoplasma gallisepticum*. Este efecto no se veía influido por la edad de los huevos, ni por la intensidad de la presión negativa generada, ni por la duración del tiempo de resposo. Utilizando el método PDD, Hafez *et al.* (18) sumergieron huevos de gallina para incubar de una raza de puesta infectados con *S. enteritidis* en una solución con 1.500 ppm de sulfato de gentamicina o de 600 ppm de enrofloxacina. A continuación del tratamiento con sulfato de gentamicina en el procedimiento de inmersión en vacío (5-10 minutos con presión negativa y 10 minutos de fase de reposo) no se pudo volver a aislar *S. enteritidis* en ninguno de los pollitos nacidos. En el tratamiento con enrofloxacina y una presión negativa mantenida durante 10 minutos, tampoco pudo evidenciarse *S. enteritidis* en ninguno de los pollitos recién nacidos, mientras que manteniendo sólo 5 minutos la presión negativa, la salmonela aparecía en el 2-4% de pollitos. Los tratamientos con gentamicina y enrofloxacina carecían de efectos negativos sobre los índices de nacimientos. Berthold (7) sumergió huevos para incubar de gallina de raza ponedora infectados con *S. enteritidis* en una solución de 2.000 ppm de sulfato de gentamicina a 700 bar durante 1 minuto como fase de presión y 10 minutos como fase de reposo. En los pollitos nacidos de los huevos infectados y luego tratados no pudo evidenciarse la presencia de *S. enteritidis* durante la incubación, ni hasta los 21 días de vida. El reaislamiento de *S. enteritidis* del grupo de huevos infectados y no tratados (testigos) disminuía desde el tercer día de incubación hasta el 19 desde el 90% al 20%, para volver a aumentar hasta el 100% a partir del segundo día de vida. La inmersión de los huevos para incubar en solución de gentamicina por el procedimiento de la diferencia de presión (PDD), es en la actualidad un medio corriente para reducir la transmisión de salmonelas en los huevos.

En los establecimientos dedicados a la incubación, a la recepción de los huevos se lavan éstos con desinfectante, se secan y, en casos especiales, se someten al método de la diferencia de presión en soluciones de antibiótico, utilizándose a tal fin 1.000 ppm de gentamicina o 600 ppm de enrofloxacina. El tiempo de acción de la presión negativa es de 5 minutos, y la fase de reposo dura 10 minutos, con presión negativa de 500 bar. Para reducir la contaminación del líquido de inmersión por gérmenes resistentes, además de filtrar y depositar luego la solución en ambiente refrigerado, se pueden aplicar desinfectantes especiales para la destrucción de los gérmenes. Si se utiliza enrofloxacina, debe corregirse el pH de la solución de inmersión después de la descontaminación. En todos los tratamientos de los huevos para incubar debe tenerse en cuenta que algunos desinfectactes pueden influir negativamente en la captación de determinados productos químicos terapéuticos por los huevos. Por ello, cuando se combinen productos distintos en las tinas de lavado o en la solución de inmersión, se recomienda comprobar su compatibilidad antes de emplearlos.

A la vista de los crecientes problemas que plantean los fenómenos de resistencia, la utilización de antibióticos debe reservarse para casos justificados. Como alternativa a los antibióticos, se han realizado pruebas con desinfectantes.

Trabajando con huevos para incubar de gallina de raza ponedora infectados artificialmente con *S. enteritidis* ($10^4$ y $10^2$ UFC/ml) y tratados por el método de inmersión en vacío y $H_2O_2$ al 2%, Hafez y Jodas (17) consiguieron una significativa disminución de la tasa de identificación de *S. enteritidis* (3,3-8,3%) en los huevos en incubación hasta el día 19 de ésta. Pero, debido al rápido contagio horizontal que tiene lugar en la cámara de incubación, no basta con reducir la presencia de gérmenes. Así, en el 66,1-94,7% de los pollitos recién nacidos pudo evidenciarse la presencia de gérmenes.

#### 3.8.1.3 Inyección de antibiótico

La inyección de antibiótico en los huevos para incubar se utilizó preferentemente en la lucha contra los micoplasmas, y en ocasiones en salmonelosis invasivas, ya que con este procedimiento se llega sobre todo a los microorganismos presentes en el seno de los huevos, aunque no a los existentes en las membranas de la cáscara o en ambas caras de ésta. Los antibióticos y métodos de aplicación eran variados (21, 32).

### 3.8.2 Medidas higiénicas

Los huevos entregados en el establecimiento de incubación atraviesan diversos recintos, concretamente los locales de depósito, preincubado y sala de nacimientos. Los pollitos recién nacidos se llevan inicialmente a un local en que se someten a la operación de sexado y a su clasificación, así como a las necesarias vacunaciones o inyecciones, pasando por último a la nave de introducción en cajas para su envío. Con el fin de garantizar la prescrita higiene de la incubación, los recintos se limpiarán y desinfectarán continuamente, poniendo especial atención en las instalaciones de calefacción, ventilación e iluminación (14). La ventilación de locales de incubación distintos se organizará de manera que el aire vaya desde el recinto de preincubado al de eclosión. El aire, por consiguiente, no debe fluir desde la sala de eclosión a la de preincubación. Para ventilar la sala de preincubación, se renovará el aire por lo menos dos veces por hora, y para ventilar la sala de eclosión, como mínimo diez veces por hora a través de conductos independientes, utilizando en ambos casos un aparato graduable de conexión automática (11).

Después de cada incubación se lavan y desinfectan los aparatos de incubación, bandejas y locales. Antes de volver a llenarla, la incubadora con las bandejas en su interior se gasearán con formalina. La incubadora se calentará primero a temperatura de incubación, se cerrará luego herméticamente, y se pondrá en funcionamiento el ventilador manteniendo cerradas las bocas de ventilación. En las incubadoras de funcionamiento continuado esta desinfección se realizará muy a fondo, ya que la temperatura y humedad de incubación proporcionan condiciones óptimas de proliferación a los gérmenes patógenos. La consecuencia de olvidar este principio es la presentación de infecciones en la incubadora causadas sobre todo por bacterias y mohos. Cuando la incubadora funciona todo el año, es recomendable cambiar de desinfectante aproximadamente cada seis meses. En los programas de higiene se incluirán también las salas de clasificación y depósito. Asimismo, se mantendrán continuamente limpios todos los utensilios empleados en la clasificación, examen y transporte de los pollitos. El ambiente del local de incubación se mantendrá lo más parecido posible al de la cámara de incubación, para lo que se aportará el aire necesario. Por último, entre las medidas de higiene de la incubación se cuenta la eliminación inocua de los residuos de ésta, como huevos hueros, huevos sin eclosionar, cáscaras y pollitos desechados. Los aparatos y utensilios empleados en la vacunación de Marek de los pollitos destinados a la reproducción, a la puesta o al cebo, deben limpiarse después de cada utilización.

Además, en el establecimiento de incubación deben llevarse a cabo de forma continuada, después de efectuar la L + D, análisis bacteriológicos de muestras de polvo ambiental y meconio, así como de torundas aplicadas a techos, paredes, suelos y cintas transportadoras de pollitos, para comprobar la eficacia de la desinfección. Se analizarán, asimismo, el agua empleada en el establecimiento y torundas o placas de impresión tomadas en el local de estancia del personal y toilettes.

Medidas imprescindibles son, también, la formación teórico-práctica de los operarios y el reconocimiento sanitario regular de los mismos. Se ilustrará al personal sobre los gérmenes, vías de entrada y diseminación durante la incubación y manipulación de los animales, así como en lo referente a las medidas de higiene personal que deben practicarse. Para identificar a posibles eliminadores de gérmenes y apartarlos de las áreas críticas, se realizarán reconocimientos sanitarios periódicos de los participantes en los trabajos.

## 3.9 Referencias bibliográficas


1 ALLS, A.A., BENTON, W.J., KRAUSS, W.C. und COVER, M.S. (1964): Treatment of hatching eggs for disease prevention - application of ultrasonic energy. Avian Diseases **8,** 538-545.

2 ANÓNIMO (1984): Formaldehyde may face regulation. Chem. Eng. News **62,** 8. zit. nach WHISTLER und SHELDON (1989).

3 ANÓNIMO (1994): Guidelines on cleaning, disinfection and vector control in Salmonella Enteritidis infected poultry farm. World Health Organization, Veterinary Public Health Unit, Geneva, Switzerland.

4 BAILEY, J.S., COX, J.A., CASON, J.A. und BLANKENSHIP, L.C. (1992): Breeder flocks and hatcheries as critical control points for reduction of commensal colonization of broiler chickens. Salmonella and Salmonellosis, Proceedings of a Meeting held at Ploufragan/ Saint-Brieuc, France, Sept. 15-17, 1992, S. 258-264.

5 BAXTER-JONES, C. und WILDING, G.P. (1981): Salmonella contamination of turkeys: Recent progress towards improved control. Hohenheimer Arbeiten **116,** 21-30.

6 BERMAN, E., BENDHEIM, U. und EVENSHOSHAN, A. (1988): Disinfection of hatching eggs by ultra violet radiation. Proceedings of 16. Annual Convention of Israel Branch of World's Poultry Science Association Zichron, Israel, S. 45-46.

7 BERTHOLD, E. (1995):Versuche zur Optimierung des Vakuumtauchverfahrens mit Gentamicin zur Behandlung von Bruteiern (Legehybriden) im Hinblick auf die S. Enteritidis Bekämpfung. Vet. med. Diss. München.

8 BRAKE, J. und SHELDON, B.W. (1990): Effect of quaternary ammonium sanitizer for hatching eggs on their contamination, permeability, water loss and hatchability. Poultry Science **69,** 517-525.

9 DAWSON, L.E., HALL, C.W., FARMER, E.H. und MALLMANN, W.L. (1961): The use of ultrasonic energy for cleaning eggs. Poultry Science **41,** 620-626.

10 DORN, P. (1959): Desinfektionsmöglichkeiten von Bruteiern. Tierärztliche Umschau **14,** 74-76.

11 DORN, P. (1971): Handbuch der Geflügelkrankheiten, Eugen Ulmer Verlag, Stuttgart, 262-273.

12 FURUTA, K. und SATO, S. (1977a): Studies of the disinfection of hatching eggs I. The effect of formaldehyde fumigation on bacteria contaminating the egg shell surface. Japanese Poultry Science **14,** 27-32.

13 FURUTA, K. und SATO, S. (1977b): Studies of the disinfection of hatching eggs II. The effect of disinfection by disinfectant solutions on bacteria contaminating the egg shell surface. Japanese Poultry Science **14,** 223-228.

14 GEIßLER, H. (1981): Reinigung und Desinfektion in der Geflügelwirtschaft. In: SCHLIESSER, T., STRAUCH, D. (Hrsg.). Desinfektion in Tierhaltung, Fleisch- und Milchwirtschaft. Enke Verlag, Stuttgart, S. 307-325.

15 GERLACH, H. (1969): Bruthygiene beim Geflügel. Wiener Tierärztliche Monatsschrift **56,** 120-126.

16 HAFEZ, H.M. (1997): Krankheitsbekämpfung und -vorbeuge. In: HAFEZ, H.M. und JODAS, Putenkrankheiten. Enke Verlag, Stuttgart. S.19-31.

17 HAFEZ, H.M., JODAS, S. (1993): Behandlungsverfahren mit verschiedenen DM zur Bekämpfung von Salmonella enteritidis bei künstlich infizierten Bruteiern (Legehybriden). Tierärztliche Umschau **48,** 517-521.

18 HAFEZ, H.M., JODAS, S., KÖSTERS, J. und SCHMIDT, H. (1995): Treatment of Salmonella enteritidis artificially contaminated hatching eggs with Pressure-Differential-Dipping (PDD) using antibiotics. Archiv für Geflügelkunde **59,** 69-73.

19 HATT, J.-M. (1999): Propädeutik - Einzelhaltung und Gruppenhaltung. In: Kaleta, E. F. und M.E. Krautwald-Junghanns (Hrsg.). Kompendium der Ziervogelkrankheiten. Schlütersche Verlag, Hannover, 1999, S. 21 - 26.

20 HEIDER, G. (1992): Seuchenprophylaxe, Reinigung und Desinfektion. In: HEIDER, G. und G. MONREAL (Hrsg.), Krankheiten des Wirtschaftsgeflügels, Gustav Fischer Verlag, Jena, S. 227-244.

21 HOFSTAD, M.S. (1974): The injection of turkey hatching eggs with Tylosin to eliminate Mycoplasma meleagridis infection. Avian Diseases **18,** 134-138.

22 HÜTTNER, B. (1973): Versuche zur Bruteibegasung mit Formalin. Tierärztliche Umschau **28,** 20-26.

23 HÜTTNER, B., LANDGRAF, H. und CONRAD, C. (1969): Versuche zur Bruteibegasung mit Formalin. Tierärztliche Umschau **24,** 421-424.

24 IRITANI, Y., HIDAKA, S., KITABATAKE, T. und ISONO, J. (1975): Studies on the egg dipping of tylosin by the pressure differential method. Japanese Poultry Science **12,** 20-27.

25 JODAS, S. (1992): Behandlungsverfahren zur Bekämpfung von Salmonella enteritidis bei künstlich infizierten Bruteiern (Legehybriden). Vet. med. Diss., München.

26 KALETA, E.F. (1999): Propädeutik-Reinigung und Desinfektion. In: Kaleta, E.F. und M.E. Krautwald-Junghanns (Hrsg.). Kompendium der Ziervogelkrankheiten. Schlütersche Verlag, Hannover, 1999, S. 26 - 29.

27 KUMAR, M.C., KUMAR, S., DIERKS, R.E., NEWMAN, J.A. und POMEROY, B.S. (1966): Airsacculitis in turkeys II. Use of tylosin in the control of the egg transmission of mycoplasma spp. other than mycoplasma gallisepticum in turkeys. Avian Diseases **10,** 194-198.

28 LEVINE, P.P. und FABRICANT, J. (1962): Effect of dipping eggs in antibiotic solutions on PPLO transmission in chickens. Avian Diseases **6,** 72-85.

29 LOHR, J. E. (1986): Krankheiten des Nutz-und Ziergeflügels. Albrecht Philler Verlag, Minden.

30 MANDL, J., HAFEZ, H.M., WOERNLE, H. und KÖSTERS, J. (1987a): Wirksamkeit unterschiedlicher Methoden zur Desinfektion Salmonella kontaminierter Hühnerbruteier (Mastrasse) 1. Mitteilung: Archiv für Geflügelkunde **51,** 16-21.

31 MANDL, J., HAFEZ, H.M. und WOERNLE, H. (1987b): Wirksamkeit unterschiedlicher Methoden zur Desinfektion Salmonella kontaminierter Hühnerbruteier (Mastrasse) 2. Mitteilung: Dekontamination mit Lysovet-PA und Schlupfergebnisse. Archiv für Geflügelkunde **51** (4), 141-144.

32 McCAPES, R.H., YAMAMOTO, R. und GHAZIKHANIAN, G. (1977): Antibiotic egg injection to eliminate disease I. Effect of injection methods on turkey hatchability and Mycoplasma meleagridis infection. Avian Diseases **21,** 57-68.

33 OLSON, N.O., HASH, T.R., HEISHMAN, J.O. und CAMPELL, A. (1962): Dipping of hatching eggs in Erythromycin for the control of mycoplasma. Avian Diseases **6,** 191-194.

34 PATTERSON, P.H., RICKE, S.C., SUNDE, M.L und SCHAEFER, D.M. (1990): Hatching eggs sanitized with chlorine dioxide foam: egg hatchability and bactericidal properties. Avian Diseases **34,** 1-6.

35 PFLÜGER, S. (1983): Untersuchungen zur Abtötung von Salmonella typhimurium auf der Schale von Hühnerbruteiern mit Heissluft. Vet. med. Diss. München.

36 PINGEL, H. (1989): Die Hausenten. A. Ziemsen Verlag.

37 RAETHEL, S. (1978): Wachteln und andere Kleinhühner. In SCHOLTYSSEK, S. und DOLL, P. (Hrsg.), Nutz- und Ziergeflügel. Ulmer Verlag, Stuttgart. S. 423-442.

38 RIZK, S.S., AYRES, J.C. und KRAFT, A.A. (1966): Disinfection of eggs artificially inoculated with salmonella 1. Application of several disinfectants. Poultry Science **45,** 764-769.

39 SCHLIESSER, T. (1981): Grundlagen der Desinfektion. In: SCHLIESSER, T., und STRAUCH, D. (Hrsg.). Desinfektion in Tierhaltung, Fleisch- und Milchwirtschaft. Enke Verlag, Stuttgart, S. 1-69.

40 SCHNEIDER, K.-H. (1995): Gänse. Deutscher Landwirtschaftsverlag, Berlin.

41 SEEMANN, G. (1998a): Alternative Verfahren zur Bruteidesinfektion. Lohmann Information. 1/98, 29-32.

42 SEEMANN, G. (1998b): Desinfektion von Bruteiern und Farmen ohne Formalin. Lohmann Information. 3/98, 27-31.

43 SHELDON, B.W. und BRAKE, J. (1991): Hydrogen peroxide as an alternative hatching egg disinfectant. Poultry Science **70,** 1092-1098.

44 STRAUCH, D. (1981): Reinigung und Desinfektion in der Rinder- und Schweinehaltung. In: SCHLIESSER, T., STRAUCH, D. (Hrsg.). Desinfektion in Tierhaltung, Fleisch- und Milchwirtschaft. Enke Verlag, Stuttgart, S. 70-306.

45 STUART, E.E. und BRUINS, H.W. (1963): Preincubation immersion of eggs in erythromycin to control chronic respiratory disease. Avian Diseases **7,** 287-293.

46 VOETEN, A.C. (1966): Die Behandlung von Bruteiern mit der Methode des direkten Druckunterschiedes in einer

Lösung von Tylosintartrat zur Verhütung einer Ansteckung mit Mycoplasma gallisepticum bei Küken. Tierärztliche Umschau **21,** 227-230.

47 WHISTLER, P.E. und SHELDON, B.W. (1989): Bactericidal activity, eggshell conductance, and hatchability effects of ozone versus formaldehyde disinfection. Poultry Science **68,** 1074-1077.

48 WILLIAMS, J.E. (1970): Effect of high-level Formaldehyde fumigation on bacterial populations on the surface of chicken hatching eggs. Avian Diseases **14,** 386-392.

49 WLADYKA, E.J., DAWSON, L.E. und WALKER, R.W. (1974): The influence of ultrasonic treatment on egg quality. Poultry Science **53,** 1154-1161.

50 YODER, H.W. (1970): Preincubation heat treatment of chicken hatching eggs to inactivate mycoplasma. Avian Diseases **14,** 75-86.

# 4 Limpieza y desinfección en la industria piscícola

CHRISTIAN BAATH

## 4.1 Lugar que ocupan las piscifactorías en la esfera agropecuaria

### 4.1.1 Explotación de carpas en piscifactorías

La actual explotación de carpas en piscifactorías en Alemania es una saneada industria piscícola extensiva.

Constituye un aprovechamiento extensivo de la superficie de suelo, pero que no proporciona grandes beneficios. Los rendimientos industriales de carpas obtenidos en el clima germano son del orden de 300 a 1.500 kg/ha. En cambio, la producción industrial de carpas de la antigua DDR proporcionaba rendimientos hasta de 3.000 kg/ha. Tales objetivos ya no serían, sin embargo, económicamente satisfactorios tras el cambio de siglo, pero el rendimiento actual de la producción de carpas en Alemania Oriental ha alcanzado el nivel de los establecimientos de Europa Occidental.

El clásico estanque de carpas es una típica trampa de alimento. Los estanques se conciben bien como los llamados estanques a cielo abierto, o sea, estanques que sólo se llenan con el agua de lluvia, bien como estanques de escasa profundidad alimentados con agua de manantial que fluye lentamente y que en primavera se calientan con rapidez. A ser posible, sólo se repondrán con agua limpia las pérdidas por evaporación y filtración, es decir, que los nutrientes ingresados y depositados en forma de limo son el capital propio del estanque de carpas. Por esta razón, deja de practicarse la limpieza del fondo de estos estanques. Con el vaciado anual de las carpas y el secado transitorio del fondo de los estanques, se consigue romper el ciclo multiplicativo de los gérmenes patógenos, así como cierto grado de fermentación del fondo.

Se crían diversas especies de ciprínidos (especies similares a las carpas), y también peces rapaces, como lucio, luciperca, y ocasionalmente el siluro europeo, en mono o policultivos. Además, en regiones adecuadas se producen corégonos (grupo de peces de grandes lagos). La cría y alevines de las especies destinadas a regiones templadas se suelen importar de países templados del SE de Europa.

#### 4.1.1.1 Cría y alevines para las piscifactorías de carpas

La producción de cría y alevines de esta especie se realiza, también en la actualidad, en gran parte próxima a las condiciones naturales, poblando estanques adecuados con peces en fase de desove, como en las especies pequeñas de peces y tencas. En las carpas, la multiplicación tiene lugar, además, por el llamado método Dubisch, en el que las carpas desovan naturalmente en pequeños estanques poblados de hierbas duras. Para atenuar durante el período de desove las oscilaciones climáticas indeseables, o para minimizar las pérdidas de material de cría durante las fases de puesta, eclosión y alimentación inicial, se rozan cada vez con más frecuencia hembras en desove de lucio, corégono y siluro, y los huevos fecundados, así como los puestos por lucipercas (las llamadas nidadas de lucipercas), se incuban en cámaras al efecto, y las larvas obtenidas se alimentan con plancton o, si es posible, con pienso artificial. Si son buenas las condiciones climáticas, las crías se depositan en estanques enriquecidos con plancton, y, hasta su recolección en otoño, se alimentan con pienso natural o artificial. En las carpas, carpas «koi», orfos dorados, carpas doradas y siluros, se practica mayormente la técnica hipofisaria (tratamiento con extractos hipofisarios de hipófisis de carpas desecadas) y del rozamiento (obtención de los productos de desove para la inseminación artificial en fecundación externa) o de desove sobre sustrato artificial, con objeto de obtener huevos fecundados. Éstos se incuban después en estanques de cría templados (22), en los que se alimentan luego los alevines. Los peces para criar se venden con edades de uno o dos años.

#### 4.1.1.2 Carpas comestibles de piscifactoría

Las carpas comestibles típicas tienen un peso aproximado entre 1.000 g (sur de Alemania) y 1.500 g (norte de Alemania) por pieza. Los peces más pesados son especialmente preferidos por los pescadores de caña. Todos los ciprínidos comestibles se producen en períodos de tres años de duración.

Sin embargo, peces de estos tamaños ya no pueden producirse en naves cubiertas, por lo que la producción de alevines es una actividad intensiva en superficie, sobre todo en la producción de peces comestibles. Se lleva a cabo con carácter extensivo porque por una parte permite aprovechar los alimentos naturales y por otra necesita la biología del estanque para la creación y estabilización del clima del mismo.

Densidades excesivas de peces provocan mayor consumo de alimento y, debido a la superior sobrecarga del agua de ello resultante, problemas sanitarios, como necrosis de las branquias de las carpas (inducida por el amoníaco), coccidiosis o la viremia de primavera de las carpas (antiguamente llamada forma aguda de la ascitis). Cuando se registra carencia de alimento, si la densidad de población es excesiva se produce desmedro y mal estado de carnes con enfermedades subsiguientes.

La recría de peces rapaces comestibles sólo es posible o rentable allá donde existan suficientes peces-alimento. Habitualmente, esta producción queda limitada a los grandes estanques o grandes lagos. Las carpas de hierba, marmorizadas y plateadas no han podido hasta ahora introducirse en el mercado de peces comestibles, pese al muy buen sabor de las primeras.

El grueso de los peces comestibles de producción nacional (germana) tiene su origen en los pequeños estanques, pero casi la total comercialización de los peces comestibles está en manos de unos pocos mayoristas. Algunas grandes piscifactorías desarrollan una pequeña comercialización propia. El vaciado de los peces se realiza en otoño, y la venta se produce al pie de los estanques o una vez crecidos y clasificados los peces.

## 4.1.2 Piscifactorías de truchas

Con la introducción en Europa de las truchas arco iris procedentes de América, aumentó el interés por la cría de peces, incluidos los salmónidos. En especial el progresivo auge de la pesca de caña como actividad de tiempo libre estimuló la explotación de truchas en estanques. El desarrollo de la cría de truchas se vio frenado primero por la llamada alimentación húmeda. Los residuos de matadero utilizados a tal fin eran muy difícilmente digestibles y en la cría de truchas se producían cantidades desmedidas de residuos orgánicos (excretas de los peces) que contaminaban intensamente el estanque y primer depósito de flujo (sección de aguas residuales que acoge el agua procedente de una cría de peces). Sólo con la introducción de los pienso granulados y de dosificadores automáticos de alimento en los años 70, se inició especialmente en los salmónidos la intensificación de las explotaciones piscícolas.

Como consecuencia del rápido desarrollo de los piensos, aumentaron las densidades de población en los viveros de truchas. La creciente sobrecarga del agua resultante exige la mejora continuada de las técnicas de ventilación y limpieza. Otra consecuencia del aumento de la densidad de población, además del incremento del comercio con peces vivos, es la aparición de enfermedades infecciosas como nueva amenaza de la cría de truchas.

### *4.1.2.1 Crías y alevines para piscifactorías de truchas*

La producción de material de repoblación de salmónidos se orienta en dos direcciones. En una, el material de repoblación es necesario para la producción de peces comestibles; y en otra proporciona material para las aguas objeto de pesca de caña.

El pez comestible más importante de los salmónidos ha sido y sigue siendo la trucha arco iris, seguido por la trucha de arroyo. El grueso de huevos necesarios para esto lo proporcionan los grandes establecimientos autorizados para el comercio interior de la Unión Europea (UE) y sujetos a las disposiciones sanitarias vigentes.

El contingente para aguas de pescadores de caña procede principalmente, en cambio, de establecimientos dedicados a la explotación clásica de truchas, en su mayoría pequeños negocios de carácter familiar. La producción de peces de repoblación con gran número de diversas especies de salmónidos se sigue realizando, también hoy, en pequeños estanques de tierra. La incubación de los huevos y la recría de los alevines se llevan a cabo de acuerdo con las normas higiénicas, por lo regular con aguas de pozo o aguas subterráneas bombeadas. La técnica en los estanques de cría de la producción de salmónidos es la misma tanto en pequeños como en grandes establecimientos.

Para la multiplicación se practica exclusivamente la técnica del frotamiento. La incubación se realiza en copas cónicas o cilíndricas atravesadas desde abajo hacia arriba, por una débil corriente, o bien en canales de corriente longitudinal con cestillos situados bajo la corriente. La cría se alimenta preferentemente con pienso artificial en canales de corriente longitudinal o en tinas redondas. Sólo en algunas especies de peces debe alimentarse la cría, también hoy, con plancton.

La venta de peces de repoblación es menos estacional en la industria truchera que en la cría de carpas. Como peces clásicos de repoblación de aguas para pesca con caña están los salmónidos de uno o dos años.

Los problemas de la producción clásica de peces de repoblación son la invasión de los estanques por algas, deficiencias de alimentación, daños por aves y enfermedades infecciosas.

#### *4.1.2.2 Peces comestibles de la industria piscícola truchera*

El mercado de peces comestibles está dominado en el caso de los salmónidos por cuatro especies. Antes y ahora siguie prevaleciendo la trucha arco iris, seguida por la trucha de arroyo, trucha de fontana, y recientemente por la trucha alsaciana (producto cruzado estéril entre las truchas de arroyo y lago). Además del mercado de truchas comestibles de 12-18 meses, se ha estabilizado una nueva modalidad a base de truchas asalmonadas de varios años (truchas arco iris de varios años cuya carne se colorea artificialmente de color salmón). Los peces para la mesa no solamente se venden muertos y eviscerados, sino en creciente medida en una serie de derivados selectos que ocupan las estanterías de los grandes supermercados y autoservicios. El creciente auge del autoabastecimiento en pequeños negocios familiares es consecuencia de la presión mercantil ejercida por la UE, que prevalece cada vez más en la esfera comercial. Los pequeños criaderos pretenden conservar su clientela regional promocionando la frescura de su mercancía.

La producción sigue llevándose a cabo en los pequeños establecimientos familiares en estanques excavados en la tierra, mientras que las grandes piscifactorías trasladan cada vez más sus instalaciones a canales de agua corriente, más acordes con su volumen de producción. Para producir peces comestibles hace falta mucha agua, por lo que estos establecimientos trabajan mayormente con aguas de arroyos o ríos con sobrecarga de productos químicos o residuos piscícolas. El agua subterránea poco limpia se aprovecha sólo para la recría de alevines o peces de repoblación. Casi todos los establecimientos familiares combinan la producción de peces de repoblación para aguas de pesca con caña y para viveros de truchas todavía más pequeños, con la comercialización de peces comestibles. Por lo general, los establecimientos venden más peces de los que pueden producir en sus propias aguas. La compra permanente de peces vivos desempeña en el mercado de los salmónidos un papel inusitadamente importante. ¡Más del 50% del pescado comercializado procede de la importación!

### 4.1.3 Acuacultura

Con este término se designa la producción especializada de organismos acuáticos.

Recibe los nombres de cultivos marinos si se realiza con agua del mar, y de limnicultura si se lleva a cabo con agua dulce. La acuacultura se enfrenta a las pesquerías tradicionales practicadas en el mar, ríos y lagos, basadas sólo en el aprovechamiento de los recursos naturales (14). La palabra acuacultura procede del cultivo de algas, peces y crustáceos en las zonas de agua mezcla de dulce y salada de la costa marina. En estas aguas se desarrollan muchos animales, incluso algunas especies de agua dulce, con más rapidez que en agua sólo dulce o salada. En ***instalaciones formadas por recintos cercados por redes*** pueden producirse grandes cantidades de peces en espacios pequeños en condiciones susceptibles de control, siempre que las aguas ensuciadas puedan eliminarse con corrientes favorables. Como consecuencia del aumento continuado de la producción de peces y de la creciente contaminación de las aguas que ello lleva

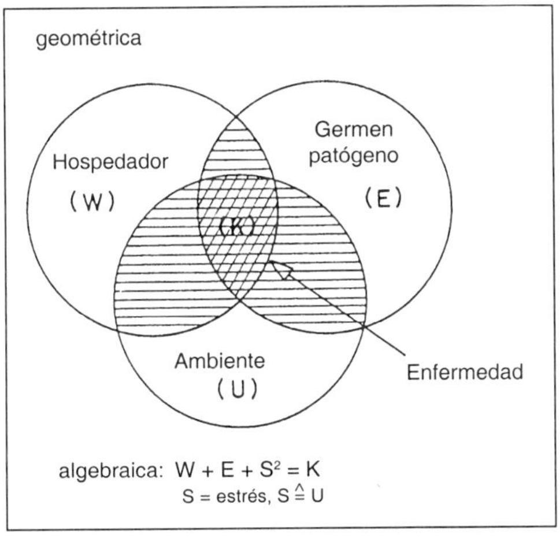


**Fig. 4.1** Relaciones mutuas entre el hospedador, el agente causal y el medio ambiente en lo referente a la producción de enfermedades (13).

consigo, los grandes establecimientos de cebo, por ejemplo, dedicados a la producción de salmones en los países nórdicos, se están desplazando cada vez más desde los fiordos a mar abierto. En el mar Báltico y mares interiores, embalses y lagos grandes de Alemania también se instalaban ocasionalmente reductos limitados por redes.

Pero hoy ya no se autorizan en este país las instalaciones limitadas por redes.

Las posibilidades de limpieza y desinfección se corresponden con las de la producción intensiva de truchas. Su principal inconveniente higiénico específico es la proliferación de algas en las redes y los problemas por oxígeno, amoníaco y nitritos, enfermedades infecciosas y determinadas parasitosis derivados.

Para poder corregir mejor el problema que plantean los residuos de heces y pienso en la producción intensiva de peces, se ha seguido asimismo el camino de las ***instalaciones en circuito***. La idea inicial de producir grandes cantidades de peces de acuerdo con un acabado plan de trabajo prácticamente en cualquier lugar con poca agua y un sistema biológico de limpieza, independientemente de contar con grandes abastecimientos de agua, es en principio atractiva. Sin embargo, los sistemas de limpieza utilizados a base de céspedes bacterianos o mechones en suspensión ocasionan paulatinamente la salinización del agua con nitratos. No obstante, el problema de la eliminación de los nitratos mediante un producto desnitrificador parece hoy técnicamente resuelto. Las instalaciones no son sólo adecuadas para la producción de cría de diversos ciprínidos, perca de río, pintada africana o gato marino americano, sino también para el cebo de anguilas, siluro africano, esturiones y peces comestibles de otras especies, lo que amortigua los costos de mano de obra de la limpieza y aporte de oxígeno. En cambio, estas instalaciones no sirven para salmónidos y carpas comestibles.

Los problemas sanitarios planteados en las instalaciones en circuito derivan de la necesidad de limpiar continuadamente el agua, así como de combatir los parásitos y gérmenes patógenos que penetraron con los peces ingresados.

## 4.2 Finalidad de la limpieza y desinfección

Las enfermedades que se producen en acuacultura dependen de la actuación de diversos factores. Por ello, el objetivo de la limpieza y desinfección es mantener lo más baja posible la suma de los factores contaminantes del agua y los gérmenes patógenos. Hay que partir, pues, del hecho de que los peces de las piscifactorías, mantenidos en un medio próximo al natural, están siempre amenazados por bacterias, virus, hongos y parásitos. Siempre que la población de peces no se encuentre estresada o sobrecargada por una concentración excesiva, alimentación demasiado intensiva, por amoníaco, nitrito, carencia de oxígeno, oscilaciones de pH, cambios físicos y químicos del agua dependientes de la temperatura y una presión infecciosa demasiado alta, se establece un equilibrio biológico que detiene o incluso evita el brote de una enfermedad. Las pérdidas por una enfermedad surgida en un momento determinado se mantienen hasta que se vuelven a reducir las sobrecargas químicas o se interrumpen las cadenas infecciosas disminuyendo la densidad de población. Este es el principio de actuación entre el pez, el parásito y el medio circundante (Fig. 4.1). Así las cosas, los agentes patógenos de los peces sólo pueden actuar condicionadamente de forma continuada. En la explotación intensiva de peces, estas condiciones de producción son en cambio imposibles. Los efectivos piscícolas deben estar exentos de gérmenes patógenos específicos. Si no se consigue limpiar los efectivos piscícolas de estas enfermedades, sobreviene enseguida el fracaso económico, pudiendo únicamente intentarse el saneamiento total del establecimiento o de una parte del mismo con objeto de alcanzar el estatus de un establecimiento intensivo.

## 4.3 Limpieza

Una desinfección practicada sin disminuir previamente la cantidad de microorganismos patógenos presentes carecerá de eficacia en buena medida. La reducción más intensa de gérmenes se consigue limpiando mecánicamente las superficies de depósitos y recipientes, así como con la eliminación continuada de partículas de suciedad y sustancias nocivas disueltas en el agua. Esto último es de particular aplicación en la explotación de salmónidos.

### 4.3.1 Técnicas de limpieza

Esencialmente son dos circunstancias las que alteran las superficies de depósitos y recipientes de las piscifactorías. Una es la calcificación que sufren las superficies de los recipientes cuando las aguas son ricas en cal, y otra el crecimiento biológico de algas y pequeños organismos animales, tanto más intenso cuanto más aumentan de grosor las costras de cal formadas en las superficies, que actúan como nidales ecológicos para el asentamiento y proliferación de los diminutos organismos.

Sobre todo en regiones con aguas de dureza superior a 10° d (tabla de dureza alemana) o con una capacidad fijadora de ácidos (SBV) de más de 2,0 aparecen depósitos de cal en todos los lugares en que se sustrae al agua dióxido de carbono ($CO_2$). Sucede esto principalmente en los puntos en que se producen intensas turbulencias del agua, como llaves y tamices del agua y orificios de salida del aire de ventiladores o en lugares con crecimiento de algas en los que la fotosíntesis realizada por estos vegetales sustrae al agua $CO_2$. También se forman costras de cal en los bordes de los depósitos por evaporación y volatilización de $CO_2$ a la atmósfera.

La eliminación mecánica de estas costras de cal resulta muchas veces muy difícil y laboriosa. Sin embargo, la cal se torna fácilmente soluble con la formación de $CO_2$ por los ácidos. ¡Pero el ácido debe ser del todo degradable por procedimientos biológicos! Sirven muy bien a tal fin soluciones diluidas de ácido clorhídrico o fosfórico, que actúan asimismo con máxima rapidez. Sin embargo, nosotros nos oponemos al empleo del ácido fosfórico en la cría de peces debido a la sobrecarga del agua de salida con fosfatos. Da asimismo buenos resultados el empleo de ácido cítrico, que, por su condición de ácido débil, no corroe apenas los metales, si bien actúa lentamente. A diferencia de lo que sucede con otros ácidos, que resultan cáusticos para el usuario, el ácido cítrico está indicado sobre todo para el lavado de manos. Es fundamental tener en cuenta que los ácidos son corrosivos para los metales, es decir, que el proceso de decalcificación basado en la actuación de ácidos sobre partes metálicas no debe durar más de lo estrictamente necesario. En medio ácido también pueden liberarse iones metálicos tóxicos.

***Es importante reunir en una tina o barreño los residuos de ácido que hayan quedado y neutralizarlos con lejía de cal o cal viva, antes de verterlos en la canalización o en el depósito de salida.***

Los restos de cal disueltos y las excrecencias se eliminan mejor con un aparato limpiador de alta presión o con un aparato de chorro de vapor. Éste es en la actualidad el método de elección para la limpieza mecánica de vehículos y otros utensilios, así como de superficies lisas de metal o plástico o también de cemento. Se evitará la aplicación de temperaturas demasiado elevadas, sobre todo sobre juntas plásticas. En la operación pueden utilizarse asimismo cepillos y rasquetas. Redes, rejillas y tamices se someterán a limpieza mecánica con un aparato de alta presión que elimine groseramente las algas y otros residuos, dejando secar a continuación.

En las piscifactorías industriales debe renunciarse a la limpieza química de depósitos y recipientes, ya que las sustancias superficieactivas empleadas en tales operaciones resultan nocivas para los depósitos y estanques de peces. El empleo de estos productos sólo es posible en la industria alimentaria en locales de sacrificio y venta, donde se originan superficies grasientas y luego puede llevarse a cabo la eliminación inocua de los productos de limpieza observando las prescripciones legales sobre canales descubiertos o pequeñas instalaciones de clarificación.

### 4.3.2 Zona de incubación

Antes de iniciar una temporada de cría, la pila de incubación debe mantenerse limpia y seca por lo menos durante 4 semanas. El secado es el método más barato y, en la mayoría de gérmenes patógenos acuáticos, el más eficaz para reducir el número de éstos. Los restos antiguos de cal deben eliminarse de pilas y otros utensilios, enjuagando luego bien los residuos de ácido.

Decisiva importancia reviste el manejo de la sección de incubación. La sección de cría debe estar a cargo, si es posible, de una única persona que carezca de cometidos fuera del vivero de peces. Como esta medida precautoria encaminada a evitar el ingreso de enfermedades en la sección de cría sólo puede llevarse a efecto por lo común muy excepcionales, la persona en cuestión deberá cumplir al menos una serie de normas básicas, como cambiarse de botas y ropa, lavarse las manos y, a ser posible, realizar sus tareas en la sala de cría antes de trabajar fuera del establecimiento. El acceso a la sección de cría deberá practicarse atravesando una instalación que desinfecte el calzado con esterillas o bandejas de desinfección, que permita el cambio de ropa y botas, y que disponga de lavabo para el lavado de manos. Para el veterinario o visitantes habrá buena provisión de chanclos de plástico desechables, los llamados cubrezapatos (Cap. 6 y puntos 6.8-10).

El principal problema que se plantea en las secciones de cría es la práctica de una buena higiene funcional.

Así, cada estanque dispondrá a ser posible de utensilios de limpieza propios, como cogedores, cepillos, mangas de absorción, etc. El suelo de la sección estará seco y el agua de salida de las pilas irá por conducción descubierta. Recintos inmediatos como salas de pienso o locales de paso sólo deben ser accesibles en una dirección, para dificultar de antemano contactos involuntarios con el medio exterior.

Las pilas y utensilios destinados a la incubación son idénticos en la cría de truchas y de carpas. Por ello, también las medidas de limpieza son análogas.

#### *4.3.2.1 Limpieza durante la incubación*

En los salmónidos que viven en aguas frías, la incubación de los huevos dura tanto que los huevos sin fertilizar o muertos se enmohecen y transmiten los mohos a los huevos sanos. Cuando la incubación se realiza en recipientes de vidrio atravesados por una corriente lenta de abajo a arriba, la separación de los huevos sanos y muertos en virtud de su diferente peso específico sólo tiene lugar en la fase final de la incubación en la superficie de la masa de huevos, cuando los huevos deben girar sosegadamente. Por el movimiento continuado, es menor el peligro de que los hongos adhieran entre sí a los huevos. En la incubación en cestillos bajo la corriente es imprescindible, sin embargo, la separación de los huevos muertos en los dos primeros días siguientes a la fecundación, en la fase en que aparece el punto del ojo (imperceptible fase de desarrollo de la larva del pez en el huevo) antes del envío. En los grandes establecimientos de incubación, para separar los huevos muertos en la fase del punto del ojo y antes del envío se suelen utilizar hoy costosas máquinas, que también pueden alquilarse. En las piscifactorías de medianas y pequeñas dimensiones, el método del apartado a mano de los huevos muertos sigue siendo el procedimiento más económico. Con sólo una desinfección de los huevos (punto 4.4.3) no se puede llevar a cabo una incubación provechosa.

En los huevos de especies piscícolas que eclosionan entre 2 y 7 días después de la fecundación, no se produce ningún enmohecimiento. Por ello, tampoco es necesario llevar a efecto la separación de los huevos muertos ni la desinfección de todos los huevos. Los huevos de la mayoría de estas especies de peces no soportan por lo demás las concentraciones de desinfectante habituales en la incubación de truchas. Como las crías recién eclosionadas con saco vitelino de estas especies o nadan libremente enseguida o se adhieren durante algunos días a las paredes de la tina, las cáscaras de los huevos que sobreflotan se retiran fácilmente de la rejilla de salida o bien se aspiran del suelo de la tina.

#### *4.3.2.2 Limpieza de las tinas durante la recría de alevines*

La alimentación de las crías recién nacidas, que debe llevarse a cabo con plancton, es una operación extremadamente trabajosa. Las diminutas crías deben consumir pienso vivo o plancton congelado, es decir, deben recibir varias veces al día zooplancton de un tamaño adecuado a su tamaño (tamizado). Entonces se acumulan en el tamiz de salida de la tina grandes cantidades de plancton muerto y de crías jóvenes también muertas. La descomposición microbiológica de estos desechos animales origina, en caso de descuidar la limpieza, una cantidad desmesuradamente elevada de limo biológico en las tinas, acompañada de altas tasas de contaminación con amoníaco y nitritos, y con carencia de oxígeno, lo que a la larga no es soportado por el zooplancton ni por las crías de peces. Las consecuencias son enfermedades de las branquias y trastornos del metabolismo en la cría. La entrada de agua limpia no puede aumentarse a discreción, pues las crías de peces no soportan corrientes demasiado intensas. Como consecuencia, los restos de suciedad deben extraerse dos veces al día. A la frescura del plancton y a estas tareas diarias de limpieza les corresponde máxima importancia, ya que, una vez instaurada la inflamación de las branquias de las crías, apenas puede actuarse en el terreno terapéutico.

### 4.3.3 Estanques de tierra en la producción clásica de carpas

Como ya se ha expuesto en el punto 4.1.1 respecto a la explotación de carpas, en los estanques utilizados a tal fin no se practica ningún tipo de limpieza ni de eliminación de lodo. El fango sólo se airea a fondo mediante desecación. Estos sedimentos se compactan y en unión de la calcificación (cal muerta) forman una nueva capa de superficie activa de lodo para el siguiente período de producción. Esta capa biológicamente activa sólo tiene por lo general unos pocos centímetros de espesor. Es recomendable practicar cada 4-5 años el llamado soleado o invernada (desecación o congelación del suelo del estanque) (18). Especialmente en la exposición al sol, el estanque experimenta una profunda ventilación como consecuencia de verse poblado el fango por plantas terrestres o de los pantanos, con el resultado de morir una serie de parásitos. Sin embargo, en muchos estanques puede ser tan abundante la formación de lodo, que se haga necesaria su extracción al cabo de 15-20 años, pues entonces el estanque no se deseca correctamente.

Los comederos de los distribuidores automáticos de pienso pendulares, también llamados «mesas de pienso», deben vigilarse regularmente, ya que el exceso de restos de pienso en el agua puede entrar en fermentación generando sustancias tóxicas como amoníaco, nitritos e hidrógeno sulfurado, además de provocar carencia de oxígeno.

### 4.3.4 Estanques de tierra, tinas y canales de flujo en la producción clásica de truchas

A diferencia del principio de depósito de nutrientes que rige en los estanques de carpas, en la producción de salmónidos deben eliminarse continuamente con agua las sustancias contaminantes de ésta. Esto resulta particularmente fácil en la producción de truchas en canales y acequias de flujo continuo. Cuando existe una suficiente densidad de población y los peces son lo bastante grandes, éstos mismos limpian la tina o en canal de flujo con su movimiento, es decir, que las heces y las partículas de pienso se mantienen en suspensión y son eliminadas pasivamente a través de los desagües.

De máxima importancia es mantener limpias las rejillas de entrada y salida del agua, sobre todo en la cría de truchas con ayuda de instalaciones automatizadas o limpieza manual de las rejillas. La obstrucción de éstas tras fuertes lluvias tormentosas puede terminar con mucha rapidez en la pérdida de todos los peces por falta de oxígeno.

En los últimos años se ha deslizado en los tratados especializados un sensible error en la cría de truchas que debe corregirse inexcusablemente. El agua de salida de un estanque de truchas atravesado por una corriente relativamente débil ***debe*** extraerse por la base de la tina a través de un dispositivo de salida del estanque que permita salir al agua tanto de la superficie como de la parte profunda. Si el agua sale únicamente por rebosado (11, 20), permanecerán en el estanque las heces y las partículas de pienso. Cuando la corriente de agua es muy débil, en los estanques de tierra y en las tinas de cemento se originan a unos 80 cm por encima del fondo zonas pobres en oxígeno con cifras altas de amoníaco o nitritos, con la consecuencia de discretas pérdidas permanentes de peces. Pero tampoco el empleo de ventiladores permite corregir el problema de la falta de oxígeno crónica en estos estanques o tinas, ya que esto va acompañado de una escasa renovación del agua y los ventiladores sólo reparten el agua mala. En las mediciones del agua en el tránsito por el estanque se miden regularmente con aparatos de laboratorio sólo los valores del agua superficial, permaneciendo ocultas las malas condiciones del agua profunda.

En los estanques de tierra con suelo de gravilla, especialmente en los estanques de cría, persisten por lo general partículas de suciedad. En las poblaciones extensivas de peces, el estanque se depura biológicamente por medio de algas, plantas acuáticas superiores, bacterias, hongos y animales acuáticos superiores e inferiores. Sin embargo, aquí se suele pasar por alto que el permanente aporte de nutrientes por la alimentación estimula mucho el crecimiento de las algas. Las algas, en particular las algas filamentosas (confervas), crecen con mayor rapidez cuanto más clara es el agua. Como consecuencia de la intensa fotosíntesis que tiene lugar en los estanques poblados de algas, aumentan los valores del pH que, en unión de la alimentación rica en proteínas, provocan afecciones branquiales en los peces.

En los estanques revestidos y llenos de agua repletos de peces, la lucha contra las algas es problema de solución extraordinariamente difícil. Los métodos físicos no gozan de demasiada popularidad en la cría de peces. Sucede así porque requieren mucho tiempo y mucho trabajo, o bien exigen costos adicionales. Son éstos el rastrillado de las algas filamentosas, el empleo a diario de cadenas de arrastre que revuelvan el fondo del suelo o el permanente sombreado de los estanques con esteras que den sombra u otras coberturas a prueba del viento, así como el enturbiamiento del agua con barro, a fin de privar a las algas de la luz necesaria para la fotosíntesis. Químicamente, las algas sólo se combaten hoy con cal viva (punto 4.4.1). El sulfato de cobre, antaño muy utilizado en la cría de truchas, no está hoy autorizado. El empleo de herbicidas es demasiado peligroso para los peces de las piscifactorías y para la biología de los depósitos del establecimiento, por lo que se renuncia a su utilización.

Desalojados los peces, es muy conveniente practicar una limpieza de tinas y canales de cemento con aparato de alta presión. Los estanques de tierra con suelo de gravilla deben lavarse con agua. Hoy día se recomienda por razones de economía de agua, básicamente en las piscifactorías de truchas, la limpieza del agua a la salida de ésta del establecimiento. En Alemania existen generalmente estanques de sedimentación, en los que pueden posarse las partículas groseras de impurezas. Las dimensiones de estas instalaciones depuradoras de agua las determinan las autoridades competentes de acuerdo con las disposiciones legales sobre el agua. Existen también dispositivos técnicos de laborioso empleo que filtran las sustancias en suspensión a través de finos tamices con limpieza automática de los filtros y recogida del lodo resultante en pozos de condensación (Fig. 4.2). Esta técnica está más extendida en Dinamarca que en Alemania y procede de la tecnología de las instalaciones en circuito.

### 4.3.5 Instalaciones en circuito y cercos de redes

Por lo que atañe a la limpieza de tinas y pertrechos, la limpieza en ***instalaciones en circuito*** ya se ha descrito a grandes rasgos en los puntos 4.3.1 y 4.3.2. Una situación especial es la limpieza continuada del agua en sistemas de instalaciones en circuito. La limpieza se lleva a cabo en dos etapas. En la primera, deben eliminarse continuamente las partículas groseras de suciedad en tinas de sedimentación o sistemas de filtrado por tamices. La pérdida de agua que esto lleva consigo se compensa con agua limpia a razón aproximada de un 10% por día. De esta manera se produce una escasa dilución de las sustancias nocivas en solución. En la segunda etapa deben detoxicarse las sustancias tóxicas disueltas en el agua mediante dispositivos de goteo y sus correspondientes razas bacterianas. El cometido de las bacterias es convertir el amoníaco generado en la producción de peces en nitratos inocuos para éstos, pasando por nitritos.

Un gotero de este tipo necesita unas 2-3 semanas para alcanzar su capacidad de funcionamiento, debiendo manejarse lentamente con o sin la presencia de peces. Una vez puesto en marcha, funciona durante varios meses y sólo se limpiará en el curso de una limpieza a fondo del establecimiento mediante retroenjuagado con agua limpia, cuando se llena de productos de arrastre y bloquea con ello la instalación. Esta limpieza se hace siempre de mala gana porque el dispositivo de goteo debe volverse a poner en completo funcionamiento después, y, entre tanto, pueden producirse situaciones de carencia de oxígeno.

**Fig. 4.2** Aparato filtrante de criba de tambor para separar los componentes orgánicos del agua residual de la planta.

En los ***cercos de redas***, el principal problema es el ensuciamiento de éstas con algas. De acuerdo con el calibre de las mallas, las redes pierden penetrabilidad y no tiene lugar la debida renovación del agua. Las consecuencias son carencia de oxígeno, envenenamientos por amoníaco y nitritos, así como la elevación de la temperatura en días calurosos. Las redes deben limpiarse mecánicamente con cepillos y aparatos a presión. Las construcciones inteligentes permiten la rotación de los distintos cercos, con lo que se pueden extenderse por encima del agua sin «pescar» los peces. Estas construcciones ofrecen a la vez protección contra las aves depredadoras.

### 4.3.6 Salas de faenado y locales de venta de pescado

Estos recintos son en sentido estricto lugares en que se producen y se venden alimentos, por lo que exigen elevados niveles de higiene. El principal objetivo de la limpieza es en este caso reducir la cantidad de gérmenes que hacen a los alimentos no aptos para el consumo. Existe el peligro de que se difundan a través de viscosidades y gotitas gérmenes de la suciedad tan inofensivos como aeromonas y pseudomonas, pero también microorganismos que descomponen los alimentos específicamente, como salmonelas o determinadas listerias y clostridios.

Impulsa particularmente los contagios viscosos una capa de grasa que se forma sobre todas las superficies de trabajo y suelos, así como en utensilios, que por su carácter pegajoso permite que se adhieran a ella suciedades y gérmenes. Como la grasa no se disuelve en agua fría, resultan inútiles los enjuagados repetidos o los fregados con agua fría. El comercio especializado ofrece a tal fin preparados adecuados, que combinan desinfectantes y productos para el enjuagado (punto 4.4.1). ***¡Sólo las superficies exentas de grasa y limpiadas mecánicamente están en condiciones de ser desinfectadas a continuación!***

La superficie de los puestos de trabajo no debe estar embaldosada, sino construida de acero inoxidable o plástico. Las superficies de los lugares de faenado serán a ser posible de acero y no de piedra rugosa o cemento; al menos, estarán embaldosadas. Los suelos no permitirán los resbalones, aunque su superficie conviene que sea lo más lisa posible por razones de limpieza. El revestimiento de los suelos también debe resistir las temperaturas altas, ya que los restos de grasa se eliminan mejor con agua caliente. A tal fin es imprescindible el asesoramiento especial de los técnicos de la empresa fabricante.

El agua resultante de la limpieza en ningún caso debe verterse sucia en el depósito de entrada. Lo más conveniente es el vertido a la red de canales de desagüe descubiertos. Por ello, es indispensable llevar por segunda vez agua limpia a los locales de eviscerado. Las instalaciones de recría, que tienen un elevado consumo de aguas de arroyo o subterráneas, se vierten a través del estanque. En cambio, las aguas residuales de lugares de faenado y venta, debido a su elevada contaminación y al peligro de contagio que implican para las crías de peces y para la población de peces comestibles del depósito inicial dispuestos para la venta, se verterán en la red de canales abiertos.

## 4.4 Desinfección

Por definición, se entiende por desinfección la destrucción o inactivación de microorganismos patógenos. Para desinfectar las piscifactorías se dispone de dos procedimientos. Son éstos la desinfección con desinfectantes químicos y la desinfección física mediante desecación, destrucción de los gérmenes por las radiaciones solares y rayos UV artificiales, así como la desinfección térmica con vapor de agua o el flameado de los bordes del estanque sucios y cubiertos de excrecencias.

Especialmente tras el brote de enfermedades de declaración obligatoria, como la septicemia hemorrágica vírica (VHS) y la necrosis hematopoyética infecciosa (IHN), corresponde particular importancia a la desinfección de estanques, pilas y utensilios. De acuerdo con el punto 6 de la Orden de Epizootias Piscícolas de 21 de diciembre de 1994, se prescribe como medida de cierre tras un caso de enfermedad contagiosa. A esto se añaden las Normas del Ministerio Federal de Agricultura que aportan información sobre productos y métodos para la realización de la desinfección en epizootias de declaración obligatoria (8).

### 4.4.1 Desinfección química

A continuación se describen los desinfectantes más utilizados en piscicultura (12, 13).

***Cal viva*** (CaO). Es el desinfectante más empleado en piscicultura, especialmente en la desinfección de estanques de tierra. Aplicada a las superficies, resulta barata y relativamente tolerable para el medio ambiente. La cal viva finamente molida es más económica y eficaz que la cal viva granulada y ejerce mejor acción sobre las superficies. La cal viva puede adquirirse en almacenes de productos agropecuarios. En los estanques pequeños de truchas se deposita ***sobre el fondo todavía húmedo*** con ayuda de guantes, una vez extraídos los peces y practicada la limpieza del estanque (Fig. 4.3).

Sólo mezclada con agua, en el llamado «apagado», se origina la lejía de cal de acción desinfectante. En las piscifactorías de carpas se recomienda la aplicación de cal apagada como cal hidratada = hidróxido cálcico ($Ca[OH]_2$) mediante barriles con bomba de vacío y agitador, o bien con utensilios especiales al efecto. Las bombas impulsoras tienen un alcanze aproximado de 50 m (13). ***¡Atención: la cal apagada ejerce acción corrosiva sobre los metales!*** La aplicación de cal viva con ventilador hoy ya no se admite, por el polvo de cal cáustico que se dispersa. La dosis para el encalado desinfectante o de suelos oscila entre 0,1 kg/m$^2$ en las piscifactorías de carpas en estanques muy grandes (corresponde a 1 t/ha) y 1-3 kg/m$^2$ en pequeños estanques de carpas y en las piscifactorías de truchas. Para desinfectar a continuación de un brote epizoótico, se recomienda espolvorear primero el suelo húmedo del estanque con 1 kg/m$^2$, para mantener luego el agua estancada lo más alta posible y añadir cal viva hasta alcanzar un pH de 12,0-12,5. El agua del estanque se mantiene inmóvil hasta que se neutraliza la cal apagada de manera natural en el curso de 2-3 semanas (21). Al peparar la dosis necesaria, el calor producido en el apagado de la cal viva como efecto desinfectante es de importancia secundaria en comparación con la acción de la lejía. La acción desinfectante sobre el limo es con entera seguridad menor de lo que se creía antaño. La biología de un estanque se estimula con sorprendente rapidez después de un encalado con cal viva. De acuerdo con la cantidad aplicada, trabajando con aguas de dureza media o alta deben transcurrir unas pocas semanas para volver a detectar pequeños seres vivos. El pH debe descender de 8,5; sólo entonces puede volverse a poblar el estanque con peces sin peligro, y abrirse la corriente de agua sin que sufra daño el depósito de entrada. En zonas con aguas de baja dureza, el empleo de cal viva sólo debe llevarse a cabo con grandes precauciones. En este caso es absolutamente necesario efectuar mediciones de control del pH hasta comprobar la neutralización del agua alcalinizada. En ocasiones, en pequeños estanques dedicados a la cría de truchas en estas regiones es preciso neutralizar el agua de forma gradual con ácido clorhídrico sin dejar de controlar los valores de pH.

Un punto intermedio entre terapéutica y desinfección lo constituye el llamado ***encalado de verano***, que tiene por finalidad combatir las algas y mejorar la ecología del estanque. Con dosis de 50 kg/ha en las explotaciones de truchas y de 50-200 kg/ha en las de carpas, puede llevarse a cabo en los estanques revestidos y poblados de peces una lucha contra las algas a intervalos de dos a tres semanas durante la fase de desarrollo estival. Sin embargo, una buena acción algicida sólo se consigue sobre el fitoplancton. Las algas filamentosas, tras una transitoria atenuación consecuente al encalado, al final resultan más bien estimuladas. Con la utilización regular de cal viva, pueden desdoblarse también grandes acúmulos de limo del estanque. En cambio, en los estanques cubiertos, con fondo pobre en nutrientes y reducido aporte de materia orgánica, para conservar esta escasa capa productiva de limo es mejor renunciar al encalado de verano como medida rutinaria, que quedará reservada sólo como último recurso para combatir proliferaciones excesivas de algas.

El ***cloruro cálcico*** es un desinfectante muy eficaz y antaño frecuentemente utilizado en la industria piscícola en la lucha contra las algas y la necrosis branquial de las carpas. Al introducir cloruro cálcico en el agua se libera cloro, que ya en bajas concentraciones resulta tóxico para los peces

**Fig. 4.3** Distribución manual de la cal en estanques pequeños.

y demás organismos acuáticos. Por esta razón, el cloro se considera sustancia peligrosa para el agua. Por añadidura, en presencia de materia orgánica del agua se forman en medio alcalino hidrocarburos clorados, sobre todo cloroformo (17), con el peligro de que queden residuos en los peces, lo que perjudica su condición de alimento. Por estas razones, y atendiendo a las cantidades de cloruro cálcico necesarias para desinfectar los estanques, ***el empleo de cloruro cálcico está prohibido*** en las explotaciones piscícolas.

El ***nitrato de cal*** se utiliza a la vez como desinfectante y abono. Por ello, puede adquirirse en los almacenes de productos agrícolas, siendo más caro que la cal viva. El cloruro de cal sirve especialmente para combatir los gusanos tubulados del barro (tubífidos), los transmisores de enfermedades esporozoarias como v.gr., el causante de la enfermedad del torneo (mixosomiasis) o el responsable de la enfermedad proliferativa renal de los salmónidos (PKD). También se aplica a los fondos húmedos de los estanques en la cantidad de 500-1.000 $g/m^2$. Luego se deja reposar el estanque lleno de agua hasta que aparezca zooplancton nuevo. Este proceso puede durar varias semanas (por término medio, 2-3). Sólo entonces pueden volverse a conectar los estanques al depósito de entrada (agua corriente) sin peligro. En la manipulación tanto del cloruro de cal como de la cal viva y la cal apagada deben adoptarse especiales precauciones de protección laboral (punto 4.9).

En la Tabla 4.1 se incluye un resumen de los desinfectantes utilizados habitualmente en las piscifactorías, de sus áreas de empleo y dosificación. Asimismo, la Asociación Alemana de Medicina Veterinaria (DVG) publica regularmente en la revista «Deutsches Tierärzteblatt» listas de desinfectantes aprobados para desinfectar superficies en las explotaciones animales e industrias alimentarias. Aquí se incluyen preparados resultantes de la combinación de diversas sustancias, como alcoholes, aldehídos, fenoles y compuestos de amonio cuaternario, mezclados con productos lavadores. En lo referente a desinfectantes a utilizar en la industria piscícola, debe tenerse muy en cuenta que los desinfectantes fenólicos son inadecuados para explotaciones con peces vivos, debido a su toxicidad para éstos. ***Compuestos de amonio cuaternario*** como Actomar B 100 o Mefarol se vienen utilizando desde hace largo tiempo en parte para la desinfección de utensilios y en parte como medicamentos contra enfermedades bacterianas inespecíficas de las branquias. Los ***desinfectantes que contienen aldehídos*** empleados en la desinfección de superficies son altamente eficaces en general, pero si no se adoptan medidas protectoras y no se ventilan luego bien los locales tratados, pueden resultar problemáticos para el usuario debido a su reiterado carácter cancerígeno.

El empleo hasta ahora habitual de desinfectantes en las explotaciones piscícolas para reducir la tasa de gérmenes presentes en el agua, con objeto de prevenir las inflamaciones bacterianas de las branquias en los alevines de salmónidos, resulta ***extraordinariamente controvertido y dudoso***, y, desde el punto de vista piscícola, hasta el presente continúa sin estar bien regulado. De acuerdo con la Ley de Medicamentos (legislación germana), las sustancias como las portadoras de yodo, productos químicos que desprenden oxígeno naciente (peróxidos) o cloraminas, utilizadas en las explotaciones piscícolas en forma de baños, se consideran automáticamente medicamentos. Sin embargo, en Alemania no se permite generalmente el uso de desinfectantes como medicamentos para peces. Como único recurso, al veterinario le queda la posibilidad de hacer una «adaptación», cuando la sustancia está autorizada en alguna otra especie animal de explotación. Sin embargo, esto sólo puede realizarse como máximo, de acuerdo con los conocimientos actuales, con un preparado de cloramina, autorizado para bóvidos como desinfectante de pezones.

El ***formaldehído***, muy apreciado en la UE, cuenta con grandes ventajas para los peces. Existe en la Naturaleza como resultado de procesos biológicos de combustión incompleta, utilizándose también directamente en los peces como medicamento en virtud de su fácil desdoblamiento biológico en agua y $CO_2$ pasando por ácido fórmico, de acuerdo con la Autorización Estándar de 6 de octubre de 1993. Aun cuando la formalina está básicamente permitida por la Autorización Estándar para aplicarse a peces de explotación industrial, esta utilización de la formalina no se lleva a cabo en la actualidad debido a falta de referencias (ausencia de fabricantes responsables).

La formalina se utiliza como desinfectante al 3-4%. La solución acuosa de formaldehído al 36% (***formalina***) que puede adquirirse en el mercado y está en los botiquines caseros con productos veterinarios, debe diluirse al 4% para preparar una solución desinfectante. Si se diluyen 4 partes de formalina al 36% con 32 partes de agua, se obtiene una solución de formalina al 4% (v.gr., 4 litros de formalina al 36% y 32 litros de agua forman 36 litros

**Tabla 4.1** Desinfectantes químicos para explotaciones piscícolas.*

| **Área de empleo** | **Desinfectante** | **Técnica de aplicación** | **Dosis** | **Tiempo de actuación** |
|---|---|---|---|---|
| Desinfección de estanques | Cal viva | Esparcir | 1-3 kg/m² (truchas)<br>0,1 kg/m² (carpas) | Mínimo 24 horas |
| Encalado de verano | Cal viva<br>Cal apagada | Esparcir<br>Rociar | 50 kg/ha (truchas)<br>100-200 kg/ha (carpas) | Baño del estanque cada 3 semanas |
| Desinfección de estanques | Nitrato de cal | Esparcir | 0,5-1 kg/m² (truchas)<br>ó 2 t/ha (carpas) | Mínimo 24 horas |
| Desinfección de pilas y utensilios | Formalina al 36% | Pulverizar/ barreños | 3-5% | 2-4 horas |
| Desinfección de pilas y utensilios | Lejía de sosa | Pulverizar/ barreños | 2% | 24 horas |
| Desinfección de utensilios | Cloramina T | Barreños | 3% | Mínimo 2 horas |
| Desinfección de utensilios | Actomar B 100/<br>Actomar K 30<br>y otros productos de la Lista DVG | Pulverizar/ barreños<br>Pulverizar/ barreños | 1-2% | Mínimo 2 horas |
| Desinfección de huevos | Actomar K 30 | Baño inmersión o lavar en circulación | 15 ml/l (huevos salmónidos),<br>15 ml/l (huevos lucio) | 20 minutos<br>10 minutos |
| Desinfección de huevos | Verde malaquita-oxalato | Lavar en circulación | 1-5 g/m³ | 1 hora |
| Desinfección de huevos | Formalina al 36% | Lavar en circulación | 1-2 ml/l | 15-30 minutos |

* Referencia: 8.

de de formalina al 4%, y, en esta proporción, muchos litros más). La formalina no es eficaz como desinfectante a temperaturas por debajo de 10°C. Entonces se forma un abundante sedimento blanco, el ***paraformaldehído***, que por su parte es tóxico para los peces (19; Capítulo 1).

Como alternativa de la formalina, a bajas temperaturas puede utilizarse también como desinfectante la ***lejía de sosa*** al 2% (v.gr., 20 g de sosa cáustica en 1 litro de agua), que es un desinfectante de muy buen precio. Debido a la muy intensa acción cáustica de la lejía de sosa, conviene citar aquí especialmente el punto dedicado a la protección laboral (punto 4.9), en el que se detalla la protección de las vías respiratorias, ojos, piel y ropas. La solución de greda al 75% existente en el comercio puede diluirse para preparar lejía de sosa al 2%. Si se mezclan 2 partes de solución de greda al 75% con 73 partes de agua, se obtiene lejía de sosa al 2% (v.gr., 2 litros de solución de greda y 73 litros de agua proporcionan 75 litros de lejía de sosa al 2%, y, en esta proporción, los litros deseados).

El yodo es un acreditado desinfectante en Medicina, pero resulta extremadamente tóxico para los peces. Con la creación de los ***compuestos yodados***, mezcla de compuestos de yodo y sustancias lavadoras, se hizo posible la utilización del yodo como eficaz desinfectante en la cría de peces. El preparado Actomar K 30 (DESAG AG, CH-4107, Ettingen) se utiliza tanto para la desinfección de utensilios como de huevos de salmónidos y lucios. El fabricante asegura la reducción de gérmenes en las aguas utilizadas en las explotaciones industriales de peces. Sin embargo, este empleo en las piscifactorías no ha sido autorizado todavía en Alemania. La Tabla 4.1 incluye datos sobre dosis para desinfectar los huevos.

Tanto el verde malaquita como el cristal violeta son ***colorantes orgánicos*** utilizados desde hace largo tiempo en las explotaciones piscícolas para combatir los mohos que atacan a los peces y sus huevos, así como en la lucha contra parásitos externos unicelulares. Sin embargo, estos colorantes y sus metabolitos dejan residuos de larga duración en los peces, por lo que en Alemania sólo se autoriza el empleo de malaquita en la desinfección de huevos. De las sales del verde malaquita que exhiben la mínima toxicidad para los peces, como el cloruro de verde malaquita y el oxalato de verde malaquita, se suele utilizar este último, cuya dosis para la desinfección de huevos se incluye en la Tabla 4.1.

En la biliografía americana se describe el empleo de ***ozono*** en la esterilización de las aguas que abastecen las piscifactorías, método que, por otra parte, resulta extremadamente costoso (26), por lo que hasta el presente no se ha popularizado en Alemania. En cambio, en Europa se utiliza este procedimiento en el tratamiento del agua potable.

Las ***cloraminas***, como la cloramina T (G. Ruff GmbH, D-87700 Memmingen), se utilizan desde hace mucho tiempo en la industria piscícola, tanto al 3% en la desinfección de utensilios, como también para la profilaxis de las inflamaciones de las branquias en forma de baños en la cría de salmónidos (disminución de la tasa de gérmenes en el agua, punto 4.4.1). Debido a ser una amenaza para el medio ambiente (punto 4.10), se impone la búsqueda de sustancias inocuas como productos sustitutivos.

### 4.4.2 Desinfección física

Contra muchos microorganismos acuáticos, siempre que no produzcan esporas como formas de resistencia, la ***desecación*** y la acción directa de los ***rayos solares***, y las radiaciones ultravioleta contenidas en éstos, proporcionan la desinfección más sencilla y económica de los estanques piscícolas. Este efecto se produce naturalmente al aire libre.

La aplicación de rayos ***UV artificiales*** para desinfectar el agua sólo es recomendable en viveros de incubación e instalaciones en circuito. El agua a irradiar debe ser muy clara, y también filtrada mecánicamente sobre todo en las instalaciones en circuito. La eficacia de tales instalaciones de irradiación se mide atendiendo a su capacidad desinfectante en litros por minuto, lo que justifica o no la procedencia de su instalación. La posibilidad de utilizar una instalación tan costosa requiere un asesoramiento individual y detallado que excede del marco de este capítulo.

El empleo de aparatos limpiadores de alta presión con ***chorro de vapor*** para desinfectar con el calor se limita a la limpieza y desinfección de grandes superficies y objetos y no requiere ninguna aclaración más.

En los correspondientes apartados dedicados a la limpieza se citan los campos de empleo de esta técnica.

El ***flameado*** llevado a cabo con fines desinfectantes de la vegetación que prospera en los terraplenes de los estanques, nunca ha alcanzado importancia práctica en piscicultura.

### 4.4.3 Zona de incubación

Las posibilidades básicas de desinfección de los estanques de incubación ya se han descrito entre los apartados 4.4 y 4.4.2. Una particularidad la constituye, sin embargo, la desinfección de los huevos de salmónidos. Para conocer el estado de esta cuestión en lo referente a huevos de especies distintas de los salmónidos, remitimos al lector una vez más al punto 4.3.2.1.

El temible enmohecimiento de los huevos muertos durante el largo desarrollo de los huevos de salmónidos, puede evitarse químicamente. A tal fin se utilizan productos yodados (yodóforos), el verde malaquita y la formalina. La Tabla 4.1 informa sobre el tipo de empleo de estos productos. Los yodóforos sólo se utilizan principalmente en los llamados huevos verdes, por tanto, unas dos horas tras la fertilización cuando los huevos aparecen imbibidos o endurecidos, hasta el máximo de un día a continuación de la fecundación, o bien en el llamado estadio del punto ocular. La aplicación de yodóforos en la fase intermedia, provoca la muerte de los huevos. En cambio, el verde de malaquita y la formalina pueden utilizarse también durante esta etapa. Como la desinfección de los huevos sólo actúa superficialmente, persisten gérmenes patógenos en los huevos, como los agentes causales de la necrosis pancreática infecciosa (IPN) o la enfermedad renal bacteriana (BKD), que no se ven afectados.

### 4.4.4 Otros

Las posibilidades de desinfectar los contenedores, medios de transporte y utensilios, así como los locales de faenado y de venta de peces comestibles, ya se han descrito en el punto 4.4. Los útiles de pequeño tamaño se desinfectan mejor por medios químicos en barreños de plástico adecuados. Sobre la Lista DVG de desinfectantes, se volverá a tratar más adelante.

La desinfección de los estanques de tierra de explotaciones piscícolas de carpas y truchas, ya se ha mencionado en el punto 4.4.1. Los estanques de tierra dedicados a la producción de carpas suelen tener gran superficie, midiendo hasta 30 ha y más. Como desinfectantes de superficie se utilizan la cal viva y el cloruro de cal.

La desinfección de estanques de cemento de gran superficie de establecimientos de elevada producción de salmónidos se consigue mejor técnicamente con aparatos limpiadores a presión o, en pequeño formato, con pulverizadores de árboles frutales. Como desinfectante sirve muy bien una solución de formaldehído al 3-5%. El formaldehído se desdobla en agua completamente en $CO_2$ y agua. El tiempo de actuación del formaldehído debe ser como mínimo de 2 horas, es decir, que es mejor llevar a cabo al día siguiente el enjuagado o el llenado de las tinas. Antes de volver a introducir peces deben realizarse como mínimo tres cambios de agua o esperar a que desaparezca el olor a aldehído. Las redes de los cercos reticulares pueden también pulverizarse con formaldehído.

¡Cuando se practique la desinfección con cal apagada o lejía de sosa, debe esperarse a la neutralización del agua que contenga lejía, o bien llevar a cabo dicha neutralización!

## 4.5 Limpieza y desinfección de los vehículos de transporte

En la legislación europea (RL 91/67/EWG de 28 enero 1991, modificada luego por la RL 97/79/EG de 18 diciembre 1997 [3], así como la RL 98/45/EG de 24 junio 1998 [9] ) y su interpretación nacional, la nueva versión de la Orden de Epizootias Piscícolas de 17 agosto 1998 (10), se describe la desinfección regular de los vehículos de transporte, especialmente en el tránsito de peces vivos por regiones o establecimientos exentos de enfermedad. Para la realización técnica de esta medida, existen básicamente dos opciones:

1. El establecimiento tiene que practicar la medida con tanta frecuencia, que hay que eliminar grandes cantidades de residuos de desinfectante. En tal caso, es recomendable habilitar una sala de lavado y desinfección con las debidas instalaciones de desagüe. Las normas que deben imperar en estas operaciones serán reguladas por el Departamento Controlador de Aguas competente.
2. La medida necesaria sólo debe llevarse a cabo ocasionalmente, pues en otro caso el depósito de entrada se vería sobrecargado y el funcionamiento de una estación de limpieza y desinfección resultaría antieconómico. En tal caso hay que recurrir a una firma especializada debidamente capaz. En particular los grandes mataderos pueden dar información sobre estas firmas especializadas (punto 7.3).

## 4.6 Eliminación de cadáveres

En una explotación masiva de animales, como las que practican la cría de peces, siempre se producen cadáveres o partes de éstos procedentes del eviscerado de los peces comestibles. De acuerdo con la Ley de Eliminación de Cadáveres de 1975, los peces muertos y los residuos de eviscerado deben reunirse y eliminarse de forma inocua (1). En especial las grandes cantidades de cadáveres, como las que se producen con ocasión de enfermedades o alteraciones del agua en la lucha contra epizootias, deben ser retiradas por empresas eliminadoras de cadáveres. Los cadáveres pueden enterrarse como mínimo a 50 cm de profundidad, fuera del alcance de los zorros, aunque esta solución queda reducida a explotaciones de pequeños estanques y de hobby.

## 4.7 Control higiénico

Con la versión nacional de la Norma de Higiene de los Alimentos 93/43/EWG (4), el legislador prescribe para los establecimientos que fabrican, elaboran y transforman alimentos ciertos requisitos mínimos de autocontrol higiénico, orientados hacia los principios de los HACCP (7). Grandes establecimientos, como ahumaderos y manipuladores de pescado comestible, no podrán ya competir en el futuro sin el proyecto y puesta en práctica de un plan HACCP. El diseño y cumplimiento de un programa de este tipo requiere por lo general el asesoramiento cualificado y competente de entidades especializadas en higiene de los alimentos.

## 4.8 Defensa contra animales nocivos

Una de las principales vías de contagio de enfermedades infecciosas de los peces son las heridas provocadas en éstos por aves depredadoras. Se trata principalmente de cormoranes, garzas, gaviotas, cuervos marinos y patos como ánades silvestres y otros, que lesionan a los peces en ataques fallidos y les inoculan en las heridas gérmenes patógenos que llevaban en los bordes y relieves del pico. El proceso lo completa luego la Naturaleza, ya que, al cabo de un período de incubación de 4-5 días, el ave depredadora dispone de presas fáciles en forma de peces enfermos. Para un criador de peces en estanques que quiera proteger sus efectivos de enfermedades infecciosas epidémicas, los ataques de las aves de presa constituyen, pues, un peligro evidente. En el caso de las explotaciones de truchas, la protección más segura contra estos ataques está en la cubrición de los estanques (montaje profesional de las piscifactorías). De esta manera se consigue mantener apartados el 80-90% de los visitantes indeseables (15, 24). Pero esta técnica no es de aplicación en las explotaciones de carpas de gran superficie, con la excepción de pequeños estanques de estancia e invernación. Aquí sólo sirve, por desgracia, disparar a las aves. Sin embargo, en muchas regiones federales alemanas existe hace mucho tiempo una excepción que impide disparar a los cormoranes, de acuerdo con la legislación germana protectora de la Naturaleza. Ninguno de los intentos realizados hasta el presente con dispositivos que espanten o ahuyenten las aves se ha manifestado duradero y eficaz. Las medidas higiénicas como la limpieza y desinfección resultan infructuosas en las explotaciones piscícolas, si el establecimiento no puede mantenerse realmente libre de estos animales transmisores de enfermedades.

## 4.9 Protección en el trabajo

La protección laboral en piscicultura durante la limpieza y desinfección se refiere sobre todo a prevención de resbalones en suelos lisos, y, en el caso de las desinfecciones, a los problemas que plantea el manejo seguro de ácidos, álcalis y otros aerosoles y polvos cáusticos o tóxicos por otros conceptos. La protección laboral se limita en buena medida al empleo de ropas protectoras adecuadas, como botas de goma antideslizantes, trajes protectores contra la suciedad y sustancias químicas cáusticas, así como pantalones y blusas impermeables. La protección de las manos contra el frío y los productos químicos irritantes para la piel, se consigue con guantes de goma de los más variados modelos. Especialmente cuando se pulverizan desinfectantes como la formalina o ácidos y álcalis cáusticos, hay que proteger la cara, ojos y vías respiratorias; en locales cerrados es imprescindible utilizar máscaras antigas. Unas gafas protectoras únicamente y una mascarilla respiratoria de papel o un tapabocas no constituyen en estos casos defensa suficiente. Al aplicar nitrato de cal, también hay que proteger bien cara y manos. Además, como mínimo 48 horas después de trabajar con nitrato de cal no se debe beber alcohol, pues en otro caso pueden producirse impresiones desagradables, como sensación de calor, mareos y disnea. En los casos graves hay que acudir al médico. Si se producen quemaduras químicas, la principal medida inmediata es lavar con agua abundante. A continuación se llamará al médico inmediatamente, o, si resultaron lesionados los ojos, al oftalmólogo. Debe poderse facilitar el nombre del desinfectante utilizado. Si es caso, procede enseñar al médico un envase vacío del producto empleado.

En los lugares de depósito y al manejar sustancias peligrosas, deben colocarse bien a la vista las instrucciones de seguridad aportadas por el fabricante del producto, y el personal especialmente instruido será informado ampliamente al respecto.

## 4.10 Protección del medio ambiente

Como consecuencia tanto de la limpieza como de la desinfección, puede alterarse la biología de los depósitos de peces cuando se procedió de manera descuidada. Sobre todo en la limpieza de grandes superficies de estanques y pilas pueden acceder a los estanques grandes cantidades de sustancias nocivas. De acuerdo con la Ley del Agua Para Consumo Doméstico (6, 7) y la Orden Administrativa General 29. (29. Agua residual VwV, 2) referente a los requisitos mínimos para verter aguas residuales en cursos de agua (explotación intensiva de peces), en combinación con la Ley de Vertido de Aguas Residuales y la Ley de Aguas de Baviera (BayWG, 5), v.gr. en Baviera se estipula lo que está permitido en las piscifactorías y lo que no está autorizado. En lo referente a medidas permitidas en las explotaciones piscícolas, aquéllas no pueden originar ningún daño biológico a los estanques. Ya en el siglo XVI, el gran médico alemán, naturalista y filósofo Paracelso (1538) señaló la dependencia existente entre dosis y efectos. Sin embargo, en lo concerniente a tratamiento, manifestó: ***Todas las sustancias son veneno y nada hay sin veneno; sólo la dosis hace que una sustancia no sea veneno.*** Esto, expresado en términos simplificados, significa que se actúa prudentemente tanto en la limpieza de estanques con grandes cantidades de lodo circulante, que se recoge en estanques de sedimentación, como también adaptando este criterio al empleo de desinfectantes químicos.

## 4.11 Problemática de los residuos

Una preocupación siempre creciente de los consumidores, induce al legislador a publicar leyes que protejan la salud de los consumidores de alimentos de origen animal.

La disposición competente que regula los alimentos en Alemania es la Ley de Alimentos y Artículos de Primera Necesidad de 1993, así como la Orden de Cantidades Máximas de Residuos en su versión vigente.

En virtud de la completa apertura que experimentó el mercado europeo interior el 1.1.1993, se ha hecho necesaria la coordinación de todas las disposiciones legales de los países miembros de la UE. Según el estado actual de las prescripciones legales, existen disposiciones sobre el empleo de medicamentos animales, pero no se dispone todavía de ninguna disposición que regule los residuos de productos limpiadores y desinfectantes en alimentos de origen animal. Sin embargo, debe partirse de que también estos grupos de sustancias están sujetos todavía a valores límite o prohibiciones legales.

## 4.12 Referencias bibliográficas

1 N. N., (1975): Gesetz über die Beseitigung von Tierkörpern und tierischen Erzeugnissen (Tierkörperbeseitigungsgesetz - TierKBG) vom 2. September 1975 (BGB1. I S. 2313, ber. S. 2610). In: GEISSLER et al. E-3.1-3.3. (16)

2 N. N., (1983): Neunundzwanzigste Allgemeine Verwaltungsvorschrift (29. Abwasser VwV) über die Mindestanforderung an das Einleiten von Abwasser in Gewässer (Fischintensivhaltung) vom 13. September 1983 (GMB1 S. 398)

3 N. N., (1991): Richtlinie des Rates RL 91/67/EWG vom 28. Januar 1991 zuletzt geändert durch die Richtlinie des Rates RL 97/79/EG vom 18. Dezember 1997 betreffend die tierseuchenrechtlichen Vorschriften für die Vermarktung von Tieren und anderen Erzeugnissen der Aquakultur. In: GEISSLER et al. F-8.1. (16)

4 N. N., (1993): Richtlinie des Rates RL 93/43/EWG über Lebensmittelhygiene vom 14. Juni 1993. In: SPINDLER, G. und B. THEURER, E II 100, 1-20 (25)

5 N. N., (1995): Bayerisches Wassergesetz (BayWG) in der Fassung der Bekanntmachung vom 19. Juli 1994, geändert durch Gesetz vom 26. Juli 1995 (GVB1 S. 353)

6 N. N., (1996a): Gesetz zur Ordnung des Wasserhaushaltes (Wasserhaushaltsgesetz - WHG) vom 23. September 1986, in der Fassung der Bekanntmachung vom 12. November 1996 (BGB 1 S. 1695)

7 N. N., (1996b): Fragen und Antworten zum Hazard Analysis and Critical Control Point (HACCP)-Konzept. Eine Information des Bundesinstituts für gesundheitlichen Verbraucherschutz und Veterinärmedizin, BGW, Berlin. November 1996
8 N. N., (1997): Mittel und Verfahren für die Durchführung der Desinfektion bei anzeigepflichtigen Tierseuchen. Richtlinie des Bundesministers für Ernährung, Landwirtschaft und Forsten (331/322-3602-19/1-Stand Februar 1997). In: GEISSLER et al., B-l.lb.(16)
9 N. N., (1998a): Richtlinie des Rates RL 98/45/EG vom 24. Juni 1998 zur Änderung der Richtlinie 91/67/EWG betreffend die tierseuchenrechtlichen Vorschriften für die Vermarktung von Tieren und anderen Erzeugnissen der Aquakultur (AB1. L 189 vom 3.7.1998, S. 12)
10 N. N., (1998b): Bekanntmachung der Neufassung der Fischseuchenverordnung vom 17. August 1998. In: GEISSLER et al., B-26.1.(16)
11 BANK, O. und G. JENS (1976): Fischzucht -Lehrbuch für Züchter und Teichwirte. Paul Parey, Hamburg und Berlin
12 BAUR, W. H. und J. RAPP (1988): Desinfizieren in der Fischzucht. In: Gesunde Fische. Paul Parey, Berlin und Hamburg
13 BOHL, M. (1982): Zucht und Produktion von Süßwasserfischen. DLG, Frankfurt (Main)
14 BOHL, M. (1985): Aquakultur in der Bundesrepublik Deutschland - Begriffe, Intensitätsstufen, Produktionsverfahren. Österreichs Fischerei, **38,** 51-57
15 BOHL, M. (1997): Erfahrungen mit der Abwehr fischfressender Vögel, insbesondere Kormorane, in der Wielenbacher Versuchsanlage. Fischer und Teichwirt, **48,** 242-246
16 GEISSLER, A., A. ROJAHN und H. STEIN (1998): Sammlung tierseuchenrechtlicher Vorschriften. R. S. Schulz, Starnberg
17 GRAF, E. and M. BOHL (1990): Impact of Calcium Hypochlorite on the Biocoenosis and Water Chemistry in Carp Pond. Proceedings of FAO-EIFAC Symposium on Production Enhancement in Still-Water Pond Culture, Prague, May 15-18
18 HOFMANN, J., F. GELDHAUSER und P. GERSTNER (1987): Teichpflege. In: Der Teichwirt. Paul Parey, Berlin und Hamburg
19 HOWE G. E., L L MARKING; T. D. BILLS and T. M. SCHREIER, (1995): Efficacy and Toxicity of Formalin Solutions Containing Paraformaldehyde for Fish and Egg Treatments. The Progressive Fish-Culturist, **57,** 147-152
20 JENS, G. (1973): So zieht man Forellen. Paul Parey, Hamburg und Berlin
21 RAPP, J. (1992): Praktische Erfahrungen mit der Desinfektion in der Forellenzucht. Fischer & Teichwirt, **43,** 79-81
22 REICHLE, G. (1996): Zur Funktion und Technik des Bruthauses in der Teichwirtschaft. Fischer & Teichwirt, **47,** 38-41
23 SCHAEPERCLAUS, W. (1990): II. Therapie von Fischkrankheiten, 6. Desinfektionsmittel. In: Fischkrankheiten Teil 1. Akade-mie, Berlin
24 SCHLOTFELDT, H. J. (1992): Die Teichuberspannung - ein verlässlicher Schutz gegen die Obertragung von Krankheiten aus der Luft. Fischer und Teichwirt **43,** 82-84
25 SPINDLER, G. und B. THEURER (1994): Fleischhygiene-, Geflügelfleischhygiene-und Lebensmittelrecht. W. Kohlhammer, Stuttgart
26 TORGERSEN, Y. and T. HAESTEIN (1995): Disinfection in aquaculture. Rev. sci. tech. Off. int. Epiz., **14** (2), 419-434

# 5 Higiene de los piensos

EBERHARD HEIDENREICH

La fabricación industrial de piensos –preferentemente de piensos compuestos– se inicia con la entrada y depósito de las materias primas (cereales, semillas oleaginosas, leguminosas, triturados de extracción, subproductos, etc.) en la planta fabricante de los piensos compuestos. El almacenado en buenas condiciones sanitarias de estas materias y de los productos con ellas elaborados, así como la descontaminación preventiva asociada a los métodos de fabricación de los piensos compuestos, son operaciones esenciales de toda empresa dedicada a esta actividad. Puntos de partida obligados para el tratamiento integrado de los parásitos y de un eficaz régimen higiénico, son evitar las pérdidas de materiales y la responsabilidad de la seguridad de los productos.

## 5.1 Especificaciones

Las especificaciones de un régimen higiénico eficaz en la fabricación de piensos compuestos se refieren como mínimo a los siguientes aspectos:

- Protección fiable de los animales y personas tomando en consideración las interrelaciones de la alimentación humana y la animal.
- Aprovechamiento óptimo y mejora de materias primas de desarrollo natural y subproductos del tratamiento de materias primas agrícolas, en el sentido de aprovechamiento de recursos, equilibrio económico y reducción de pérdidas al mínimo.
- Sensibilidad, sentido práctico y rentabilidad.

Aquí debe tenerse en cuenta que un exceso de requisitos más bien aumenta que reduce los riesgos. Así, por ejemplo, la exigencia de que los piensos compuestos estén exentos de salmonelas es tanto más dudosa cuanto que de los 2.000 tipos de salmonelas conocidos sólo unos pocos son peligrosos. La descontaminación selectiva de microorganismos queda en parte fuera de un criterio práctico, y no es el objetivo de la fabricación obtener piensos compuestos microbiológicamente muertos. También el concepto excesivamente amplio de esterilización debe inducir a dudas, ya que bajo este término se entiende la destrucción o eliminación de *todos* los microorganismos, incluidas esporas bacterianas y virus. Por esta razón, el aparato que sólo reduzca el número de gérmenes no debe llamarse esterilizador. Pero como no se distingue entre concentraciones de gérmenes permitidas y no permitidas, existe el peligro de que no resulten eficaces las medidas preventivas adoptadas.

A la cabeza de las especificaciones está asegurar la inocuidad higiénica, concepto esencial a la hora de valorar un pienso compuesto y que viene definido por cuatro grupos de exigencias (10):

- Exigencias referentes a la fisiología de la nutrición (v.gr., componentes naturales, nutrientes, aditivos y suplementos, contenido energético, disponibilidad y digestibilidad de los nutrientes, propiedades organolépticas).
- Exigencias de higiene e inocuidad sanitaria.
- Exigencias técnicas (v.gr., fluidez, estabilidad de las mezclas, capacidad de depósito, estabilidad de los gránulos, comportamiento en la producción de polvo, acción de deterioro).
- Exigencias de respeto al medio ambiente (v.gr., emisión de polvo y olores durante la fabricación, contaminación de suelos y aguas subterráneas con residuos de fósforo y nitrato en forma de excretas animales (purín).

Las exigencias de higiene e inocuidad sanitaria deben cumplirse con las mejores medidas posibles, independientemente del grado de calidad de un pienso compuesto.

Resulta problemática la costumbre de utilizar la característica de calidad «sano y apto para el mercado» en las transacciones comerciales tanto de materias primas como de piensos compuestos. Por diversas razones, no existe ninguna exigencia mínima legal en lo referente a calidad higiénica expresada en términos cuantitativos. De aquí que las especificaciones habituales se refieran únicamente tanto a la limpieza de los vegetales como a su inocuidad microbiana y química, con objeto de evitar mayormente en las materias primas y en los piensos alteraciones biológicas y/o químicas, así como la multiplicación de microorganismos. La existencia de estas alteraciones:

- Origina grandes pérdidas de materias primas y piensos preparados (v.gr., infestación por plagas; 22).
- Contribuye a mermar la calidad y deteriorar las materias primas y piensos compuestos (v.gr., transmisión de gérmenes, asentamiento de microbios, hongos, estreptomicetos; 3).
- Genera productos metabólicos que hacen inadmisibles a materias primas y piensos compuestos, a los que cargan de peligrosas toxinas, pudiendo provocar enfermedades en animales y personas, alterando el caudal hereditario e incluso causando la muerte (v.gr., mohos, toxinas de *Fusarium* y otras micotoxinas; 26).
- También puede actuar como fuente de contagio de enfermedades de animales y personas (v.gr., salmonelas patógenas, *Escherichia coli*), cuyo curso también puede tener desenlace mortal.

En la valoración de los peligros químicos, deben tenerse en cuenta asimismo posibles acciones sobre los operarios que en la manipulación y tratamiento de los alimentos contactan con las sustancias peligrosas o están expuestos a las partículas pulverizadas de las mismas.

La presentación de contaminaciones higiénicamente inconvenientes o peligrosas y el nivel de amenaza que esto lleva consigo, desde el punto de vista de la fabricación resultan influidos principalmente por:

- Posibilidades de contacto de animales nocivos y portadores de gérmenes con materias primas y productos intermedios y terminados.
- Infestación y tasa microbiana de las materias primas recibidas.
- Condiciones de depósito (temperatura, humedad, tensiones parciales de oxígeno/dióxido de carbono, residuos almacenados largo tiempo, capacidad de limpieza).
- Eficacia de las medidas higiénicas necesarias, incluidas las limpiezas periódicas.
- Medidas preventivas y en desarrollo para combatir plagas y parásitos.
- Procesos continuados químicos y/o físicos (tecnológicos) de descontaminación preventiva.
- Medidas de conservación y prevención de reinfecciones.

Las materias primas infectadas, animales nocivos (v.gr., gorgojos, ratas, ratones, palomas, gaviotas, gorriones) y sus excrementos, aguas residuales, lodos de clarificación, purín, polvo, aire frío, residuos y deposiciones en las instalaciones, y también el personal tanto del establecimiento como extraño, pueden actuar bien como fuentes de contagio, bien como transmisores de infecciones indeseables. Esto es especialmente aplicable, asimismo, a las salmonelas. A este respecto debe tenerse en cuenta que, con temperaturas y humedades favorables, son posibles elevadas tasas de multiplicación microbiana, de manera que concentraciones de gérmenes no significativas pueden hacerse agresivas repentinamente. Por ello, es necesario adoptar muchas precauciones si se quiere evitar la acción de los muchos factores que amenazan la seguridad higiénica de la producción.

Los resultados de los estudios efectuados en el campo de los piensos compuestos muestran un cuadro de contaminaciones que se diferencia claramente de otras modalidades de amenazas que se presentan en la cadena de productos animales y que no da motivos para dramatizar el tema. Así, por ejemplo, en los piensos animales (harina de pescado, harina de huesos, harina animal) se han evidenciado con cierta frecuencia salmonelas que, como es sabido, desde hace largo tiempo han provocado complicaciones en la higienización de estos establecimientos fabricantes. En los piensos vegetales, sólo se conocen casos excepcionales de infecciones por salmonelas. Los serotipos identificados corresponden principalmente a *Salmonella senftenberg, allachua, agona* y otras, pero ninguno a *Salmonella enteritidis* o *typhimurium*, peligrosas para el hombre. Es indudable que estos hechos no deben provocar ninguna modificación de la responsabilidad básicamente higiénica en la fabricación de piensos compuestos, que es incuestionable y requiere medidas eficaces para combatir con efectividad infecciones fortuitas. Sin embargo, los estudios realizados no ratifican la opinión frecuentemente sostenida de que los piensos son la principal causa de salmonelosis (7, 25).

Hasta qué punto se cumplen las especificaciones citadas y resultan eficaces las medidas puestas en práctica, lo indicará la condición microbiológica (4) y el estado higiénico.

## 5.2 Estado higiénico de los piensos

En la descripción del estado de un producto pueden tomarse en consideración distintas aspectos, lo que implica atender a varias características lo más cuantificables posible (9). A menudo interesan los cambios de estado sustanciales ocasionados por los procesos de tratamiento. Para la evaluación de los procesos higienizantes, también es hecho esencial la variación de estado ocasionada por dichos procesos. Con demasiada frecuencia, la evaluación superficial de la eficacia higienizante de un proceso de tratamiento (v.gr., granulación, expansión, etc.) se realiza de manera que los gérmenes determinados antes del tratamiento (v.gr., salmonelas) están ausentes después de éste. Aun cuando estos resultados parezcan del todo satisfactorios, debe ser mucha la precaución desplegada al aplicarlos a otras condiciones distintas de las utilizadas.

La descontaminación de microorganismos sigue casi las conocidas leyes logarítimicas de la cinética de las reacciones químicas. Al evaluar la eficacia de una medida descontaminante, los resultados de una reducción procentual de gérmenes pueden por ello inducir a engaño. Por ello, las variaciones del estado higiénico obtenidas deben cuantificarse como tasas de descontaminación en potencias de 10. Así, v.gr., una descontaminación del 99% puede parecer muy eficaz, pero con esto se consigue una descontaminación de sólo dos potencias de 10 (v.gr., de 100.000 a 1.000 UFC/g*), y tasas de descontaminación de tres potencias de 10 deben considerarse como límite inferior de una eficacia suficiente. Por esto, la cuantificación de la variación del estado higiénico siempre debe efectuarse expresando en potencias de 10 la variación de la concentración de gérmenes obtenida en condiciones definidas. Admitiendo que el curso seguido por la reducción logarítmica de la concentración de gérmenes es proporcional al tiempo (Fig. 5.1), se introduciría el llamado valor D, que expresa el tiempo de actuación de procesado necesario para conseguir una reducción de gérmenes de una potencia de 10. Sin embargo, no siempre sucede en todos los procesos de descontaminación que un múltiplo del tiempo de actuación asegure el mismo múltiplo de eficacia en la tasa de descontaminación.

Independientemente de lo expuesto en la variación del estado higiénico, éste tiene en sí mismo especial importancia con tal de que pueda valorarse también la inocuidad o el potencial de amenaza para animales y personas, y puedan evaluarse posibles cambios de este estado por efecto de procesos no previstos (v.gr., tendencia al deterioro, multiplicación de gérmenes, formación de productos metabólicos tóxicos).

De aquí que en la evaluación del estado higiénico de los piensos también se utilice el concepto higiene-estatus. Para describir el estado higiénico de los piensos, hay que atender como mínimo a los siguientes extremos:

* UFC/g = Unidades formadoras de colonia por gramo de pienso.

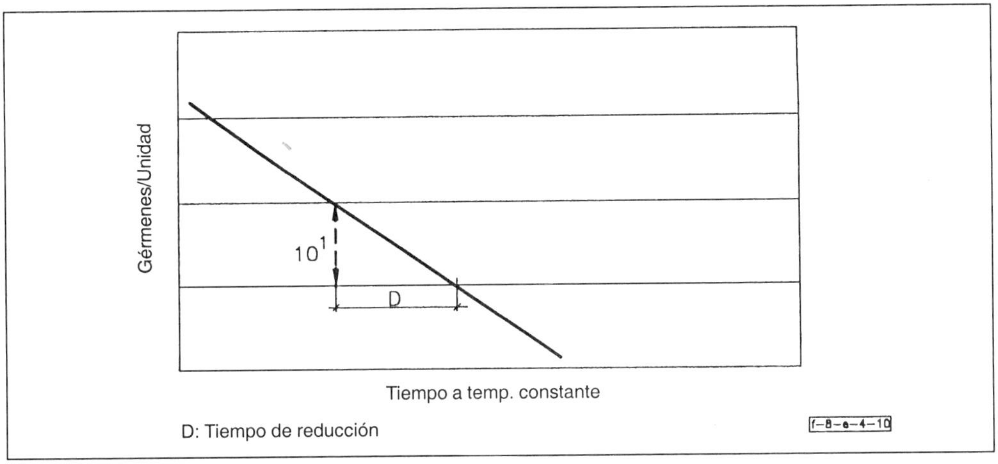


**Fig. 5.1** Definición del valor D para la descontaminación microbiana.

- Expresar la limpieza en lo referente a sustancias extrañas, animales parásitos, etc.
- Expresar el estado microbiológico, etc., mediante:
  - Concentración total de gérmenes en UFC/g.
  - Concentración de bacterias y hongos seleccionados (v.gr., salmonelas patógenas, *Escherichia coli*, levaduras y mohos).
- Expresar la carga presente de micotoxinas (v.gr., aflatoxina y otras toxinas de fusarios).
- Presencia de portadores de gérmenes y de eliminadores de éstos.

A veces, en la descripción del estado higiénico de los piensos se incluyen datos sobre posibles contaminaciones tóxicas por metales pesados y dioxina.

## 5.3 Régimen higiénico en la fabricación de piensos compuestos

El régimen higiénico o tratamiento integrado contra plagas es un componente imprescindible del programa de calidad de cualquier fábrica de piensos compuestos y pertenece a la documentación de los sistemas de fabricación certificada, como por ejemplo según la ISO/DIN 9000 ff (12). El régimen higiénico de una fábrica de piensos compuestos debe comprender todas las medidas y preceptos higiénicos, responsabilidades concretas, y controles necesarios para asegurar la calidad higiénica de los piensos, desde el ingreso y aceptación de las materias primas, pasando por la fabricación del pienso compuesto, hasta el consumo de éste. La documentación del régimen higiénico y las apuntaciones alusivas a la realización de medidas y controles, son al mismo tiempo comprobantes esenciales del cumplimiento de las obligaciones sanitarias.

La mayoría de estas medidas tiene carácter preventivo, para evitar alteraciones y eliminar en lo posible peligros. Además, el actual estado de conocimientos no permite todavía una análitica adecuada de las características esenciales del estado higiénico, de manera que, a la vista del tráfico de sustancias relativamente elevado que tiene lugar en la fabricación de piensos compuestos (10 a 30 t/h) y del tiempo que hace falta v.gr., para determinar mediante análisis los gérmenes presentes, los resultados de las investigaciones realizadas a este respecto suelen llegar demasiado tarde. Por ello, las medidas preventivas no son cuestión de apreciación teórica, sino instrumento decisivo para garantizar la seguridad de los productos. Es indudable que resultan particularmente beneficiosas las medidas preventivas higiénicas organizadas de manera que aseguren a la vez diversas características de calidad (efecto múltiple). Debido al elevado gasto de tiempo y dinero que requieren los análisis higiénicos, en los programas higiénicos han alcanzado gran importancia los exámenes organolépticos (pruebas sensoriales, v.gr. del aspecto, olor, etc.), aun cuando éstas no aporten ninguna seguridad.

La eficacia de un régimen higiénico se ve influida notablemente por la conveniencia de las medidas específicas adoptadas por el establecimiento y por los resultados de su aplicación. Son imprescindibles las disposiciones sobre limpieza y las medidas organizativas efectivas. Los tratamientos químicos y/o técnicos para reducir los animales nocivos y posibles contaminaciones microbianas, así como las medidas conservadoras encaminadas a estabilizar un estado higiénico ya conseguido, ofrecen variadas posibilidades de cumplimentar con garantías las especificaciones higiénicas, contribuyendo con ello a la seguridad de la producción.

En este punto no procede profundizar en posibles tratamientos con radiaciones ionizantes (radiaciones de electrones, rayos gamma), ya que éstas no parecen convenientes para la fabricación de piensos compuestos. Las razones de esto se encuentran en la acción esterilizante, la alteración de los aditivos (v.gr., vitaminas, enzimas, probióticos), y posible formación de grupos reactivos que deterioran las proteínas, y las costosas instalaciones necesarias.

### 5.3.1 Medidas de limpieza

El polvo y los residuos de piensos, en unión de unas condiciones ambientales favorables, ofrecen buena oportunidad y nutrientes para la transmisión y proliferación de gérmenes y animales nocivos, así como para la transformación microbiana de las sustancias y la acumulación de los productos tóxicos resultantes. Por ello, unas medidas de limpieza eficaces constituyen actividades básicas dentro de un programa higiénico. Para ello es imprescindible establecer de manera perfectamente clara la duración de los intervalos entre las limpiezas y llevar a cabo controles de los resultados de éstas, que se harán públicos a ser posible en los lugares limpiados. Son esenciales medidas de limpieza:

- Aspiración diaria del polvo depositado en los locales de producción.
- Desempolvado de los lugares de recepción y limpieza adicional antes de recibir nuevas entregas de materias primas.

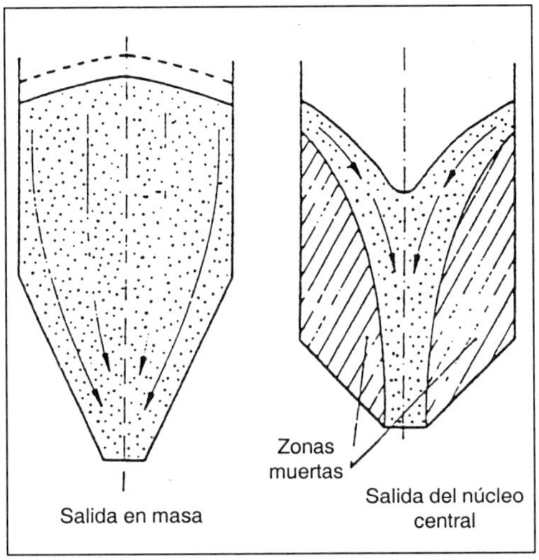


**Fig. 5.2** Vaciado de silos a granel por los procedimientos en masa o nucleado.

- Evitar que permanezcan largo tiempo materias inertes en zonas muertas de los silos de flujo central (Fig. 5.2), para lo cual se vaciarán por completo los silos por lo menos una vez al mes, o bien practicar el principio de «lo que entra primero, sale primero».
- Limpieza semanal de las instalaciones transportadoras (v.gr., cadenas alimentadoras de depósitos y tolvas, cajas de ascensores). Los tornillos transportadores sin fin que no se destapan con frecuencia, de acuerdo con el grado de desgaste actúan como acumuladores de residuos, a partir de los cuales pueden originarse tanto amenazas higiénicas como diseminaciones recidivantes. Si no se puede renunciar al empleo de estos medios de transporte, reviste gran importancia su limpieza periódica.
- Control continuado del total vaciado de recipientes de molinos, premezcladoras y similares, así como de mezcladoras, tambores de incorporación de grasas y tamices con dispositivos de medida, que en caso necesario se limpiarán inmediatamente después.
- Limpieza diaria de prensas, preacondicionadores y refrigeradores.
- Intervalos adecuados de limpieza para «Big Bags».
- Limpieza de las instalaciones antes de permanecer inactivas largos períodos (v.gr., fines de semana, reparaciones, reformas, vacaciones).
- Vigilancia y limpieza de los vehículos-silos.

También el necesario vaciado de los separadores (filtros, ciclones) forma parte de las medidas de limpieza.

En la programación y control de las medidas de limpieza, hay que poner cuidado en que los lugares a limpiar sean accesibles, cosa que, según enseña la experiencia, no siempre sucede. La limpieza incluye también el apartamiento de objetos y materiales depositados que no pertenezcan a los recintos de producción o almacenado y que pueden convertirse rápidamente en nidos de bichos y fuentes de infección.

Por último, reviste gran importancia la absoluta limpieza de todos los alrededores, es decir, que se incluirán también en los programa higiénicos:

- Patios del establecimiento despejados y limpios.
- Instalaciones sanitarias, que estarán en número suficiente y bien cuidadas.
- Cuidados sanitarios, comportamiento higiénico y vestimenta adecuada por parte del personal.

Las medidas de limpieza también son importantes para evitar la contaminación con micotoxinas. Si bien las relaciones entre la infestación por hongos y el contenido de toxina, por ejemplo, en los cereales no se consideran aclaradas todavía, de los aproximadamente 100.000 mohos identificados, más de 400 deben considerarse potenciales formadores de toxina (26). Enfermedades vegetales y unas condiciones inadecuadas de recolección y almacenamiento son las causas principales de la infestación por hongos de los cereales y también de triturados de cacahuete y de las aflatoxinas, toxinas de fusarios y ocratoxinas de esto resultantes, en parte de elevada toxicidad. Los granos infestados por fusarios se consideran fracción alterada en términos de ennegrecimiento, cuya separación en la limpieza de los cereales es una medida imprescindible para asegurar la inocuidad higiénica (19). La descontaminación de las materias primas cargadas de micotoxina requiere su tratamiento químico.

## 5.3.2 Tratamiento químico

La utilización de productos químicos sirve preferentemente para combatir los animales nocivos, la contaminación microbiana y como agentes conservantes. Tienen la ventaja de actuar durante un tiempo relativamente largo, es decir, en ocasiones hasta el final del cebo. Como inconveniente, pueden determinarse altas concentraciones de estos productos, que contaminan al personal, reducen la aceptación del pienso por los animales, son corrosivos para parte de las instalaciones y alteran los aditivos sensibles.

La lucha contra gaviotas, palomas y gorriones eliminando la comida en el recinto de la fábrica de piensos compuestos, es medida deseable, aunque sólo limitadamente eficaz. La distribución de cebos envenenados aumenta más que reduce los peligros. De aquí que se hayan puesto grandes esperanzas en el empleo de cebos esterilizantes. Independientemente del tipo de lucha, estos animales deben reducirse sólo con determinadas medidas en una gran comarca que normalmente sobrepasa la región correspondiente a una fábrica de piensos compuestos.

Como el almacenamiento de los piensos compuestos ya terminados en la fábrica de éstos no pasa de durar en la mayoría de los casos unos pocos días, son sobre todo las materias primas con largos plazos de depósito (cereales, semillas oleaginosas, triturados de extracción, etc.) las que hay que proteger contra los más importantes agentes nocivos (insectos y ácaros). Entre éstos se cuentan unas 50 especies animales, que van desde los gorgojos de los cereales hasta los ácaros de la harina, pasando por la polilla de los almacenes (22). Para combatirlos, el Índice publicado por el Instituto Biológico Federal de Agricultura y Economía Forestal (Índice de Productos Protectores Vegetales; 20) autoriza los siguientes productos:

- Hidrógeno fosfórico.
- Dióxido de carbono.
- Nitrógeno (sólo en celdas de silos).
- Ácido cianhídrico (sólo para cereales y agotados).
- Bromuro de metilo (sólo para locales vacíos, prohibido desde 2005; 23).
- Metil-pirimifos (sólo para cereales).
- Tierra de infusorios (sólo para cereales).
- Butóxido de piperonilo y piretrina (sólo para cereales forrajeros).

Es preferible la lucha con gases, puesto que los productos de contacto no garantizan la destrucción total de infecciones e infestaciones. Los tiempos de actuación dependen de la intensidad de la contaminación, de la estructura de los materiales y de la temperatura, pudiendo extenderse a varios días. Como las partículas de escaso tamaño sólo dejan unos intersticios relativamente pequeños (volúmenes vacíos), las harinas son más difíciles de gasear que los granos enteros de cereales. Debido a la intensificación que experimenta el metabolismo de los animales parásitos con las altas temperaturas, su destrucción se acelera cuando se aplican éstas. Por lo dicho, la lucha contra los animales nocivos mediante gaseado se reserva sobre todo para materias primas sin fragmentar y se practicará a finales de verano. Aun cuando el hidrógeno fosforado se utiliza con máxima frecuencia para gasear, para poder atacar a poblaciones de insectos resistentes se llevarán a cabo también tratamientos alternativos (v.gr., con dióxido de carbono o nitrógeno) (1).

Al igual que en la lucha contra ratas, ratones o gaviotas, palomas y gorriones, para la aplicación de medidas de gaseado es conveniente contactar con una firma especializada.

Se consigue una eficaz descontaminación de las materias primas impregnadas de micotoxinas mediante tratamiento con amoníaco (aproximadamente al 1-2,5%), o bien con una combinación de metilamina al 0,5% e hidróxido cálcico al 2% con alta humedad (25% aprox.) y elevadas temperaturas (>90°C) (6).

En la descontaminación microbiana, lo que más se utiliza son los ácidos orgánicos y sus sales (formiato amónico, propionato amónico). A tal fin se realizaron amplios estudios a finales de la década de los 70. La Figura 5.3 expresa las concentraciones de ácido y tiempos de

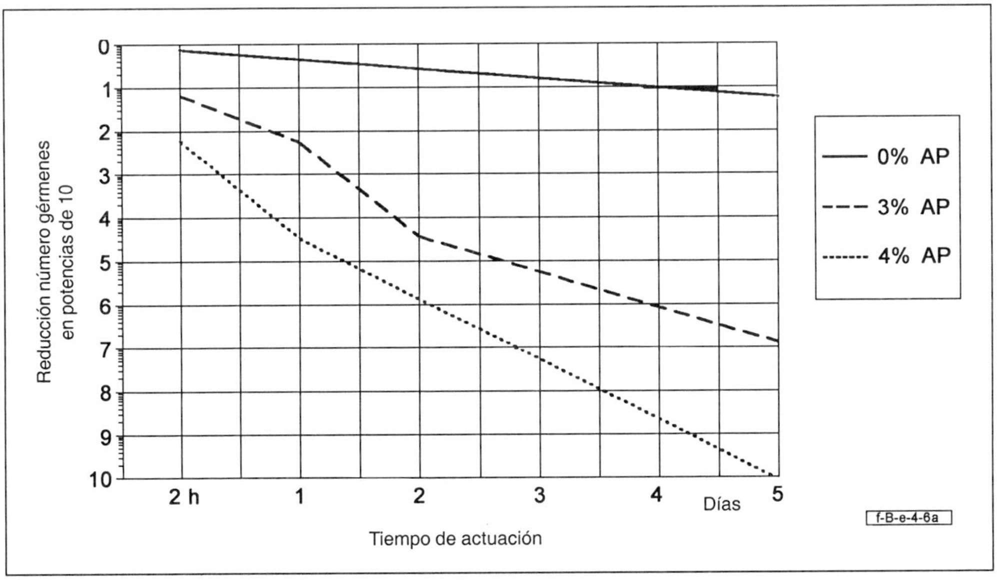


**Fig. 5.3** Reducción de la tasa microbiana por aplicación de ácido propiónico.

actuación necesarios en el ejemplo del ácido propiónico para una eficaz descontaminación microbiana de piensos. Tasas de descontaminación de tres potencias de 10 requieren tiempos de actuación de más de 24 horas, cuando se añade ácido propiónico al 3%; este plazo sólo puede acortarse aumentando la concentración de ácido. Sin embargo, estas concentraciones elevadas de ácido van acompañadas de malos olores, empeoramiento de las condiciones de trabajo, menor aceptación del pienso por los animales y, sobre todo, de intensa corrosión de los materiales habitualmente utilizados en las máquinas e instalaciones de la industria de los piensos compuestos. Además, se registra una notable pérdida de eficacia en presencia de cal en los piensos y componentes similares. No obstante, el estado higiénico alcanzado de esta manera queda protegido de recontaminaciones durante un tiempo relativamente largo. De aquí que el empleo de ácidos orgánicos con fines conservadores sea imprescindible. El ácido fórmico hace descender el pH con relativa intensidad, desarrollando acción bactericida. En cambio, el ácido propiónico tiene más efectos fungicidas. De aquí que en ocasiones se realicen tratamientos con mezclas de ambos ácidos (5, 18).

El tratamiento químico con ácidos orgánicos apenas tiene alternativas para descontaminaciones simples de instalaciones, silos y determinadas partidas de materias primas.

### 5.3.3 Tratamientos técnicos

Tanto la destrucción de animales nocivos como la descontaminación microbiana y fúngica, pueden llevarse a cabo de manera eficaz mediante adecuados tratamientos hidrotérmicos o mecánicos-hidrotérmicos durante la fabricación de piensos compuestos. En lo referente a composición del pienso, la tasa de descontaminación depende preferentemente de la intensidad del tratamiento y del tiempo de actuación. A su vez, la intensidad depende de los valores de temperatura y humedad, disponibilidad de energía mecánica y, en ocasiones, de un nivel de presión eficaz (13). Estas relaciones sólo se conocen en parte hasta ahora para los métodos de tratamiento disponibles. Esto también debe tenerse en cuenta si se parte de la aceptación general de que un tratamiento de 20 minutos a unos 85°C proporciona tasas de descontaminación suficientes.

En general, los métodos técnicos de tratamiento se diferencian según funcionen bien con intensidad moderada y tiempos de actuación del orden de minutos, bien con alta intensidad y tiempos de segundos. La intensidad mínima necesaria para alcanzar las deseables tasas de descontaminación, que sólo pueden lograrse modificando los tiempos de tratamiento, todavía tiene que determinarse mediante estudios sistemáticos según las composiciones de los piensos en cuestión.

El interrogante de la necesaria tasa de descontaminación que debe esperarse de una tecnología preventiva, no puede responderse sin más, ya que esto depende del posible nivel de contaminación. Además deben incluirse siempre otros efectos mejoradores de la calidad presentes en un tratamiento. Cuando la tasa de descontaminación sea menor de tres potencias de 10, no debe decirse que el tratamiento fue eficaz. Por otra parte, revisten particular interés aquellos métodos que proporcionan efectos múltiples, asociando descontaminación y mejora. El desdoblamiento de sustancias antinutritivas, un elevado aprovechamiento del almidón, la mejora de la disponibilidad de nutrientes, la superior aceptación del pienso influyendo sobre el olor, sabor y aspecto (propiedades organolépticas del pienso), así como la mejora de la capacidad de prensado y facilidad de granulado y el alivio de las prensas de granulación, son posibles efectos que, entre otros, se consiguen simultáneamente con los métodos de tratamiento técnico de descontaminación.

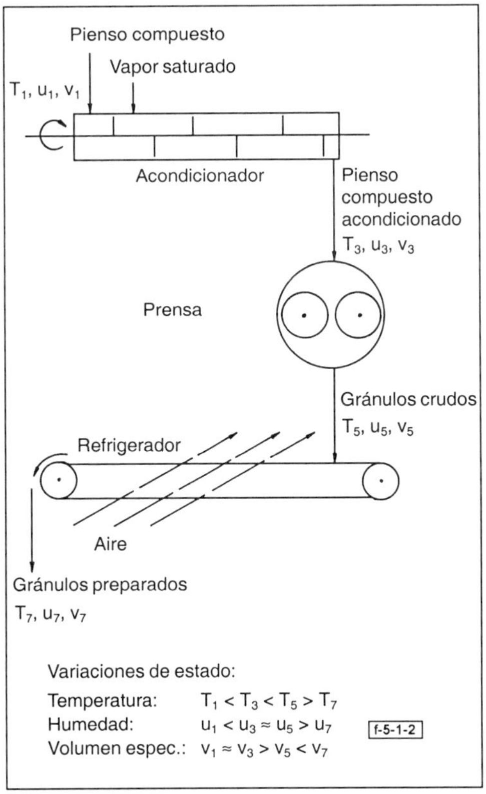


**Fig. 5.4** Esquema del curso seguido en la preparación convencional de gránulos de pienso compuesto.

Pero aquí hay que tener en cuenta también que intensidades altas de tratamiento y tiempos largos de actuación pueden dañar a los aditivos sensibles. Como estos aditivos no necesitan tales tratamientos, para evitar su deterioro existe la posibilidad después de un proceso de intensa acción, por ejemplo, de pulverizar dichos aditivos sobre el producto terminado antes de la entrega de éste (post pelleting application = ppa; 14).

Un paso significativo en la mejora de la calidad higiénica de los piensos compuestos fue en la década de los años 70 la puesta en práctica del granulado (pellets) en la fabricación industrial de estos piensos. La preparación de gránulos (pellets) comprende la preparación de la mezcla de piensos con vapor saturado, el prensado de los gránulos crudos y el enfriado con la obtención de gránulos terminados mediante consolidación (Fig. 5.4). Las descontaminaciones que se producen en este procesado tienen lugar sobre todo durante el tiempo de permanencia de las mezclas en el acondicionador, siendo consecuencia de las temperaturas y niveles de humedad imperantes en este aparato. En los gránulos convencionales, los aparatos acondicionadores llamados de corto plazo funcionan con tiempos de estancia como máximo de un minuto. Debido al limitado aporte de vapor de un 3% que exige un proceso de prensado estable, de acuerdo con la temperatura de partida del pienso se registran aumentos térmicos de unos 50 grados (aplicaciones de vapor saturado del 0,6% originan aumentos de temperatura de unos 10 grados), es decir, que con temperaturas de partida de 20°C, se alcanzan temperaturas del pienso antes del prensado de unos 70°C. Durante el proceso de prensado, aumenta la temperatura del material como máximo otros 10 grados. Las tasas de descontaminación microbiana que esto lleva consigo se hallan en la zona de dos potencias de 10. Como en los países europeos el 80% de los piensos compuestos industriales se presentan granulados, se asegura una adecuada calidad higiénica. Sin embargo, en el caso de infecciones microbianas críticas, esta higienización no se considera suficiente ni fiable como tratamiento preventivo, debido al carácter falto de homogeneidad de su aplicación. La disposición de dos prensas una a continuación de la otra (método del prensado doble) origina un superior consumo de energía, pero a la vez mejora la calidad de los gránulos y del nivel higiénico de éstos, aunque no proporciona tasas de descontaminación mejores ni más fiables.

Por lo dicho, la preparación de la mezcla de piensos (acondicionado) como fase esencial del proceso de granulación se ha modificado y perfeccionado muchas veces en lo referente a tiempos de actuación e intensidad de tratamiento, tanto para mantener fiable la higienización preventiva, como para mejorar a la vez la calidad de los pellets y la adecuada disponibilidad biológica de los nutrientes.

El acondicionador de plazo largo descrito en la Figura 5.5 y el sistema SRT (sterilisation by increased retention and temperature) acondicionan (preparan) el pienso compuesto (PC) modificando el ambiente, manteniendo una temperatura inferior a 100°C y realizando un trabajo puramente hidrotérmico. Frente a la preparación convencional de gránulos con acondicionador de plazo corto, tienen

| Instalación | Acondicionador a largo plazo | Método SIRT |
|---|---|---|
| Acción | Requerimientos hidrotérmicos | Requerimientos hidrotérmicos |
| Magnitudes influyentes principales | Humedad<br>Tremperatura<br>Penetración/Tiempo estancia<br>Fórmula | Humedad<br>Temperatura<br>Tiempo estancia<br>Fórmula |
| Efectos | Mejora la capacidad de prensado<br>Aumento de la consistencia gránulos<br>Higienización | Higienización<br>Mejora la capacidad de prensado<br>Aumento de la consistencia gránulos<br>¿Alteración de los aditivos? |
| Esquema de acción | 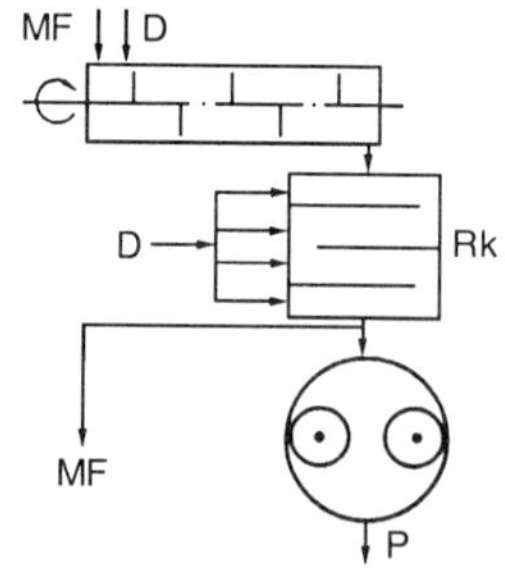 | 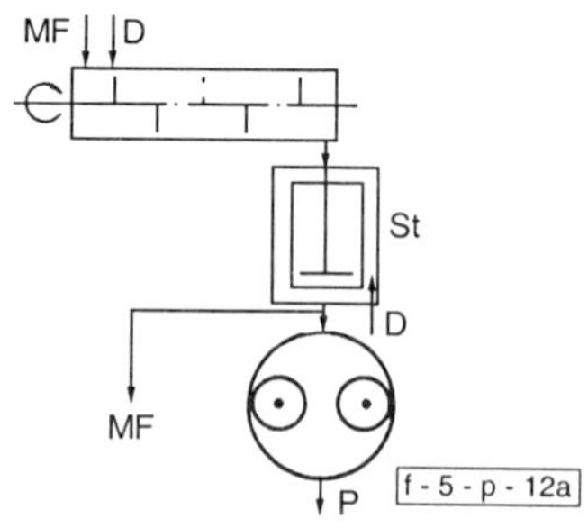 |





**Fig. 5.5** Acondicionamiento de plazo largo y sistema SIRT.

tiempos de actuación más largos, del orden de varios minutos. Según el tipo de construcción, debe realizarse un aislamiento adecuado de la caldera de maduración (cm en el acondicionado de plazo largo) o del llamado esterilizador (st en el método SIRT) de manera que durante el tiempo de tratamiento la intensidad de tratamiento (temperatura y humedad) no se reduzca por pérdidas de calor. En el método SIRT se aporta en parte vapor sobrecalentado, con objeto de alcanzar en el pienso a ser posible temperaturas superiores a los 90°C. Además permite el precalentamiento de la instalación sin pérdida de material, lo que puede proporcionar una seguridad parcial en el sentido de una descontaminación de la instalación tras tiempos de espera largos. Dadas las relativamente altas temperaturas de tratamiento, no puede excluirse la alteración de aditivos sensibles.

Si la intensidad del tratamiento hidrotérmico aplica un 12% de humedad y 85°C de temperatura como mínimo durante cuatro minutos, puede contarse con tasas de descontaminación microbiana del orden de tres a cuatro potencias de 10. De aquí que el método SIRT pueda considerarse como un procedimiento de higienización relativamente fiable. Esto sólo es aplicable al acondicionador de plazo largo si se aísla de manera suficiente el recipiente de maduración.

El acondicionador dinámico por el procedimiento APC (anaeróbico, pasteurizador, acondicionador) (Fig. 5.6) prepara (acondiciona) el pienso compuesto (MF) en un aparato de contracorriente con una mezcla de vapor producido directamente

| | |
|---|---|
| Instalación | Acondicionador dinámico (método APC) |
| Acción | Requerimientos hidrotérmicos (contracorriente); anaerobiosis |
| Magnitudes influyentes principales | Humedad<br>Temperatura<br>Penetración/Tiempo de estancia<br>Fórmula |
| Efectos | Higienización<br>Mejora la capacidad de prensado<br>Aumento de la consistencia gránulos<br>Aumento de la penetración<br>¿Alteración de los aditivos? |
| Esquema de acción | 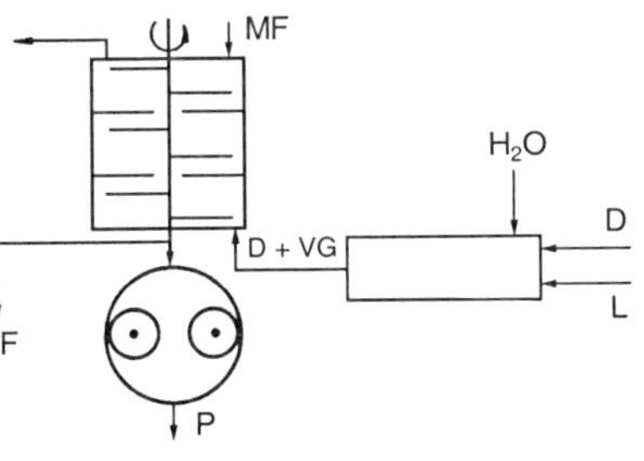  f-5-p-13a |

**Fig. 5.6** Acondicionamiento dinámico.

(D) y los gases de combustión (VG) de ello resultantes. A pesar de que se puede crear un perfil de temperatura de acuerdo con la capacidad del aparato de contracorriente, es posible crear en el pienso la condición higienizante pretendida (4 min, 85°C) y reforzarla con los componentes principales de los gases de combustión (anaerobiosis) de manera que también el método APC asegure una reducción preventiva de la tasa microbiana como mínimo de tres potencias de 10. La integración de un generador de vapor directo en forma de cámara de combustión en la que se queme gas natural (G) con aire (L), y el vapor se produzca en el aparato generador de vapor inyectando agua, tiene la ventaja de poder disponer de vapor permanentemente. Hasta qué punto ingresan en los piensos compuestos sustancias indeseables procedentes de los gases de combustión, depende de la pureza del gas natural utilizado y de la práctica de la combustión, precisando comprobación. Para conseguir la temperatura media de tratamiento de unos 85°C durante todo el tiempo de permanencia del pienso en el aparato de contracorriente, la temperatura de

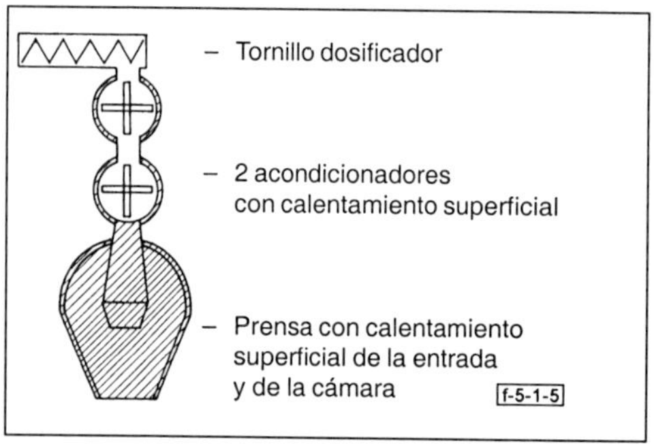


**Fig. 5.7** Elaboración de gránulos con escudo de calor.

ingreso del vapor y de los gases de combustión debe ser sustancialmente mayor, debido al perfil térmico propio del aparato utilizado, de manera que tampoco en este método puede excluirse la alteración de los aditivos sensibles.

Con el llamado escudo de calor (Fig. 5.7), se mejora la acción higienizante de la fabricación de gránulos. Esto requiere la instalación de una calefacción superficial con temperaturas de calentamiento hasta de 110°C para el acondicionador y la cámara de prensado, con lo que se evitan pérdidas del calor aportado con vapor, mantiene también el nivel de temperatura en los tiempos de pausa, y las temperaturas de tratamiento se mantienen en parte altas sin aporte de humedad. Por añadidura, la instalación de dos acondicionadores uno a continuación del otro permite alargar el tiempo de acondicionado.

Se consiguen superiores intensidades de tratamiento, y con ello la higienización fiable del pienso compuesto, con procedimientos que someten a éste durante su fabricación a acciones hidrotérmicas-mecánicas.

El compactador BOA (Fig. 5.8) introduce en una sección mezcladora de gran volumen cantidades relativamente elevadas de vapor, con lo que genera superiores temperaturas de tratamiento. Extrayendo la mezcla así tratada a través de una abertura circular graduable, se desarrolla una acción mecánica adicional, de manera que, en combinación con el mejor entremezclado de los componentes líquidos de la receta y una superior consistencia de los gránulos, hay que esperar tasas de descontaminación más elevadas, de acuerdo con la temperatura de tratamiento, que las alcanzadas en la fabricación convencional de los gránulos. A este respecto

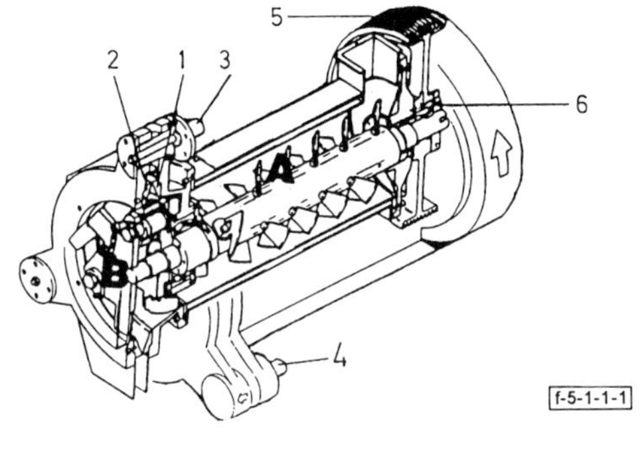


A = Mezclador
B = Cabeza acondicionador
1 = Anillo fijo
2 = Anillo móvil
3, 4 = Sistema hidráulico regulador
5 = Polea de cuña
6 = Seguro de sobrecarga

**Fig. 5.8** Compactador BOA.

faltan todavía comprobaciones, ya que el compactador BOA se utilizó inicialmente con preferencia en la esfera de los piensos para bóvidos.

El acondicionador de presión mediante expansores (Fig. 5.9) somete a los piensos compuestos a efectos mecánicos intensivos (frotamiento) como consecuen-

| Instalación | Expansor | |
|---|---|---|
| Acción | Fuerza de cizalla<br>Calentamiento de disipación | |
| Magnitudes influyentes principales | Producción de energía especial<br>Temperatura/Presión<br>Humedad<br>Penetración/Tiempo de estancia<br>Fórmula | |
| Efectos | Higienización<br>Apertura de almidón<br>Desdoblamiento de inhibidores<br>Aumento de la penetración<br>Mejora la calidad de gránulos | Descarga de la prensa<br>Reducción de consumo de energía específica<br>¿Alteración de los aditivos? |
| Esquema de acción | 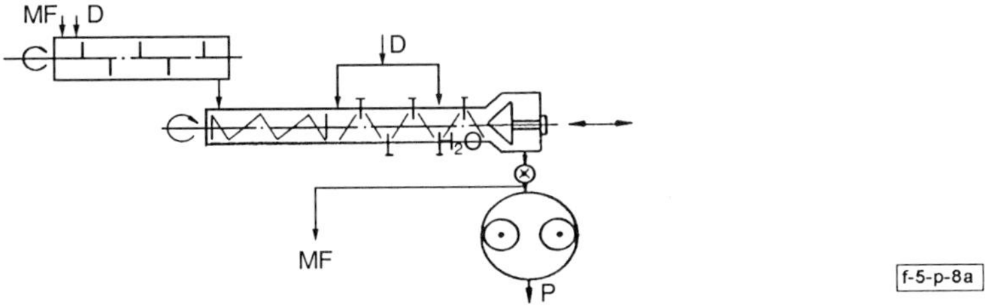 | |



**Fig. 5.9** Acondicionamiento a presión con expansor.

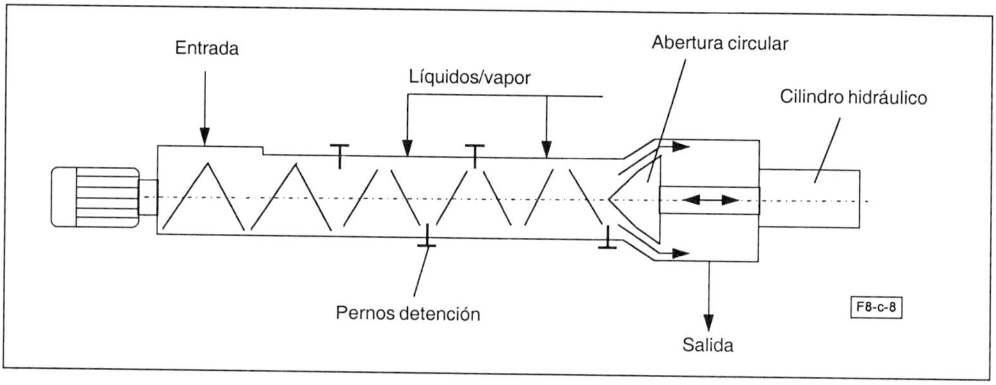


**Fig. 5.10** Principio de funcionamiento del expansor de cisura circular.

cia de los remolinos de los tornillos transportadores sin fin (11, 16). Por disipación de la energía y estrangulación de la corriente de producto a la salida (Fig. 5.10), se crea un nivel de presión de 35 a 40 bar aproximadamente y se posibilitan a la vez temperaturas de tratamiento de breve duración superiores a 100°C (hasta unos 140°C). El perfil de intensidad expuesto en la Figura 5.11 indica que con la expansión se produce un cualificado tratamiento de corta duración y elevada intensidad, es decir, que, en contraposición con el tratamiento puramente hidrotérmico, no se alcanzan mejoras mediante largos tiempos de tratamiento, sino elevando la intensi-

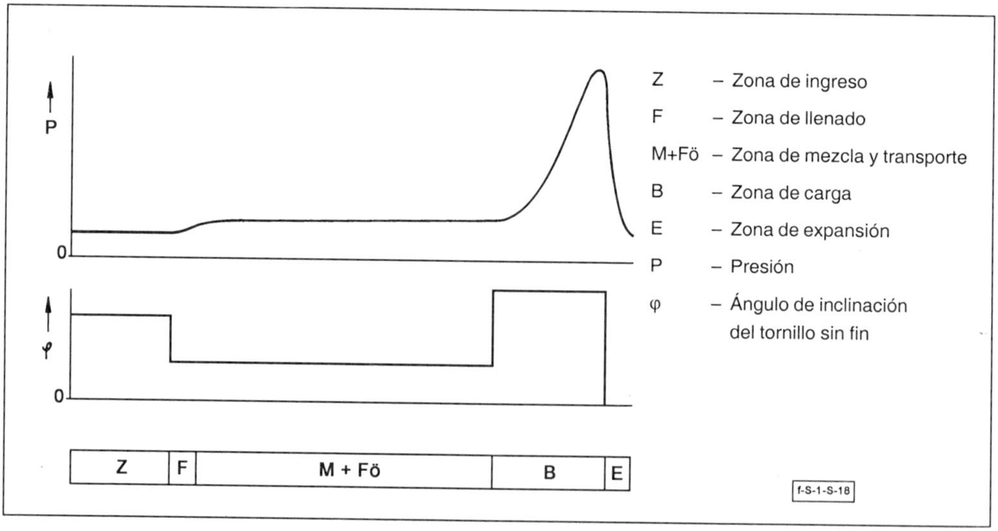


**Fig. 5.11** Perfil de intensidad sobre la longitud del expansor.

dad de éste (hidrotérmico y mecánico) a la vez que se reduce el tiempo de actuación a unos pocos segundos. Durante la extracción a través de la abertura circular se produce una acción mecánica adicional, como consecuencia del súbito descenso de la presión de unos 35-40 bar hasta la presión ambiental (expansión genuina), de manera que, como consecuencia de la alta concentración energética por unidad de volumen del pienso a tratar, tiene lugar un tratamiento homogéneo y una higienización muy fiable. Además, como resultado del repentino descenso de la presión a la salida del expansor, hay que contar con una atenuación de la vitalidad de los microorganismos sobrevivientes. Investigaciones sistemáticas realizadas a este respecto (8, 17) indican que, de acuerdo con las condiciones de tratamiento con un expansor de abertura circular, pueden alcanzarse tasas de descontaminación hasta de seis potencias de 10 (Figs. 5.12 y 5.13). También es interesante que temperaturas de tratamiento superiores a 115°C no aportan mejoras significativas, y, por otra parte, la tasa de humedad influye notablemente sobre el efecto higienizante.

La inclusión de un expansor en las líneas de producción existentes es relativamente barato (Fig. 5.14), proporcionando diversos efectos positivos, como v.gr., superior desdoblamiento del almidón, aumento de flujo, mejora de la consistencia de los gránulos (también con agregaciones elevadas de grasa), desactivación de sustancias antinutritivas, reducción del consumo de energía y del desgaste de la prensa de granulación. Como la expansión alcanza la finalidad esencial del granulado con superior eficacia, y el objetivo de la receta del pienso se consigue ya como resultado del intenso frotamiento en las partículas expandidas, existe también la posibilidad de fabricar piensos compuestos de higiene fiable, que se distribuyen sin

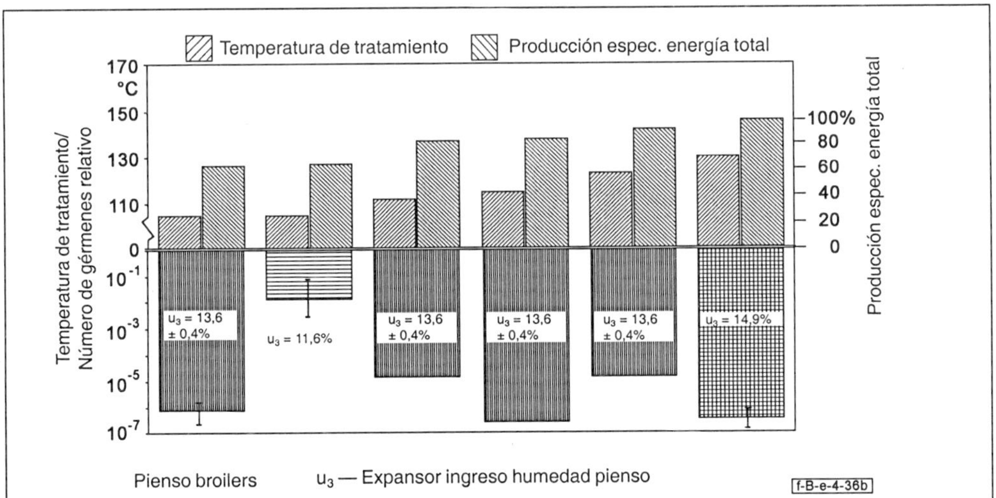


**Fig. 5.12** Reducción de la tasa microbiana en distintas condiciones de tratamiento expansor en piensos para broilers.

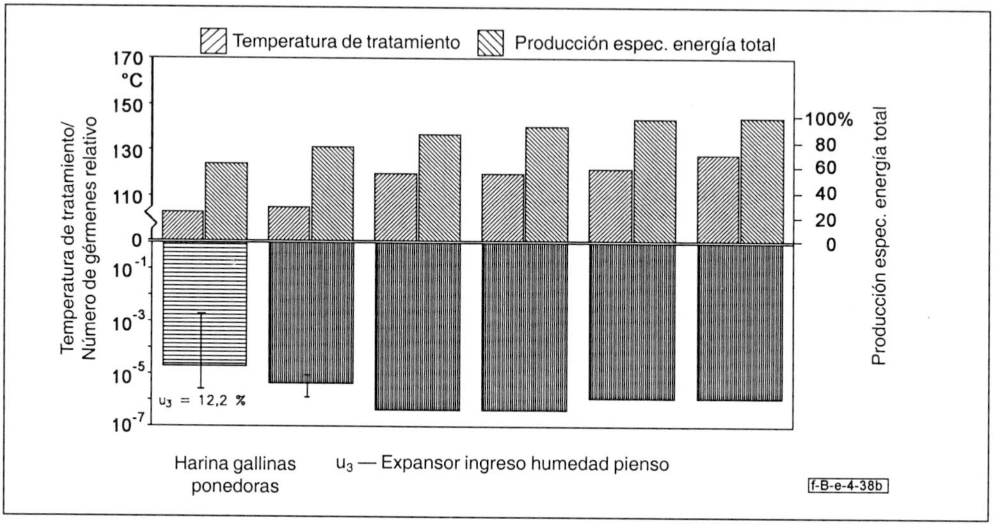


**Fig. 5.13** Reducción de la tasa microbiana en distintas condiciones de tratamiento expansor en harina con destino a gallinas ponedoras.

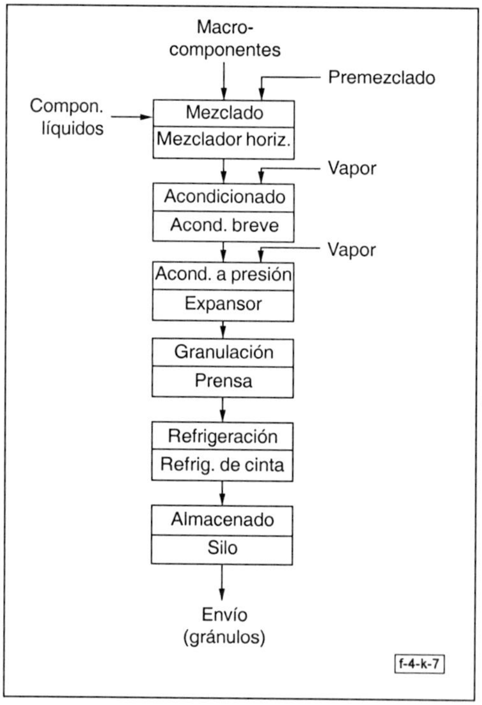


**Fig. 5.14** Integración del expansor en la línea de producción.

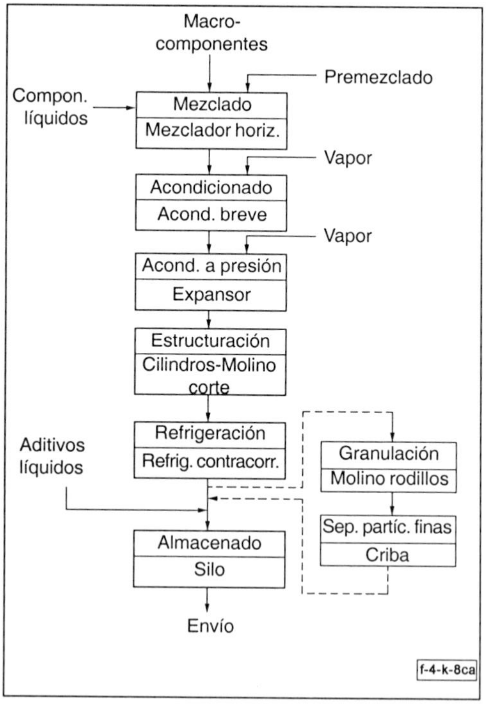


**Fig. 5.15** Curso del proceso de fabricación de pienso expandido sin granular.

granular, es decir, sin comprimir en gránulos (Fig. 5.15). Tales piensos, debido a la superior porosidad, exhiben forzosamente una densidad alrededor del 20% menor, así como una inferior tendencia a sedimentar que la suspensión, v.gr., en instalaciones suministradoras de piensos líquidos en las que reviste gran importancia la estabilidad higiénica del pienso. Es natural que, en términos generales, durante la expansión se produzcan posibles alteraciones en los aditivos sensibles como consecuencia del tratamiento intensivo. Los tiempos de tratamiento extremadamente cortos que acompañan a las intensidades elevadas corrigen en parte este problema. Por otra parte, la estructura porosa de los piensos compuestos es muy adecuada para la aspersión de aditivos tras procesos intensivos de tratamiento.

Con los troqueladores se obtienen altas tasas de descontaminación (16) porque con ellos tiene lugar la captación por el pienso de la mayor parte de la energía y, de acuerdo con los parámetros de trabajo elegidos y el número de revoluciones de los tornillos sin fin transportadores, pueden lograrse intensidades de tratamiento muy elevadas (Fig. 5.16). El troquelado de los gránulos comprende la conformación de éstos, proporciona directamente un producto terminado conformado a voluntad, aunque siempre geométrico, y, en virtud de las elevadas tasas de humedad exigidas por la técnica del proceso (a veces, >20%), exige la refrigera-

| Instalación | Troquel de un ondulado | Troquel de dos ondulados |
|---|---|---|
| Acción | Fuerza de cizalla<br>Calentamiento disipador | Fuerza de cizalla<br>Calentamiento disipador |
| Magnitudes influyentes principales | Producción espec. de energía<br>Geometría matrices<br>Temperatura/Presión<br>Humedad<br>Penetración/Tiempo estancia<br>Fórmula | Producción espec. energía/Geometría de los tornillos sin fin<br>Geometría de las matrices<br>Temperatura/Presión<br>Humedad<br>Penetración/Tiempo estancia<br>Fórmula |
| Efectos | Higienización<br>Apertura almidón<br>Desdoblamiento inhibidores<br>Reducción densidad<br>Alteración de aditivos | Higienización<br>Apertura almidón<br>Desdoblamiento inhibidores<br>Reducción densidad<br>Alteración de aditivos<br>¿Alteración de proteínas? |
| Esquema de acción | 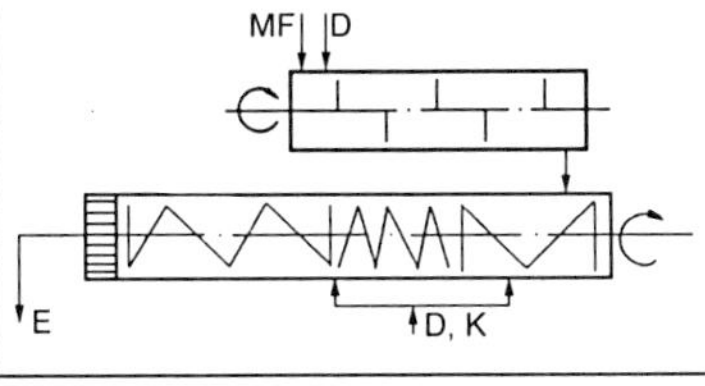  | 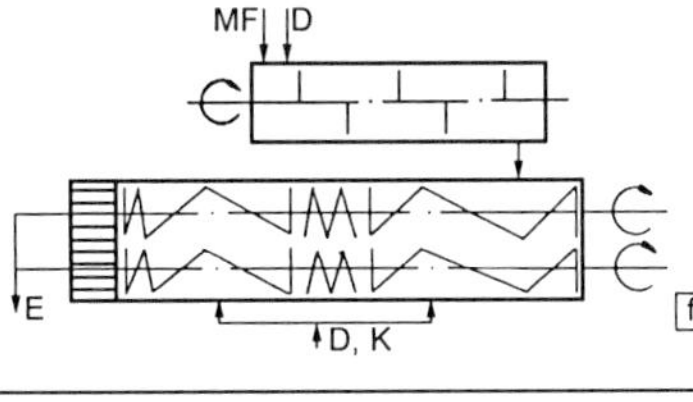  f-5-p-9a |

Fig. 5.16 Acondicionamiento a presión y conformación del producto con ayuda de troquel.

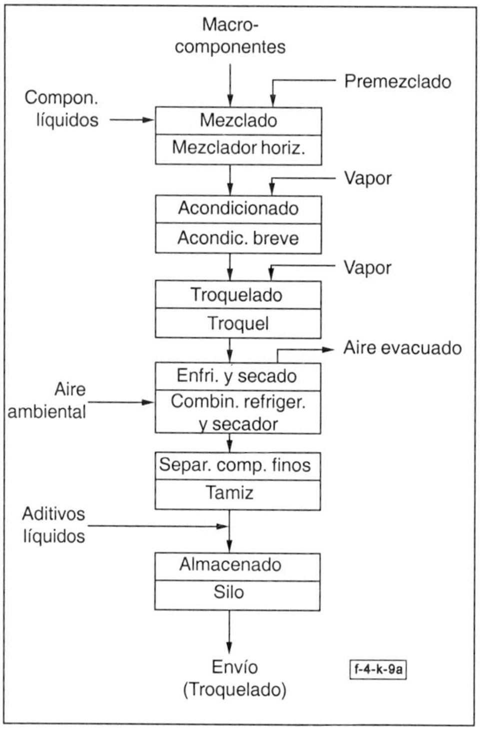


**Fig. 5.17** Integración del troquel impresor en la fabricación de piensos compuestos.

ción y desecado de los gránulos (Fig. 5.17). Por diversas razones, el campo de empleo es con preferencia la fabricación de alimentos para mascotas y pienso para peces, para los que asimismo hay que cumplir máximos requisitos higiénicos. Los troquelados exhiben una gran porosidad, por lo que, tras la fabricación, pueden aspersionarse los aditivos líquidos integrantes de la fórmula.

El tratamiento técnico higienizante de piensos compuestos harinosos se ha descuidado un tanto en el desarrollo tecnológico de la fabricación de estos piensos, por lo que no es raro que el producto forme grumos espontáneamente, que luego confluyen en «migas». La mayor parte de las intensidades de tratamiento alcanzadas con aplicaciones de vapor más prolongadas pueden provocar problemas en las texturas harinosas al refrigerar éstas, siendo necesario reducir de la humedad a un máximo del 14% para asegurar la capacidad de almacenamiento.

## 5.3.4 Conservación

Al contrario de los tratamientos químicos, los tratamientos técnicos como los llamados «tratamientos no químicos» tienen ventajas de imagen, pero a la vez el inconveniente de posibles reinfecciones o el aumento de poblaciones microbianas residuales. Los tratamientos técnicos y las medidas de limpieza pueden privar al pienso tratado de protección a largo plazo. Si no se toma ninguna precaución para conservar y estabilizar el estado higiénico alcanzado, el tratamiento técnico puede resultar inútil por efecto de infecciones subsiguientes. Por ello, en las fábricas de pienso compuesto no deben descuidarse las reglas siguientes:

- La absorción del aire necesario para el enfriamiento que debe seguir al tratamiento térmico hay que controlarla de manera que aquél esté limpio de gérmenes y, si es preciso, se someta a limpieza. Un error crítico sería, por ejemplo, la absorción sobre superficies cubiertas con excrementos de paloma.
- Los procesos de descomposición y el empeoramiento del estado higiénico dependen siempre del tiempo.
  Por ello, el almacenamiento de los piensos terminados debe ser lo más corto posible.

- La limpieza de los medios de transporte y condiciones de depósito de los piensos terminados requieren cuidado especial. Los residuos son siempre una amenaza latente de desarrollo microbiano y de la producción de metabolitos tóxicos (punto 5.3.1). La temperatura y humedad altas incrementan este peligro también en los piensos terminados almacenados. A este respecto no sólo se considerarán los valores medios, sino sobre todo posibles nidos localizados de humedad. Éstos pueden formarse especialmente en celdas de silos al aire libre cuando éstos se calientan intensamente por efecto de los rayos solares durante todo el día y se enfrían por la noche. Entonces, la humedad puede condensarse por la noche y formar núcleos de gérmenes a manera de nidos con todas sus consecuencias higiénicas.

  Para atenuar la acción del aporte de energía que suponen los rayos solares, las celdas de los silos exteriores y de los que se encuentren al aire libre deben contar con un enlucido externo reflectante. Debe insistirse en el hecho de que los revestimientos oscuros absorben la energía solar con más intensidad que los claros y, por ello, aceleran los procesos de descomposición. Esta regla también debe observarse especialmente en el almacenamiento de pienso de las explotaciones animales.
- Sin adición de conservadores, los riesgos de deterioro del estado higiénico alcanzado mediante tratamientos técnicos son demasiado elevados. Para cubrir la responsabilidad de obtener piensos en debidas condiciones, la conservación de los mismos se lleva a cabo agregando ácidos orgánicos (18), preferentemente ácido propiónico y/o fórmico en la proporción del 0,3 al 1%. Si no se llevó a efecto ningún tratamiento técnico con fines higienizantes (en la actualidad principalmente piensos harinosos), valen los principios del tratamiento químico (punto 5.3.2).
- En lo que se refiere a piensos compuestos descontaminados, debe evitarse todo contacto de los mismos con animales parásitos, con sus excrementos y con cualquier otros transmisor potencial de infecciones.

### 5.3.5 Medidas organizativas

La eficacia de un programa sanitario se ve influida de forma esencial por las medidas organizativas que deben adoptarse necesariamente dentro de un sistema de protección de la calidad. Las medidas organizativas no requieren generalmente grandes inversiones de capital, aun cuando siempre tienen alguna repercusión económica.

En primer lugar se encuentran las medidas adoptadas para vigilar de manera continuada o periódica el estado higiénico de las materias primas recibidas, de las mismas almacenadas, y de las instalaciones y el mismo pienso ya terminado, como componentes de un programa de control de la calidad. Aquí se incluye un sistema de análisis de productos e instalaciones mediante un laboratorio adecuado y la oportuna valoración de resultados.

En la fábrica de piensos compuestos y en sus aledaños también deben acordarse medidas a largo plazo de lucha contra animales nocivos (roedores, insectos, plagas) y concretarse como en lo referente a limitación del acceso a los recintos de producción y depósito de los piensos, que se permitirá sólo al personal autorizado. A este respecto debe tenerse muy especialmente en cuenta el riesgo que representan los vehículos de transporte que establecen contacto directo con los establecimientos de explotación animal, lo que constituye una grave amenaza de contagio. Estas limitaciones también deben acordarse desde el punto de vista de seguridad técnica.

Por último, hacen falta medidas para dividir progresivamente una fábrica de piensos compuestos en una parte limpia y otra menos limpia (24). Con esto no se pretende incluir las fábricas de piensos compuestos en la categoría de recintos absolutamente limpios. En lo referente a la seguridad de la producción, incluido un estado higiénico impecable, el nivel de limpieza en la admisión de materias primas no debe considerarse exclusivamente determinante en la fabricación de los piensos compuestos. El tratamiento de las materias primas y la preparación industrial de los piensos compuestos son los principales factores determinantes de la calidad de éstos, lo cual no debe olvidarse en justicia. Por ello, lo más tarde después del tratamiento térmico debe practicarse el principio del traslado del producto a recintos cerrados debidamente limpios en los espacios reservados a tal fin en el establecimiento, con lo que se excluye en buena medida la posibilidad de recontaminaciones.

## 5.4 Aseguración de la calidad higiénica de los piensos compuestos hasta su administración al ganado

A la vista de la carga microbiana incomparablemente más elevada que se registra en los productos agrícolas (7), resulta problemático asegurar la calidad de los piensos compuestos desde que son elaborados en la fábrica hasta su administración a los animales, período que en ocasiones es punto débil de la cadena sanitaria y de la calidad. La responsabilidad de controlar este punto débil no debe atribuirse a nadie en particular, sino resultar de la colaboración decidida entre fabricantes de pienso y ganaderos.

Para asegurar la calidad higiénica de los piensos compuestos hasta su consumo por el ganado, deben observarse diversas recomendaciones (v.gr., Norma IFF; 21). El estado higiénico se ve amenazado decisivamente por las siguientes circunstancias:

- El alargamiento excesivo y la superación de los tiempos idóneos de depósito favorecen la alteración del pienso y la descomposición de vitaminas y aditivos, ya que:
  - el pienso compuesto no es un material bacteriológicamente muerto, y
  - la agregación de conservantes no proporciona conservación perpetua.
- Los residuos que quedan en los silos como consecuencia de prolongados intervalos entre las limpiezas o por no prestar atención a las zonas muertas que se originan en los silos de flujo, son fuente de alteración y nidos de parásitos y similares, debido al posible envejecimiento de los componentes del pienso.
- Temperaturas de depósito altas (>30°C) y humedades de almacenamiento ele-

vadas (>14%), así como los silos mal ventilados, reducen la capacidad de conservación.

- Las diferencias de temperatura consecuentes a las horas del día y a los cambios de tiempo originan en silos al aire libre núcleos de humedad que favorecen el enmohecimiento, la multiplicación microbiana incontrolada, y con ello la alteración del pienso.
- Las grietas y ranuras existentes en los silos de madera son con frecuencia nidos de ácaros.
- Los silos abiertos favorecen la invasión por animales nocivos.

Por todo lo expuesto, se recomienda:

- Almacenar el pienso lo más frío y seco posible, pero no en el establo ni en proximidad de animales.
- Vigilar los plazos de depósito hasta la administración a los animales (tiempos máximos de entrega + de capacidad de conservación).
- Acortar en lo posible los tiempos de depósito, sobre todo en verano.
- Vaciar totalmente los silos con regularidad, acompañado de limpieza (eliminación de polvo y residuos) y medidas de lucha contra ácaros y gorgojos y otros parásitos de los cereales
  - en verano por lo menos cada 3 a 4 semanas,
  - en invierno por lo menos tras 2 meses,
  - limpieza a fondo antes de empezar el verano,
  - cuidados especiales en los silos de madera.
- A ser posible, utilizar alternativamente 2 silos para realizar con más facilidad el vaciado total, limpieza y lucha contra parásitos y depredadores.
- Control de los ácaros:
  - con lupa o
  - tomar una muestra de pienso en forma de bola: en caso de infestación por ácaros, esta bola se deshace en el plazo de un día.
- Controlar la temperatura y humedad del silo (¡temperatura y humedad no deben corresponderse con las del exterior!).
- A ser posible, aislar los silos al aire libre.
- Disponer aberturas de ventilación en las cubiertas del silo, con lo que se permite la aireación y la cesión de calor.
- Ventilar y enfriar el pienso calentado como consecuencia de depósito prolongado.
- Evitar el acceso de pájaros y animales nocivos al pienso, y el contacto de éste con sus excrementos.
- Administrar el pienso sólo en comederos limpios; evitar todo contacto con aguas residuales.

## 5.5 Referencias bibliográficas

1 ADLER, C. (1999): Mit Kohlenstoffdioxid und Stickstoff gegen Insekten in Getreide. Die Muhle + Mischfuttertechnik **136,** 203-204

2 AUTORENKOLLEGIUM (1981): Abschlußbericht des Forschungsvorhabens Salmonella-Dekontamination von Futtermitteln durch Zusatz von Propionsäure

1979-1981. Bundesministerium für Ernährung, Landwirtschaft und Forsten/Firma BASF Aktiengesellschaft

3 GEDEK, B. (1973): Futtermittelverderb durch Bakterien und Pilze und seine nachteiligen Folgen. Übers. Tierernährung, **1,** 45-56

4 GEDEK, B. (1992): Mikrobielle Beschaffenheit von Mischfutter. Kraftfutter **75,** 470-474

5 GEDEK, B. (1999): Abtötende Wirkung von Säuregemischen gegenüber Salmonellen und E. coli-Bakterien. Kraftfutter/Feed Magazine **82,** 142-146

6 GERLACH, M. (1994): Möglichkeiten zur Vermeidung von Mykotoxin-Kontaminationen und zur Dekontamination von Lebens- und Futtermitteln. Übers. Tierernährung **22,** 118-128

7 HARTUNG, M. u. O. PIETZSCH (1991): Salmonellose-Überwachung bei Tieren, Lebens- und Futtermitteln in Deutschland, 1990. Bundesgesundhbl. **34,** 578-583

8 HEIDENREICH, E. u. R. LÖWE (1994): Salmonellen-Dekontamination von Futtermitteln durch Expandieren und Doppelpressen. Die Mühle + Mischfuttertechnik **131,** 701-709

9 HEIDENREICH, E. (1974): Kennzeichnung des granulometrischen Zustandes grobdisperser Stoffsysteme. Freiberger Forschungshefte **A 531,** 7-17

10 HEIDENREICH, E. (1993): Mischfutterqualität und ihre technologische Absicherung. Fat Sci. Technol., **95,** 580-584

11 HEIDENREICH, E. (1994): Mischfuttertechnik heute. Die Mühle + Mischfuttertechnik **131,** 199-203

12 HEIDENREICH, E. (1995): Qualitäts managementsysteme für Mischfutterfirmen. Kraftfutter **78,** 308-313

13 HEIDENREICH, E. (1996): Problemlösungen für die Erfüllung hygienischer Forderungen. Kraftfutter **79,** 52-57

14 HEIDENREICH, E. (1998): Liquid addition of sensitive additives. FeedTech **2,** p. 11-12

15 HEIDENREICH, E. (1998): Zugabe von Futterzusatzstoffen und die Gefahr von Verschleppungen. Die Mühle + Mischfuttertechnik **135,** 297-300

16 HEIDENREICH, E. u. T. MICHAELSEN (1995): Extrudieren und Expandieren für die Mischfutterherstellung. Die Mühle + Mischfuttertechnik **132,** 794-798

17 KÖNIG, H.G. (1994): Mikrobiologische Dekontamination von Futtermitteln mit Hilfe der Expandertechnik (Druckkonditionierung) unter besonderer Berücksichtigung der Salmonellenproblematik. Dissertation, Fachbereich Veterinarmedizin der Freien Universität Berlin

18 LÖWE, R. (1999): Sicherung und Verbesserung des Hygiene-Status in Mischfutterwerken durch Einsatz von organischen Säuren. Die Mühle + Mischfuttertechnik 136,321-325

19 MÜNZING, K.; GERSTENKORN, P. u. M.G. Lindhauer (1998): Maßnahmen bei Weizenanlieferungen mit Fusarienbefall. Die Mühle + Mischfuttertechnik **135,** 634-635

20 N.N. (1998): Pflanzenschutzmittel-Verzeichnis, Teil 5, Vorratsschutz. Saphir Verlag Ribbesbuttel(1998)

21 NN. (1997): IFF-Empfehlung »Sicherung der Mischfutterqualität bis zur Verfutterung«. Internationale Forschungsgemeinschaft Futtermitteltechnik e.V. Braunschweig-Thune

22 REICHMUTH, C (1997): Schädlinge in Lagergetreide sowie Futtermitteln und ihre Bekämpfung. Mühlen- und Mischfutterjahrbuch, **108,** 120-138

23 REICHMUTH, C. (1999): Vorratsschutz in Mühlen. Die Mühle + Mischfuttertechnik **136,** 199-202

24 RENGGLI, F. (1995): Post Treatment Handling of Feedstuffs to Prevent

Recontamination. WPSA Proceedings 10th European Symposium on Poultry Nutrition, Antalya-Turkey, p. 154-158

25 ROTH, T.; WAGNER, H. u. W. ZULEGER (1994): Untersuchung von Futtermitteln auf Salmonellenbefall. Kraftfutter **77,** 423-426

26 WOLFF, J. (1995): Zum Vorkommen von Mykotoxinen in Getreide. Getreide Mehl und Brot **49,** 139-147

# 6 Limpieza y desinfección en la eliminación de cadáveres

DIETER STRAUCH

## 6.1 Introducción

Los animales muertos o nacidos muertos deben eliminarse con rapidez e inocuidad, ya que en caso contrario resulta amenazada la salud de los efectivos animales remanentes y de las personas. En caso de demorarse, no tener lugar o eliminarse los cadáveres de forma incorrecta, los olores procedentes de los cuerpos rápidamente putrefactos contaminan el entorno. La mayoría de las personas con una sensibilidad normal sufre tanto con esta contaminación, que pueden padecer náuseas y vómitos. A esto se añade que los cadáveres putrefactos atraen plagas de animales indeseables, como las ratas, a la vez que se acumulan enjambres de moscas, con la molestia que suponen para personas y animales, y se posibilitan diseminaciones de gérmenes infecciosos por insectos hasta los alimentos humanos. Otros peligros de una deficiente eliminación de cadáveres son la difusión de parásitos como triquinas, equinococos o pentastomas, cuando tienen acceso a los cadáveres de perros, gatos, zorros, etc.

El principal peligro estriba, sin embargo, en la posibilidad de difusión de microorganismos infecciosos, en especial de los llamados gérmenes zoonósicos, que son transmisibles al hombre, como sucede con la rabia, carbunco bacteridiano, muermo, tuberculosis o brucelosis.

La eliminación descuidada de cadáveres, partes de éstos o residuos, implica asimismo el peligro de que la carne de animales con enfermedad infecciosa, así como la carne y despojos declarados no aptos para consumo humano en la inspección veterinaria o en el control bromatológico, salgan al mercado como alimentos después de someterlos a manipulaciones ilícitas. Asimismo, los despojos de matadero de animales sanos deben tratarse lo antes posible para evitar su alteración.

La eliminación deficiente de cadáveres y de sus porciones perjudica la economía pública porque al actuar así se pierden los valiosos productos que pueden prepararse en la eliminación correcta e inocua de los cadáveres, como harina de carne, grasa animal, harina de sangre, harina de carne con hueso, «migas» de carne sin deshuesar y grasa de huesos.

### 6.1.1 Consideraciones históricas

La legislación mosaica del Antiguo Testamento ya contiene algunas referencias a una higiene de los alimentos y eliminación de cadáveres, ya que allí se describe lo que es limpio y sucio, lo que puede comerse y lo que no. Los cuerpos de los animales muertos se consideraban carne impura; la carne de los animales accidentados en el campo no debía comerse, sino arrojarse a los perros, y la carne de los sacrificios de acción de gracias que sobraba en el tercer día debía quemarse.

En Europa, en la alta Edad Media también se comía la carne de los animales muertos. En tiempo de Carlomagno (742-814) puede datarse una eliminación organizada de cadáveres. La Iglesia castigaba en aquella época el consumo de la carne de animales agonizantes con graves penas, y Carlomagno encargaba al verdugo la ejecución de estos animales. Una supresión de privilegios a los desolladores en forma de destierro y proscripción de queda atestiguada ya en el siglo X.

Intereses discutibles de la Iglesia condujeron a situaciones catastróficas: los cadáveres se dejaban a los perros y alimañas, sencillamente se tiraban a la calle o en el río más cercano. Allá donde había un desollador, se despellejaban (desollaban) los cadáveres y se aprovechaban sus grasas, mientras el resto se dejaba en el desolladero a merced de las alimañas. El desollador (también llamado despellejador, «caviller», etc.) ocupaba un lugar muy bajo en la escala de los «oficios indecentes». Todavía en 1748 se expulsaron, v.gr., del gremio correspondiente en la localidad suaba de Gundelfingen cuatro sepultureros nombrados oficialmente solamente porque habían cooperado en el entierro de un desollador (4). Sólo la concesión de privilegios a los desolladores en el siglo XVII en Prusia supuso una mejora para este oficio, ya que todo el ganado debía «notificarse» al desollador para su recogida. Estas disposiciones se renovaron mediante edictos de 23 de abril 1680, 11 de febrero 1704, 12 de noviembre 1707 y 30 de junio 1711 (8). Federico el Grande dio a la luz el 29 de abril de 1772 un Memorandum que señalaba «Cómo hay que proceder con la notificación y el enterrado de ganado muerto e impuro y la manera de comunicar esto a matarifes y desolladores». Desde 1811, los desolladores debían contar con una licencia (patente), y a partir de 1815 tenían que someterse a una prueba de aptitud ante el «círculo de físicos». En 1858, el gremio de desolladores fue admitido en el registro industrial de Prusia, para lo cual se necesitaba una autorización policial. Estos inicios de una eliminación de cadáveres reglamentada careció sin embargo de eficacia, debido a su primitiva manera de combatir las enfermedades infecciosas de los animales (14).

En Austria Septentrional se publicó en Linz el 26 de septiembre de 1743 un decreto para la región de Hausruck relacionado con la peste bovina que, entre otras cosas, prohibía a los desolladores el faenado de reses vacunas en vías públicas y la venta de las «pieles desolladas». Éstas debían espolvorearse con cal y enterrarse profundamente (18).

Con una amplitud de miras rara en cualquier autoridad, la Consejería Comunal Vienesa llegó ya en 1876 a la conclusión de proponer el desollado y el enterramiento de los cadáveres, así como construir una instalación para el tratamiento termo-químico de los animales muertos, donde ya se establecía una separación entre sectores limpio y sucio y se practicaba la esterilización en locales al efecto con vapor a presión de 143°C y un tiempo de permanencia de 3 horas. Por desgracia, este positivo avance higiosanitario, muy adelantado a su tiempo, se limitaba a la ciudad de Viena.

El 17 de junio de 1911 se publicó en Alemania la «Ley Imperial sobre eliminación de cadáveres animales», que, sin embargo, atendía solamente a los puntos más importantes: obligación de eliminación en condiciones inocuas y los procedimientos autorizados a tal fin. Los detalles quedaban al arbitrio de los diversos Estados. El resultado que cabía esperar de esto era un desarrollo muy variable de los aspectos económicos y legales de la eliminación de cadáveres. Inconveniente de índole higiosanitaria era que el enterramiento de los animales muertos en determinados lugares quedaba como forma principal de eliminación. Sólo el 29 de mayo de 1916 se dispuso mediante una Orden derivada de la guerra, que a partir de los cadáveres llevados a grandes instalaciones se podía preparar harina de carne y grasa.

En la época siguiente a la Primera Guerra Mundial, muchos establecimientos fueron a la ruina por causas económicas. En territorio alemán había en 1934, 418 instalaciones térmicas con medios para destruir los cadáveres de forma inocua mediante calentamiento y producción de harina de carne, grasa y cola; 418 desolladores, enterradores de animales y 7.224 lugares donde enterrar animales. En 1936 perduraban el 25% de los establecimientos de tratamiento térmico. Ya no era aceptable desde el punto de vista higiosanitario que establecimientos con la misión de garantizar la protección de la salud de personas y animales estuvieran expuestos a múltiples fluctuaciones económicas, con la amenaza de hundirse, ya que esta industria estaba en el aspecto económico insuficientemente protegida. Como consecuencia de esta situación, el 1 de febrero de 1939 se publicó la Ley de Eliminación de Cadáveres, en la cual, entre otras cosas, se estipulaba la creación de Cuerpos públicos para cumplir el cometido de la eliminación de cadáveres, y se habilitaban medios públicos para crear una red de establecimientos de eliminación de cadáveres (TBA) extendida por todo el territorio germano. De esta manera, recogiendo de la manera más completa posible los cadáveres y sus partes en instalaciones bien dotadas técnicamente, pueden obtenerse productos de importancia económica. Esta Ley iba acompañada de dos Órdenes de Desarrollo (DVO), en las que, entre otros puntos, se prescribía el calentamiento de los materiales como mínimo a 130°C durante 30 minutos, a la vez que se obtenía harina de carne, grasa animal y productos de los huesos.

Sólo mediante estas disposiciones legales, la eliminación de cadáveres se convirtió en eficaz instrumento, hoy imprescindible, de la lucha epizoótica. En la segunda DVO sobre instalaciones y servicios ya se hallan contenidos elementos de protección ambiental, como v.gr., depósito, relaciones comerciales, consideraciones sobre núcleos de viviendas tomando en consideración los vientos predominantes, abastecimiento de agua, eliminación de aguas residuales, espacios limpio/sucio, construcción de vehículos de recogida, limpieza y desinfección (12).

La eliminación de cadáveres ha experimentado notables variaciones desde la publicación de la Ley de Eliminación de Cadáveres poco antes de iniciarse la Segunda

Guerra Mundial, ya que los peligros sanitarios para el hombre y animales procedentes de animales muertos y porciones de sus cadáveres no son hoy menores, sino que se han hecho bastante superiores: densidades de población incomparablemente mayores de personas y animales, número perceptiblemente mayor de bacterias patógenas, virus y parásitos, superior importancia de los gérmenes patógenos facultativos y de nueva presentación.

A esto viene a sumarse que el Derecho correspondiente se ha desarrollado de manera heterogénea, dando lugar a una multiplicidad de disposiciones que induce a la confusión. Además faltaban normas para la eliminación inocua de los cuerpos muertos de determinadas especies animales y de los residuos de matadero y faenado, así como medios para eliminar de forma inocua las grandes cantidades de residuos del tratamiento de la carne que se producen en muchos puntos o aprovechar los restos de productos de origen animal de acuerdo con las disposiciones vigentes. Estas y diversas otras razones condujeron a la publicación de la Ley de Eliminación de Cadáveres de 2 de septiembre de 1975 (TierKBG, legislación alemana) y de la Orden de Centros de Eliminación de Cadáveres de 1 de septiembre de 1976 (TBA-VO). A esto se agregó en la esfera europea la Directriz del Consejo de 27 de noviembre de 1990 orientada a los Estados miembros de la UE, en la que se publicaban normas legales veterinarias para la eliminación, tratamiento y comercialización de residuos animales, y para la protección de piensos de origen animal, y también del pescado, contra gérmenes patógenos: 90/667/EWG (TBA-RL-EWG), pero que carecía de validez inmediata en los países de la UE. La fecha más tardía para la puesta en vigor de las disposiciones legales y administrativas contenidas en esta Directriz era para la antigua República Federal de Alemania el 31.12.1991, y para los nuevos Estados federales el 31.12.1995.

Willinger (19) publicó un resumen internacional sobre la higiene de la eliminación de cadáveres y de residuos de matadero y alimentos animales, con 20 informes sobre Historia y estado del tema en diversos países, así como la bases sanitarias de la tecnología de la transformación.

Las bases legales para la limpieza y desinfección en los establecimientos de eliminación de cadáveres descritas a continuación, descansan principalmente en las disposiciones germanas TierKBG y TBA-VO.

Las normas TBA-RL-EWG, un tanto divergentes o complementarias de lo anterior, se mencionarán especialmente en caso de necesidad.

## 6.2 Fundamentos legales

(De acuerdo con las disposiciones legales germanas TierKBG, punto 10; TBA-VO, puntos 2-6, 8, 10, 15, y Normas de Desarrollo, legislación germana).

En el punto 3 de la TierKBG se define el objetivo de la Ley, citándose los objetos de Derecho que se pretende proteger (1):

Cadáveres, partes de cadáveres y productos se eliminarán de manera que:

1. No resulte amenazada la salud de personas y animales por gérmenes causan-

tes de enfermedades contagiosas o por sustancias tóxicas.

2. No se contaminen aguas, suelos y piensos con gérmenes causantes de enfermedades contagiosas o por sustancias tóxicas.

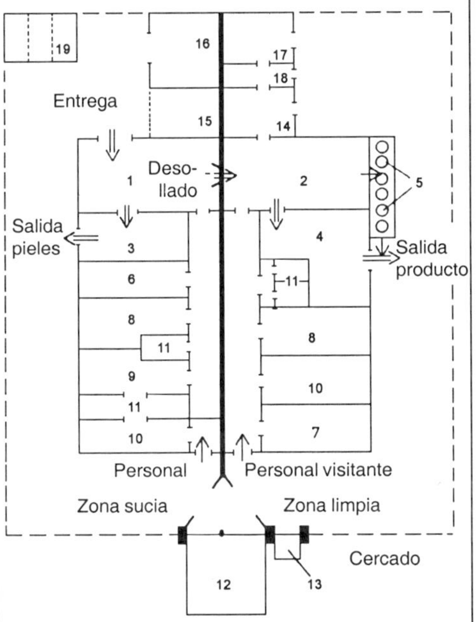


1 Productos brutos
2 Manipulación
3 Desollado
4 Depósito producto
5 Silos
6 Veterinario
7 Oficinas
8 Lugar de estancia
9 Ropas de trabajo
10 Sala cambio de ropa
11 WC + duchas
12 Pila de tránsito (desinfec. neumáticos de ruedas)
13 Estera desinfectante (zapatos)
14 Estación de energía
15 Lavadero de vehículos
16 Garage estación de vehículos
17 Garage empleados y camiones de transporte de productos
18 Taller
19 Depósito estiércol

**Fig. 6.1** Esquema de una instalación de eliminación de cadáveres con separación teórica entre partes «sucia» y «limpia».

3. No se ejerzan acciones nocivas para el medio ambiente en el sentido de la Ley Federal de Protección de Establecimientos.

4. No resulten amenazados o alterados la seguridad y orden públicos.

La protección de la Naturaleza y el cuidado del país, así como la integridad de las ciudades, deben quedar garantizados en la construcción y funcionamiento de los establecimientos de eliminación de cadáveres.

(2) En las instalaciones eliminadoras de cadáveres no deben obtenerse productos para consumo humano.

Construcción y funcionamiento de los Centros de Eliminación de Cadáveres (TBAs) y puntos de recogida vienen regulados en la TBA-VO. En esta disposición, como una de las bases principales para la observancia de los principios sanitarios en un TBA se prescribe su estricta división en una «parte limpia» y una «parte sucia», que deben estar completamente separadas entre sí por una pared completa; el tráfico de personas y vehículos sólo deberá realizarse por entradas y salidas independientes. En la pared de separación debe construirse un dispositivo para el ingreso de materias primas de manera que su cierre resulte garantizado. En la Figura 6.1 se expone el esquema de un TBA con la separación ideal en sectores «sucio» y «limpio». Un factor esencial en la prevención de difundir epizootias a partir de un centro de aliminación de cadáveres (TBA alemán) es la limpieza y desinfección de todas las zonas de relevancia higioepizoótica. La importancia de esta medida profiláctica no la ha pasado por alto el legislador, que ha elaborado normas muy detalladas al respecto.

El transporte de cadáveres se dispone que se haga en vehículos o recipientes cerrados del todo e impermeables a líquidos, que no se utilizarán con otros fines. Vehículos y recipientes estarán construidos de manera que después de cada utilización puedan limpiarse y desinfectarse con facilidad. El personal que participe en el transporte llevará ropa protectora, debiendo lavarse y desinfectarse manos, antebrazos y calzado después de cada interrupción y al concluir su trabajo, lo que también es aplicable a la ropa protectora a intervalos regulares.

En las entradas y salidas de los TBAs debe colocarse una zanja o dispositivo análogo para la desinfección de las ruedas de los vehículos y un medio para desinfectar los zapatos. Deben estar colocados y tener unas dimensiones que cubran los neumáticos por completo al atravesarlos, y no puedan ser evitados o circunvalados. De acuerdo con el punto 11 de la TBA-VO, el empleo de estos dispositivos de desinfección colocados en las entradas y salidas sólo está prescrito, sin embargo, cuando exista una epizootia oficialmente declarada en la zona vecina al TBA. En época en que no exista enfermedad infecciosa, no necesitan ser utilizados por vehículos y personas, por lo que, v.gr. para facilitar el tránsito, se cubren convenientemente. Como instalación desinfectante de ruedas de vehículos igualmente eficaz puede servir también un dispositivo de pulverizado-ducha. Para el calzado se utilizan esterillas, barreños o pulverizadores desinfectantes.

Todas las vías de comunicación de la región del TBA deben estar consolidadas y ser susceptibles de desinfección. Pero no necesitan ser impermeables al agua, y se consideran desinfectables cuando el desinfectante puede permanecer durante un tiempo suficientemente largo en la superficie o en la capa más elevada del consolidado.

En la parte sucia del TBA habrá una plaza para lavar vehículos y una fosa para estiércol, si los vehículos no se limpian y desinfectan en la nave de materiales brutos y se recogen los contenidos de estómagos e intestinos. La plaza de lavado y la fosa de estiércol deben estar pavimentadas y contar con suelo impermeable a líquidos. La plaza de lavado necesita una toma de agua a presión, así como un desnivel para recoger y verter el líquido de lavado y desinfección en una instalación colectora. La fosa de estiércol debe constar de tres partes. Cuando el contenido de estómagos e intestinos no se elimina con residuos brutos, se recogerá en la fosa de estiércol, se verterá encima lechada de cal y este contenido permanecerá por lo menos 3 semanas en cada compartimiento.

Todos los locales de las secciones limpia y sucia se podrán limpiar y desinfectar con facilidad, es decir, contarán con suelos impermeables, y las paredes y puertas resistirán el fregado y podrán desinfectarse. Se evitará el ingreso de gérmenes infecciosos en la sección limpia a través de las salidas de ventilación de la sección sucia.

La nave de materiales brutos debe contar con una instalación para la recogida y vertido de aguas residuales. Si las aguas residuales de la sección sucia no se tratan conjuntamente con las materias brutas, deben poderse desinfectar por procedimiento térmico.

Los recintos de depósito e instalaciones de trasiego de productos también deben poderse desinfectar. En el funcionamiento de un centro de eliminación de cadáveres (TBA), la materia bruta se tratará por procedimiento térmico mediante aporte indirecto de calor. El material se desmenuza hasta un tamaño de partículas como mínimo de 50 mm con ayuda de una trituradora o un molino (TBA-RL-EU, Apd. II, Cap. II Nr. 6a), calentándose a continuación como mínimo durante 20 minutos a una temperatura interna de 133°C y 3 bar. La duración del calentamiento, el grado de temperatura y la presión del vapor se deben medir de manera continuada y fiable. Lo prescrito no es válido para sangre, cerdas, huevos, plumas, pelos, pieles y lana (también, cuernos, pezuñas, pellejos y residuos similares; TBA-RL-EU, Cap. II, Art. 3, Secc. 1e). Tales materiales brutos pueden tratarse también con temperaturas más bajas y aporte directo de calor (contemplado en el punto 3 TierKBG). Esto puede llevarse a efecto en establecimientos especiales, pero también en las instalaciones ordinarias de un TBA, si bien separados de los restantes materiales brutos, v.gr., tratando unos a continuación de otros (6, 7).

Las aguas residuales de la sección sucia (salvo toilettes) bien se desinfectarán durante 30 minutos a temperatura superior a 100°C, bien se tratarán conjuntamente con los materiales brutos. Para alcanzar la temperatura por encima de 100°C, debe utilizarse un aparato de vapor a presión, pero cuya potencia exacta ya no se cita. (Según las normas legales, sería necesaria como mínimo 0,5 atm.). Está previsto, sin embargo, el control de la desinfección con aparatos de registro gráfico. Debido a su elevada carga microbiana, no está permitida la desinfección química de los líquidos producidos en la sección sucia.

En cambio, el agua residual producida en el lavadero de vehículos debe desinfectarse por procedimiento químico. Concluida la desinfección química, este agua residual se verterá junto con las demás aguas residuales (v.gr., aguas residuales de toilettes y corrales), en cuya operación deben cumplirse las normas de la Ley de Aguas Domésticas y las disposiciones dictadas por las autoridades comunales. Pero el agua de lavado de vehículos puede también desinfectarse por el calor en unión de las restantes aguas residuales de la sección sucia, o bien se tratan junto con los materiales brutos.

Las pieles se trasladarán enseguida al depósito de pieles, donde se tratarán con una mezcla del 95% de sal y el 5% de sosa; cada pila de pieles superpuestas debe permanecer depositada como mínimo durante ocho días. Sólo entonces pueden entregarse al establecimiento encargado de tratarlas y prepararlas.

Los utensilios que no se utilizaron en la sección sucia en el tratamiento de materias brutas pueden emplearse en otras partes del TBA, cuando previamente se limpiaron y desinfectaron a fondo en la sección sucia (v.gr., herramientas, aparatos de limpieza y desinfección transportables). (De acuerdo con TBA-RL-EWG, Apd. II, Cap. II Nr. 3, no deben trasladarse utensilios y herramientas desde la sección sucia a la limpia). Insectos, roedores y pájaros deben mantenerse alejados de las edificaciones de tratamiento, por lo que se colocarán en ventanas e instalaciones de ventilación las protecciones correspondientes. Por lo mismo, las puertas sólo se abrirán lo imprescindible. Las personas que sólo se encuentren en los recintos de tratamiento transitoriamente, deben llevar calzado protector. Antes de abandonar la sección sucia, deben desinfectar los zapatos y entregar la ropa protectora. El personal del

TBA debe llevar en las secciones sucia y limpia ropa protectora claramente distinguible, y calzado que se pueda desinfectar. Ambos grupos de personas deben depositar la ropa protectora en la sala de cambio de ropa antes de abandonar el puesto de trabajo, a la vez que se cambiarán de calzado. Además, antes de dejar la sección sucia, deben lavarse y desinfectarse las manos y antebrazos por procedimiento húmedo.

***Las instalaciones desinfectantes colocadas en las entradas y salidas de la sección sucia deben estar siempre llenas o empapadas con un desinfectante eficaz, al que se añadirá sal cuando exista peligro de congelación*** (ver RL Des BMELF, IV1, V5.1.2). Estos desinfectantes se renovarán regularmente.

Los vehículos y recipientes en que se transporten materias brutas se limpiarán después de cada descarga en la nave de materias brutas y se desinfectarán antes o inmediatamente después de abandonar este local. Si la limpieza y desinfección no se llevan a cabo en la nave de materias brutas, estas operaciones se realizarán en el lavadero de vehículos. La nave de materias brutas y los utensilios empleados en la descarga, desollado y despiezado, se limpiarán y desinfectarán a diario; los demás locales de la sección sucia se limpiarán diariamente, y como mínimo se desinfectarán una vez a la semana. El depósito de pieles se limpiará y desinfectará sólo en caso de necesidad.

Cuando brote una epizootia de declaración obligatoria en la región del TBA, se llenarán o empaparán con desinfectante las instalaciones desinfectantes colocadas en las entradas y salidas del establecimiento. Hace falta el rellenado regular y la agregación de sal cuando haya peligro de congelación. En esta situación, las personas que entren en un TBA llevarán calzado que se pueda desinfectar, y que será desinfectado antes de salir.

Siempre que no esté dispuesta otra cosa, las medidas de desinfección en el TBA se llevarán a cabo aplicando las normas del Ministerio Federal de Alimentación, Agricultura y Bosques sobre medios y procedimientos para la práctica de la desinfección en caso de epizootias de declaración obligatoria (13). Además de los medios y procedimientos allí citados, se tomará en consideración la vigente Lista DVG de desinfectantes comprobados para la explotación animal.

También los puntos de recogida deben estar dispuestos de manera que resulte impedida la difusión de gérmenes patógenos. Para los puntos de recogida del propio establecimiento, como v.gr., donde se juntan los productos decomisados en mataderos, se cumplen hasta ahora las especificaciones contenidas en las normas de inspección de carnes.

Puntos de recogida pueden ser, bien un espacio cerrado con depósito transportable, bien un espacio sin depósito o un recipiente impermeable a los líquidos, que descarga inmediatamente o se transporta con su carga. Las calles y caminos conducentes a tales puntos de recogida deben estar pavimentados y se podrán desinfectar. En el recinto habrá un punto de toma de agua a presión y las puertas cerrarán bien. El propio recinto debe poderse limpiar y desinfectar fácilmente, así como los recipientes, que contarán con tapa aplicable y con una abertura de carga de tamaño suficiente a través de la cual quede impedida cualquier extracción de material no autorizada. Un espacio sin recipiente debe contar con suelo impermeable a líquidos, y paredes y puertas lisas, lavables y desinfectables que permitan con dispositivos adecuados la carga inmediata del material allí recogido en el vehículo de transporte. En un punto de recogida constituido solamente por un recipiente fuera de un local, aquél debe asentarse sobre un suelo pavimentado y susceptible de desinfección y exhibir las mismas características de un recipiente contenido en un recinto. Los locales, recipientes e instalaciones del punto de recogida se limpiarán, desinfectarán y depurarán de animales nocivos siguiendo las instrucciones del veterinario oficial, o bien en aplicación análoga de las normas de las autoridades locales competentes (RL Des BMELF). Los puntos de recogida propios del establecimiento cumplirán las especificaciones del punto 15, Sección 1 de la TBA-VO y lo dispuesto en las Secciones 3-5.

En la Baja Sajonia existen desde diciembre de 1996 unas «Normas para un programa higiénico para explotaciones porcinas» (Hig-RL-BS). Los establecimientos que se acogen voluntariamente a este programa deben poseer un contenedor o recipiente especial para depositar los cerdos muertos, al que también son aplicables esencialmente las normas existentes sobre puntos de recogida de TBAs ya descritas. A este respecto es nuevo, sin embargo, que el contenedor o el espacio de depósito «deben adaptarse al sistema de recogida de los establecimientos competentes de eliminación de cadáveres». Sin embargo, datos sobre Hig-RL-BS correspondientes a 200 establecimientos indicaron que en el 73,5% de estos establecimientos no se llevaba a cabo todavía un depósito de los cadáveres en condiciones legales (5, 9).

## 6.3 Técnicas de desinfección en establecimientos eliminadores de cadáveres

El estudio realizado en el punto 6.2 de las prescripciones legales para la desinfección en un TBA permite advertir enseguida que el legislador ha colocado a estos establecimientos en un punto muy elevado de importancia en la esfera sanitaria. Como, debido al tipo de material que va a parar a un TBA, se produce en éste una acumulación de gérmenes patógenos y de trascendencia epizoótica, deben tomarse todo tipo de precauciones para evitar que los microbios regresen al medio ambiente y a las explotaciones animales. Por lo dicho, en un TBA la cadena infecciosa sólo se puede interrumpir desde dentro a fuera. Todos los gérmenes presentes en los materiales brutos pueden y de hecho penetran en el establecimiento, pero no deben poder salir de éste. A continuación se describen con detalle las medidas necesarias para ello, cuyo principio a tener en cuenta es el de que toda medida de desinfección debe ir precedida de una limpieza a fondo.

Esta limpieza intensa tiene por finalidad eliminar de superficies, objetos e instalaciones la suciedad y materia orgánica, pero también los microorganismos. Con ello se pretende que en la desinfección subsiguiente los gérmenes patógenos no puedan sustraerse a la acción directa del agente desinfectante. A tal fin, de acuerdo con la situación, procede realizar primero una limpieza mecánica, a la que seguirá una limpieza a fondo, a ser posble utilizando un aparato limpiador de alta presión calentable (temperatura del agua: 40-60°C). La fuerza de la presión del agua debe estar graduada de manera que no se produzcan a ser posible daños en las superficies u objetos a limpiar.

La difusión de gérmenes desde un TBA al medio ambiente sólo puede evitarse llevando a cabo el mayor número posible de medidas de limpieza y desinfección obligatorias de acuerdo con las disposiciones al respecto. En este orden de cosas, procede considerar al hombre como el eslabón más débil de la cadena higiénica, lo que debe mantenerse bajo control en el mayor grado posible. Las instalaciones obligatorias de desinfección son, por ejemplo, las zanjas o cavidades que deben ser atravesadas por vehículos de transporte o las modernas instalaciones de desinfección o lavado de ruedas a alta presión para esos mismos vehículos, y las alfombrillas o baldes para el calzado y cabinas con ducha para el personal que trabaja continuamente en la sección sucia del establecimiento. También pueden utilizarse como medios obligados instalaciones de pulverizado desinfectante para el calzado o aparatos automáticos para lavar botas, cuando, v.gr., sólo tras su utilización puede abrirse una puerta.

### 6.3.1 Zanjas de tránsito

Deben colocarse de manera que, prescrito su empleo, no puedan rodearse ni evitarse. Su tamaño debe ser tal que la longitud sea como mínimo igual al perímetro de la rueda mayor del vehículo que vaya a transitar. Para un funcionamiento conveniente, son de aplicación los siguientes requisitos previos:

- Empleo de materiales de construcción resistentes a la corrosión y que no se resientan con el peso de vehículos pesados.
- Impedir el rebosado libre del líquido al pasar los coches (colocación de rebordes, dispositivos que impidan la formación de olas).
- Rellenado regular del líquido evaporado.
- Reposición regular de la concentración prevista de la concentración desinfectante.
- Reposición regular del desinfectante.
- Eliminación regular del barro.
- Evitar la congelación (agregación de sal).

Pero estas zanjas de tránsito cuentan también con una serie de inconvenientes:

- Ensuciamiento de la solución desinfectante.
- Pérdida de eficacia del desinfectante.
- Dilución inevitable de la solución por efecto de las lluvias.
- Los bajos de los vehículos no establecen contacto con la solución desinfectante (v.gr., guardabarros).
- Ruedas y bajos no se limpian de suciedad, aceite mineral, residuos callejeros, etc. antes de la desinfección, por lo que ésta sólo tiene valor limitado.
- Como consecuencia del vertido de soluciones desinfectantes sucias, pueden presentarse alteraciones en el sistema de aguas residuales debidas a sobrecargas repentinas.

Por estas razones, el legislador también menciona otras instalaciones igualmente idóneas, a las cuales debe darse preferencia en el funcionamiento de un TBA (ver punto 6.2).

Debido a estos inconvenientes conocidos de las zanjas transitables y no admisibles en una eficaz lucha contra las epizootias, sería conveniente buscar otras posibles soluciones con ayuda de experiencias prácticas. Estudios al efecto llevados a cabo con ruedas de un vehículo de TBA fuertemente ensuciadas y contaminadas con suspensiones de gérmenes, que se hacían pasar por una zanja de tránsito llena con 1.000 litros de solución desinfectante, arrojaron resultados sorprendentemente malos. En la prueba no se detectaron diferencias de si la solución desinfectante era de formaldehído al 4%, de lejía de sosa al 2%, o de ácido fórmico al 3%. En todos los casos, la eficacia de la zanja transitable en la desinfección de las ruedas era sólo insatisfactoria o incluso deficiente, de donde se deduce que la elección del desinfectante carece de importancia.

Estudios semejantes se realizaron con un aparato limpiador de alta presión (tipo Kärcher HD 1000 SI; Fa. Kärcher, D-71364 Winnenden). En esta experiencia, la limpieza y desinfección de las ruedas se llevaba a efecto en tres fases. En la primera, la zona a limpiar se lavaba por todas partes con solución desinfectante en la misma concentración citada en las zanjas de tránsito, con una presión de 3 bar y durante 15 segundos.

Tras 5 minutos de tiempo de acción, se iniciaba la segunda fase, en la que la rueda se limpiaba por todos los lados con agua limpia a 48 bar, lo que requería alrededor de un minuto hasta dejar las ruedas limpias a simple vista. Después de dejar correr el agua de limpieza alrededor de un minuto, se practica la tercera fase de la limpieza de las ruedas, que se desinfectan durante 15 segundos aproximadamente por todos sus lados.

Como resultado cabe afirmar que el empleo manual de un aparato limpiador de alta presión constituye una eficaz alternativa frente a la poca satisfactoria desinfección de las ruedas con ayuda de las zanjas de tránsito. Los buenos resultados de la desinfección de las ruedas con el limpiador AP depende mucho, sin embargo, del cuidado puesto en la operación por el personal encargado. Por ello reviste gran importancia la instrucción y explicación a los operarios de las posibles consecuencias de la difusión de los gérmenes. El problema de la dudosa eficacia de la desinfección sobre los restos de suciedad aislados de las ruedas en la limpieza-desinfección en 3 fases resulta, no obstante, un tanto relativa porque el agua residual de la nave de lavado puede recogerse y someterse a tratamiento térmico.

El empleo de limpiador de AP permite asimismo incluir en la limpieza y desinfección sin gran trabajo los guardabarros salpicados y contaminados con restos de suciedad, lo que no es posible en las zanjas de tránsito.

Experiencias del mismo tipo se llevaron a efecto en una instalación de lavado de ruedas de vehículos del modelo «Moby Dick» (Fa. Frutiger Baumaschinen, D-78224 Singen). Como en un foso de prueba de frenos, se empujaban pasivamente uno y dos ejes de los vehículos y a la vez se lavaban las ruedas con boquillas desde abajo, así como las caras externa e interna, y en el caso de ruedas gemelas aplicando el agua a presión entre las mismas. En los ejes de tracción, pueden acelerarse éstos en segunda o tercera velocidad hasta 30 km/h, con lo que la fuerza centrífuga generada aumenta todavía más el efecto limpiador.

La duración del lavado puede fijarse entre 20 y 90 segundos seguidos. Estas experiencias demostraron –sin agregación de un desinfectante al agua de lavado– que el efecto limpiador sobre las estrías y superficies es parejo a un tratamiento con limpiador de alta presión. Como las ruedas aparecen limpias a simple vista después de la limpieza, puede deducirse de ello que combinando en una única actuación de 40-60 segundos de duración la limpieza a alta presión y la desinfección se obtiene una eficaz desinfección de las ruedas, lo que sería factible con pequeñas modificaciones técnicas y ya no sería necesario el tratamiento en tres etapas como en el empleo de un limpiador de AP.

Los resultados de estas investigaciones hacen necesario que el legislador saque las debidas consecuencias para formular nuevas pautas de desinfección en lo referente a los vehículos colectores de un centro colector de cadáveres (TBA).

En los casos normales, fuera de los momentos para los que se prescribe la utilización de una zanja de tránsito, bastaría una limpieza a fondo de alta presión practicada por personal experto a la llegada de las materias brutas o en el lavadero de los vehículos, con subsiguiente desinfección con presión reducida, o mediante instalaciones de desinfección por aspersión colocadas a la salida y controladas por célula fotoeléctrica.

En caso de epizootia se utilizaría el sistema arriba citado de 3 etapas, con desinfección previa-limpieza-postdesinfección, método que sería equiparable en eficacia al del bastidor de desinfección por aspersión practicado a la salida de los vehículos, con lo que podría renunciarse al empleo de una zanja de tránsito. El resultado es el mismo cuando se dispone de una instalación lavadora de ruedas dispuesta para la limpieza y desinfección a la salida de los vehículos del TBA.

Para la utilización de aparatos limpiadores de AP, tanto fijos como móviles, el autor de estas experiencias arriba citadas recomienda el ácido fórmico en soluciones al 3%, ya que, con una eficacia similar a la de la lejía de sosa, cabe esperar escasos problemas técnicos con los utensilios (2). En lugar del ácido fórmico, formalina y lejía de sosa, empleados en estos estudios como productos químicos básicos, pueden utilizarse también para la desinfección preparados comerciales DVG comprobados. Sin embargo, en caso de epizootia debe adaptarse el desinfectante a los gérmenes actuantes (RL Des BMELF, V 2.3).

## 6.3.2 Duchas pulverizadoras

En lo referente a desinfección, las instalaciones de esta clase deben ser por lo menos igual de eficaces que las zanjas de tránsito, pero además sin los inconvenientes citados al describir estas últimas. En los últimos tiempos, estas instalaciones se ofrecen en el mercado alemán.

Así, v.gr., la instalación lavadora de ruedas de tipo «Moby Dick», descrita en el punto 6.3.1 como aparato de prueba, se ha manifestado muy positiva en una versión simplificada (Moby Dick Junior) en la Rethmann TBA Nordost GmbH de Genthin-Mützel como instalación combinada de lavado de ruedas y desinfección; esta instalación puede disponerse lo mismo a la salida que a la entrada de los vehículos (Fig. 6.2).

El vehículo de recogida se introduce en la instalación lavadora de ruedas. Con las

**Fig. 6.2** Instalación «Moby Dick Junior» para lavado de ruedas. (Fabricante: Fa. Frutiger Baumaschinen, D-78224 Singen; Ubicación: Rethmann TBA Nordost GmbH, D-39307 Genthin-Mützel).

ruedas delanteras se comprime hacia abajo el cilindro de partida, iniciándose el proceso de lavado/desinfección. El vehículo se desplaza avanzando y se lavan los ejes posteriores. Cuando las ruedas posteriores están muy sucias, el vehículo puede acelerar con su propio motor, con objeto de que la fuerza centrífuga desarrollada expulse al exterior la suciedad de los perfiles y de las ruedas gemelas. También se limpian y desinfectan a fondo los guardabarros y bajos del vehículo. El líquido utilizado vuelve a la instalación, se separa de la suciedad añadiendo un producto floculante, y se utiliza de nuevo. Las partículas de suciedad sólida se extraen lateralmente con ayuda de un rascador. El consumo de líquido es de 5-10 litros/vehículo.

Esta instalación sustituye a una zanja de tránsito como «mecanismo igualmente eficaz». En realidad, sólo debería utilizarse en caso de epizootia, pero en estos TBAs también se empleará a la entrada de los vehículos en el establecimiento de recogida de cadáveres cuando el tiempo sea adverso, lo que provoca el ensuciado intenso de las ruedas y bajos de los vehículos de recogida, ya que en esta instalación, por acuerdo de la Dirección, se limpian de manera óptima, incluida la suciedad fuertemente adherida, los dibujos y cubos de las ruedas, los espacios que quedan entre éstas en el caso de tratarse de neumáticos dobles, guardabarros y todos los bajos de los vehículos. De esta forma se evita el ensuciamiento del terreno del establecimiento y de la nave de recepción de materias brutas (cadáveres y restos).

Como producto combinado de limpieza y desinfección se utiliza una mezcla de un agente floculante de aceites y grasas y un desinfectante aprobado por DVG y DLG (Venno-Vet 1, Fa. Venno GmbH, 22850 Norderstedt). Técnicamente también sería posible una limpieza independiente, seguida de desinfección.

Otro método de lavado de ruedas existente en el comercio es el sistema «Ramex» (Fa. Limaco-Handels-GmbH, 64293 Darmstadt). Esta instalación permite limpiar vehículos de 2 a 4 ejes con o sin remolques, así como plataformas rodantes; están dotadas, a elección, con 2

**Fig. 6.3** Instalación «Mobilex» para lavado de ruedas. (Foto publicitaria Fa. LIMACO-Handels-GmbH, D-64293 Darmstadt).

ó 3 rodillos. La Figura 6.3 muestra el modelo segundo en tamaño «Mobilex», en el que puede apreciarse claramente cómo tiene lugar el lavado desde abajo de la superficie de los neumáticos. Según informaciones de la firma suministradora, pueden desinfectarse los vehículos, para lo que basta con añadir el desinfectante al agua de lavado mediante un dosificador. Técnicamente también sería posible realizar la desinfección por separado, después

**Fig. 6.4** Instalación central de lavado a alta presión con varias plazas de recepción.

**Fig. 6.5** Limpieza exterior de un camión recolector de cadáveres de animales con aparato de alta presión.

de lavar en la instalación de limpieza, o bien haciendo pasar acto seguido el vehículo por una esclusa de desinfección.

Pero, a menudo, el lavado de los vehículos se realiza en los TBAs únicamente a la llegada del material bruto, a cuyo fin se utilizan por lo regular instalaciones centrales de limpieza de alta presión, que disponen de varios puntos de recepción (Fig. 6.4). Estas instalaciones ofrecen la posibilidad de limpiar de manera específica, con ayuda de cabezas lavadoras cambiables del limpiador de AP, partes intensamente sucias de los vehículos de transporte, de su exterior, de las ruedas y entre éstas, y de los guardabarros (Figs. 6.5 y 6.6), así como desinfectar la superficie de la plataforma de carga. A la salida de la nave de materia bruta, se provoca automáticamente una intensa desinfección exterior del vehículo, al atravesar éste un marco de lavado, accionado por una célula fotoeléctrica (Fig. 6.7).

En este tipo de trabajo es importante reciclar continuadamente al personal, que también será controlado mediante reconocimientos al azar, ya que estas actuaciones revisten decisiva trascendencia para evitar la difusión de gérmenes epizoóticos a partir de un TBA.

Como, a diferencia de la desinfección de superficies en las explotaciones animales, en los vehículos colectores del TBA la desinfección final de rutina no se lleva a cabo sobre superficies secas, sino húmedas, la concentración del desinfectante utilizado debe corresponder a la máxima que figura en las Secciones 4a y 7a de la relación de desinfectantes vigente de la Asociación Alemana de Medicina Veterinaria (*Deutschen Veterinärmedizinischen Gesellschaft, DVG*) o Lista DVG. En caso de epizootia, se utilizarán las concentra-

**Fig. 6.6** Limpieza a alta presión de los neumáticos y llantas de un camión recolector de cadáveres de animales.

**Fig. 6.7** Desinfección exterior de un vehículo recolector de cadáveres de animales a la salida de la sección receptora a través de un bastidor de rociado controlado por un disparador luminoso. (Fabricación propia TKV Schäfer OHG, D-36318 Schwalmtal-Hopfgarten).

ciones pertinentes de acuerdo con RL Des BMELF (13).

## 6.3.3 Instalaciones para el tráfico de las personas

En el tráfico de personas, es de aplicación el principio básico de que, a los visitantes ajenos al establecimiento que penetren en la sección sucia de un TBA, la Dirección de éste debe proporcionarles ropa protectora de un solo uso y calzado protector del mismo tipo. Esto último particularmente importante porque los visitantes con zapatos de calle intentan con frecuencia evitar pasar por los baldes desinfectantes, pues temen que sus zapatos se mojen o se estropeen con el líquido.

En la conformación y colocación de las instalaciones desinfectantes en las entradas y salidas de la sección sucia del establecimiento, impera asimismo el principio de la utilización forzosa e insoslayable y de garantizar del todo su funcionalidad. Para ello, se dispondrán tinas planas que no se puedan circunvalar ni saltar, que se cubrirán con un material absorbente, como v.gr., gomaespuma, o con rejillas. Aquí, la gomaespuma debe cerrar el borde superior de la tina, mientras que la superficie de la rejilla debe colocarse hundida por debajo del borde superior, de manera que quede garantizado el contacto lateral del calzado con el desinfectante. Respecto a las rejillas, procede señalar que suelen estar fabricadas con metal rebatido, que hacia el centro de la tina se hunde con frecuencia tras cierto tiempo de uso, con lo que los zapatos penetran muy profundamente en la solución. Por ello, debe ponerse atención en que las rejillas estén por igual a un nivel alto. Habilitando los debidos apoyos, se evita el hundimiento tras empleo prolongado. El ideal sería un limpiador de suelas transitable que podría formar parte integrante de la higiene personal sistemática en la cadena de procesado, colocado preferentemente en entradas, salidas y pasillos (Fig. 6.8). Utilizando el control mediante células fotoeléctricas, el tránsito puede mantenerse sólo en una di-

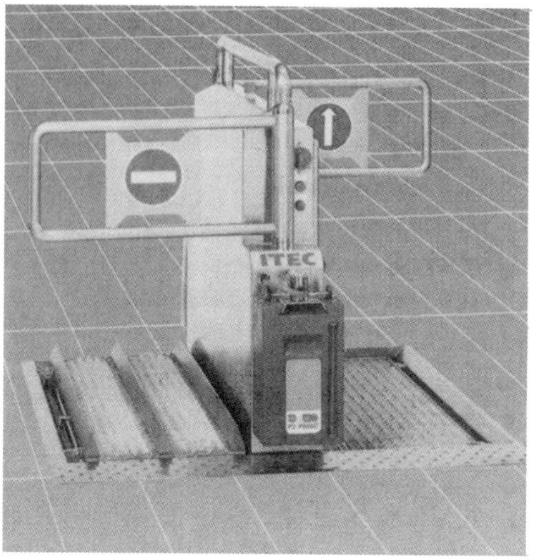


**Fig. 6.8** Limpiador de suelas de zapatos y pileta desinfectante con depósito incorporado para productos limpiador y desinfectante; paso sólo posible en una dirección y puesta en funcionamiento con células fotoeléctricas. (Foto publicitaria Fa. ITEC GmbH, D-59269 Beckum).

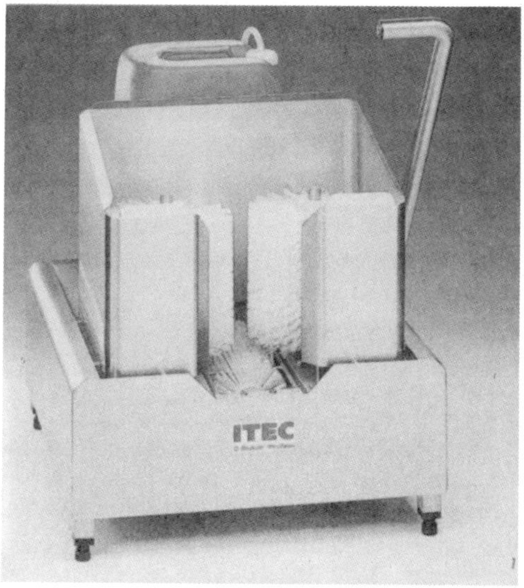


**Fig. 6.9** Limpiador de botas con cepillos giratorios sobre rodillos. (Foto publicitaria Fa. ITEC GmbH, D-59269 Beckum).

rección. Una limpieza y desinfección óptima queda garantizada mediante dosificación automática de los productos limpiadores y desinfectantes.

El personal lleva por lo regular botas en la zona sucia, por lo que los establecimientos modernos toman en consideración la limpieza de esas botas. La Figura 6.9 muestra un utensilio para tal fin. La limpieza de las suelas y las cañas de las botas se realiza con rodillos giratorios de cepillos. Al final del vástago lateral está colocado el sensor de contacto para iniciar el ciclo de limpieza, que consta de dos fases. En la primera fase se lleva producto limpiador a cada cepillo, encima de los cuales se mezcla con agua. En la segunda fase se enjuaga con agua. Una nueva función del sensor de contacto permite aportar también desinfectante Se puede instalar asimismo un ingenio que fuerce la utilización, que puede consistir, v.gr., en una puerta que sólo se pueda abrir cuando se pone en funcionamiento el aparato limpiabotas.

Antes de abandonar el sector sucio, además de entregar la ropa protectora desinfectable, como botas, guantes y delantales, es necesario lavarse y desinfectarse manos y antebrazos. Para esto disponen los modernos establecimientos de dispositivos que aportan agua, productos limpiadores y desinfectantes sin tener que tocar con las manos ningún grifo o similar (Fig. 6.10). En estos establecimientos, el paso a otro local en ocasiones sólo es posible después de seguir un completo programa de limpieza (producto limpiador-agua-desinfectante) en un recinto de tránsito obligado.

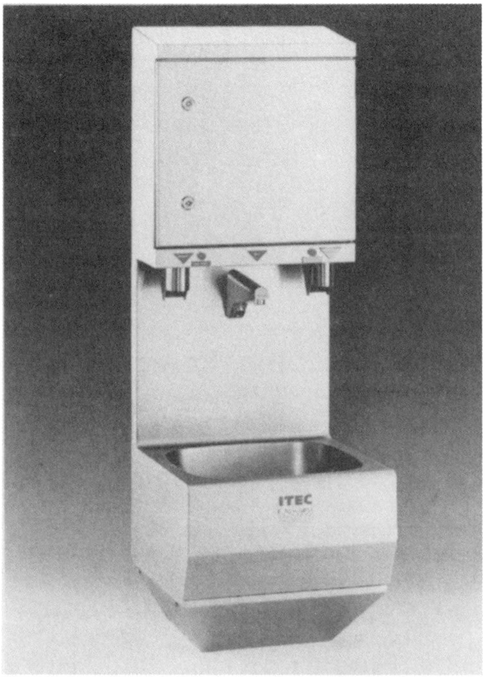


**Fig. 6.10** Puesto suministrador de agua, producto limpiador y desinfectante sin contacto con las manos. (Foto publicitaria Fa. ITEC GmbH, D-59269 Beckum).

## 6.3.4 Superficies, utensilios y ropa protectora

A tal fin se utilizan diversas técnicas. Cuando se emplean por separado el agua de limpieza y los desinfectantes, a partir de la cantidad necesaria de concentrado de desinfectante, con ayuda de un mezclador de autodosificación o bien desde centros de dosificación, puede obtenerse el grado deseado de dilución añadiendo automáticamente agua de la conducción ordinaria. Para utensilios de matadero, como cuchillos, así como guantes de seguridad, se dispone de baldes o instalaciones para su limpieza y desinfección o esterilización (Figs. 6.11 y 6.12). Tanto en la limpieza como en la desinfección, contar con agua templada o caliente supone reforzar la acción higienizante.

En ningún caso llevará el personal de un TBA la ropa protectora a su casa para lavarla. El empresario se preocupará de que sea desinfectada convenientemente en el centro, lavándola bien en una máquina lavadora independiente o –lo que es mejor– en un lavadero industrial. Para el primer caso existe una «Lista de desinfec-

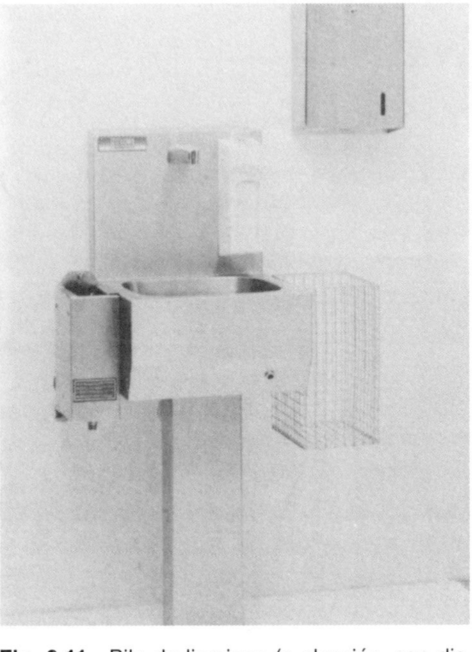

**Fig. 6.11** Pila de limpieza (a elección, con disparador presionando con la rodilla o sólo por aproximación) con pileta de esterilización de cuchillos (a la izquierda de la figura), suministrador de toallas (arriba a la derecha), suministrador de producto limpiador y desinfectante (arriba), y papelera. (Foto publicitaria Fa. NIEROS Heinr. Niederberger, D-83655 Lenggries).

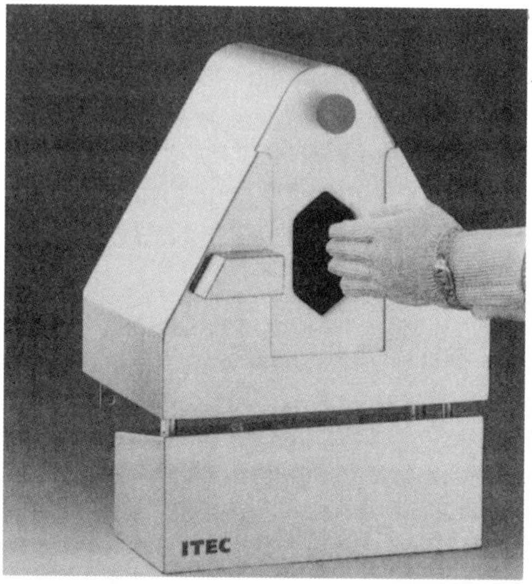


**Fig. 6.12** Aparato limpiador de guantes de seguridad. (Foto publicitaria Fa. ITEC GmbH, D-59269 Beckum).

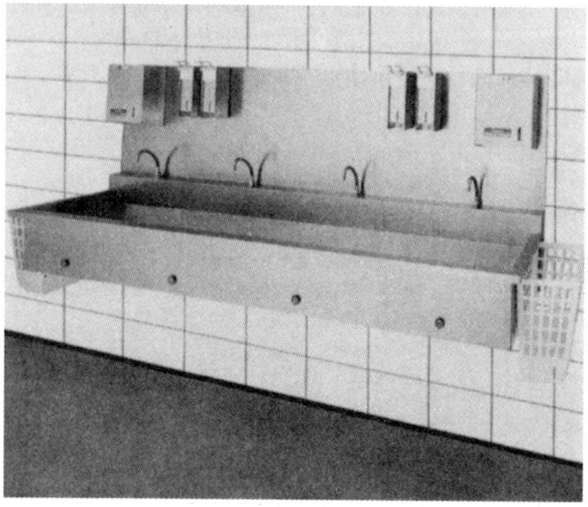

**Fig. 6.13** Pila de lavado hasta para 4 personas, con disparador mecánico de rodilla o por aproximación; suministrador de toallas y de productos limpiador y desinfectante. Temperatura del agua: 35-65°C, regulable mediante válvula mezcladora. (Foto publicitaria Fa. NIEROS Heinr. Niederberger, D-83655 Lenggries).

tantes y procedimientos aprobados y reconocidos por el (antiguo) Departamento Federal de Sanidad (Alemania), que puede obtenerse del Robert-Kock-Institut, Abt. Verw., Nordufer 20, 13353 Berlin).

Sobre instalaciones de limpieza y desinfección de manos y antebrazos ya se ha tratado en el punto 6.3.3. En los TBAs con numeroso personal en plantilla pueden disponerse pilas corridas para esta limpieza, con varias plazas consecutivas (Fig. 6.13).

### 6.3.5 Vehículos de recogida de cadáveres, residuos de matadero y restos de cocina

Los vehículos de transporte son asimismo elemento esencial sanitario en la prevención de amenazas para personas, animales, suelos, aguas y aire que pueden tener su origen en los cadáveres, despojos y productos en ellos transportados. Las bases para su construcción se hallan en las estrictas especificaciones del punto 10 (3) de la TierKBG (Alemania), según las cuales estos vehículos deben estar cerrados por todas partes, serán impermeables a líquidos y fáciles de limpiar y desinfectar. En la segunda Orden de Desarrollo de la TierKBG de 1 de febrero de 1939 se estipulaba, además, que el revestimiento metálico interior de las puertas de la caja de carga debe ser lo suficientemente alto para evitar que fluya líquido al exterior, aunque se transite a gran velocidad o por terreno abrupto. Bajo el suelo del vehículo debe colocarse un recipiente para recoger los líquidos y cuya abertura de salida podrá cerrarse herméticamente (12). Estas normas antiguas se han visto hoy ampliamente mejoradas por los avances técnicos. Mientras que antaño era muy posible que un vehículo colector de este tipo gotease

**Fig. 6.14** Camión de carga trasera para recipientes normalizados de residuos de matadero. (Foto publicitaria Fa. Loosen GmbH & Co. KG, D-55411 Bingen).

**Fig. 6.15** Camión colector de residuos de matadero, decomisos y cadáveres animales, con varios compartimientos. (Foto publicitaria Fa. Köpf Fahrzeugbau GmbH, D-88433 Schemmerberg).

o despidiera malos olores a través de los campos, en el día de hoy tales sucesos pertenecen al pasado.

Un TBA debe tener siempre presente que su parque de vehículos es a la vez su letrero de identificación ante el mundo exterior, con el que constituye su único vínculo de unión. Estos vehículos son una extensa y siempre delicada publicidad, que reviste especial valor por reflejar el estado higiénico del establecimiento, por lo que debe ponerse máximo cuidado en su aspecto exterior.

La Figura 6.14 muestra un camión con cargador trasero que permite descargar en esa parte posterior todos los recipientes de residuos de matadero normalizados que existen en el mercado. Para repartir la carga, la caja del vehículo puede bascularse hacia delante. En un llamado camión de carga compartimentado (Fig. 6.15) pueden vaciarse los containers con residuos de matadero o recipientes con productos decomisados uniformemente a lo largo de toda la caja del camión, separándose diversas clases de carga con ayuda de tabiques de separación oscilantes. También pueden montarse tanques intermedios con instalación aspiradora para recoger líquidos residuales, con cobertura de la caja en forma de techo deslizante accionado por medio hidráulico. Para la recogida y transporte de cadáveres, se instalan tornos de sirga, y además están los camiones que cuentan con una grúa de carga (Fig. 6.16).

Todos los vehículos de esta nueva generación cuentan en la puerta de carga con sistemas de cierre hermético, así como por

**Fig. 6.16** Camión con grúa de carga para el transporte de cadáveres animales. (Foto publicitaria Fa. Schütte Fahrzeugbau GmbH, D-26203 Wardenburg-Tungeln).

**Fig. 6.17** Camión colector de restos de cocina. (Foto publicitaria Fa. Schütte Fahrzeugbau GmbH, D-26203 Wardenburg-Tungeln).

lo regular con ingenios de cierre a presión que garantizan un transporte herméticamente cerrado a la salida de líquidos durante los trayectos.

Actualmente, en muchos TBSs existe también una línea de trabajo especial para transformar los restos de grandes cocinas, hoteles, pensiones y cantinas. Este tipo de aprovechamiento de residuos ha justificado la construcción de cajas de camión especiales para vehículos colectores de desperdicios de cocina, que, además de dispositivos de carga para izar y verter toda clase de contenedores normalizados de residuos, cuentan con plataformas separadas, a manera de pisos, para recipientes adicionales o desplazables (Fig. 6.17). Este tipo de aprovechamiento de los desperdicios de cocina obliga a los TBAs a disponer de instalaciones adicionales para vaciar, limpiar y desinfectar los contenedores colectores. Las Figuras 6.18-20 muestran un ejemplo del funcionamiento del modelo Rethmann TBA Nordost GmbH de Genthin-Mützel de vaciado de recipientes colectores (Fig. 6.18), así como de su tránsito por la instalación de limpieza (Figs. 6.19 y 6.20).

Pero de la técnica notablemente mejorada de los vehículos colectores de TBA, en su mayor parte debida a la adopción de dispositivos hidráulicos, frente a los períodos de preguerra y primera postguerra, no debe deducirse que se hayan marginado, ni siquiera descuidado, los correspondientes principios higiénicos. Esto se refiere sobre todo al control de los cierres herméticos de las aberturas de los vehículos, accionados intensamente por mecanismos hidráulicos que pueden ocasionar manifestaciones de «cansancio» de los materiales, responsables paulatinamente de pérdidas de hermetismo en los cierres. Aquí son necesarios controles especialmente frecuentes y estrictos para detectar y evitar oportunamente el peligro de goteos de líquidos infecciosos en el medio ambiente.

Los conductores de los vehículos de transporte deben lavarse y desinfectarse manos, brazos y antebrazos en la primera pausa después de cargar materia bruta.

**Fig. 6.18** Vaciado de un contenedor de restos de cocina. (Rethmann TBA Nordost GmbH, D-39307 Genthin-Mützel).

**Fig. 6.19** Introducción de un contenedor de restos de cocina en la instalación limpiadora. (Rethmann TBA Nordost GmbH, D-39307 Genthin-Mützel).

**Fig. 6.20** Punto de salida de contenedores de restos de cocina limpiados y desinfectados. (Rethmann TBA Nordost GmbH, D-39307 Genthin-Mützel).

Como no debe contarse con que en cada punto de carga se disponga de desinfectante y de agua, en cada camión de transporte debe instalarse un aparato de pared que proporcione los productos necesarios, y el conductor dispondrá, además, de una botella de bolsillo. Se elegirá un producto que permita desinfectar sin participación del agua.

De la limpieza y desinfección del exterior de los vehículos colectores ya se ha tratado detalladamente en el punto 6.3.1. La limpieza y desinfección del interior de estos vehículos se realiza en la actualidad en los TBAs mayormente en la sección de recepción de materias brutas con ayuda de aparatos limpiadores de alta presión, que resultan muy eficaces. Debido a que se puede regular la presión del agua de acuerdo con el grado de ensuciamiento, también puede eliminarse la suciedad tenazmente adherida. En caso necesario, los aparatos limpiadores pueden funcionar asimismo con agua templada o caliente.

La desinfección de las partes interiores de los vehículos de recogida puede llevarse a cabo también con presión reducida de los aparatos de AP.

Por último, una observación sobre la variedad de modelos que existen de vehículos de recogida de los TBAs. Cuando se visitan diversos TBAs, se contemplan sus vehículos y se comparan con los de otros establecimientos, da la impresión de que cada uno de éstos fabricó sus propios medios de transporte. Con los precios tan elevados que rigen el mercado, tal vez debería considerarse si no resultaría conveniente desde el punto de vista pecuniario normalizar las cajas de carga de los vehículos, máxime si se tiene en cuenta que ya están normalizados casi todos los recipientes colectores. Cuando los muchos municipios alemanes, grandes y pequeños, han conseguido unificar mayormente los colectores de basura caseros y los vehículos-basureros, debería ser posible que este criterio se extendiera a los más de 40 TBAs existentes en Alemania.

## 6.3.6 Planes higiénicos para un establecimiento eliminador de cadáveres

Como ya se ha señalado en el punto 6.3, hay que cumplir una extensa variedad de prescripciones sobre limpieza y desinfección que se contienen en diversos párrafos de la TBA-VO y que se refieren casi exclusivamente al «sector sucio». De las normas citadas se deduce evidentemente que, tras la esterilización de las materias brutas, sería imposible el ingreso de gérmenes en el «sector limpio» o la salida de microbios desde éste.

Sólo cuando se permeabiliza la pared existente entre los sectores sucio y limpio como consecuencia de averías o reformas en el establecimiento, hay que llevar a cabo la limpieza y desinfección a fondo del sector limpio antes de que vuelva a funcionar el establecimiento (referencia, punto 3, Sección 1.2 de la TBA-VO). Sin embargo, esto no está prescrito en el normal funcionamiento de un TBA.

***Cumpliendo todas las precripciones, la harina animal fabricada en un TBA debería estar libre de gérmenes patógenos.*** Pero, por desgracia, en un control efectuado entre 1978 y 1980 a nivel nacional (Alemania), el 27% de 150 muestras de harina

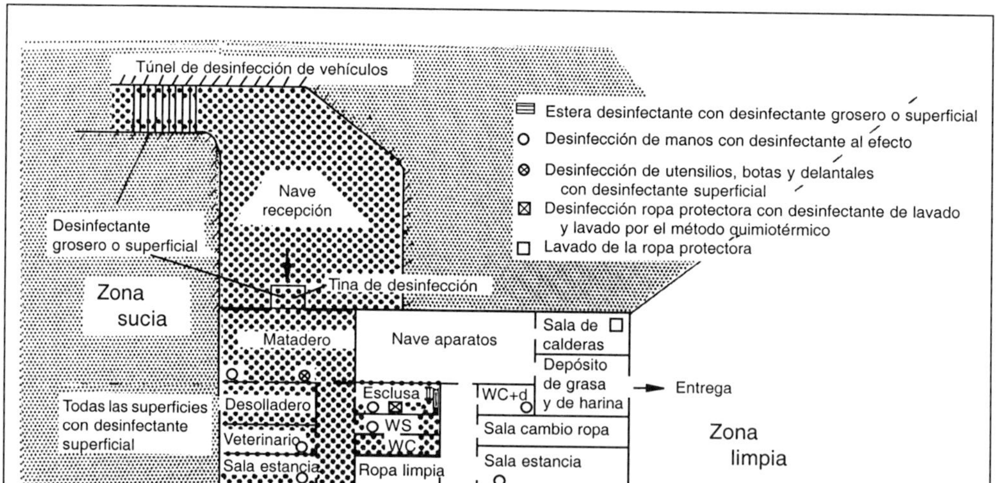


**Fig. 6.21** Esquema de una instalación de eliminación de cadáveres con separación de zonas y medios de desinfección.

**Tabla 6.1** Plan higiénico para la sección **sucia** de un centro de eliminación de cadáveres.

<table>
<tr><th>Zona</th><th colspan="2">Limpieza + desinfección</th><th>Producto</th></tr>
<tr><td colspan="4">Recepción de materias brutas</td></tr>
<tr><td>Rampa</td><td colspan="2">Diaria</td><td>Desinfectante (D) ordinario o superficial</td></tr>
<tr><td>Vehículos de recogida: superficie de carga y bajos</td><td colspan="2">Después de cada descarga</td><td>Desinfectante (D) ordinario o superficial</td></tr>
<tr><td>Suelos, paredes, utensilios de desollado, descuartizado y transporte</td><td colspan="2">Diaria</td><td>D de superficies</td></tr>
<tr><td>Delantales, botas, guantes de seguridad<br>Manos y antebrazos</td><td colspan="2">Antes de abandonar el sector sucio</td><td>D ordinario o superficial<br>D de manos</td></tr>
<tr><td colspan="4">Lavadero de vehículos (si existe todavía)</td></tr>
<tr><td>Vehículos de recogida, superficies de carga, bajos, ruedas, containers de recogida, útiles de transporte</td><td colspan="2">Después de cada descarga</td><td>D ordinario o superficial</td></tr>
<tr><td colspan="4">Personal de los vehículos de recogida</td></tr>
<tr><td>Manos, antebrazos, calzado</td><td colspan="2">Después de cada interrupción</td><td>D ordinario o superficial<br>D de manos</td></tr>
<tr><td>Ropa protectora</td><td colspan="2">A intervalos regulares</td><td>D de lavado</td></tr>
<tr><td colspan="4">Almacén de pieles</td></tr>
<tr><td>Suelos, paredes, utensilios</td><td colspan="2">Según necesidades</td><td>D ordinario o superficial</td></tr>
<tr><td colspan="4">Local del veterinario</td></tr>
<tr><td>Suelos, paredes</td><td>Diaria</td><td>Como mínimo, semanal</td><td rowspan="2">D ordinario o superficial</td></tr>
<tr><td>Útiles de autopsia</td><td colspan="2">Tras cada utilización</td></tr>
<tr><td colspan="4">Sala de lavado</td></tr>
<tr><td>Suelos, paredes</td><td>Diaria</td><td>Como mínimo, semanal</td><td>D ordinario o superficial</td></tr>
<tr><td>Manos y antebrazos</td><td colspan="2">Antes de abandonar el sector sucio</td><td>D de manos</td></tr>
<tr><td colspan="4">Sala de estancia</td></tr>
<tr><td>Suelos, paredes</td><td>Diaria</td><td>Como mínimo, semanal</td><td>D ordinario o superficial</td></tr>
<tr><td>Manos y antebrazos</td><td colspan="2">Antes de comer, beber, fumar<br>Antes de abandonar el sector sucio</td><td>D de manos</td></tr>
<tr><td colspan="4">Ropa protectora</td></tr>
<tr><td>Vestimenta</td><td colspan="2">Regularmente a cortos intervalos</td><td>D de lavado</td></tr>
<tr><td colspan="4">Accesos al sector limpio</td></tr>
<tr><td>Suelos, paredes</td><td colspan="2">Diaria</td><td>D ordinario o superficial</td></tr>
<tr><td>Cuerpos</td><td colspan="2">Antes de abandonar el sector sucio</td><td>D de lavado<br>Prods. lavadores corporales</td></tr>
</table>

animal procedentes de 51 TBAs diferentes, se detectó infección por salmonelas. Estudios subsiguientes realizados a intervalos con ayuda de controles bacteriológicos, han indicado que los productos están inicialmente limpios de salmonelas después de la esterilización, pero que se recontaminaban con estos gérmenes en el posterior tratamiento industrial. La causa de esto eran la insuficiente separación de los sectores limpio y sucio, la producción de polvo a partir de la harina de animales, infestaciones por insectos y residuos de material en las vías de comunicación. Estudios llevados a cabo con medidas intensivas de limpieza, desinfección y esterilización en un TBA con separación insuficiente entre las secciones limpia y sucia tuvieron como resultado la ausencia de salmonelas en los productos terminados en un lapso de tiempo de 5 meses, lo que «de acuerdo con la BGA tras todos los esfuerzos realizados hasta el presente, debe considerarse como un señalado éxito» (14).

Para tener a la vista de manera resumida las medidas de desinfección a practicar correctamente en un TBA, en la Figura 6.21 se expone gráficamente un plan de higiene a desarrollar en un establecimiento de esta clase. La Tabla 6.1 describe de forma resumida las diversas etapas higiénicas a cumplir en el «sector sucio».

**Tabla 6.2** Plan higiénico para la sección **limpia** de un centro de eliminación de cadáveres. (D = desinfectante).

| **Zona** | **Limpieza + desinfección** | | **Producto** |
|---|---|---|---|
| **Sala de aparatos** | Diaria | Semanal | D superficiales |
| Manos y antebrazos | Diaria | Al terminar el trabajo | D de manos |
| Limpieza y desinfección generales | 1 x trimestre | | D superficiales |
| **Almacén de productos** | Diaria | Superficies comerciales, semanalmente | D superficiales |
| Retirada de polvo | Diaria | | |
| Limpieza y desinfección generales | 1 x trimestre | | D superficiales |
| **Sala de calderas** | Diaria | Semanal | D superficiales |
| Manos y antebrazos | Diaria al concluir el trabajo | | D de manos |
| Limpieza y desinfección generales | 1 x trimestre | | D superficiales |
| **Otros locales** | | | |
| Oficinas, sala de estar | Diaria | Semanal | D superficiales |
| Sala de cambio de ropa, DU/WC Manos + Antebrazos | Diaria al concluir el trabajo | | D de manos |
| **Entradas y salidas** | Esterillas desinfectantes | | D ordinario o superficial |
| **Silos de harinas y piensos** | Como mínimo, 2 x año | | D superficiales |

El ***problema de las salmonelas*** en un TBA sólo puede resolverse si la separación entre los sectores sucio y limpio se observa con absoluta rigidez, se evita la producción de polvo, y las normas sobre limpieza, desinfección y lucha antiplagas continuadas no se limitan al sector sucio, sino que también se extienden al sector limpio. La propuesta de un plan higiénico para la sección limpia se resume en forma de tabla (Tabla 6.2). En esta operación no se debe vaciar ningún recinto de la parte limpia, ya que la experiencia enseña que tiene lugar el ingreso de gérmenes en esa zona limpia a través del personal, polvo, insectos (cucarachas) y roedores. Sólo se consigue limpiar y desinfectar eficazmente la zona limpia si el establecimiento permanece inactivo, por tanto cuando no entra materia bruta. En tales circunstancias, la medida más importante es la eliminación del polvo con un aparato aspirador de gran tamaño y elevado rendimiento, con el que también se extraen a la vez cucarachas y otros insectos resguardados en pequeñas grietas y hendiduras. A continuación se llevan a cabo la limpieza y desinfección a fondo. Aquí existe una serie de puntos problemáticos que resultan poco o nada accesibles a la limpieza. Entre ellos se cuentan los molinos y zonas inmediatas, así como la totalidad del sistema de impulsión y transporte y los silos de harina. La asociación de industrias de harinas de carne ha publicado para sus establecimientos miembros el texto de 40 páginas titulado «Salmonelas en la empresa», que proporciona valiosas indicaciones para la limpieza y desinfección de estas áreas conflictivas.

Además de los controles de rutina de los TBAs efectuados por los veterinarios oficiales y los aparatos técnicos especializados, este concepto está evolucionando de manera creciente hacia el autocontrol por parte de los establecimientos, como se estipula en el Artículo 9 del TBA-RL-EWG (11). A esto vienen a sumarse las normas internacionales que se ocupan del tema «Calidad» y las especificaciones que se refieren al sistema de aseguración de la calidad, como v.gr., la Serie Normativa DIN ISO 9000 y el sistema americano de Control Analítico de Puntos Críticos (HACCP), en cuya implantación también las medidas de limpieza y desinfección ocupan lugar tan importante como el «Libro de aseguración de la calidad en la industria de las harinas de carne» (3, 10). Merecen destacarse, asimismo, los esfuerzos del «Control de las salmonelas en la industria de piensos compuestos» mediante la expresión por escrito de los requisitos de producción (1; Cap. 5).

## 6.4 Referencias bibliográficas


1 ANÓNIMO (1992): Salmonellenkontrolle in der Mischfutterindustrie - Niederschrift der Produktionsanforderungen. Fleischmehlindustrie, **44,** 155-158

2 BACHMANN, T. (1992): Überprüfung der Wirksamkeit ständiger Desinfektionseinrichtungen für Fahrzeuge und Erprobung alternativer Methoden zur Reinigung und Desinfektion von Fahrzeugreifen. Vet. med. Diss., Giessen

3 BAUER, Th., G. BECKMANN (1999): Betriebliche Eigenkontrollen in der

Fleischmehlindustrie am Beispiel des VDF-Hygieneprogrammes. Fleischmehlindustrie, **51,** 182-189

4 DANCKERT, W. (1979): Unehrliche Leute -Die verfemten Berufe. Francke, Bern

5 FRERKING, H. (1997): Hoftierarzt ist für Bescheinigung verantwortlich und dadurch eventuell gerichtlich belangbar. VETimpulse, **6,** (2), 22

6 GEISSLER, A., A. ROJAHN, H. STEIN (1997): Sammlung tierseuchenrechtlicher Vorschriften, E-3.1 - 3.2 b. Schulz, Starnberg

7 GRÜNEWALD, K. (1994): Handbuch des Tierkörperbeseitigungsrechts. Boorberg, Stuttgart

8 HAEFCKE, H. (1906): Handbuch des Abdeckereiwesens. Parey, Berlin, zit. n. v. Ostertag et al

9 IKES, D. (1996): zit. n. Frerking

10 NIEMANN, H. (1992): Qualitätssicherung in der Fleischmehlindustrie. Fleischmehlindustrie, **44,** 222-226

11 NIEMANN, H. (1994): Kontrolle der Hygiene in Betrieben der Fleischmehlindustrie. Fleischmehlindustrie, **46,** 171-175

12 OSTERTAG, R.V., E. MOEGLE, S. BRAUN (1958): Die Tierkörperbeseitigung, 2. Aufl. Parey, Berlin

13 RL Des BMELF (1997): Richtlinie des Bundesministeriums für Ernährung, Landwirtschaft und Forsten über Mittel und Verfahren für die Durchführung der Desinfektion bei anzeigepflichtigen Tierseuchen (331/322-3602-19/1 - Stand Februar 1997). In: GEISSLER - ROJAHN-STEIN, Sammlung tierseuchenrechtlicher Vorschriften, B1.1b; R.S. Schulz Verlag, Starnberg

14 STRAUCH, D. (1990/91): Tierkörperbeseitigung - eine ständige hygienische Herausforderung. Fleischmehlindustrie, **42,** 222-237 (1990); Wien. Tierärztl. Mschr., **78,** 217-233(1991)

15 TBA-RL-EWG (1990): Richtlinie des Rates vom 27. November 1990 (90/667/ EWG) zum Erlaß veterinärrechtlicher Vorschriften für die Beseitigung, Verarbeitung und Vermarktung tierischer Abfälle und zum Schutz von Futtermitteln tierischen Ursprungs, auch aus Fischen, gegen Krankheitserreger sowie zur Änderung der Richtlinie 90/425/ EWG. Abl EG Nr. L 363, S. 51 sowie Abl 1995 EG Nr. L 1, S. 1. In: GEISSLER - ROJAHN - STEIN, F-25.1-25.1.2. Schulz, Starnberg

16 TBA-VO (1976): Verordnung über Tierkörperbeseitigungsanstalten und Sammelstellen (Tierkörperbeseitigungsanstalten- Verordnung) v. 1. September 1976. BGB1 I, S. 2587; v. 6. Juni 1980, BGB1, I S. 2587; v. 6. Juni 1980, BGB1, I S. 667; v. 18. April 2000, BGB1. I S. 1422. In: GEISSLER - ROJAHN - STEIN, E-3.2. Schulz, Starnberg

17 TierKBG (1975): Gesetz über die Beseitigung von Tierkorpern, Tierkörperteilen und tierischen Erzeugnissen (Tierkörperbeseitigungsgesetz - TierKBG) v. 2. September 1975. BGB1 I, S. 2313, 2610. In: GEISSLER - ROJAHN - STEIN, E-3.1. Schulz, Starnberg

18 WENS, H.-M. (1980): Zur Geschichte der Tierkörperbeseitigung in Ober- und Niederösterreich. Zbl. Bakt. Hyg. I Abt. Orig., **B 170,** 211-216

19 WILLINGER; H. (1980; Hrsg.): Hygiene der Beseitigung von Tierkörpern sowie von Schlacht- und tierischen Lebensmittelabfällen. Zbl. Bakt. Hyg. I. Abt. Orig., **B 170,** 209-350

# 7 Limpieza y desinfección en el transporte de animales

DIETER STRAUCH

## 7.1 Introducción

En el transporte de animales se trasladan frecuentemente animales de explotación zootécnica de diverso origen. En estas actuaciones, gérmenes contagiosos procedentes de animales con infecciones ocultas pueden contagiar a animales sanos o bien se difunden a través de deyecciones animales, restos de pienso, camas de paja o partículas de suciedad. Para evitar esto, el conjunto de medios para el transporte de ganado debe cumplir determinados requisitos mínimos. A tal efecto, la desinfección de los medios de transporte ocupa un importante lugar en la lucha contra las epizootias, ya que el transporte en cuestión recorre en ocasiones largas distancias, lo que puede contribuir de manera esencial a la rápida difusión de epidemias y de diversas enfermedades infecciosas. Esto es aplicable particularmente al transporte intercontinental por barcos y aviones. En los transportes en barco de larga duración, existe la posibilidad de que, en el caso de haber embarcado animales infectados,

**Tabla 7.1** Volumen del transporte de animales en Europa.

| Año | Bóvidos | Équidos | Cerdos | Ovejas y cabras | Total |
|---|---|---|---|---|---|
| **1992** | 4.217.916 | 263.020 | 8.855.556 | 7.085.943 | 20.422.435 |
| **1995** | 4.418.123 | 224.546 | 8.088.706 | 3.758.428 | 16.489.803 |
| **1996** | 4.009.316 | 233.313 | 9.034.661 | 3.517.627 | 16.794.917 |
| **1997** | 4.083.633 | 210.591 | 4.798.833* | 2.827.055 | 11.920.112 |
| **1998** | 4.027.043 | 200.909 | 7.164.707 | 2.869.661 | 14.262.320 |
| **1999** | 3.653.227 | 278.412 | 7.031.142 | 3.207.124 | 14.169.905 |

* El acusado descenso obedece a las medidas de lucha contra la «peste porcina clásica» en el año 1997, especialmente en los Países Bajos (21).

transcurra el tiempo de incubación durante la travesía y que aparezcan los primeros síntomas clínicos antes de desembarcar los animales, de manera que en ocasiones ya se pueden adoptar a bordo medidas de protección y lucha.

En los transportes aéreos, mucho más rápidos, este riesgo es muy reducido, de manera que en este caso puede contarse con transportar animales con infección ignorada y que ya excreten gérmenes sin mostrar síntomas clínicos. Por añadidura, en los transportes aéreos existe el riesgo particularmente alto del ingreso de epizootias exóticas e infecciones en dirección a Europa, contra las cuales la población animal autóctona carece de anticuerpos defensivos específicos y para cuya lucha no se dispone todavía de vacunas. Por ello, es importante en particular que precisamente en los transportes por vía aérea los medios y útiles de transporte se desinfecten siempre de manera eficaz.

La necesidad de que existan especificaciones rigurosas para las medidas de limpieza y desinfección en el tráfico nacional e internacional de animales todavía se ha hecho mayor desde el momento en que la UE ha prohibido la vacunación preventiva contra epizootias peligrosas como la peste porcina y la glosopeda. La difusión de la peste porcina europea (ESP) en los últimos años, con los costos en miles de millones resultantes y con los incumplimientos siempre repetidos de las normas de limpieza y desinfección en el transporte de animales, así como la manipulación ilegal de desperdicios de cocina, subrayan espectacularmente la importancia de tales medidas protectoras.

Sobre el volumen del transporte de animales en Europa (dentro de la UE, así como de importaciones y exportaciones con terceros países) aportan información las cifras precedentes (Tabla 7.1).

En las diversas especies animales se hace patente una tendencia regresiva entre ligera e intensa desde 1992 a 1997, que en los cerdos obedece principalmente a los sacrificios realizados en el marco de la lucha contra la peste porcina. Luego, en 1998, se produjo en esta especie un nuevo incremento en torno a 2,4 millones de cabezas, consecuencia de las medidas de lucha llevadas a cabo. La cifra superior a 94 millones de animales transportados en Europa entre 1992 y 1999 inclusive permite adivinar la problemática de policía sanitaria que se esconde detrás de esto. Esto subraya adicionalmente la importancia destacada en los párrafos anteriores de las medidas de limpieza y desinfección.

## 7.2 Fundamentos legales

Las bases de las especificaciones sobre el equipo, limpieza y desinfección de los medios de transporte, etc., se hallan en el punto 17 de la Ley de Epizootias (TierSG, legislación alemana). De acuerdo con la Secc. 1, Nr. 11 del mismo, deben tomarse las siguientes disposiciones:

Regulación de la dotación, limpieza y desinfección de los medios de transporte de ganado, productos animales o materias brutas animales, así como de los recipientes y utensilios empleados en tales desplazamientos, y de las plataformas de carga, y comprobación de la eficacia de la limpieza y desinfección (R+D). En la Secc. 3, Nr. 4 + 5 se contempla también la regulación de la L + D de instalaciones para la cría, explotación y mantenimiento de peces y la desinfección de recipientes en que se mantengan o transporten de peces de agua dulce, así como la eliminación inocua del contenido de los recipientes (Cap. 4).

Sobre la base de esta circunstancia se redactó la nueva versión de la ***Orden de Tránsito de Ganado*** (VV-VO) de 18 de abril de 2000, que es el fundamento de la limpieza y desinfección de medios de transporte utilizados en el traslado de semovientes. La Orden se refiere exclusivamente a «ganado», de acuerdo con el punto 1, Secc. 2, Nr. 2 de la TierSG. Si bien en virtud de esto quedarían excluidos propiamente de la Orden los animales de circo, zoos y silvestres, en la práctica del transporte se les incluye siempre por lo regular en las disposiciones de la VV-VO, siempre que no se opongan otras prescripciones legales. De acuerdo con el punto 1, Secc. 1 de la VV-VO, los vehículos automóviles de transporte y sus remolques utilizados en el traslado de ganado vivo (***vehículos de transporte de ganado***), así como los recipientes empleados en ellos, deben:

1. Estar construidos de manera que durante el transporte no permitan que escurran o caigan fuera deyecciones animales, paja de cama o pienso, y
2. Ser de fácil limpieza y desinfección.

Esto no es aplicable a los vehículos de transporte de ganado no comerciales propios del establecimiento, con los que sólo se transporte ganado de la propia empresa entre la edificación central de ésta y las superficies de pastos. El párrafo 1 se refiere a vagones de ferrocarril, aviones y barcos empleados en el transporte de ganado vivo.

La Secc. 2 prescribe que son responsables del cumplimiento de las especificaciones contenidas en la Secc. 1:

1. En los vehículos de transporte de ganado, el propietario.
2. En los recipientes, el usuario.
3. En los vagones de ferrocarril, aviones y barcos, las empresas correspondientes.

***Puntos de carga de ganado*** (punto 2). En lo referente a requisitos para limpieza y desinfección, deben contar con:

Suelos impermeables a líquidos, con inclinación hacia un desagüe conectado con la canalización o cualquier otra instalación para eliminación de aguas residuales; toma de agua a presión y medios para una rápida y segura desinfección; medios suficientes para el tratamiento del estiércol y materias de cama, de manera que resulten destruidos los gérmenes infecciosos, para lo que suelos y paredes deben ser impermeables a los líquidos; las rampas de carga y otras instalaciones para el embarque, desembarque y transbordo de ganado deben poder limpiarse y desinfectarse con facilidad.

Para la ***exhibición y mercados de ganado***, así como para ***lugares de sacrificio***, valen en parte las mismas o parecidas prescripciones incluidas en la VV-VO, puntos 3 + 5, así como las disposiciones de desarrollo de los mismos y el Decreto al efecto del Ministerio de Agricultura de la Baja Sajonia (24).

A este respecto debe señalarse que las empresas de comercio y transporte de ganado, así como los empresarios de centros de recogida autorizados (puntos 15 y 15a-f), deben disponer sus instalaciones de acuerdo con lo prescrito en el Apéndice 1 a los puntos 15a(2), 15b(2) y 15c(2) de la VV-VO. Esto se refiere especialmente a los «lugares adecuados» para la limpieza y desinfección de vehículos de transporte citados en 1d, cuyo flujo debe verterse en un colector de aguas residuales.

La UE ha fijado para el transporte tiempos máximos de duración de los trayectos, al final de los cuales los animales deben descargarse por lo menos durante 24 horas para comer, beber y descansar. Estas pausas obligatorias en los transportes de largo recorrido tienen lugar en paradas preparadas. Estos ***puntos de parada*** están bajo el control de un veterinario oficial (VO-EG Nr. 1255/97). La VO se refiere preferentemente a la protección de los animales, determinando en el Apéndice 1 criterios unificados para dichos puntos de parada. En lo concerniente al tema de higiene y sanidad, por lo general sólo se trata la limpieza y desinfección.

Si estos puntos de parada deben disponerse en suelo alemán, su gestión sería sencillísima, ya que, para la limpieza y desinfección de estas instalaciones, el veterinario oficial practicaría u ordenaría el cumplimiento de las disposiciones alemanas de los puntos 16-18 y el Decreto de puesta en práctica de la VV-VO. Todos los medios utilizados en el transporte del ganado (vehículos automóviles, vagones de ferrocarril, aviones y barcos), así como los recipientes y utensilios empleados, después de cada transporte deben limpiarse y desinfectarse (sin embargo, lo más tarde 29 horas después de su inicio).

De la ***limpieza y desinfección*** son responsables:

1. De los vehículos automóviles de transporte, el conductor.
2. De los recipientes y utensilios, el usuario.
3. De los vagones de ferrocarril, aviones y barcos, las empresas correspondientes.

El estiércol, materiales de cama y residuos recogidos en la limpieza de medios de transporte, superficies, locales y utensilios, deben tratarse de manera que los gérmenes infecciosos resulten muertos, es decir, de acuerdo con lo estipulado en las normas del Ministerio Federal de Alimentación, Agricultura y Bosques en lo referente a medios y procedimientos para realizar la desinfección en casos de epizootias de declaración obligatoria (RL Des BMELF).

En los puntos 20-24 se trata, entre otros conceptos, de los libros de control. De acuerdo con el punto 21, los chóferes de los vehículos de transporte de ganado deben llevar consigo un libro-registro de desinfecciones para cada vehículo (y también para cada remolque), en el que queden reflejados los siguientes datos: día del transporte, especie animal transportada, día y lugar de la desinfección del vehículo. Las inscripciones deben hacerse inmediatamente después de realizarse las desinfecciones. El libro debe estar encuadernado y con las páginas numeradas; se guardará durante un año. De acuerdo con la RdErl.ML Nds, en la actualidad está autorizado un libro común de transporte y desinfección (ver el punto 21).

Esta normativa presenta el ***hecho incomprensible*** de que los conductores de vehículos de transporte de animales puedan certificar la práctica de las limpiezas y desinfecciones realizadas por ellos mismos. Tanto desde el punto de vista veterinario oficial (32) como en el aspecto científico (8, 9), esta disposición no resulta defendible en absoluto. Los repetidos brotes, v.gr., de peste porcina (ESP) que siguen registrándose a continuación de transportar animales, atestiguan que esta normativa es muy discutible y costosa.

Como es corriente en muchas disposiciones legales, hay también para la VV-VO directrices complementarias, procedentes por una parte de la BMELF (Norm. Complem. de VV-VO) y adicionalmente de la región de la Baja Sajonia en forma de la ya mencionada RdErl.ML Nds de 15 de agosto de 1996, que también acogen las modificaciones de la VV-VO producidas y que se consideran más adelante. Básicamente se dispone que en los vehículos de transporte de ganado y recipientes de transporte, las rampas de carga y los suelos deben ser impermeables, lo que análogamente es extensivo a todos los demás medios de transporte de ganado. La superficie interior de las paredes debe contar con un revestimiento sólido y fácil de limpiar o protección similar. Como medios desinfectantes (DM) sirven la lejía de sosa al 2% y otros DM con acción bactericida y viricida. Se citan en las RLDs BMELF, así como en la vigente Lista de desinfectantes aprobada por la normativa de la DVG (preparados comerciales) para las explotaciones animales (10).

Debe tenerse en cuenta que con temperaturas inferiores a 10°C, resulta inseguro el efecto de los siguientes principios activos: formaldehído, glutaraldehído, ácidos fórmico y acético, fenoles y preparados comerciales a base de estos compuestos. En la zona comprendida entre 20° y 10°C, deberá tenerse en cuenta la dependencia de la temperatura y compensarla debidamente, según dispone RLDs BMELF V 2.2 y 2.3, así como VI 1-1.2. La lejía de sosa y la cloramina T actúan sobre superficies de madera sólo en muy bajas concentraciones, v.gr. NaOH >10%. El ácido peracético es asimismo eficaz en la zona de temperaturas comprendida entre 0° y 10°C, si bien debe también aplicarse en concentraciones relativamente elevadas, lo que puede plantear problemas de corrosión (8).

En la L + D hay que asegurarse de que no puedan caer en vías públicas de comunicación líquidos agresivos, ni en lugares a los que tengan acceso animales.

La destrucción de los gérmenes infecciosos del estiércol, materiales de cama y residuos de suciedad y piensos puede llevarse a cabo, dependiendo de su cantidad, mezclándolos con un DM adecuado o mediante apilado (compost), de acuerdo con lo dispuesto en RLDs BMELF V 3.2.2 y VI 1.3.

La descripción que se hace a continuación de las medidas de L + D de medios de transporte, se realiza en el orden seguido en la VV-VO: vehículos automóviles, vagones de ferrocarril, aviones y barcos.

## 7.3 Limpieza y desinfección de medios automóviles de transporte

Los vehículos de transporte de animales, los recipientes de transporte y las rampas de carga se consideran epidemiológicamente puntos críticos de especial importancia para la difusión de enfermedades infecciosas.

Por una parte, en estos medios se mantienen o mueven con frecuencia muchos animales en un espacio muy estrecho, en una situación que, debido al estrés que genera, provoca la abundante excreción de gérmenes patógenos a partir de animales en apariencia clínicamente sanos o con una infección latente. Por otra parte, es posible que animales que no sufren estrés establezcan en brevísimo plazo un intenso contacto con los mismos recintos, y puedan recibir gérmenes patógenos, a los que difunden a su vez. Atendiendo al cada vez mayor tráfico de animales en Europa, en combinación con la desaparición de los controles fronterizos dentro de la UE, es muy de lamentar que la VV-VO puesta en vigor por primera vez en 1982, que hasta este momento vigilaba la desinfección de los vehículos de mataderos y corralizas, haya quedado sin efecto (8).

La desinfección de vehículos debe realizarse por dentro y por fuera, de acuerdo con la situación epizoótica y la finalidad de empleo, y precisamente en este orden. Punto clave a este respecto es la elección del desinfectante. Algunos principios activos son de acción insegura con temperaturas por debajo de 10°C (Punto 2.7; RLDs BMELF VI, así como V 2.2 y 2.3).

Otra problemática específica de la desinfección de vehículos va ligada a la estrecha secuencia cronológica de limpieza y desinfección (R + D). Esto impide que entre la limpieza y la desinfección puedan secarse las superficies húmedas. Al aplicar DM sobre superficies húmedas, se diluye y, si se aplica sobre materiales absorbentes, penetra menor cantidad en éstos, porque poros y capilares ya están llenos de agua. Pueden adoptarse una serie de contramedidas, que, de acuerdo con la situación, resultan más o menos eficaces.

Para practicar la L + D de vehículos de transporte animal, se han hecho las siguientes propuestas (8):

- Limpiar los vehículos barriéndolos.
- Regar con solución desinfectante a razón de 0,4-0,8 litros/m$^2$ todas las superficies del espacio de carga, desde el testero hacia atrás. La presión de los aparatos de alta presión no será superior a 10 bar; tiempo de actuación: 5 minutos.
- Limpiar el espacio interior con el aparato de alta presión (50 bar); temperatura del agua: mínimo de 60°C.
- Absorber con un aspirador de líquido el agua adherida a las superficies y encharcada en el suelo.
- Dejar 10 minutos para acabar de secar.
- Volver a mojar las superficies con solución desinfectante en la cuantía ordinaria (0,4 litros/m$^2$); tiempo de actuación: 30 minutos.

***El principio debe ser: ¡Practicar la limpieza y desinfección desde dentro hacia fuera!***

En épocas de acusado peligro de epizootia, de acuerdo con el punto 16, Secc. 3, VV-VO, las autoridades competentes ordenan que, entre otras, deben llevarse a cabo las mismas medidas de L + D que en los mataderos. Esto significa que no sólo los transportistas industriales, sino también los campesinos que se autoabastecen deben limpiar y desinfectar sus vehículos antes de abandonar el mercado. En una ocasión, esto ha significado en una feria local de lechones con más de 120 criadores independientes que, calculando sólo 10 minutos para cada vehículo, la operación total exigía como mínimo 20 horas. Esta medida fue considerada con toda razón por el veterinario oficial como impracticable (32).

Si, además, se compara este cálculo con la fundamentada propuesta científica de Böhm, citada más arriba, (8) de realizar la desinfección cuidadosamente (tiempo total requerido: aprox. 1 hora/vehículo), se reconocerá mejor la falta de sentido práctico que caracteriza a muchas propuestas legales. De ambas publicaciones citadas pueden extraerse más pormenores. Respecto a la conveniente desinfección de las ruedas, se incluye la información correspondiente en los puntos 6.3.1/3.2.

El tiempo a emplear en estas operaciones podría reducirse mejorando las instalaciones de lavado, incrementando el número de las plazas destinadas a tal fin, y prolongando los tiempos de acción del desinfectante al regreso de los vehículos.

La L + D de los recipientes de transporte puede llevarse a cabo mecánicamente, ya que los materiales suelen ser fácilmente desinfectables, y su tratamiento bajo techo se hace a temperaturas que no perturban la acción desinfectante, ni siquiera en los meses fríos del año.

Una encuesta realizada en un matadero en tres momentos distintos, ha demostrado que las decisivas prescripciones contenidas en el punto 16 de la VV-VO se cumplen poco o nada. En especial, dejaba de cumplirse en buena medida lo especificado en el punto 16, Secc. 2 VV-VO. Esto mismo lo ratifican los resultados de controles microbiológicos, que indican de manera incontrovertible que la limpieza y desinfección llevadas a efecto en la forma convencional desarrollan acción insuficiente, es decir, que en ningún caso se conseguía reducir la tasa de gérmenes presentes en las superficies a desinfectar en torno a cinco potencias de 10 (28). Los mismos resultados se alcanzan al estudiar los materiales de construcción de las superficies de carga de los vehículos de transporte investigados, cuyas superficies se desinfectan con variable eficacia: madera conglomerado, aluminio, hojalata galvanizada (36).

Como el conductor del vehículo de transporte responsable de la L + D está capacitado para certificar por sí mismo en el libro de control de la desinfección la realización prescrita de estas medidas, y esta actuación no se vigila por lo general de manera continuada, quedan abiertas todas las puertas para el incumplimiento de estas normas, lo que especialmente en el curso de brotes de epizootias puede tener consecuencias catastróficas o incluso ser la causa del brote infeccioso.

Ya se ha dicho que particularmente en la época fría del año las medidas de L + D desarrollan una acción insuficiente. Ante este problema, Böhm (9) ha adoptado una postura amplia, proponiendo las mejoras que se exponen a continuación.

La desinfección de los vehículos de transporte se caracteriza básicamente por presentar las siguientes dificultades:

- Como por lo general se llevan a cabo contra reloj, los plazos de desecación y actuación, que se expresan en horas –como sería necesario para lograr una desinfección eficaz–, no se respetan.
- L + D se suelen realizar al aire libre, de manera que especialmente en las épocas frías del año prevalecen temperaturas que pueden anular el efecto de la desinfección.
- Los materiales utilizados en el acabado del interior de los vehículos de transporte son de naturaleza diversa, por lo

que hacen necesario un proceder diferente, lo que dificulta muchísimo dictar recomendaciones generales.

Estas dificultades pueden evitarse o reducirse poniendo en práctica diversas medidas: empleo de desinfectantes de acción muy rápida; aumento de la concentración del DM, de la temperatura ambiental, de la temperatura del agua de limpieza y de la solución de DM y de las cantidades de DM gastado; desinfección en dos etapas; aplicación y eliminación mecánica adicional del agua de limpieza de las superficies e interior del vehículo. Tomando en consideración estas circunstancias, se hace la propuesta siguiente, que a la vez es el primer paso para una medida de desinfección adecuada:

- Barrer bien el vehículo de transporte.
- Reblandecer con solución desinfectante, a razón de 0,4-0,8 litros/m$^2$, con presión de 10 bar y 5 minutos como tiempo de actuación.
- Limpiar con agua caliente, si es posible a más de 60°C y con 50 bar de presión.
- Secar con ayuda de un aspirador de agua y con 10 minutos de tiempo de desecación.

Con este proceder se reduce al mínimo la recontaminación de las superficies a partir de la sedimentación de aerosoles.

La desinfección ideal subsiguiente, se desarrolla como sigue:

Realizar la limpieza y desinfección en un local cerrado y calentado; aplicar solución desinfectante doblemente concentrada, calentada a 60°C, con 10 bar de presión y a razón de 0,4-0,8 litros por m$^2$ de superficie. Doblar la concentración de desinfectante permite acortar el tiempo de actuación a 30 minutos.

En la construcción de instalaciones de limpieza y desinfección de vehículos para el transporte de ganado es imprescindible tomar en consideración las especificaciones de la Organización Mundial de la Salud (WHO) (37).

Si la L + D no se lleva a cabo de acuerdo con estas dos proposiciones, a título preventivo debe aumentarse todavía más la concentración del desinfectante. Hasta qué punto este proceder es tolerable desde el punto de vista de la protección del medio ambiente por lo que supone de sobrecarga de las aguas residuales, debería determinarse mediante posteriores investigaciones científicas.

En la Tabla 7.2 se incluyen los desinfectantes (productos químicos básicos) de RLDs BMELF, así como de la Lista de preparados comerciales 11.DVG comprobados, con datos sobre concentraciones a diversas temperaturas. La Sección 4a de la Lista DVG es decisiva para calcular las concentraciones necesarias de preparados comerciales para la desinfección de vehículos.

En todos los casos se recomienda prestar atención a la acción corrosiva de los ácidos peracético y fórmico y a la sobrecarga de superficies; también debe tenerse en cuenta el desprendimiento que esto lleva consigo del principio activo en forma de gas en el espacio interior del vehículo cuando se utiliza formaldehído. Por ello, como medida precautoria se recomienda enjuagar con agua abundante las superficies desinfectadas a la conclusión del tiempo de actuación.

De acuerdo con los conocimientos actuales, por lo regular resulta imposible desinfectar superficies con temperaturas inferiores a 0°C. Diversos desinfectantes pueden protegerse de la congelación sin

**Tabla 7.2** Desinfectantes para vehículos de transporte de animales; tiempo de actuación: 30 min; desinfectantes de acuerdo con RLDs BMELF; concentración expresada en principio activo; las concentraciones entre paréntesis sólo son válidas cuando existe suplemento mecánico intenso (desinfección con frotado).

| Zona de temperatura | Desinfectante | Concentración |
|---|---|---|
| 20°C-15°C | Formaldehído<br>Formalina<br>Ácido fórmico | 4% (2%)<br>10,8% (5,4%)<br>6% (4%) |
| 15°C-10°C | Ácido fórmico<br>Formaldehído<br>Formalina | 12% (8%)<br>12% (8%)<br>32,4% (16,2%) |
| 10°C-1°C | Ácido peracético | 1% |

Preparados comerciales de la Lista 11.DVG, desinfectantes comprobados para explotaciones animales

| Zona de temperatura | Principio activo principal | Concentración |
|---|---|---|
| 20°C-15°C | Aldehído<br>Ácidos orgánicos | Sección 4a x 2<br>Sección 4a x 2 |
| 15°C-10°C | Aldehído<br>Ácidos orgánicos<br>Ácido peracético* | Sección 4a x 6<br>Sección 4a x 4<br>Sección 4a x 2 |
| 10° C-1°C | Ácido peracético* | Sección 4a x 5 |

* El ácido peracético (PES) contiene también peróxido de hidrógeno y ácido acético, por lo que se incluye en la Lista DVG bajo el encabezamiento de «Compuestos peróxidos», también denominados con frecuencia preparados de ácido peracético. El contenido de ácido peracético lo expresa el fabricante de los preparados comerciales. Es decisivo para calcular la concentración el valor en horas expresado en la Sección 4a. Para zonas de temperatura superiores a 10°C, la concentración necesaria de principio activo (PES) se halla entre el 0,4 y el 0,5%; por debajo de 10°C, entre 0,8 y 1%.

que pierdan efectividad agregando sal común hasta un 15%, pese a lo cual el agua de limpieza se congelaría en las superficies, haciendo con ello imposible la desinfección. Al formaldehído se le puede agregar glisantina hasta una concentración del 40% sin que se vea influida negativamente la acción desinfectante.

La Tabla 7.3 incluye los requisitos para una adecuada L + D de vehículos de transporte animal. Contiene también las pautas que, de acuerdo con los conocimientos actuales, deben regir el desarrollo de mode-

**Fig. 7.1** Camión para el transporte de animales con rejillas laterales de ventilación abiertas. (Foto publicitaria Fa. Josef Finkl KG, 86657 Bissingen).

**Tabla 7.3** Requisitos previos necesarios, y en la actualidad ya alcanzados, para la conveniente limpieza y desinfección de vehículos de transporte de animales (8, 9; modificado).

| |
|---|
| **1. Desarrollo de vehículos de transporte de fácil desinfección** |
| **2. Control real de los vehículos respecto a su capacidad de desinfección** |
| **3. El equipamiento de las plazas donde se realiza la desinfección mejora con:**<br>– Habilitación de locales para llevar a cabo la desinfección (a ser posible calentables), en lugar de puntos al aire libre.<br>– Instalación de dispositivos técnicos para la desinfección exterior y de las ruedas (puntos de lavado).<br>– Aparato limpiador de alta presión y agua caliente o bien disponer de agua caliente.<br>– Desinfectante adecuado en la concentración conveniente, y siempre con suficientes existencias del mismo en depósito.<br>– Disponer de aspiradores de agua.<br>– Contar con otros medios auxiliares para la limpieza y desinfección. |
| **4. Vigilancia veterinaria de la limpieza y desinfección**<br>– Comprobar la cualificación del conductor responsable de la limpieza y desinfección. En caso de insuficiencia, obligar a la realización de cursos de capacitación profesional.<br>– Controlar la correcta realización de las medidas de limpieza y desinfección.<br>– Comprobar los resultados obtenidos. |

**Fig. 7.2** Camión para el transporte de animales con aberturas laterales de ventilación cerradas. (Foto publicitaria Fa. Josef Finkl KG, 86657 Bissingen).

**Fig. 7.3** Vista interior de un camión para el transporte de ganado con vallas de separación móviles. (Foto publicitaria Fa. Josef Finkl KG, 86657 Bissingen).

los de vehículos idóneos para la desinfección. Como demuestran las Figuras 7.1 a 7.4, los modernos vehículos de transporte de animales cumplen ya estos requisitos.

Las Figuras 7.1 y 7.2 permiten reconocer que los vehículos de transporte, con su pared exterior de aluminio, pueden limpiarse y desinfectarse bien con las trampillas de ventilación abiertas o cerradas, debiendo preferirse actuar con ellas cerradas, ya que de esta manera, al efectuar la limpieza del interior, puede alcanzarse bien toda la superficie de las placas de cierre. La ventilación lateral puede abrirse o

**Fig. 7.4** Vista interior de un camión para el transporte de ganado con paredes de separación móviles. (Foto publicitaria Fa. Josef Finkl KG, 86657 Bissingen).

cerrarse bien automáticamente, bien con un engranaje accionable a mano desde el exterior. También el revestimiento interior de aluminio con tabiques de separación que se puedan trasladar o extraer, v.gr., para el transporte simultáneo de cerdos y ganado vacuno (Figs. 7.3 y 7.4), ofrece óptimas posibilidades de limpieza y subsiguiente desinfección. En la Figura 7.3 pueden advertirse en el testero de la caja de carga del vehículo cuatro ventiladores para la aireación del interior.

Además, debería quedar garantizado que la pericia prescrita en el punto 13 de la Orden de Transporte Protegido de Animales en el Apartado (4) se complete haciéndose extensiva a la limpieza y desinfección. Como en la enseñanza de los cursos para la obtención del reconocimiento profesional de los conductores de vehículos de transporte de ganado no participan por lo regular veterinarios, no sería nada difícil incluir esta temática en el contenido del punto 13 (4) Nr. 1 + 2, y expresar en el certificado de suficiencia el resultado de la prueba, documento que deberá llevar durante el transporte la persona en cuestión.

A pesar de la creciente sobrecarga de trabajo que soporta el veterinario oficial, no debería renunciarse a que controlase las medidas de L + D encomendadas a los conductores de vehículos para el transporte de ganado, o por lo menos que realizase controles al azar sin aviso previo. A largo plazo, debe aspirarse sin embargo a efectuar controles regulares.

Para el control microbiológico de resultados debe ponerse en práctica y comprobarse un procedimiento que, con unos medios sencillos, permita una toma de muestras y su envío a un centro de investigación. Tal sistema debería ser de práctica obligatoria.

## 7.4 Limpieza y desinfección de vagones de ferrocarril

Lo dispuesto en el punto 1 de la VV-VO sobre características de los vehículos de transporte de ganado, así como su desinfección en la Sección 8 de dicha Orden, son aplicables asimismo a los vagones de ferrocarril y a los espacios y partes en ellos existentes. La Asociación de Ferrocarriles Alemana viene elaborando detalladas disposiciones sobre desinfección en el ámbito de la Deutschen Bahn AG (DB). El lugar más importante lo ocupa a este respecto su «Publicación 7: Normas de Desinfección», que en su versión actual DS 6l6 puede obtenerse de la Imprenta Central de la DB (Stuttgarter Straße 61a, 76137 Karlsruhe).

Como los Ferrocarriles Alemanes (DB) apenas transportan animales en vagones de mercancías, los nuevos puntos de desinfección citados en la 1ª edición de esta publicación se han suprimido hasta en el centro de atención a los vagones de Mannheim. Esto queda reducido actualmente de manera exclusiva a la desinfección de los vagones de los DB inmediatamente después de haber efectuado transportes. Según informaciones de los puntos de desinfección, en la actualidad los DB transportan casi exclusivamente animales de circo; el tráfico en este concepto se reduce a 30-40 vagones/año. Por esta razón, renunciamos aquí a reproducir íntegramente todas las disposiciones referentes a medidas de desinfección en el transporte de mercancías por los DB, remitiéndonos a la ya mencionada más arriba «Publicación 7: Normas de Desinfección».

Ya no son necesarias prescripciones sobre la limpieza y desinfección de los vagones de ferrocarril utilizados en el transporte de ganado y que regresan a Alemania desde el extranjero, ya que en los países de procedencia existen especificaciones que aseguran la limpieza y desinfección de estos medios de transporte de ganado. Por añadidura, la limpieza y desinfección de vagones de ferrocarril en el transporte internacional de ganado están reguladas por el «Convenio sobre el empleo mutuo de vagones de mercancías en el tráfico internacional (RIV)» de la Asociación Internacional de Ferrocarriles. (Ver las correspondientes Observaciones Nr. 4 sobre el epígrafe, así como al punto 16 de la VV-VO, [12] B 1.3).

### 7.4.1 Técnicas de desinfección en los ferrocarriles alemanes

Antes de desinfectar los vagones de mercancías llegados después del transporte al centro de cuidados de estos vehículos en Mannheim, deben limpiarse, para lo cual se pulverizan con el desinfectante adecuado la paja, estiércol, plumas, etc., y después de dejar transcurrir por lo menos 15 minutos se humedecen con agua y se retiran. A continuación se lavan a fondo con agua caliente. Si no se dispone de agua caliente, pueden utilizarse también limpiadores de alta presión que funcionen con agua fría. La suciedad debe reblandecerse antes de ser eliminada. Luego se limpian con solución de sosa todas las superficies interiores de los vagones, y acto seguido se desinfecta con solución al 3% de un desinfectante comprobado de los incluidos en la Lista DVG vigente y citados como indicados para las explotaciones animales. En los vagones de mercancías cubiertos, las puertas deben mantenerse abiertas después de desinfectar, debiendo cerrarse dejando una estrecha rendija hasta un nuevo transporte.

La limpieza y subsiguiente desinfección de los vagones de mercancías la sigue realizando en la estación de Mannheim por encargo de los Ferrocarriles Alemanes (DB) una firma privada. Para ello se dispone de un centro fijo de alta presión con toma de agua y desinfectante, así como una estación de mezclado de productos de limpieza y desinfección. En una instalación separadora de emulsiones se apartan las sustancias mucilaginosas, que, a través de un dispositivo extractor, se depositan en un contenedor, para verterlas luego de acuerdo con las normas legales.

# 7.5 Limpieza y desinfección de aviones

## 7.5.1 Introducción

En el comercio aéreo reviste importancia absolutamente decisiva el aspecto higiénico del transporte, ya que en el tránsito internacional los continentes se comunican entre sí en un lapso de horas, con lo que aumenta extraordinariamente la amenaza de difusión de gérmenes infecciosos peligrosos. Esto no sólo se refiere al pasaje de personas, sino también al tránsito de animales domésticos, mascotas, exóticos y de explotación industrial, que viajan bien acompañando de forma creciente

**Tabla 7.4** Número de envíos de animales llegados al aeropuerto de Rhein-Main (Frankfurt) en los años 1994, 1997 hasta 1999, con las cantidades de animales (11).

| **Especie animal** | **Envíos** | | | | **Número de animales** | | | |
|---|---|---|---|---|---|---|---|---|
| | **1994** | **1997** | **1998** | **1999** | **1994** | **1997** | **1998** | **1999** |
| Équidos | 282 | 473 | 406 | 413 | 1.116 | 1.246 | 1.071 | 1.167 |
| Cerdos | 3 | 10 | 13 | 16 | 205 | 598 | 901 | 979 |
| Óvidos | 1 | 1 | 0 | 2 | 2 | 40 | 0 | 95 |
| Cápridos | 1 | 3 | 1 | 3 | 2 | 62 | 41 | 79 |
| Bóvidos | 16 | 30 | 35 | 33 | 117 | 424 | 962 | 378 |
| Anim. pezuña silv. | 10 | 7 | 10 | 8 | 43 | 10 | 93 | 85 |
| Aves | 169 | 422 | 379 | 431 | 1.681.711 | 6.514.817 | 5.673.076 | 5.638.576 |
| Psittácidas | 144 | 121 | 148 | 148 | 12.272 | 30.749 | 13.949 | 15.652 |
| Otros pájaros | 407 | 244 | 193 | 246 | 328.717 | 148.468 | 96.241 | 114.878 |
| Monos | 75 | 35 | 27 | 25 | 4.622 | 824 | 717 | 466 |
| Perros, gatos | 848 | 1.805 | 1.912 | 2.138 | 1.783 | 3.449 | 3.588 | 3.738 |
| Conejos | 2 | 7 | 7 | 20 | 2 | 19 | 151 | 195 |
| Abejas | 20 | 11 | 12 | 64 | 2.824 | 1.757 | 1.389 | 5.656 |
| Peces ornament. | | 6.863 | 8.231 | 8.333 | | 56.970.535 | 64.412.893 | 63.424.173 |
| Hurones, Zorros | 5 | 24 | 18 | 21 | 54 | 2.087 | 226 | 187 |
| Avestruces | 2 | 2 | 2 | 1 | 43 | 175 | 120 | 28 |
| Huevos incub. | | 322 | 371 | 351 | | 11.140.329 | 13.304.850 | 14.835.952 |
| Animales H* | | 1.358 | 2.138 | 2.509 | | 729.460 | 1.074.399 | 1.121.313 |
| **Total** | **1.985** | **11.738** | **13.903** | **14.762** | **2.033.513** | **75.545.049** | **84.584.667** | **85.163.597** |

* = Animales sólo relevantes desde el punto de vista de protección legal, pero no desde un punto de vista epizoótico.

a las personas, bien como fletes vivos en el comercio aéreo internacional. El peligro de difusión de epizootias por el comercio de animales no sólo amenaza los efectivos nacionales, sobre todo la ganadería, sino también a la población humana de un país que puede recibir gérmenes zoonósicos.

Debido a los peligros a escala mundial que pueden derivarse para el hombre y animales de los transportes aéreos inter y transcontinentales, la Organización Mundial de la Salud (WHO) ha editado un folleto de introducción a los problemas higiénicos del tráfico aéreo, en el que se resumen los principios básicos y las especificaciones técnicas y profesionales que rigen unas medidas higiénicas eficaces (4). Es muy conveniente una nueva edición actualizada de esta publicación.

El aeropuerto de Rhein-Main existente en Frankfurt/M. es uno de los aeropuertos de carga más importantes de Europa y simultáneamente una plataforma internacional para el transporte de animales vivos y de productos de origen animal. Comparando los envíos y número de animales ingresados por Frankfurt/M. de 1994, 1997 hasta 1999, se aprecian las dimensiones y con ello la importancia higiénica-epizoótica que se esconden detrás de estas cifras (Tabla 7.4). En la Estadística de 1994 todavía no están contenidas las cifras de envíos de peces ornamentales ni de huevos de incubación. En marzo/abril de 1997 se incrementó el número de envíos animales en torno a un 500% frente a enereo/febrero.

Estas cifras justifican la necesidad de aplicar medidas de limpieza y desinfección también en los vehículos aéreos para evitar el ingreso de gérmenes responsables de epizootias y zoonosis. Sin embargo, un avión no puede compararse en lo referente a técnicas de limpieza y desinfección con otros medios de transporte como camiones, vagones de ferrocarril o buques.

**Tabla 7.5** Desinfectantes **utilizables** en aviones (18).

| |
|---|
| **1. Detergentes anfóteros, v.gr. dodecil-di (aminoetil)-glicina con 1-3 átomos de Na**<br>(cuanto mayor es el número de átomos de Na, mejor es la acción desinfectante)<br>Propiedades limpiadoras y acción profunda sobresalientes, no tóxicos, inodoros e incoloros, amplio espectro bactericida, no los neutralizan las proteínas, escasa sensibilidad al pH; cuando se agrega nitrito sódico como inhibidor, el efecto sobre las partes del avión resulta disminuido o anulado del todo. |
| **2. Compuestos fenólicos inodoros y mezclables con jabones**<br>Acciones y propiedades similares a las citadas en el Nr. 1; escaso o nulo efecto lesivo sobre las partes de los aviones, cuando se eligen correctamente los jabones e inhibidores correspondientes. |
| **3. Compuestos de amonio cuaternario**<br>Posible mezcla con jabones sintéticos; en mezclas correctas, la acción sobre las partes de los aviones es similar a la obtenida con los Nrs. 1 + 2; el efecto selectivo sobre bacterias es deficiente, resultando las gramnegativas poco o nada atacadas; neutralización por proteínas y jabones naturales; sensibilidad al pH. |
| **4. Clorhexidina**<br>Esencialmente las mismas propiedades de los Nrs. 1 + 2, aunque ligeramente tóxico, así como sensible al pH y proteínas.<br>Se considera inconveniente el muy alto precio de este singular desinfectante. |

Un aparato de aviación para el transporte de animales es en la actualidad una máquina que cuesta muchos millones de euros, y que está dotado además de innumerables instalaciones electrónicas y eléctricas de alta sensibilidad. A esto se añade que también los aviones de pasajeros transportan animales en sus bodegas de carga, por lo que las medidas de desinfección a realizar no deben implicar el menor peligro.

Por añadidura, para los desinfectantes utilizados en aviación son aplicables los mismos requisitos que se exigen en todos los demás medios de transporte, destacando sin embargo el aspecto de la seguridad y también la inocuidad para los materiales.

En las Tablas 7.5 y 7.6 se incluyen los desinfectantes citados por la IATA como adecuados e inadecuados para ser empleados en aviones, relación que no obstante exige imperiosamente una actualización. Como la mayor parte de los transportes de animales tienen carácter intercontinental, a continuación se reseñan las normas y recomendaciones internacionales que se deben observar al respecto, que rigen asimismo en todos los transportes de entrada y salida de Alemania.

### 7.5.2 Prescripciones para el transporte aéreo internacional de animales (19)

La International Air Transport Association (IATA) ha publicado las «Normas para animales vivos», cuya 27ª edición de 1 octubre 2000 está en vigor. Estas prescripciones están reconocidas como normas para el transporte aéreo por la «Convención para el tráfico internacional de especies animales silvestres y plantas» (CITES) y por la Oficina Internacional de Epizootias» O.I.E.). El Consejo Europeo ha tomado estas prescripciones como base

**Tabla 7.6** Desinfectantes que **no deben utilizarse** en aviones (18).

| | |
|---|---|
| 1. | Los desinfectantes que contengan iones de metales pesados, entre otros, todos los compuestos de mercurio. |
| 2. | Los halógenos inorgánicos, entre otros, hipocloritos, cloramina inorgánica, compuestos de yodo. |
| 3. | Los halógenos orgánicos en que se liberen halógenos activos, entre otros, cloramina B y T, Halazon. |
| 4. | Los ácidos y bases, entre otros, ácidos bórico y salicílico, hidróxidos sódico y potásico. |
| 5. | Las sales con escasa o nula acción desinfectante, entre otras, carbonato sódico, bicarbonato sódico. |
| 6. | Los productos oxidantes, entre otros, ozono, peróxido de hidrógeno, permanganato potásico. |
| 7. | Formalina, entre otras, soluciones de formaldehído. |
| 8. | Los compuestos fenólicos de fuerte olor, entre otros, lisol, cresol, timol. |
| 9. | Los alcoholes, peligro de incendio. |
| 10. | Los jabones sin adición de desinfectante apenas desarrollan acción desinfectante. |

Excluir las sustancias 1-7 debido a su agresividad para las partes de los aviones, la Nr. 8 por su intensa sobrecarga de olor, y la Nr. 9 debido a su peligro de causar incendio. Algunos de los productos químicos citados sólo pueden destinarse a la desinfección de determinadas partes de los aviones, como v.gr., la cloramina B para la desinfección de toilettes de acero inoxidable.

del Código de transporte internacional de animales de explotación zootécnica, y la Unión Europea (UE) como estándar mínimo para el transporte en contenedores y otros recipientes adecuados. En la 27ª edición ya citada se incluyen, entre otras, las prescripciones para 83 modelos diferentes de contenedores.

Como ejemplo pueden citarse las jaulas para transporte de caballos utilizadas actualmente por la compañía KLM, diseñadas de acuerdo con veterinarios americanos y holandeses. Para la seguridad de los caballos purasangre, en los costados anterior y posterior existen sendas rampas para la carga y descarga de los animales. Los caballos miran siempre hacia delante durante el vuelo. El suelo es antideslizante y la disposición interior está exenta de salientes agudos o duros. Con la ayuda de tabiques de separación, el contenedor puede servir para uno o varios caballos, de acuerdo con su tamaño, edad, estado, y según el deseo del propietario. El acceso a los caballos también es posible durante el vuelo; al despegar y al aterrizar, el personal de acompañamiento debe estar siempre junto a los animales. La temperatura, presión del aire y ventilación del recinto de transporte están estrictamente reguladas (Figs. 7.5 y 7.6).

**Fig. 7.5** Container de varias plazas para el transporte de caballos, puesto en servicio recientemente por la compañía KLM. (Foto: KLM-CARGO, Royal Dutch Airlines, Schiphol Airport, NL).

**Fig. 7.6** Carga de containers con caballos en un avión KLM de transporte. (Foto: KLM-CARGO, Royal Dutch Airlines, Schiphol Airport, NL).

### *7.5.2.1 Animales*

Durante todo el transporte, los animales cargados deben estar apartados de alimentos, ya que existe un serio peligro de contaminación. Siempre que sea posible, los animales lesionados o que enfermaron durante el viaje dispondrán de atención veterinaria. Los animales enfermos o muertos durante el transporte en compañía de otros animales, deben separarse a ser posible del resto. Sin embargo, esto sólo debe llevarse a cabo tras consultar a un técnico al que se tenga acceso. Algunas autoridades nacionales han dictado disposiciones sobre el reconocimiento y eliminación de animales muertos durante el vuelo.

Los espacios y zonas de los aeropuertos en que se mantengan animales, se desinfectarán cada 24 horas cuando se destinen al tránsito regular de éstos. Deben utilizarse los desinfectantes e insecticidas más adecuados, que se adquirirán poco antes de su empleo, para evitar riesgos a los animales. Durante la limpieza, estos locales deben estar vacíos de animales.

#### 7.5.2.2 Personal

Todos los animales, incluidas las mascotas, pueden transmitir al hombre gran número de enfermedades, unas más que otras, por lo que debe evitarse cualquier contacto con los animales y observar estrictamente las reglas de higiene personal. El personal que contacte continuadamente con animales debe estar vacunado a título preventivo contra enfermedades infecciosas en colaboración con el Servicio Veterinario competente.

A continuación se citan diversas medidas específicas de higiene y sanidad para la protección del personal cuyo trabajo le obligue a contactar con animales:

- Llevar guantes de manopla de cierre hermético o desechables para contactar con todos los animales vivos objeto de transporte; lavar los guantes de manopla y las manos con jabón desinfectante después del contacto.
- Al manejar aves psittácidas y monos, siempre que sea posible conviene ponerse máscara protectora de la cara y guantes protectores. Para evitar la inhalación de gotitas infecciosas por parte del personal, las jaulas para esos animales deben llevar indicaciones de aviso o bien se cubrirán con muselina u otros tejidos ligeros las aberturas de ventilación del container.
- Tras sufrir un arañazo o mordedura de un animal, hay que buscar lo antes posible la asistencia de un médico, al que se informará detalladamente de la especie del animal y de su origen. En caso de retrasarse la asistencia médica, la persona debe lavarse la herida con agua abundante y jabón, aplicando encima un vendaje seco hasta que sea posible el tratamiento médico.
- Evitar el ensuciamiento de la piel o vestimenta con sangre o secreciones de animales. La ropa ensuciada debe cambiarse y ser entregada para su limpieza. Las suciedades de la piel se eliminarán con jabón desinfectante.
- Los colaboradores de las compañías de aviación que tengan trato frecuente con animales diversos o aves, deben vacunarse con la colaboración del correspondiente servicio médico contra las enfermedades transmisibles al hombre (zoonosis).

#### 7.5.2.3 Locales de flete aéreo y zonas de estancia de animales en los aeropuertos

- Llevar botas y guantes impermeables, lavables o desechables, que después de cada utilización se lavarán o arrojarán.
- El interior de todo el avión debe limpiarse a fondo de toda materia extraña antes de cargar animales. En la operación se emplearán procedimientos admitidos por la respectiva asociación de aviación.
- Todos los espacios de carga, suelos y estanterías deben lavarse o fregarse a fondo con medios disolventes, detergentes o desinfectantes autorizados. Para la desinfección de los aviones se recomienda emplear una mezcla de carbonato sódico al 4% con silicato sódico al 0,2% o con ácido cítrico al 0,2%. No es necesario humedecer demasiado las superficies para desodorizar y desinfectar eficazmente la zona (Tabla 7.5).
- El local de fletes se pulverizará con un desodorante y después se cerrarán en-

seguida todas las aberturas para lograr un efecto máximo.

- Todos los objetos de dotación, partes de alojamientos y contenedores que se puedan extraer, así como las rampas de carga, deben limpiarse y desinfectarse cuidadosamente de acuerdo con la normativa del país exportador e importador correspondiente.
- Se recomienda no reintegrar al avión ningún objeto de dotación con el que los animales puedan tener contacto directo, antes de librarle con agua limpia de cualquier resto de desinfectante que pudiera deteriorar la estructura interior del avión.

Las ***zonas de estancia de animales*** en los aeropuertos deben limpiarse y desinfectarse de la misma manera que se ha descrito para los locales de flete de aviones.

### 7.5.2.4 Recomendaciones de la Oficina Internacional de Epizootias (O.I.E.)

La O.I.E. ha publicado unas «Recomendaciones generales para el transporte aéreo de animales» que fueron incluidas por la IATA en sus prescripciones arriba citadas sobre salud e higiene. Por ello, a continuación sólo se alude a aquellas disposiciones referentes a la eliminación de animales muertos, así como de pienso y residuos (19).

***Eliminación de cadáveres***

Cuando mueran animales a bordo de aviones, debe informarse de ello, a ser posible antes de aterrizar, a las autoridades competentes del aeropuerto de destino. Los cadáveres deben eliminarse bajo la vigilancia y correspondientes indicaciones de las autoridades veterinarias competentes del aeropuerto de destino. El procedimiento de eliminación debe elegirse de acuerdo con el riesgo de diseminación de gérmenes, recomendándose a tal efecto los siguientes:

Destrucción mediante incineración o en un establecimiento de eliminación de cadáveres, o bien por enterramiento profundo bajo la supervisión de las autoridades veterinarias. Cuando para ello haga falta efectuar un transporte fuera del recinto del aeropuerto, el traslado se efectuará en un receptáculo cerrado y absolutamente hermético.

***Tratamiento de piensos y residuos***

Los residuos que contengan cualquier tipo de material de origen animal, incluidos productos alimenticios, camas, estiércol y pienso, deben manipularse, reunirse y eliminarse de manera que los animales no puedan contactar con ellos. Deben reunirse y guardarse en zonas debidamente rotuladas, y transportarse en recipientes de cierre absolutamente hermético.

Algunos países importadores prohiben el empleo de heno o paja durante el transporte, o bien lo limitan. La descarga de heno o paja, otros piensos y camas pueden reducirlo o incluso prohibirlo radicalmente los países de tránsito. La LH utiliza serrín desde hace dos años como material de cama, con objeto de evitar dificultades en el transporte internacional de grandes animales. Ya no debe emplearse paja y otros materiales de cama, como v.gr. serrín o turba. Se observó que los cerdos comen estas virutas, lo que el asesor veterinario ha notificado a la LH, a la vez que solicitaba el apartamiento de estos materiales para que no originen trastornos digestivos en los animales. Sin embargo, hasta el presente no se ha producido ninguna comunicación a este respecto. Para los pequeños animales, como gatos y perros, se emplean alfombrillas absorbentes, que, como sucede con las virutas utilizadas, después del transporte se depositan en el contenedor especial dispuesto para tal fin en la estación de animales, cuyo contenido se elimina de manera inocua en un quemadero de basuras (15).

Métodos recomendables de eliminación de cadáveres son:

- Quemar hasta la fase de cenizas.
- Calentamiento a una temperatura como mínimo de 100°C (212°F) durante 30 minutos y vertido en un depósito de residuos.
- Enterramiento bajo control oficial en un depósito de residuos.

Recomendación (del autor): las autoridades veterinarias que participen en el transporte de animales por vía aérea deben tener siempre a mano las Normas para Animales Vivos publicadas por la IATA en el último año (19).

## 7.5.3 Lucha contra plagas

En muchos países, el permiso de aterrizaje depende de una limpieza profiláctica de los aviones con productos contra las plagas en presencia de los pasajeros y del personal (4). En estas medidas se incluyen asimismo los locales de flete, lo cual significa que los animales en ellos presentes también contactan con el insecticida.

El Instituto Federal protector de la salud del consumidor y de Medicina Veterinaria (BgVV) ha puesto reparos sanitarios a la lucha contra plagas en presencia de los pasajeros y personal de vuelo, por lo que propone que no se utilice más ningún producto de largo plazo, ya que estas sustancias persisten durante meses y años en los materiales, pudiendo por ello constituir una posible exposición, no calculable, para el hombre. La utilización de estos productos ya no está de acuerdo, según el BgVV, con el actual nivel de técnica y conocimientos. En su lugar deben emplearse productos de corto tiempo de acción, cuyo principio activo sólo se mantenga estable 1-3 días. Los residuos deben eliminarse mediante limpieza sencilla. Las cantidades a utilizar deben reducirse calculando exactamente las dosificaciones (5).

A este respecto, la BgVV se encuentra en oposición con la Organización Mundial de la Salud (WHO), cuyo Comité de Expertos en biología y control vectorial recomienda el empleo de productos de largo tiempo de actuación. También se registran diferencias de concepto sobre la clase de insecticidas a emplear y círculo de personas que deben utilizarlos (38).

BgVV y Oficina Federal del Medio Ambiente resumen como sigue las especificaciones para una lucha contra plagas eficaz y sanitariamente inocua en el tráfico aéreo: los compuestos utilizados en la lucha contra plagas no deben amenazar la salud de las personas (¡y animales!, añade el autor). Su aplicación requiere sopesar cuidadosamente el riesgo de contagio y las posibles acciones lesivas para la salud del producto utilizado. Los productos de lucha contra las plagas sólo pueden aplicarse cuando:

1. Su utilización es absolutamente necesaria.
2. Se comprobó y valoró suficientemente su eficacia.
3. Empleándolos con cuidado, sus efectos no supongan ningún riesgo para la salud y el medio ambiente (6).

No existen datos sobre si la lucha contra los insectos en el transporte de animales en el espacio de carga de los aviones actúa negativamente sobre aquéllos. Pero como muchos de los animales transportados en la actualidad por vía aérea tienen un considerable valor material, procede aplicarles casi las mismas medidas válidas para las personas.

A falta de referencias sobre la lucha contra los insectos en los espacios de aviones ocupados por animales, en analogía con las recomendaciones dictadas sobre el espacio para los pasajeros, procede proponer la siguiente pauta de conducta:

- Practicar las medidas de lucha únicamente por personal especialmente formado para ello.
- En el local de flete, antes de practicar las medidas de lucha cubrir las existencias de pienso depositadas desprotegidas y el pienso de los comederos de las jaulas de transporte ocupadas por animales, de manera que no pueda producirse ningún contacto con el insecticida. Terminado el vuelo, eliminar de forma inocua el pienso sobrante y aspersionar su recipiente con un insecticida de acción corta.
- Cuando se utilicen sprays, procurar no aplicarlos directamente a la cabeza de los animales.

También la O.I.E. desgraciadamente recomienda todavía la aplicación de las normas de la WHO para la lucha contra los insectos en aviones (23, 39).

## 7.5.4 Limpieza y desinfección de aviones en Alemania

Con referencia a esta problemática, fue Hildebrandt (13) quien adoptó por primera vez en Alemania una postura competente. Este mismo autor, en colaboración con el Centro de Comprobación de Materiales de la compañía alemana Lufthansa, pudo comprobar seis soluciones de diferentes desinfectantes sobre 14 diferentes materiales utilizados en la construcción de aviones. Solamente el preparado TE-GO-diocto® superó los exigentes tests al respecto (16; ver también la Lista DVG). En posteriores investigaciones, estos autores llegaron a la conclusión de que el empleo de este preparado en la dilución del 1% y en la cantidad de 0,04 litros/$m^2$ sobre superficies barridas de un espacio de carga de un avión, era posible y adecuado para obtener desinfecciones de rutina. Sin embargo, esta aplicación del preparado era sólo un 10% de la cantidad utilizada habitualmente para desinfectar establos (0,4 litros/$m^2$). Pero a este respecto también debe tenerse en cuenta que las superficies de carga de un avión están incluso a la terminación de un transporte más limpias que las superficies de establos a continuación de limpiar con alta presión, máxime si se considera que actualmente el transporte de animales se realiza en contenedores que, de acuerdo con las especificaciones de la IATA y de la VV-VO, deben ser de cierre totalmente hermético, por lo que el ensuciamiento del espacio de carga del avión por lo regular casi no se produce en absoluto. La práctica del transporte aéreo de animales en contenedores tiene además la ventaja de que su limpieza y desinfección puede realizarse fuera del avión, en un lugar especialmente preparado para ello, de manera que el espacio de carga no se ve sobrecargado adicionalmente por estas medidas. Para ello pueden practicarse las técnicas habituales de desinfección. También en la BmTierSSchV se define en el artículo 1 el área de aplicación de la VO para el tránsito interior, así como la entrada y paso, entre otras cosas, de objetos que pudieran ser portadores de materia contagiosa (7).

Entre las cosas denominadas «objetos» puede incluirse prácticamente todo lo que contacte con animales infectados o sus partes, productos, materias brutas y residuos de animales enfermos, y que por ello pueden convertirse en transmisores de gérmenes patógenos. Los requisitos que deben reunir los medios y contenedores de transporte de acuerdo con el punto 6, Secc. 1, se incluyen en el Apéndice 2. Según lo dispuesto, los medios y contenedores de transporte deben contar con cierre absolutamente hermético para líquidos, y también serán de fácil limpieza y desinfección. Los dos autores arriba mencionados han creado en colaboración con la LH un aparato para desinfectar cuya parte encargada de aplicar el spray desinfectante resultaba sin embargo inutilizable con el paso del tiempo. Fue sustituido por un sencillo chorro a presión con correa soporte, que hasta el presente funciona sin signos de deterioro (Tipo 141, ángulo de aplicación: 70°, fuerza de retroceso < 5 N, boquilla GH 49/55; fabricante: Fa. Gloria, 59329 Wadersloh).

### 7.5.4.1 Deutsche Lufthansa AG y Aeropuerto Frankfurt/M. AG.

Las pequeñas inspecciones entre dos vuelos con el avión en posición en la antepista, tienen lugar durante el repostado y carga, no debiendo prolongarse con acciones diversas o una desinfección, ya que una hora de retraso en el despegue de un gran turborreactor puede costar hasta varias decenas de miles de marcos. De aquí se deduce que, en lo referente a productos desinfectantes, se prefieren los que proporcionen una buena acción desinfectante con tiempos de actuación cortos. Además, con estos tiempos cortos de actuación se consigue una ausencia de olor casi absoluta. Los sprays, aerosoles y gases de desinfectantes deben asimismo no ser inflamables ni explosivos con entera seguridad.

La ***limpieza de la bodega de carga de los aviones de pasajeros*** se realiza dos veces a la semana con ayuda de un aspirador con el avión en posición en la antepista durante el repostado y carga. Una *desinfección* tras limpiar sólo puede llevarse a cabo cada 40 días, para lo que se dispone de unas dos horas de tiempo. Esta medida debe realizarse bien fuera de la pista o bien, en el caso de máquinas, en el hangar por razones técnicas.

En los ***aviones de carga, la limpieza y desinfección*** se llevan a efecto con el mismo ritmo y con los mismos utensilios de los aviones de pasajeros, si bien en este caso se dispone de un tiempo de 4,5 horas. Independientemente de esta normativa profiláctica, el veterinario oficial encargado de vigilar la descarga de los animales transportador puede ordenar en caso necesario una L + D inmediata.

La problemática de una pertinente L + D del espacio de carga de un avión especial para el transporte de fletes se entiende perfectamente echando una mirada a dicho espacio de carga (Figs. 7.7 y 7.8). Es casi imposible limpiar y desinfectar tales espacios de acuerdo con lo dispuesto en la VV-VO, la Dispos. Compl. VV-VO y RdErl.ML Nds, especialmente en lo que al suelo se refiere. A esto se añade que en los aviones debe concederse

**Fig. 7.7** Vista de un recinto de carga (se aprecia la estructura del suelo).

**Fig. 7.9** Remolques climatizados en el aeropuerto de Frankfurt/M. AG.

**Figura 7.8** Práctica de la desinfección de un espacio de carga, después de limpiar (obsérvese la estructura del suelo).

**Fig. 7.10** Unidad controladora de la climatización de un remolque térmico.

gran atención a las delicadas conducciones electrónicas, etc., que se extienden por todo el aparato. Por ello, supone una gran simplificación que, como ya se ha expuesto, los animales sean transportados por lo regular en contenedores de cierre hermético a los líquidos, y por ello sólo en casos excepcionales puede producirse el ensuciamiento del espacio de carga. Con ayuda de aparatos aspiradores se puede realizar una limpieza suficiente para la subsiguiente desinfección mediante pulverizado (Fig. 7.8).

El aeropuerto de Frankfurt/M. AG (FAG) dispone de varios ***termorremolques cerrados*** que, entre otras cosas, sirven para transportar dentro del FAG animales mantenidos en contenedores y bandejas, como v.gr., caballos, aves y pollitos (Fig. 7.9). Los remolques están completamente climatizados, pudiendo graduar la temperatura de su espacio de carga entre –30°C y +30°C (Fig. 7.10). Puede accederse al espacio de carga a través de una puerta de servicio situada en el lado anterior derecho. Los remolques se adaptan a la altura de carga de todos los tipos de suelo de los aeropuertos. Durante el viaje, los amortiguadores de fuelle de aire garantizan en estos vehículos un transporte sin golpes, y por ello cuidadoso, de los animales contenidos en su interior.

A diferencia de lo que sucede en los aviones, que sólo se limpian y desinfectan atendiendo a los intervalos técnicos de control o por disposición especial del veterinario oficial, la limpieza y desinfección de estos termo-remolques se realiza de acuerdo con un plan del FAG exactamente previsto (Servicio de Transporte BVD-F4):

***Limpieza del espacio de carga a continuación de cada transporte***, para lo cual las pistas de rodillos (Fig. 7.11) se extraen de las guías y tanto el suelo como estas guías se limpian mediante barrido. Cuando el ensuciamiento es muy intenso, los suelos de los espacios de carga y la superficie interna de las paredes deben someterse a limpieza húmeda.

***La desinfección se lleva a cabo después de cada transporte de animales sometidos a cuarentena obligatoria.*** Una desinfección debe realizarse como mínimo una vez al día, y también cuando se transportaron varias veces al día animales no obligados a sufrir cuarentena. Tras la limpieza, se lleva a cabo la desinfección de los espacios de carga y paredes interiores. Como producto para la pulverización desinfectante se utiliza una solución de Tego-Diocto® al 2%.

Además de la L + D diaria, cada termo-remolque se someterá a limpieza húmeda por dentro y por fuera una vez al mes, incluyendo en la operación los canales de ventilación y la cubierta intermedia, que además se desinfectarán. Asimismo, se cambiarán los filtros de entrada y salida de aire.

Las ***normas de seguridad del personal*** disponen que, al barrer, hay que llevar

**Fig. 7.11** Vista interior de un remolque climatizado.

máscara facial. Asimismo, al practicar la desinfección debe utilizarse máscara contra el polvo, gafas protectoras y guantes. Los restos de suciedad (granos, excrementos, etc.) se depositarán en bolsas que, en unión de los filtros de aire sustituidos, se eliminarán en los contenedores correspondientes al recinto de los animales (los útiles de limpieza, desinfectantes, medios protectores, y también un frasco para lavar los ojos, se guardan en un armario de rejilla). Las desinfecciones diarias y los trabajos de entretenimiento a realizar mensualmente se inscribirán en un «Registro de control de limpieza».

Otra particularidad del aeropuerto de Frankfurt es la *Estación de Animales* creada por el FAG, en cuya inauguración se tomaron las instalaciones como modelo mundial. En ella hay 12 boxes para grandes animales, 8 celdas aisladas, 18 jaulas para perros y 26 jaulas para pequeños animales, así como los medios auxiliares necesarios, como almacén de piensos, cocina para preparar comidas, punto para lavar los animales, sala de tratamiento, gabinete de autopsia, oficina del veterinario, local social para los cuidadores, etc. En la Estación de Animales, las desinfecciones regulares se realizan con el DM VENNO-FF súper (Fa. VENNO GmbH, 22850 Norderstedt). En otro punto se hacen descripciones detalladas de la Estación de Animales (14, 29).

Un caso especial lo constituyen los ***alimentos presentes a bordo*** de aviones y barcos procedentes del extranjero para ser consumidos por pasajeros, pilotos y personal de vuelo, así como para la tripulación y pasajeros de buques. De acuerdo con el punto 39, Secc. 1, Nr. 1 y Secc. 2 de la BmTierSSchV, la carne, leche y productos lácteos, desperdicios o restos de los mismos o de comidas preparadas con estos alimentos «sólo pueden salir del medio de transporte para ser eliminados de forma inocua» (7). El modo de eliminación de estos materiales de aviones y barcos necesita autorización. Como en los aviones es prácticamente imposible la separación de residuos de los alimentos presentes a bordo en fracciones con o sin restos de carne o leche, por lo regular se recogen al final del vuelo o de la travesía todos los restos de comida en recipientes herméticamente cerrados y se disponen para su eliminación inocua. La autorización necesaria para esto la conceden las autoridades veterinarias nacionales de los correspondientes puertos y aeropuertos.

En Alemania, la eliminación inocua se lleva a cabo corrientemente en el quemadero de basuras más próximo al aeropuerto o lugar de amarre del buque. En dos casos se destruyen inocuamente en un establecimiento eliminador de cadáveres los restos de comida clasificados previamente como portadores de carne en aviones o en locales de firmas encargadas de eliminación de residuos.

En el aeropuerto inglés de Gatwick (Londres), los desperdicios de cocina generados a bordo se depositan en recipientes herméticamente cerrados y se trasladan al depósito de catering de las compañías aéreas. Aquí se hace cargo de los residuos una firma de eliminación de residuos autorizada y los traslada a un lugar oficialmente permitido para «enterrarlos profundamente». Este proceder cuenta con la aprobación del Ministerio de Agricultura inglés, siendo también vigilado por dicha autoridad (17).

Sobre el estado actual del transporte de animales por vía aérea desde el punto de vista de la protección de éstos, de la expedición en el aeropuerto y de las condiciones ambientales durante y después de la etapa de vuelo, existen también algunas publicaciones recientes (20, 26, 27).

## 7.6 Limpieza y desinfección de barcos

En todo el mundo existen entre 80 y 90 barcos para el transporte de ganado. De ellos, 11 son grandes buques autorizados para el transporte de ovejas, entre 40 y 45 autorizados para transportar ganado vacuno, y de 30 a 40 barcos que transportan animales en su exterior en condiciones cuestionables (33).

El transporte de animales en barco se rige en lo referente a limpieza y desinfección básicamente por las mismas disposiciones contenidas en los puntos 1, 2 y 16-18 de la Orden de Tráfico de Ganado, debiendo observarse asimismo las normas existentes al respecto en la BmTierSSchV, especialmente en su punto 6, y en el Apéndice 2, así como las disposiciones federales y de la región de la Baja Sajonia. Por añadidura, para el ***tránsito de buques por el Canal del Mar Báltico-Mar del Norte*** están vigentes las disposiciones contenidas en la Orden sobre el transporte de animales, partes, productos y materias brutas de animales, así como de otros materiales que puedan ser transmisores de materias contagiosas (Canal Mar del Norte-Mar Báltico-Animales SSchV; 22). Durante el tránsito por el Canal no se permite expedir o transportar a bordo rumiantes vivos, solípedos, liebres, conejos, perros, gatos domésticos, monos, prosimios, aves vivas incluidos papagayos y loros, así como animales muertos, deyecciones animales, camas, piensos o aguas residuales de espacios de carga ocupados por animales. Los espacios de carga y todos los contenedores para animales deben acondicionarse de manera que durante el tránsito por el canal éstos no puedan caer de los barcos. Todas las personas que se ocupen de animales deben cambiarse de ropa de trabajo y zapatos antes de abandonar el barco. Al dejar el barco, todas las personas deben limpiar el calzado y desinfectarlo con un desinfectante autorizado que el capitán del buque debe proporcionar para combatir las epizootias.

Más información sobre medidas de limpieza y desinfección no sólo referentes al transporte de animales, sino a todas las áreas de la explotación ganadera, producción de carne, leche y peces, zoos y reservas naturales pueden solicitarse al Departamente de Publicaciones de la O.I.E., Rev. sci. tech. Off. int. Epiz., Vol. 14 (1 + 2; 1995).

El ***transporte de animales en barco*** reviste en Alemania menos importancia que el que hace uso de camiones o aviones. En todos los casos, además de las normas de la VV-VO también se observarán las disposiciones especiales dictadas sobre L + D de camiones y aviones de transporte (Figs. 7.12-7.15). Las fotografías que se acompañan permiten reconocer que los buques modernos ofrecen por lo regular buenas condiciones para la limpieza y

**Fig. 7.12** Vista interior del recinto de un barco para el transporte de ovejas o vacas. (Foto: Reederei VROON B.V., Breskens/Niederlande).

**Fig. 7.14** Barco especial para el transporte de ovejas en un puerto australiano. (Foto: D.L. Anderson, Live Animal Trade and Transport Magazine, Fort Washington, Maryland/USA).

**Fig. 7.13** Vista interior de un recinto de dos pisos en un barco para el transporte de ovejas. (Foto: Reederei VROON B.V., Breskens/Niederlande).

subsiguiente desinfección de las camaretas. Las dos fotos muestran dos recintos para el transporte de ganado del barco «Cormo Express» de la compañía naviera VROON, de Breskens. Este buque estaba destinado inicialmente para transportar sólo ovejas, pero más tarde se adaptó al transporte de ganado vacuno, para lo cual, entre otras cosas, se debieron incluir verjas reforzadas. La Figura 7.12 muestra un recinto para transportar ovejas y ganado vacuno, en el cual se aprecian los comederos y conducción de tubos de la instalación de distribución automática de pienso, así como el piso antideslizante de los pasillos. Todos los dispositivos de separación están galvanizados y pintados. En el centro de los laterales derecho e izquierdo de la imagen se aprecian las construcciones de las instalaciones de ventilación con las aberturas de aireación. En la Figura 7.13 se ve un recinto de carga con dos pisos en los que se pueden transportar ovejas. También aquí existe una instalación de alimentación automática, que abastece los comederos de ambos pisos.

Como desde Australia se exportan muchas ovejas, preferentemente ya sacrificadas (canales), a Arabia y otros países islámicos, se utiliza un barco especial para el transporte de estos animales (Fig. 7.14). Se trata del petrolero transformado «El Kuwait», cuya estructura acoge siete plantas de dos pisos cada una, dotados de corralizas para ovejas. Comida y bebida se distribuyen de forma totalmente automatizada. En cada piso hay un marinero que controla el funcionamiento de la distribución de alimento y de agua, a la vez que vigila el estado sanitario de los animales, de manera que en caso de necesidad puedan recibir asistencia médica. Este barco puede transportar hasta 125.000 ovejas en un viaje. La carga del barco, el transporte de los animales y el plan de viaje son controlados y autorizados por el Servicio de Cuarentena e Inspección Australiano (AQIS). Las pérdidas durante el transporte en este barco son inferiores al 0,1% del contingente de animales cargados. Tras descargar las ovejas en el Oriente Medio, se inicia el viaje de regreso, de nueve días de duración, en los que se lleva a cabo la limpieza y desinfección del buque (1).

En la actualidad se piensa que es mejor sustituir los barcos del tamaño de «El Kuwait» por naves más pequeñas, de unas 80.000 ovejas de capacidad, ya que ofrece dificultades la construcción de transportes tan grandes. Para el transporte de ovejas se dispone de 12 barcos, 8 de los cuales sirven también para el transporte de ganado vacuno. Para transportar este último están autorizados 32 barcos. La Figura 7.15 muestra la carga de vacas en un barco.

Como los barcos que transportan ovejas hacen travesías de larga duración, después de cada viaje son controlados minuciosamente por inspectores de la Australian Maritime Safety Authority (AMSA). Cuando se observan deficiencias, éstas deben corregirse antes de realizar el siguiente viaje. Sólo pueden transportarse óvidos y bóvidos previamente reconocidos por inspectores del AQIS. En todo momento se concederá la debida protección a los animales, comenzando por el establecimiento de origen hasta la descarga en el puerto de destino (2).

**Fig. 7.15** Carga de vacas en un barco en un puerto australiano. (Foto: Australian Livestock Commission).

Respecto a los restos de comida del personal de los barcos de transporte de animales, se remite al lector a las correspondientes disposiciones sobre comidas a bordo de aviones y barcos llegados del extranjero expuestas en el punto 7.5.4.1.

## 7.7 Referencias bibliográficas

1 ANDERSON, D.L. (1997): Australia leads the world in livestock exports. Live Animal Trade and Transport Magazine **IX** (1), 5-10

2 ANDERSON; D.L. (1998): Animal welfare and the live export trade in Australia. Live Animal Trade and Transport Magazine **X** (4), 5-12

3 Ausf.-Hinw. VV-VO (1982/92): Ausführungshinweise zur Viehverkehrsverordnung, BGBI I S. 503, 1982. In: GEISSLER - ROJAHN - STEIN, Sammlung tierseuchenrechtlicher Vorschriften, B-1.3a. R. S. Schulz Verlag, Starnberg

4 BAILEY, J. (1977): Guide to hygiene and sanitation in aviation (2nd ed.), World Health Organization, Geneva

5 BgVV (1996): Bundesinstitut für gesundheitlichen Verbraucherschutz and Veterinärmedizin, Vom Umgang mit chemischen Schädlingsbekämpfungsmitteln; Bg VV-Pressedienst, 16/96. Thielallee 8892, D-14195 Berlin

6 BgVV (1998): Mit dem Flugzeug gehen auch Infektionserreger auf Reisen; Schädlingsbekämpfung an Bord muß wirksam und gesundheitlich unbedenklich sein. BgVV-Pressedienst, 11/98. Thielallee 88-92, D-14195 Berlin

7 BmTierSSchV (1995): Verordnung über das innergemeinschaftliche Verbringen sowie die Einfuhr und Durchfuhr von Tieren und Waren (Binnenmarkt-Tierseuchenschutzverordnung) i.d.F. der Bekanntmachung vom 31. März 1995, BGBI. I S. 431, zuletzt geändert durch VO v. 24. April 1997, BAnz. S. 5361. In: GEISSLER - ROJAHN - STEIN, Tierseuchenrechtliche Vorschriften, C1.1. R. S. Schulz Verlag, Starnberg

8 BÖHM, R. (1994): Desinfektion von Fahrzeugen, Transportbehältern und Ladestellen. Fleischwirtschaft **74** (9), 947-951

9 BÖHM, R. (1997): Desinfektion von Tiertransportfahrzeugen bei tieferen Temperaturen. BbT-Tierseuchenseminare, Berichtsband S. 65-84, BbT, Kronacher Str. 30, D-96215 Lichtenfels

10 DVG-Liste (2000): 11. Liste der nach den Richtlinien der DVG geprüften und als wirksam befundenen Desinfektionsmittel für die Tierhaltung (Handelspräparate); Stand 1. Sept. 2000; Ergänzungen und Neufassungen werden jeweils im Deutschen Tierärzteblatt veröffentlicht: Dt. Tierärzteblatt **8,** 930-942

11 ESCHER, A. (1997): Internationaler Flugverkehr mit lebenden Tieren. Tierärztl. Umschau **52,** 488 u. pers. Mitt. 1995 sowie 1998-2000

12 GEISSLER - ROJAHN - STEIN (1998): Sammlung tierseuchenrechtlicher Vorschriften. R. S. Schulz Verlag, Starnberg

13 HILDEBRANDT, K. (1975): Desinfektionsprobleme bei Lufttransporten von Tieren. Dt. Tierärztl. Wschr. **82** 150-152; pers. Mitt. 1978-1980, 1997

14 HILDEBRANDT, K. (1985): Die Tierstation des Frankfurter Flughafens. Prakt. Tierärzt **66,** 246-249

15 HILDEBRANDT; K. (1998): Persönliche Mitteilung

16 HILDEBRANDT, K. und H. EDELMEYER (1981): Desinfektion von Flugzeugladeräumen nach Tiertransporten. Dt. Tierärztl. Wschr. **88,** 332-336

17 HOWELLS, S. (1996): Pers. Mitt. v. 26.3.1996

18 IATA (1986): International Air Transport Association. Non-acceptable and Acceptable Chemicals for Disinfection of Aircraft, Medical Manual, Chapter VII, Appendix E

19 IATA (2000): International Air Transport Association, Live Animals Regulations, 27th ed., Chapters 10.7, 10.8. (Bezug von: Bauer Press International, Bahnhofsplatz 1, 65189 Wiesbaden; Dössel + Rademacher, Brandstwiete 42, 20457 Hamburg)

20 MÜLLER, W. (1992): Transport von Tieren im Flugzeug. In: Deutsche Vet.med. Gesellschaft, Tagg. d. FG «Tierschutzrecht u. gerichtl. Veterinärmedizin», Stuttgart 12./13.3.1992, S. 176-182. DVG, Frankfurter Str. 89, D-35392 Gießen

21 NAGEL, R. (2000): Pers. Mitteilung v. 7.8.2000

22 Nord-Ostsee-Kanal TierSSchV (1983-1991): Nord-Ostsee-Kanal-Tierseuchenschutzverordnung. In: GEISSLER - ROJAHN - STEIN, Tierseuchenrechtliche Vorschriften, C 4.1. R. S. Schulz Verlag, Starnberg

23 O.I.E. (1996): Office International des Épizooties, Recommendations on Animal Sanitation During Air Transport, Appendix 4.4.2.1; O.I.E. International Health Code; O.I.E. Information Dept., 12 Rue de Prony, F-75017 Paris

24 RdErl. ML Nds (1996): Durchführung der Viehverkehrsverordnung, Runderlaß des Ministeriums für Landwirtschaft Niedersachsen vom 15. August 1996, Nds. Mbl. S. 1600. In: GEISSLER - ROJAHN - STEIN, Sammlung tierseuchenrechtlicher Vorschriften, B1.3c. R. S. Schulz Verlag, Starnberg

25 RL Des BMELF (1997): Richtlinie des Bundesministeriums für Ernährung, Landwirtschaft and Forsten über Mittel and Verfahren für die Durchführung der Desinfektion bei anzeigepflichtigen Tierseuchen (331/322-3602-19/1-Stand Februar 1997). In: GEISSLER - ROJAHN - STEIN, Sammlung tierseuchenrechtlicher Vorschriften, B-1.1b. R. S. Schulz Verlag, Starnberg

26 SCHLENKER, G. and W. MÜLLER (1997): Der Flugtransport von Eintagsküken unter dem Aspekt des Tierschutzes. Berl, Münch. Tierärztl. Wschr. **110,** 315-319

27 SCHLENKER, G, W. MÜLLER und N. WALZIK (1998): Derzeitiger Stand des Tiertransports mit dem Flugzeug. Tierärztl. Umschau **53,** 343-348

28 SCHLIESSER, T.H. (1981): Grundlagen der Desinfektion, 1.5 Prüfung von Desinfektionsmitteln. In: SCHLIESSER - STRAUCH, Desinfektion in Tierhaltung, Fleisch- und Milchwirtschaft, Enke Verlag, Stuttgart

29 STRAUCH, D. ( 987): Hygiene der Abfallbeseitigung im Luftverkehr. In: MüllHandbuch, Kennzahl 5110, Lieferung 6/1987, Erich Shmidt Verlag, Berlin

30 TierSchTrV (1999): Bekanntmachung der Neufassung der Tierschutztransportverordnungvom 11.Juni 1999, BGBI. I S. 1337. In: GEISSLER - ROJAHN - STEIN, Tierseuchenrechtliche Vorschriften G 4.2. R. S. Schulz Verlag, Starnberg

31 TierSG (2001): Neufassung des Tierseuchengesetzesvom 11. Apri1 2001, BGBI. I.S. 506. In: GEISSLI R - ROJAHN - STEIN, Tierseuchenrechtliche Vorschriften A bis A-1.2. R. S. Schulz Verlag, Starnberg

32 ULLRICH, W. ( 996): Reinigung und Desinfektion von Fahrzeugen. In: BbT-Kongressbericht, 24./25. April 1996, 259-267; BbT, Kronacher Str. 30, D-96215 Lichtenfels

33 VAN DEN ABEELE (1999): Current status of sea carriage of livestock. Live Animal Trade and Transport Magazine **XI** (2), 34

34 VO-EG Nr. 1255/97: Verordnung (EG) Nr. 1255/97 des Rates vom 25. Juni 1997 zur Festlegung gemeinschaftlicher Kriterien für Aufenthaltsorte and zur Anpassung des im Anhang der Richtlinie 91/628/EWG vorgesehenen Transportplans. Amtsbl. EG Nr. L 174/1-6 v. 2.7.1997. In: GEISSLER - ROJAHN - STEIN, Tierseuchenrechtliche Vorschriften G-4.2a. R.S.Schulz Verlag, Starnberg

35 VV-VO (2001): Bekanntmachung der Neufassung der Viehverkehrsverordnung vom 11. April 2001, BGB1. I S. 576. In: GEISSLER - ROJAHN - STEIN, Tierseuchenrechtliche Vorschriften B 1.3. R. S. Schulz Verlag, Starnberg

36 WEIDNER, J. (1992): Untersuchungen über die Reinigung von Viehtransportfahrzeugen and deren Desinfektion mit TEGOvet® and VENNO-FF super®; nicht veröffentlicht

37 WHO (1984): Guidelines on Disinfection in Animal Husbandry for Prevention and Control of Zoonotic Diseases. Ed. Russel, A.D., V.S. Yarnych and A.V. Koulikovskii; WHO/VPH/84.4 (erhältlich bei: The Chief, VPH-Div. of Communicable Diseases, WHO, CH-1211 Geneva 27)

38 WHO (1991): World Health Organization, Safe Use of Pesticides, 14th Report of the WHO Expert Committee on Vector Biology and Control, WHO Technical Report Series 813; WHO Distribution and Sales, CH-1211 Geneva 27

39 WHO (1995): Report of Informal Consultation on Aircraft Disinsection; WHO/HQ Geneva, 6-10 November 1995. WHO/PCS/ 95.51. International Programme on Chemical Safety. CH-1211 Geneva 27

# 8 Limpieza y desinfección en la industria de la carne

Reinhard Fries

## 8.1 Introducción

De la superficie de un artículo de uso no debe partir ningún peligro sanitario resultante de los materiales constitutivos del mismo o de sustancias que se hayan depositados en él. Esto es aplicable, asimismo, a la práctica de la limpieza y desinfección (L + D). La Tabla 8.1 describe el desarrollo de las operaciones en su parte esencial. La eliminación de sustancias extrañas de una superficie depende de la textura de ésta. Se tendrán en cuenta sobre todo la naturaleza de la superficie, tipo de suciedad y técnica practicada, cada uno de estos apartados con varias posibilidades:

**Tabla 8.1** Desarrollo de la limpieza y desinfección.

| | |
|---|---|
| • Preparación de la solución a utilizar<br>• Retirada de las cubiertas del equipo<br>• Limpieza grosera de las instalaciones | Facilita la accesibilidad<br>Retirada de la cantidad principal de suciedad fregando con agua |
| • Enjuagado previo con agua caliente<br>• Limpiar con espuma<br>• Enjuagar transcurridos 15-20 minutos | Desprender y retirar la suciedad residual |
| • Secar | |
| • Pulverizar el desinfectante<br>• Tiempo de actuación según el desinfectante | Destrucción de los microorganismos remanentes |
| • Enjuagar | Eliminación de la sustancia orgánica y de los residuos de desinfectante |
| • Secar<br>• Control bacteriológico<br>• Repasado de los utensilios | Vigilancia del sistema |

- Superficies a limpiar: Material
  Accesibilidad
  Capacidad humectante
- Suciedad: Cantidad
  Tipo (biopelícula)
  Estado físico
  (capacidad de eliminación)
- Técnica: Producto limpiador
  Modo de actuación
  Tamaño de la superficie

La sucesión de limpieza seguida de desinfección habitual, v.gr., en la industria de elaboración y transformación de la carne (destacada cantidad de residuos grasos y proteicos) no es obligatoria. Cuando exista peligro de difusión del agente causal (zona de la epizootia o en general de la enfermedad), debe invertirse el orden de actuación; cuando se compruebe o se presuma la presencia de gérmenes epizoóticos, esta variante se aplicará también en el área de la higiene de la carne.

En la industria de la carne, la desinfección es de naturaleza química en la mayoría de los casos. La acción del calor es ciertamente eficaz, pues carece de acciones secundarias y tampoco deja residuos indeseables, pese a lo cual, atendiendo a las superficies a tratar, a la diversa naturaleza de los materiales y también a los peligros implícitos, sólo se utiliza en determinadas condiciones.

## 8.2 Puesta en práctica

### 8.2.1 Limpieza

#### 8.2.1.1 Conceptos

***Capacidad humectante:***
Disminución de la tensión superficial por el producto limpiador y, si es caso, por ingreso en los capilares.

***Capacidad dispersante:***
Facultad de evitar la confluencia de las partículas coloidales y con ello su precipitación en un líquido.

***Capacidad emulsionante:***
Facultad de un líquido para mantener las grasas distribuidas de manera que éstas queden en suspensión.

***Limpieza:***
Separación lo más completa y duradera posible como mínimo de dos sustancias que físicamente están unidas entre sí de manera floja. El objetivo de la limpieza es la eliminación comprobable y visualmente perceptible de sustancias extrañas de una superficie. Por añadidura, al eliminar la suciedad se priva a los microorganismos de sus medios nutricios.

***Suciedad:***
Toda sustancia que influya negativamente sobre la capacidad de conservación o propiedades sensoriales de un producto y que no se considere parte de éste.

***Capacidad eliminadora de suciedad:***
Facultad de un líquido para que no se vuelva a depositar la suciedad desprendida, sino para que ésta sea retirada.

#### 8.2.1.2 Modo de acción

***Sustancias utilizadas***
Los productos limpiadores pueden clasificarse en álcalis, ácidos y sustancias tensoactivas.

Una característica diferenciativa adicional es el pH (9):

- Limpiadores alcalinos fuertes: pH 12-14
- Limpiadores alcalinos medios y suaves: pH 7,5-12
- Limpiadores neutros: pH 6,5-7,5 (ocasionalmente, mayor amplitud)
- Limpiadores ácidos medios y suaves: pH 2-6,5
- Limpiadores ácidos fuertes: pH 1-2

Los álcalis (lejías) son eficaces para saponificar las grasas y disolver las proteínas; en concentraciones elevadas desarrollan también acción microbicida. Plantean problemas la producción de sedimentos cuando se trabaja con aguas duras, la formación de espuma (saponificación masiva), y una mala capacidad de enjuagado (27).

Los ácidos orgánicos e inorgánicos desprenden los depósitos de calcio y proteína. También pueden ser microbicidas.

Los compuestos orgánicos superficieactivos están constituidos por cadenas hidrófobas no polares y por un componente hidrófilo polar (27); de esta manera reducen la tensión superficial. Se clasifican en sustancias aniónicas, catiónicas y no iónicas (punto 8.3.1).

Según Burt y Hinton (9) y de acuerdo con los datos de Industria, los productos limpiadores contienen:

- Reductores de la tensión superficial (humectantes) para conseguir una emulsión de grasa en agua.
- Componentes alcalinos inorgánicos (para la disolución de proteínas y saponificación de las grasas).
- Ácidos orgánicos o inorgánicos (v.gr., fosfatos) para eliminar los carbonatos y proteínas precipitados.
- Productos quelantes para disminuir la dureza del agua (v.gr., EDTA, polifosfatos) y, a la vez, para romper la biopelícula bacteriana.
- Silicatos como humectantes, emulsionantes, saponificadores y protectores de la corrosión al utilizar limpiadores alcalinos sobre aluminio y metales pintados (29).

Al elegir los productos, con objeto de evitar sedimentos minerales y proteicos (aquí son eficaces los limpiadores ácidos), deben alternarse regularmente los limpiadores ácidos y alcalinos. Si se utilizan productos alcalinos, el pH no debe ser superior a 11, para que los metales no resulten atacados, en particular el aluminio (20).

Según Schröder (53), el pH, y por ello el producto limpiador a emplear, debe adaptarse a la superficie a tratar, como por ejemplo productos alcalinos un tanto fuertes cuando exista suciedad masiva proteica o grasa (v.gr., regueras de sangre, cámaras de ahumado) o neutros para la limpieza manual.

## Modo de acción

En términos generales, hay que distinguir entre programas que se llevan a efecto en las pausas del trabajo, entre los tiempos de trabajo, al finalizar la jornada de trabajo o tras largos espacios de tiempo, y aquellos otros que se aplican durante la producción para limpiar los artículos que discurren en la línea.

En la limpieza *in situ* (CIP), las instalaciones limpiadoras están fijas en determinados puntos o partes de las líneas. Tal sucede, v.gr., con utensilios para una limpieza continuada, como los cepillos que con aporte de agua limpian mecánicamente las perchas, en ocasiones utilizando también ultrasonidos. Estas instalaciones limpiadoras se abastecen de las mezclas previstas (agua limpia de calidad potable, agua con producto limpiador o desinfectante) a través de un sistema centralizado en anillo.

Lo que convenga practicar en cada caso concreto, depende de las circunstancias: la limpieza manual soslaya el carácter agresivo de los productos químicos (altas temperaturas o valores extremos de pH); las costras resecas exigen el empleo de espuma para reblandecerlas o bien un intenso tratamiento previo.

Por lo general hacen falta temperaturas elevadas. La eliminación de proteínas resulta bastante fácil con temperaturas en torno a 50°C, mientras que con temperaturas alrededor de 60°C se produce una desnaturalización que hace necesaria una superior concentración de productos limpiadores. Para la eliminación de las grasas se preferirán temperaturas por encima del punto de fusión de aquéllas (a partir de unos 45°C). De acuerdo con todo lo expuesto, se preferirán en general temperaturas comprendidas entre 45° y 60°C.

## Tratamiento mecánico

Para su práctica se dispone de diversas variantes. El tratamiento mecánico se preferirá a la simple acción química, si bien actúan como factor limitante las dimensiones generalmente amplias de las instalaciones. Los cepillos estarán fabricados con material no absorbente, como nylon o polipropileno. También se tendrá en cuenta la posible deformación de los materiales por efecto del calor. Cepillos y correderas deben estar limpios y en buen estado de conservación, lo que es un factor nada despreciable en el autocontrol de deficiencias de la L + D. Aquí se aplicarán los cuidados necesarios y se practicarán sustituciones a intervalos regulares.

En el tratamiento mecánico de superficies pueden aplicarse distintas presiones. Ver a este respecto la Tabla 8.2.

La acción limpiadora de una solución se considera óptima cuando se aplica a la superficie a limpiar a una distancia de 15-20 cm y con un ángulo de incidencia de unos 45°C (20). Cuanto más alta es la presión, mayor es la formación de aerosoles, con lo que esto supone de superior amenaza de contagio, pero sobre todo de nuevo depósito de los mismos gérmenes en esa superficie. Esto puede dar lugar a recontaminaciones y a la formación de biopelículas en la superficie recién tratada. A la altura ordinaria de las superficies de los alimentos pueden llegar aerosoles procedentes del suelo, circunstancia que no debe olvidarse.

**Tabla 8.2** En el tratamiento mecánico de superficies pueden utilizarse presiones diferentes:

| Técnicas de limpieza a presión en la industria alimentaria | Técnicas con formación de espuma |
|---|---|
| Baja presión: 15-20 bar<br>Media presión: 30-40 bar<br>Alta presión: 40-60 bar | Presión de 5-6 bar |

Las altas presiones pueden además causar daños en las superficies tratadas, v.gr., en las juntas de las baldosas.

### Espuma

Para la formación de espuma se insufla aire a presión en una mezcla de agua y producto químico espumante. Tras aplicar la espuma en la superficie a tratar, pasan a actuar los productos químicos, que aplican a la superficie en cuestión sustancia activa continuamente renovada al estallar las burbujas de espuma. Para ello, las burbujas no deben estallar con demasiada rapidez, aunque tampoco persistirán excesivo tiempo. La espuma debe estar constituida por finas burbujas y no será demasiado húmeda; se aplicará en capa delgada y actuará durante unos 10 ó 15 minutos, sin secarse. El empleo de espuma está especialmente recomendado para superficies de las cuales escurruría la solución aplicada y sobre las que el tiempo de actuación sólo podría garantizarse con tratamientos sucesivos continuados. Esta técnica ahorra tiempo, agua y producto químico. Debido a la escasa presión de actuación, no cabe esperar efectos mecánicos.

Cuenta también con la evidente ventaja de que la sustancia aplicada se aprecia claramente y, tras actuar, puede enjuagarse hasta quedar limpia la superficie. Debe tenerse en cuenta que la concentración a utilizar se obtiene regulando la mezcla inicial (28).

### Geles

Conocido es el empleo que en los últimos tiempos también se viene haciendo de los geles para el tratamiento de superficies no horizontales. Estas sustancias son líquidas con concentraciones altas y bajas, mientras que en concentraciones en torno al 5-10% son espesas y gelatinosas. Estas superposiciones tienen unos tiempos de contacto que pueden sobrepasar los 15 minutos (27).

### Ultrasonidos

Se aplican a través de líquidos ultrasonidos con una frecuencia comprendida entre los $10^3$ y los $10^4$ Hz. Al atravesar el líquido, el ultrasonido genera pequeñas vesículas (cavitación) que estallan a continuación. Esto tiene efectos mecánicos (compresión y descompresión alternativas), térmicos y químicos (formación de radicales) (42). El proceso tanto desprende células (efecto limpiador) como destruye éstas (acción desinfectante). Su utilización está indicada en cintas de funcionamiento continuo (limpieza de los ganchos o perchas en la obtención de carne de ave, sobre tanques de instalación fija) y también para limpiar pequeños utensilios (v.gr., cuchillos) en tanques adecuados. Los líquidos contienen también una solución desinfectante (a unos 60° de temperatura), ya que el tratamiento simultáneo con ultrasonidos y aplicación de productos adecuados proporciona una acción reforzada. Las principales ventajas estriban aquí, como en el procedimiento descrito a continuación de limpieza criogénica, en la brevedad de la actuación y en no dejar residuos de ningún tipo. Es inconveniente en el caso de los ultrasonidos la sobrecarga de ruidos para el oído (se hace necesario el empleo de cámaras de protección sonora o protectores de los oídos).

### Limpieza criogénica (CR)

En la CR se aplica nieve seca de $CO_2$ en la superficie a limpiar, que al descongelarse se expande y con ello elimina mecánicamente la suciedad de la superficie subyacente. Ventaja es la ausencia de residuos; inconveniente, la presencia de abundante $CO_2$ gaseoso (9).

#### *8.2.1.3 Control de resultados*

En la comprobación de los resultados, se controla sobre todo visualmente:

- No debe haber restos groseros.
- La presencia de gotas de agua y «empañados» (película de agua continua) en la superficie, es indicio de la acción humectante, y, por ello, de que se llevó a cabo la limpieza.
- Revestimiento de suciedad: «Test del papel» (51): las sustancias precipitadas son enjugadas e identificadas con una servilleta de papel blanco.
- Depósitos de grasa serán indicio de insuficiente capacidad de emulsión por parte de la solución limpiadora utilizada.

Líquidos: Para valorar visualmente la limpieza de líquidos, puede depositarse la muestra en tubos de ensayo y compararlos con agua normal.

A título experimental, es decir, básico, la eficacia limpiadora de una sustancia, además de atender a la capacidad humectante de la superficies y al renovado depósito de grasa, puede determinarse como sigue (51):

$$\text{Eficacia} = \frac{\text{Cantidad eliminada de suciedad (mg)}}{\text{Tiempo necesario (s)}}$$

Sólo en la esfera de los desinfectantes se han desarrollado pruebas especiales de caráctar reproducible (punto 8.3.3).

### 8.2.2 Desinfección

#### *8.2.2.1 Conceptos*

***Desinfección***
La etimología original expresa el proceso de «des-infectar», o sea, cambiar un (micro-)organismo a un estado en el que ya no pueda contagiar. La desinfección puede actuar con carácter destructivo o inhibidor, es decir, que sus efectos no deben ser necesariamente irreversibles. La desinfección se lleva a cabo generalmente con productos químicos.

***Acción negativa de las proteínas:***
Pérdida de eficacia del producto desinfectante en presencia de suciedad residual.

***Acción negativa del frío:***
Pérdida de eficacia del producto desinfectante al descender la temperatura ambiente.

***Saneamiento:***
En el idioma inglés, limpieza y desinfección se engloban en el término saneamiento. El concepto se refiere, por tanto, a cumplir las especificaciones higiénicas exigidas en la industria alimentaria.

***Esterilización:***
Aquí se pretende la completa destrucción o eliminación de todas las formas posibles de microorganismos. Su objetivo es exterminar de los objetos toda forma de microorganismo capaz de multiplicarse. La esterilización se practica en operaciones de laboratorio y en el tratamiento de utensilios médicos, pero no como práctica higiénica en los productos alimenticios.

***Acción negativa del agua:***
Alteración de la eficacia del producto desinfectante por la dureza excesiva del agua.

***Dureza del agua:***

1° dH (grado alemán de dureza) corresponde a un contenido de 10 mg de CaO o de 7,17 mg de $Ca^{++}$/litro de agua. Las aguas duras exhiben un grado de dureza de 18-30° dH (Tabla 8.3).

### *8.2.2.2 Modo de acción*

El resultado de las medidas de desinfección química se ve influido por diversos factores:

- Composición básica de la(s) sustancia(s) actuante(s).
- Concentración de la sustancia.
- Tiempo de contacto con los gérmenes a atacar.
- Temperatura durante la reacción.
- Dureza y características generales del agua utilizada.
- Valor del pH del medio.
- Variedad (espectro), número y grado de adherencia (biopelícula) de los gérmenes presentes.
- Presencia de materia orgánica.
- Acción protectora a cargo de la posible suciedad presente.
- Materiales a tratar (clase de materias, textura de las superficies, superficies abiertas u oquedades).
- Nivel bacteriológico exigible después de tratamiento.

La práctica simultánea de limpieza y desinfección se considera inconveniente debido al efecto perjudicial que ejerce la suciedad.

En cuanto a desinfectantes, se combinan frecuentemente compuestos de amonio cuaternario (CAC) con aldehídos, amfoténsidos, biguánidos o biguánidos/alcoholes, y ácidos con alcoholes o $H_2O_2$.

No deben combinarse entre sí los compuestos siguientes:

- Ténsidos anionactivos y CAC (productos limpiadores aniónicos y desinfectantes catiónicos) provocan –de forma parcial– la anulación del efecto desinfectante.

**Tabla 8.3** Requisitos del agua potable de acuerdo con la Orden del Agua Potable (extractado; en vigor desde el 1.1.2003).

| | | |
|---|---|---|
| **1.** | **Exclusión** | |
| 1.1 | de gérmenes patógenos (agentes con capacidad de multiplicación: virus, bacterias, hongos, parásitos u otros agentes transmisibles) en concentraciones que hagan temer una alteración de la salud de las personas. | |
| 1.2 | de germenes por encima de un límite que no debe sobrepasarse: | |
| | – *E. coli* | 0/100 ml |
| | – Enterococos | 0/100 ml |
| | – Bacterias coliformes | 0/100 ml |
| **2.** | **Parámetros indicativos:** | |
| | – Cloruros | 250 mg/l |
| | – *Cl. perfringens* (incl. esporas) en aguas superficiales | 0/100 ml |
| | – Número de colonias a 22°C | 100/ml (dúcil) |
| | – Número de colonias a 36°C | 100/ml |
| | – Capacidad de conducción eléctrica | 2.500 $\mu$S $cm^{-1}$ a 20°C |
| | – Carbono en uniones orgánicas (TOC, compuestos orgánicos totales) | Sin cambios anormales |
| | – pH | 6,5-9,5 |

- Amfoténsidos con jabones u otros detergentes aniónicos o no iónicos.
- Productos liberadores de cloro y ácidos orgánicos.
- Productos limpiadores alcalinos y compuestos de amonio cuaternario catiónicos (neutralizantes).

En los ejemplos se parte en principio de una combinación de limpiadores y desinfectantes preparada por los fabricantes, ya que las recetas correspondientes sólo son parcialmente conocidas. Por ello, en las combinaciones de productos limpiadores y desinfectantes sólo debe recurrirse siempre que sea posible a preparados de un fabricante.

Además de fallos fundamentales debidos a errores de combinación, también errores de empleo pueden perjudicar el resultado de la desinfección. En ningún caso deben acortarse los tiempos de actuación señalados: esto hace, precisamente, que sobrevivan los gérmenes sólo parcialmente atenuados por los productos desinfectantes. Asimismo, concentraciones escasas de desinfectante aumentan el peligro de que se formen cepas resistentes. Así, trabajando con estafilococos aislados del entorno de la industria alimentaria, Heir *et al.* (25) han demostrado en estos gérmenes resistencia a compuestos de amonio cuaternario. En plásmidas se localizaron igualmente determinantes genéticos subordinados que también albergaban genes resistentes a los antibióticos. Earnshaw y Lawrence (19) pudieron comprobar en la *Listeria monocytogenes* una resistencia graduada frente a diferentes grupos de desinfectantes (aislados de la esfera avícola), manteniendo eficaces las concentraciones utilizadas. Era presumible que el

**Tabla 8.4** Errores en la limpieza y desinfección (Datos extraídos de 3, 9, 30, 52, 58).

| | |
|---|---|
| **Personal:** | • Falta de cuidado o de motivación<br>• Responsabilidades sin asignar<br>• Falta de conocimientos, cualificación deficiente |
| **Factores organizativos:** | • Tiempo concedido para la L + D demasiado corto<br>• Sólo directrices generales, sin un plan concreto de trabajo<br>• Ausencia de controles microbiológicos<br>• Falta de control higiénico mediante formularios al efecto<br>• No sustituir las partes desgastadas (superficies difíciles de tratar) |
| **Realización de las operaciones** | • Temperatura del agua incorrecta o insuficiente<br>• Espuma sin capacidad de adherencia<br>• Dosificación insuficiente de principios activos<br>• Dosificar sin medir<br>• Intervalo demasiado largo entre las fases L + D, aplicación irregular<br>• Enjuagado insuficiente con agua potable<br>• Utensilios de trabajo sucios<br>• Tiempo de reblandecimiento demasiado corto<br>• Desecación de los desinfectantes en las superficies |
| **Productos utilizados:** | • Elección equivocada/combinación errónea |

**Tabla 8.5** Cálculo de concentraciones.

Una cantidad de concentrado, mezclada con una determinada cantidad de agua, dará como resultado la dilución deseada, expresada en tanto por ciento*:

| Dilución deseada: | | 0,25% | 0,5% | 1,0% | 1,5% | 2,0% | 2,5% | 3,0% |
|---|---|---|---|---|---|---|---|---|
| Cantidad | 1 l | 2,5 ml | 5 ml | 10 ml | 15 ml | 20 ml | 25 ml | 30 ml |
| necesaria | 2 l | × 2 | × 2 | × 2 | × 2 | × 2 | × 2 | × 2 |
| de concentrado | 3 l | × 3 | × 3 | × 3 | × 3 | × 3 | × 3 | × 3 |
| para | 10 l | × 10 | × 10 | × 10 | × 10 | × 10 | × 10 | × 10 |
| | 100 l | × 100 | × 100 | × 100 | × 100 | × 100 | × 100 | × 100 |

* Tener en cuenta que la correspondiente cantidad de principio activo más la correspondiente cantidad de agua deben sumar conjuntamente la cantidad final (v.gr., 2,5 ml no se añaden a 1 litro exacto, sino a 997,5 ml).

**Tabla 8.6** Cálculo de la cantidad a utilizar para una superficie a tratar.

| | |
|---|---|
| **Datos de partida:** | • 4 ml de producto concentrado/1 $m^2$ de superficie<br>• Superficie a tratar: 50 $m^2$<br>• Concentración de trabajo: 2% |
| **Cálculo:** | • 4 ml a utilizar por $m^2$: 4 ml x 50 = 200 ml de concentrado<br>2%: 20 ml a 1 litro de líquido de trabajo, 200 ml a 10 litros de líquido de trabajo |
| **Resultado:** | • Para 50 $m^2$ se consumirán 10 litros de líquido de trabajo |

cambio regular de los grupos de desinfectantes estaba indicado. En la Tabla 8.4 se incluye una lista de posibles errores en la práctica.

Desde los puntos de vista de seguridad en el trabajo, eficacia y también de economía, corresponde importancia principal a la aplicación de las concentraciones adecuadas en la L + D. En la Tabla 8.5 se expone un ejemplo de cálculo, y en la Tabla 8.6 se determinan las cantidades a utilizar por superficie.

### *8.2.2.3 Control de resultados*

Para los métodos aquí expuestos se dispone de tests rápidos que puede poner en práctica el mismo personal del establecimiento, debidamente instruido. Estos métodos se refieren más a comprobar la ausencia de gérmenes (es decir, después de practicar la L + D) que a llevar a cabo determinaciones cuantitativas de los microbios.

Esto es aplicable a todas las técnicas aquí propuestas. El momento de los controles debe ser después del secado de las superficies tratadas (varias horas después del tratamiento), ya que el secado reduce algo más el número de gérmenes. En caso necesario, después de realizar la L + D se llevará a cabo una prueba de funcionamiento de los aparatos tratados (asistencia).

Para controlar técnicamente los resultados de la L + D, se dispone de los siguientes procedimientos:

### Recogida y registro escrito de resultados

Aquí se revisa directamente el proceso de L + D. La fácil capacidad de reproducción de los resultados induce a la creación de listas a partir de las cuales se puede interpretar la actividad en cuestión. Una anomalía que se produzca repetidamente, será indicio del incumplimiento de alguna indicación.

### Método sensorial (apreciación visual)

La limpieza de las superficies, el olor o los residuos de productos químicos se aprecian sensorialmente. Puede ponerse en práctica algún test orientativo:

- Test del $H_2O_2$ (20):
  Pulverizar la superficie en cuestión con solución de $H_2O_2$ al 1-2%, la superficie se cubre de espuma en caso de contaminación masiva.
  La limitación de este (y otros métodos similares) se caracteriza, en este caso, porque su capacidad informativa se re-

**Tabla 8.7** Valoración de las técnicas de toma de muestras bacteriológicas.

| Técnica | Ejemplo | Utilizable en | Valoración |
|---|---|---|---|
| Imprimación | Placas Rodac<br>«Salchicha» de agar | Superficies lisas | Escasa mano de obra<br>Posible comparación cuantitativa<br>Existe Norma DIN (14) |
| Torunda | Torundas secas<br>Torundas húmedas<br>Torundas húmedas-secas | Puntos inaccesibles | Posible comparación cuantitativa<br>Debe disponerse de medios<br>Existen Normas DIN (15, 16) |
| «Dip-Slide» | Desarrollo más bien a nivel prototipo | Líquidos<br>Sustancias sólidas | Permite comparación cuantitativa<br>Uso del laborat. según objetivos |
| Método del enjuagado | Desarrollo más bien a nivel prototipo | Superficies irregulares | Reproducible cuantitativamente<br>Elevado gasto laborat., más caro |
| Bioluminescencia-ATP | Diversos fabricantes | Superficies limpiadas y desinfectadas | El valor informativo estriba en que no hay ATP, independientemente de la fuente |
| Sedimentación | Placas de Petri | Aire | No cuantificable |
| Vacío | * Colector RCS<br>* SARTORIUS<br>* Sampler Air MERCK | Aire y aerosoles | Reproducible cuantitativamente<br>Necesidad de laboratorio variablemente elevada<br>Útiles de costosa adquisición |
| Destrucción | «Stomacher Waring-Blender» | Tejidos | Reproducible cuantitativamente<br>Trabajo laboratorial elevado |

duce naturalmente a los gérmenes catalasapositivos.

### Método cualitativo o semicuantitativo de las imprimaciones o torundas microbiológicas

Incrementando la actuación laboratorial, aumenta también la capacidad informativa en el aspecto cuantitativo (Tabla 8.7).

Para conseguir la capacidad de reproducción de las actuaciones, deben definirse y mantenerse exactamente las circunstancias de la toma de muestras (posición de la toma de la muestra, momento en la sucesión operativa) y del método de preparación (un ejemplo, en la Tabla 8.8). Los métodos microbiológicos sencillos sólo tienen carácter semicuantitativo. Sin embargo, pueden realizarse con más frecuencia, lo que aumenta a su vez su expresividad. Respecto a los procedimientos de imprimación, recientemente se han concretado trabajos de estandarización en el área semicuantitativa (14).

La sencillez del método de las imprimaciones permite desligarse en buena medida del laboratorio. Sólo se necesita adquirir el material que se vende ya preparado y una estufa de incubación para la incubación reproducible de los preparados tras la toma de muestras. Se ofrecen en el comercio diversos ingenios para utilizar independientemente del laboratorio. La sencilla práctica del método de las imprimaciones se ve compensada por la limitada información cuantitativa que proporciona. Los fabricantes suministran medios de valoración en forma de patrones de lectura; en cualquier caso, aquí deben hacerse las interpretaciones con precaución, ya que la valoración sólo puede llevarse a cabo de acuerdo con el área examinada y con el nivel de saneamiento que se pretenda. De aquí que resulte imprescindible contar con un estándar interno, referido al establecimiento. A tales efectos resultan valiosos los repertorios de valoraciones preexistentes que correspondan a series de muestras lo más amplias posible pertenecientes a ese establecimiento y a los mismos puntos, puesto que los resultados actuales se valoran referidos a los resultados de fechas anteriores.

**Tabla 8.8** Requisitos para la práctica de la técnica de las imprimaciones.

| | |
|---|---|
| **Posibilidad de empleo:**<br>**Control de resultados en la L + D** | • Después de la L + D<br>• Antes de un nuevo ciclo de trabajo |
| **Área de empleo: Todas las superficies en contacto con alimentos** | • Obtención de carne<br>• Recintos frigoríficos<br>• Salas de despiece<br>• Medios de transporte, incluidos espacios de carga |
| **Datos a incluir para conseguir una buena evaluación informativa** | • Localización de los lugares examinados<br>• Descripción detallada de los puntos<br>• Expresión del día y hora del examen<br>• Expresión laboratorial del resultado (v.gr., +, ++, +++)<br>• Calificación de los resultados comparándolos con los resultados de otras fechas, pero del mismo lugar, como «buenos», «suficientes», «malos» |

En el método de las torundas, el material microbiano obtenido debe trasladarse a un medio de cultivo inmediatamente. Aquí se hacen necesarias disponibilidades e instalaciones laboratoriales. Apenas pueden evitarse pérdidas en el traslado de la totalidad de los gérmenes. El Instituto Alemán de Normalización ha elaborado recientemente un método de torunda semicuantitativo y otro cuantitativo (15, 16).

La determinación del número de gérmenes existentes en el aire debe considerarse medida imprescindible de higiene ambiental. Para el análisis bacteriológico del aire, la dependencia del laboratorio varía de acuerdo con la dotación de éste (Tabla 8.7).

**Detección rápida de materia orgánica por procedimiento químico-enzimático**
En la actualidad se utilizan mucho los métodos basados en la detección y cuantificación del adenosintrifosfato presente (bioluminescencia-ATP). Los análisis correspondientes no distinguen entre el ATP de residuos orgánicos («somáticos») y el de origen bacteriano o eucariόntico. El valor de los testimonios obtenidos inmediatamente se basa por tanto y sobre todo en el resultado negativo, que en este caso indica la eficaz L + D de la superficie tratada.

También las distintas fases de las actividades metabólicas microbianas pueden ejercer influencia sobre la cantidad de ATP y con ello sobre la intensidad de la reacción enzimática (41). El hecho de que las moléculas de ATP a identificar se separen de la superficie de los distintos diseños de aparatos con una torunda, hace también que este método dependa de las características de las superficies.

# 8.3 Productos para la limpieza y desinfección

## 8.3.1 Grupos de productos utilizados en la esfera alimentaria

Los numerosos desinfectantes utilizados en el área alimentaria pueden clasificarse en varios grupos de acuerdo con su composición química. En las Tablas 8.9a-9c se resumen los grupos principales y sus características. Los datos proceden de diversos orígenes (6, 9, 20, 24, 26, 27, 31, 34, 45, 46, 50, 54, 60).

También el agua es sustancia importante y que debe estudiarse en la práctica de la desinfección química. Por una parte, el agua aporta sustancias en solución como sales y azúcares; por otra parte, tiene el cometido de eliminar mecánicamente las suciedades disueltas y productos químicos después de la actuación de éstos.

De acuerdo con el punto 37 de la Ley de Prevención de Infecciones, el agua para consumo humano debe estar constituida de manera que su ingestión o empleo no suponga ningún peligro para la salud de las personas. Adicionalmente, el punto 3 de la Orden del Agua Potable señala que las disposiciones de esta Orden también son aplicables al agua de los establecimientos alimentarios. Lo cual es extensivo asimismo al agua utilizada en las diluciones empleadas en las operaciones de

**Tabla 8.9a** Propiedades y valoración de los desinfectantes de distintos orígenes utilizados en la esfera alimentaria.

| | |
|---|---|
| **Aldehídos** | |
| Ejemplos: | Glutar(di)aldehído, glioxal |
| Mecanismo: | Desnaturalización (fijación a los grupos amínicos de los enzimas celulares) v.gr., glioxal: microbicida en alta concentración, v.gr., glutardialdehído: microbicida de acción limitada |
| Valoración: | La eficacia desciende al hacerlo la temperatura<br>Es necesario un largo tiempo de actuación<br>Malas propiedades organolépticas (sensoriales) |
| **Alcoholes** | |
| Ejemplo: | Etanol |
| Mecanismo: | Al aumentar la longitud de la cadena, aumenta el carácter hidrófobo y se incrementa la acción microbicida<br>Al aumentar el grado absoluto, disminuye el efecto microbicida, debido a la obstrucción de la membrana celular: con el 60-70% se alcanza la máxima eficacia<br>Alteración de la permeabilidad de la membrana, desnaturalización de proteínas, lipolisis |
| Valoración: | Muy efectivo<br>Bajo punto de evaporación, inflamatorio<br>Los gérmenes gramnegativos reaccionan con más sensibilidad que los grampositivos |
| **Fenoles y derivados** | |
| Ejemplo: | Utilización en explotaciones animales, pero no en la industria alimentaria |
| Mecanismo: | Adsorción a la membrana celular, lipófilos, difusión en el interior de las células |
| Valoración: | Escasa anulación por las proteínas |
| **Álcalis** | |
| Ejemplos: | Álcalis débiles (carbonato Na) y fuertes (NaOH) |
| Mecanismo: | Acción con pH extremo, desnaturalizan la pared celular y saponifican los componentes grasos |
| Valoración: | Los iones $OH^-$ son menos eficaces que los iones $H^+$<br>Los álcalis sólo desarrollan acción microbicida con pH a partir de 10 |
| **Ácidos:** | |
| Ejemplos: | Aplicación en forma de ácidos orgánicos e inorgánicos |
| Mecanismo: | Disuelven los carbonatos, otros minerales y los depósitos de proteína<br>Ácidos orgánicos: son eficaces después de atravesar la pared celular<br>Ácidos inorgánicos: acción con valores extremos de pH |
| Valoración: | La acción puede ser limpiadora o también desinfectante<br>Los ácidos orgánicos no dejan residuos<br>En parte anulados por proteínas, agresivos |

L + D. Los requisitos que debe reunir el agua potable se expresan en la Tabla 8.3.

La importancia del control microbiológico también del agua potable se desprende de los estudios efectuados por Colin y Allo (11) en mataderos de aves. Estos autores hallaron en el 49% de los casos investigados tasa de gérmenes > 100 KBE/

100 ml del agua aportada; en el 25% se determinaron tasas de gérmenes >3/100 ml (n = 500). En los resultados de Stephan y Fehlhaber (56), la tasa de gérmenes del agua potable estaba por debajo de 30 KBE/ml (n = 56).

Como las sales presentes en el agua pueden reaccionar con los productos limpiadores o desinfectantes, de esta forma también puede producirse una pérdida de eficacia. Por esta razón debe conocerse la dureza del agua utilizada, parámetro que, si es caso, puede atenuarse agregando agentes quelantes. Debe conocerse asimismo el pH del agua utilizada en la desinfección, puesto que la eficacia del desinfectante puede verse disminuida por unos valores de pH no esperados y muy fluctuantes.

## 8.3.2 Requisitos de los desinfectantes

Según Reuter (44), los desinfectantes utilizados en la esfera alimentaria deben cumplir las siguientes condiciones, por lo que deben ser objeto de pruebas:

- Eficaces en aplicaciones breves como las ordinarias (a este respecto, clasificación en efecto de corta duración y de larga duración).
- Distinción entre zonas con intensa sobrecarga de materia orgánica y zonas con sobrecarga menor (comprobación de la anulación por las proteínas).
- También eficaces en espacios refrigerados (comprobación de la anulación por el frío).
- Clasificación de acuerdo con la utilidad para cada alimento de origen animal, incluidas las áreas de grandes cocinas y la leche y productos lácteos, con objeto de reducir al mínimo las cantidades de principios activos a utilizar.

Además de estos factores comprobados de la eficacia real, deben tomarse en consideración en la aplicación laboral numerosos otros puntos de vista:

### *8.3.2.1 Intolerancia de los materiales*

Como consecuencia del empleo de productos químicos, pueden producirse diversas reacciones: el ácido peracético corroe los aceros sin alear y los metales en aleaciones; provoca signos de desgaste en las gomas de conducciones y juntas. El aluminio se puede corroer con valores de pH >11. Los productos que liberan cloro provocan perforaciones corrosivas sobre todo en medio ácido. Los yodóforos corroen el acero refinado. Los CAC corroen el hierro, mientras que los ácidos y álcalis provocan corrosión y debilitamiento (fugas, capas de pintura).

Los desinfectantes empleados deben ser neutros frente a los materiales utilizados con mayor frecuencia. De acuerdo con Holah (26), en la higiene alimentaria se hace uso de los siguientes tipos de materiales, por lo que deben tenerse en cuenta en lo referente a su posible ataque:

- Metales (acero inoxidable, superficies galvanizadas, aluminio).
- Polímeros (PVC, polietileno, polipropileno, policarbonatos, etc.).
- Compuestos de textura gomosa (etilenpropileno, silicona, fluorelastómeros).

Por consiguiente, al fabricante de los desinfectantes se le debe pedir información, si es caso, sobre alguna agresividad específica de sus productos hacia los materia-

**Tabla 8.9b** Propiedades y valoración de los desinfectantes de diversos orígenes utilizados en la esfera alimentaria.

**Compuestos superficieactivos (Ténsidos)**
(Disminución de la tensión superficial de soluciones acuosas)

a) **Compuestos aniónicos (con carga negativa): (R-$COO^-$) $Na^+$;** acción lavadora,v.gr.: jabones-carboxilo

b) **Compuestos catiónicos (con carga positiva):** desinfectantes

Ejemplos:

- **CAC (compuestos de amonio cuaternario):**
  Grupos hidrófilos con carga positiva
  (sal de amonio sustituida) generalmente con un anión de cloro

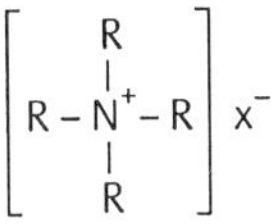

Mecanismo: Adsorción a la pared celular, alteración de la permeabilidad y lipolisis
Valoración: Notable merma de acción por efecto de las proteínas, frío y agua
Fuerte adsorción a las superficies; su mala capacidad de eliminación deja residuos sobre los alimentos
Especialmente activos contra bacterias grampositivas y unicelulares eucariónticos

- **Aminas alifáticas (alquilaminas):**

Mecanismo: Entre bacteriostáticas o microbicidas, alteraciones de la pared celular
Valoración: Escasa acción desinfectante, pequeña merma de acción por las proteínas y el frío

- **Biguánidos (derivados de la guanidina):** Empleo en limpiezas desinfectantes

Mecanismo: Reacciones con enzimas, actividad sobre las membranas, coagulante
Valoración: Escasa efectividad (dodecilguanidinacetato)

c) **Compuestos anfóteros:** forman en agua, dependiendo del pH y los compuestos

- ***Cationes*:** Adsorción a la pared celular, alteran las membranas, penetran en el interior de las células
- ***Aniones*:** Aminoácidos R - NH - $CH_2$ - $COO^-$ de alto peso molecular

Mecanismo: Provocan por similitud con aminoácidos la alteración del metabolismo celular

- ***Iones neutros (con carga positiva y negativa)***

Valoración: Notable pérdida de acción por el frío, buena a largo plazo, además de microbicida tienen efecto lavador; como compuestos superficieactivos (próximos a los CAC) difíciles de eliminar

d) **Ténsidos no iónicos** (no forman iones en el agua)

Ejemplo: Óxido de etileno (poco o nada antibacteriano) en productos limpiadores neutros
Actúan como Tweene inactivando los desinfectantes

les que se vayan a tratar. A este respecto, la DVG (7) no menciona la agresividad de los desinfectantes a los materiales, pero a cambio da por supuesto que, transcurrido el tiempo de actuación previsto, se enjuagará con suficiente cantidad de agua potable (6-8 litros/$m^2$).

### *8.3.2.2 Respeto al medio ambiente*

También debe pensarse en la sobrecarga que sufren las aguas residuales por los diversos productos químicos utilizados en la L + D. Compuestos de fósforo y nitrógeno o compuestos halogenados orgánicos adsorbibles contaminan el agua resi-

**Tabla 8.9c** Propiedades y valoración de los desinfectantes de distintos orígenes utilizados en la esfera alimentaria.

## Oxidantes

Ejemplo: **Compuestos que liberan oxígeno**

- $H_2O_2$ (a considerar, si es caso, la acción contraria de gérmenes catalasa-positivos)
- Ácido peracético (solo o combinado con $H_2O_2$)

Mecanismo: El oxígeno atómico reacciona con grupos sulfhidrilo de las células (en ácidos nucleicos, proteínas, grasas)
$H_2O_2$ Formación de radicales hidroxilo ($HO^-$)

Valoración: Eficaces, escasa anulación por las proteínas, no dejan residuos, sensorialmente neutros, agresivos y corrosivos

Ejemplo: **Halógenos** (compuestos clorados, bromados o yodados)

- Compuestos clorados de acción rápida (hipocloritos, v.gr., NaOCl)
- Compuestos orgánicos liberadores de cloro lentos (v.gr., cloramina)

Mecanismo:

- Con pH 3-7,5: presentes en absoluta mayoría como HOCl (ácido hipoclórico) en forma sin disociar ($Cl_2 + H_2O \leftrightarrow HCl + HOCl$). El HOCl penetra en forma sin disociar en las células, donde reacciona de acuerdo con la ecuación: ($HOCl \leftrightarrow OCl^- + H^+$)
- Con pH > 7,5: aparecen sobre todo disociados como $OCl^-$: acción muy baja
  En conjunto: acción cloradora o/y oxidante sobre los enzimas celulares

Valoración: Compuestos de cloro activo: menor acción en presencia de proteínas o frío, efecto problemático con bacterias grampositivas, buen resultado económico, evitar su empleo en superficies sucias debido a su consumo de cloro
Los productos limpiadores alcalinos carecen de acción desinfectante destacada en su forma clorada. Se utilizan, sin embargo, por su elevada estabilidad (con pH 8)

dual (29), constituyendo magnitudes a considerar al calcular la producción de aguas residuales. La eliminación en el curso del tratamiento posterior de estas aguas se lleva a cabo tanto en la etapa de depuración biológica, como también, y con preferencia, en la etapa físico-química mediante sedimentación (precipitación/floculación) o bien mediante flotación tras fijación a determinadas sustancias añadidas.

Los productos limpiadores y desinfectantes ingresan con el agua de enjuagado en las instalaciones clarificadoras, lo que puede influir sobre la flora de los depósitos de tratamiento biológico. La posibilidad de desdoblamiento de los productos orgánicos de L + D puede expresarse de acuerdo con los parámetros generales de la higiene de las aguas residuales:

- $BSB_5$: Necesidad bioquímica de oxígeno en 5 días; oxígeno consumido en los procesos metabólicos microbianos de desdoblamiento de la suciedad en medio aerobio a 20°C durante 5 días.
- CSB: Necesidad química de oxígeno. Contenido del agua en sustancias químicamente oxidables, medido en mg de producto oxidante consumido/litro de agua.
- $CSB/BSB_5$: Fracción de suciedad no desdoblable, pero determinable con la CSB. Para determinar la proporción de sustancia fácilmente desdoblable con la difícilmente desdoblable: una baja proporción es característica de una buena capacidad de desdoblamiento.

Knauer-Krätzl y Reuter (33) han revisado la bibliografía correspondiente, atribuyendo a aldehídos, alcoholes, $H_2O_2$ y NaOCl una buena capacidad de desdoblamiento; en cambio, para los CAC y ténsidos anfóteros indican la posibilidad de adsorción al limo de clarificado.

#### *8.3.2.3 Consideraciones económicas*

A la hora de elegir el desinfectante a utilizar, son importantes puntos de vista la disponibilidad en el comercio, la economía y la buena disposición para las mezclas. Como en la práctica deben emplearse diluciones ordinarias, debe tomarse en consi-

**Tabla 8.10** Comprobación de desinfectantes con destino a la esfera alimentaria (18). Cepas test: *St. aureus; E. faecium; Pr. mirabilis; Ps. aeruginosa; C. albicans.*

| |
|---|
| **1. Test de dilución (desinfectante) para determinar las acciones bacteriostática y fungistática (MHK), así como los adecuados medios inactivadores** |
| • Tasa inicial de gérmenes: $10^8$-$10^9$/ml (cantidad de gérmenes test: 0,1 ml de cultivo diluido 1:10)<br>• Test de dilución (desinfectante) para determinar los límites de la zona eficaz<br>• Controles: a) Control crecimiento mediante series en blanco sin desinfectante finalidad de la prueba: crecimiento<br>b) Sustitución del desinfectante por fenol o formalina (levaduras) finalidad de la prueba: inhibición del crecimiento<br>• Comprobación de varios desinfectantes-inhibidores en series paralelas simultáneas para encontrar sustancias inhibidoras eficaces para la práctica de las siguientes pruebas de suspensión.<br>• Finalidad de la prueba 1: Determinar la máxima dilución que todavía inhibe el crecimiento (MHK) |
| **2. Determinación de las acciones bactericida y fungicida en la prueba de suspensión *cualitativa* (método del punto final)** |
| • Tasa microbiana del cultivo inicial: $10^8$-$10^9$/ml<br>↓<br>cada vez 0,1 ml<br>↓ ↓<br>Sin sobrecarga proteica — Con sobrecarga proteica (10% de suero de buey)<br>• En cada caso, 0,1 ml de suspensión de bacterias o levaduras<br>• Incorporación de la concentración de desinfectante a comprobar (10 ml)<br>• Actuación de 4 tiempos distintos: extracción de 0,1 ml tras 5, 15, 30, 60 minutos<br>• Traslado a postcultivos, cada uno con producto inhibidor; incubar<br>• Controles: a) Control crecimiento mediante series en blanco sin desinfectante; finalidad de la prueba: crecimiento<br>b) Sustitución del desinfectante por fenol o formalina (levaduras); finalidad de la prueba: inhibición del crecimiento<br>• Finalidad de la prueba 2: Determinar la zona de transición de crecimiento y muerte |

**Tabla 8.10** (*Continuación*).

| |
|---|
| **3. Comprobación del efecto bactericida en la prueba cuantitativa de suspensión para determinar la tasa de reducción log. del germen test mediante la concentración comprobada del desinfectante en comparación con un cultivo sin desinfectante (la comprobación se llevó a cabo solamente con sobrecarga proteica)** |
| • Comprobar como mínimo de 3 concentraciones de desinfectante<br>• Elegir la cepa grampositiva o gramnegativa antes más resistente, así como *C. albicans*<br>• Tasa microbiana de partida: $10^8$-$10^9$<br>• Mezclar 0,1 ml de suspensión de gérmenes con 10 ml de solución de desinfectante (con el 10% de suero de buey)<br>• Dejar actuar dos tiempos de reacción (5 y 30 minutos)<br>• Extraer 1 ml de cada uno y trasladarlos a un postcultivo con producto inhibidor (tiempo de desinhibición: 30 minutos)<br>• Preparar y depositar en placas series de diluciones a partir de la mezcla inactivada<br>• Calcular la tasa de reducción para tiempos de actuación de 5 y de 30 minutos<br>• Base del cálculo: número de gérmenes después de actuar la concentración comprobada del desinfectante y número de gérmenes en la serie en blanco como «muestra de partida»<br>• Control del crecimiento mediante la serie en blanco sin desinfectante<br>• Finalidad de la comprobación 3: Tasa de reducción con una concentración determinada de principio activo y en un tiempo determinado |
| **4. Valoración** |
| Registrar las magnitudes de concentración y tiermpo de empleo, acción de corta y de larga duración, área de utilización sobrecargada o poco sobrecargada, temperatura de aplicación (10 ó 20°C), todo ello a cargo de la Comisión de Evaluación<br><br>La MHK determinada con el test de dilución (1) es el valor más bajo (es decir, la dilución mayor) que es recomendada por la DVG como concentración de empleo |

deración como factor la capacidad de conservación, es decir, la estabilidad del concentrado durante el depósito. Así, los compuestos yodados son relativamente inestables; también el $H_2O_2$ es poco estable. El fabricante garantizará el tiempo de conservación del recipiente original; los datos correspondientes deben estar a la vista. Asimismo, el establecimiento debe tener calculado el consumo de producto en una semana, con el fin de poder determinar el previsible volumen de almacenamiento.

### 8.3.2.4 Toxicidad

Sobre todo en la manipulación de compuestos puros, hay que considerar el peligro de que se produzcan lesiones en la piel y mucosas (especialmente por inhalación). Las expresiones citadas en la Orden de Sustancias Peligrosas (indicativa de peligro: (risk) riesgo – R –; expresión de seguridad: (safety) – S –) deben estar presentes y ser conocidas. Proporcionan información sobre las pertinentes medidas de protección que deben ser adoptadas. Ese mismo tipo de información debe solicitarse y obtenerse de los fabricantes.

Knauer-Krätzl y Reuter (33) y Knauer-Krätzl *et al.* (34) han resumido a partir de la bibliografía especializada los factores con influencia sobre la toxicidad: a este respecto interesan sobre todo los valores ADI (Acceptable Daily Intake: ingestión diaria tolerable) existentes en ocasiones: el valor ADI del cloruro de benzalconio es de 0,05 mg/kg PC; el de Tego 51 (anfótero), 0,15 mg/kg PC (60). Los ácidos orgánicos y el $H_2O_2$ parecen ser menos tóxicos; en el NaOCl, la intensa acción irritante de este compuesto aconseja evitar su contacto repetido. Los aldehídos glioxal y glutaraldehído parecen asimismo ser inofensivos a estos efectos. En el biguánido clorhexidina se ha evidenciado acción mutagénica. Ténsidos y preparados yodados pueden resultar alergizantes por acumulación. Schmidt (49) menciona una elevación de la permeabilidad de la pared intestinal en presencia de ténsidos.

Para algunas sustancias aquí relevantes existen también valores MAK (máxima concentración por plaza de trabajo):

- Glutaraldehído: 0,2 ppm (0,8 mg/m$^3$)
- $H_2O_2$: 1 ppm (1,4 mg/m$^3$)
- Cloro: 0,5 ppm (1,5 mg/m$^3$)
- Etanol: 1.000 ppm (1.900 mg/m$^3$)

### 8.3.2.5 Comportamiento de los residuos/posibilidades de adherencia

Los productos no tensoactivos se eliminan de las superficies mediante enjuagado, mientras que los que exhiben actividad tensoactiva persisten fácilmente en las superficies. Según Schmidt (49), después de enjuagar debe contarse en condiciones prácticas con cantidades persistentes de unos 6 mg/m$^2$ de superficie, cuando se aplican desinfectantes tensoactivos. Esta cantidad varía de acuerdo con el material que constituya la superficie. En contactos subsiguientes, las sustancias pueden ser captadas por el producto alimenticio. Sin embargo, los ténsidos son difícilmente sustituibles, en virtud de su eficacia para eliminar restos de suciedad (sobre todo grasas). También el formaldehído es difícil de eliminar de las superficies de plástico.

De lo expuesto puede deducirse que, en el caso de los ténsidos, transcurrido el tiempo de actuación debe enjuagarse antes de que se seque el producto, ya que en otro caso hace falta un mayor consumo de agua y una superior temperatura de ésta para eliminar el producto de la superficie tratada (59). El desinfectante no debe permanecer en ningún caso sobre la superficie hasta reanudarse la actividad del establecimiento en el día siguiente.

### 8.3.2.6 Propiedades organolépticas

Aldehídos y fenoles desarrollan olores y sabores desagradables. Por ello, no se aplican en absoluto en la esfera alimentaria (fenoles) o sólo en raras ocasiones.

### 8.3.2.7 Seguridad laboral

Al emplear productos químicos, deben observarse las disposiciones y exigencias de la Orden de Sustancias Peligrosas y de las asociaciones profesionales. Los fabricantes disponen de datos relevantes especiales para la seguridad, que pueden solicitarse al encargar los productos.

Los ejemplos siguientes se refieren a productos químicos utilizados en la esfera alimentaria:

- El ácido peracético es explosivo.
- Ácidos y álcalis ejercen acción corrosiva y destructora de tejidos.
- Los alcoholes cuentan con un bajo punto de inflamación.

John (29) indica a este respecto que en la mezcla (que debe evitarse) de productos limpiadores ácidos y productos limpiadores alcalinos con cloro activo, se origina cloro gaseoso cáustico. En general, al aplicar limpiadores a presión o al pulverizar desinfectantes, debe evitarse la formación de aerosoles.

Según esto, las personas participantes deben conocer muy bien los símbolos de la Orden de Sustancias Peligrosas (Fig. 8.1), comportándose en consonancia de los mismos (disponibilidad y empleo de ropa protectora, incluidas gafas de protección, guantes, delantales, mascarillas). Sobre los símbolos L y S, ya se ha tratado.

La etiqueta de un producto concentrado debe contener los siguientes datos (26):

- Descripción del producto y área de empleo.
- Datos físicos (aspecto, olor, pH punto de ebullición, solubilidad).
- Peligros sanitarios (inhalación, contacto con los ojos y con la piel, deglución), y por ello:
- Correspondientes medidas de primera ayuda.
- Si es caso, peligro de inflamación.
- Reacciones peligrosas con otras sustancias.
- Conducta a seguir ante un vertido accidental.
- Medidas de precaución en el transporte y depósito.

La información facilitada por la etiqueta debe cumplirse escrupulosamente, tanto en lo que se refiere a eficacia del producto como a seguridad en el trabajo. Este cumplimiento debe vigilarlo sobre todo la Dirección del establecimiento.

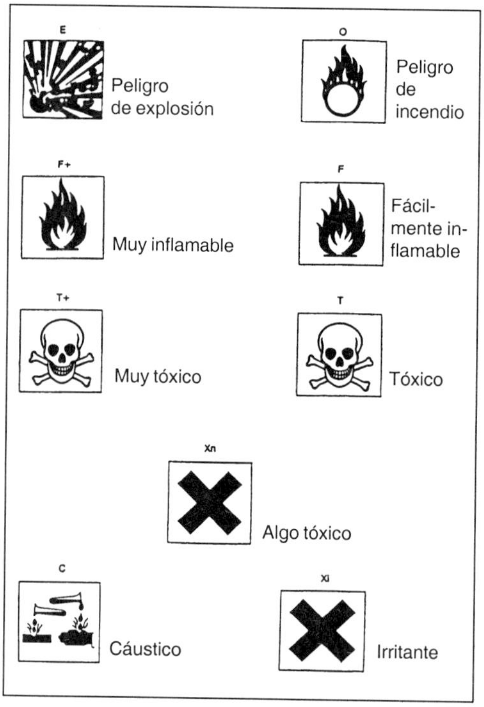


**Fig. 8.1** Símbolos e identificaciones de peligro, según la Orden de Sustancias Peligrosas.

## 8.3.3 Métodos analíticos para determinar la eficacia de los tratamientos

El saneamiento (L + D) no esteriliza las superficies tratadas. Sucede esto, por una parte, por la posible producción de resistencia en los microorganismos persistentes, y, por otra parte, por la formación de biopelículas (punto 8.4.3), lo que supone la protección física de los gérmenes que quedan por debajo.

En el ejemplo del tratamiento con $H_2O_2$ (31), puede comprobarse también la existencia de mecanismos protectores por parte de las células: las catalasas pueden desdoblar el $H_2O_2$ o los cordones de DNA pueden volverse a reparar después de la actuación. Tanto más deben cumplirse las directrices proporcionadas por los fabricantes, cuanto que se recurre a éstas como referencia en el ámbito de las comprobaciones realizables de desinfectantes, y con ello ratificarse o bien corregirse de acuerdo con los resultados de comprobación.

La desinfección química se basa en actuar sobre la estructura microbiana o bien en el metabolismo de las células; puede tener carácter bactericida o solamente bacteriostático. La acción no es la misma sobre todos los gérmenes, lo que hace imprescindible la realización previa de una prueba de los efectos de los desinfectantes.

Diversas instituciones han establecido técnicas de análisis, valores límites y protocolos de actuación para el empleo de desinfectantes (44):

- Explotación animal y esfera alimentaria: Asociación Alemana de Medicina Veterinaria (DVG).
- Producción de leche: Asociación Alemana de Agricultura (DLG).
- Higiene humana: Asociación Alemana de Higiene y Microbiología (DGHM).
- Bebidas (industria cervecera): Comisión Centroeuropea de Técnica y Análisis Cerveceros (MEBAK).
- Epidemias (humanas): Instituto Robert Koch, Berlín, de acuerdo con otros Institutos federales.

A la hora de normalizar procedimientos, también se han producido colaboraciones a escala internacional (17). Resulta problemática, sin embargo, la comparación entre los diversos tests de estudio. Las técnicas de trabajo se han formulado de maneras distintas, variando asimismo los gérmenes utilizados en los tests.

En el ISO se ha trabajado con *Pseudomonas aeruginosa, Escherichia coli, Staphylococcus aureus* y *Enterococcus hirae.* Las pruebas se han llevado a cabo con tres concentraciones distintas del producto a comprobar y durante 5 minutos a 20°C, en medio poco y mucho cargado de suciedad; en todos los casos se trataba de comprobar la capacidad de desarrollar un efecto bactericida (es decir, la reducción en 5 grados logarítmicos).

En lo referente a comprobación por la DVG para la esfera alimentaria, los gérmenes de control utilizados se estudian como sigue en condiciones concretas de tratamiento:

- Área de actuación (superficies inaccesibles o de difícil limpieza o zonas poco sobrecargadas de suciedad) con o sin agregación de proteínas para comprobar la pérdida de acción de los productos desinfectantes en presencia de éstas.
- Duración del tiempo de actuación (largo o corto) para una eficacia con una determinada concentración.
- Gérmenes utilizados en los tests: Eubacterias (*S. aureus, E. faecium, Pr. mirabilis, Ps. aeruginosa*) y eucariontes (*C. albicans*).
- Temperaturas ambiente y en refrigeración, para determinar la pérdida de efecto por el frío (10° y 20°C).

De esta manera se obtienen recomendaciones para las concentraciones y tiempos de actuación más eficaces, así como sobre la temperatura y áreas de empleo; también se determina la idoneidad para zonas con o sin sobrecarga de suciedad.

En la actualidad está en vigor la «5. Lista de desinfectantes probados de acuerdo con las directrices de la DVG y considerados eficaces para la esfera alimentaria (preparados comerciales)» de 1.2.1999 (7). En la Tabla 8.10 se vierten los nuevos métodos de realización de las pruebas para la esfera alimentaria.

Las comprobaciones proporcionan una comparación reproducible de todos los productos utilizados; sin embargo, el traslado a condiciones prácticas no puede llevarse a efecto sin las correspondientes reservas.

Se trata en todos los casos de gérmenes que reaccionan de manera distinta a variables circunstancias externas, que deben hacerse constar a la hora de expresar cuantitativamente las tasas de supervivencia y de mortalidad. Esto no siempre resulta sencillo y presupone un curso microbiológico de la prueba completamente reproducible, curso que sin duda siempre puede puntualizarse más después. Langsrud y Sunheim (35) señalan a este respecto la rigurosa estandarización que es necesaria para lograr una buena capacidad de reproducción de los tests de suspensiones realizados para determinar el poder bactericida de los productos estudiados. Así, en estudios comparativos realizados para comprobar la acción de desinfectantes en la esfera alimentaria (tests de suspensión), Bloomfield y Looney (5) pudieron detectar notables variaciones de uno a otro día e incluso dentro de un mismo día en la preparación de las suspensiones para los tests. De ello sacaron la conclusión de que la nueva preparación de suspensiones era un factor con influencia en la variación de los resultados. En las pruebas de la DVG, para días distintos se prevén como mínimo dos cálculos diferentes. En estos casos, el empleo de suspensiones de test sólo se admite para el mismo día, y dentro de un plazo únicamente de 2 horas. Si se tiene en cuenta que la acción de los desinfectantes sobre las células bacterianas resguardadas en biopelículas protectoras podría ser distnta de la registrada sobre gérmenes en suspensión (10), en el futuro debería prestarse más atención a esta circunstancia: el crecimiento microbiano se produce en la industria alimentaria más bien en forma de asociaciones celulares (biopelículas) que libremente en líquidos que contengan los gérmenes (19). Sin embargo, la DVG indica claramente a este respecto que las indicaciones de los tests tienden a proporcionar la mayor capacidad de reproducción posible. Como ya se ha subrayado, los resultados obtenidos en el laboratorio y en la práctica pueden, no obstante, disentir entre sí, de manera que las circunstancias en que vaya a realizarse la desinfección en la práctica son responsabilidad de las personas encargadas de la operación (18).

## 8.4 Superficies a tratar

La eficacia de la L + D no depende solamente de la composición química de la solución utilizada ni del modo de actuación. También la propia superficie a tratar ejerce influencia.

### 8.4.1 Materiales constitutivos de las superficies

Las imágenes reticuladas de superficies de diferentes materiales obtenidas con el microscopio electrónico, muestran de forma inequívoca la estructura respectiva: así, las resquebrajaduras de la madera blanda, hasta el PVC, V2A o cerámica, pasando por las maderas duras/material elástico de mangueras (2). Por ello, la madera sólo se autoriza en algunos casos excepcionales en la elaboración y preparación de alimentos: como soporte de tajos, en los ahumaderos o como sustentáculo para el transporte de canales de aves envueltas (Apéndice 2, Cap. I, Nr. 3 GFlHV).

Según Rödel *et al.* (47), la madera exhibe superficie rugosa con profundas depresiones y propiedades absorbentes e imbibidoras, por lo que no se dan en ella los requisitos para una L + D correcta.

En determinadas áreas de la industria alimentaria, las superficies utilizadas están húmedas y resbaladizas.

Desde el punto de vista de la protección laboral, debe procurarse disponer, pues, de superficies no resbalosas, lo que por otra parte dificulta su limpieza y desinfección.

En todos los casos, las superficies a tratar deben ser impermeables, no absorbentes y fáciles de limpiar. Esto no excluye necesariamente la seguridad al caminar sobre ellas, como han demostrado las investigaciones de Taylor y Holah (57).

### 8.4.2 Modelado de las superficies (Diseño de utensilios)

En la industria cárnica destacan sobre todo los sistemas abiertos de tratamiento. Por consiguiente, además de las superficies a tratar y del producto desinfectante elegido, desempeñan papel principal en la L + D la accesibilidad y la posibilidad de que se fije materia orgánica en los rincones.

Soslayar esta circunstancia debe exigirse como requisito a los fabricantes de máquinas y utensilios de limpieza. Según Burt y Hinton (9), los aparatos deben construirse de manera que pueda escurrir el agua utilizada en el enjuagado final. Puntos a considerar en los utensilios son:

- Material (impermeable, anticorrosión, imputrescible).
- Características de las superficies (para superficies que vayan a contactar con los productos: ausencia de irregularidades, sin fugas, metales soldados en las juntas y fijaciones; puertas y cierres a ser posible herméticos).
- Inclinación para garantizar el escurrido del agua.
- Evitar los rincones muertos.
- Coberturas (fáciles de retirar para iniciar el trabajo).
- Instalaciones sólidas (fijación a suelo o paredes, o bien a suficiente distancia de la pared).

Lo dicho viene a ratificar claramente que la elección de los materiales y el diseño de los aparatos facilitan la realización técnica de la L + D. En el ejemplo de las sierras de cinta utilizadas en cortar en dos las canales animales, puede demostrarse esta circunstancia: aquí existe el claro inconveniente de que la sierra de cinta funciona dentro de su cárter. Puede constituir una ayuda un sistema de pulverizado dentro del cárter en conexión con una cabina cerrada de pulverización en la que, al pasar la sierra, se limpie automáticamente (21).

Se están realizando esfuerzos para diseñar los aparatos de manera que satisfagan las exigencias higiénicas (Máquinas-Norma 89/392/EWG).

### 8.4.3 Biopelículas

Las biopelículas son acúmulos de bacterias incluidas en una matriz orgánica polímera (glicocálix) que se adhiere a una superficie. Deben considerarse como una respuesta bacteriana a diversas influencias ambientales; se presentan también en superficies de la industria alimentaria. Participan mayormente pseudomonas, enterobacterias, flavobacterias, alcalígenas, estafilococos y bacilos (36). Se distinguen varios grados de consolidación (1):

- Etapa reversible: débil unión mediante fuerzas Van del Waal y electrostáticas.
- Etapa irreversible: adherencia física mediante exopolisacáridos (EPS): glicocálix.

Una vez establecidas, las biopelículas representan un peligro constante de ingreso de material bacteriano en el correspondiente proceso de elaboración. Se ha podido comprobar que la acción de los desinfectantes sobre las bacterias contenidas en biopelículas es menor que sobre bacterias sin protección (1, 19). Esto ratifica otra vez la importancia de la limpieza: a este tratamiento previo hay que asignarle gran trascendencia también en lo referente al desprendimiento de bacterias de agregados microbianos presentes; son recomendables especialmente las actuaciones mecánicas. Desempeñan asimismo una acción positiva sobre el desprendimiento de biopelículas los compuestos quelantes, que captan sobre todo calcio, evidente responsable de la fijación de polímeros. También pueden utilizarse con buenos resultados los enzimas que desdoblan los polisacáridos. Según Carpentier y Cerf (10), puede partirse de la experiencia adquirida para evitar la producción de biopelículas:

- Utilizar materiales lisos, no porosos, resistentes, que no ofrezcan rincones inaccesibles.
- Aplicar tratamientos mecánicos para eliminar las biopelículas.
- El ácido peracético y los productos alcalinos liberadores de cloro se han recomendado como eficaces contra las biopelículas.
- Limpiar a cortos intervalos, para evitar la formación de biopelículas.
- Secar adecuadamente las superficies.

## 8.5 Aplicación práctica en los establecimientos

La flora que cabe esperar viene determinada en su composición por las características de producción. Así, en los establecimientos transformadores de la leche se encuentran con preferencia gérmenes termorresistentes y esporulados, mientras que en las empresas que trabajan la carne aparece una flora psicrotolerante y cualitativamente más variada. También debe contarse con la presencia de gérmenes patógenos como *Listeria monocytogenes* o salmonelas. Por tanto, la elección del producto desinfectante que se vaya a utilizar debe adaptarse a la flora especial que se quiera eliminar. En opinión de Orth y Mrozek (40), también los gérmenes de riesgo como listerias, campilobacter y yersinias tienen que controlarse en una utilización correcta de los desinfectantes. Se respetarán por norma las dosis recomendadas por los fabricantes, ya que la aplicación de dosis bajas puede dar lugar a que se generen resistencias. En cambio, las dosis excesivas hacen peligroso el manejo de los productos, a la vez que se aumenta la presencia de residuos en las superficies tratadas. Debe evitarse mezclar productos de fabricantes distintos, ya que en ocasiones las acciones pueden ser opuestas. En general, conviene cambiar de

**Tabla 8.11** Plan de organización parcial y control de la limpieza y desinfección en un matadero de aves tomado como ejemplo.

| **Se suponen:**<br><br>• **Sobrecarga (S)**<br>• **Temperatura (T)** | **T** | **S** | **Prod. limpiador: Concentración tiempo de actuación** | | **Desinfectante: Concentración tiempo de actuación** | | **Post-trata-miento** | **Frecuencia de aplicación** |
|---|---|---|---|---|---|---|---|---|
| Llegada de camiones a superficies exteriores | 3 | 2 | | | | | | |
| Admisión: | | | | | | | | |
| • Camiones | 3 | 2 | | | | | | |
| • Cinta | 3 | 2 | | | | | | |
| • Lavadero de cajones | 1 | 2 | | | | | | |
| • Paredes | 3 | 2 | | | | | | |
| • Suelos | 3 | 2 | | | | | | |
| • Lavado manos | 1 | 2 | | | | | | |
| Nave sacrificios: | | | | | | | | |
| • Utensilios | 1 | 2 | | | | | | |
| • Paredes | 1 | 2 | | | | | | |
| • Suelos | 1 | 2 | | | | | | |
| • Lavado manos | 1 | 2 | | | | | | |
| Sala de asado: | | | | | | | | |
| • Utensilios | 1 | 1 | | | | | | |
| • Paredes | 1 | 1 | | | | | | |
| • Suelos | 1 | 1 | | | | | | |
| • Lavado manos | 1 | 1 | | | | | | |
| Frigorífico de cinta: | | | | | | | | |
| • Paredes | 2 | 1 | | | | | | |
| • Suelos | 2 | 1 | | | | | | |
| • Transportador | 2 | 1 | | | | | | |
| Sala de despiece: | | | | | | | | |
| • Superficie de despiece | 2 | 1 | | | | | | |
| • Paredes | 2 | 1 | | | | | | |
| • Suelos | 2 | 1 | | | | | | |
| • Lavado manos | 1 | 1 | | | | | | |
| Locales depósito: | | | | | | | | |
| • Paredes | 2 | 1 | | | | | | |
| • Suelos | 2 | 2 | | | | | | |
| Útiles: | | | | | | | | |
| • Botas | 1 | 2 | | | | | | |
| • Delantales | 1 | 2 | | | | | | |
| • Herramientas | 1 | 2 | | | | | | |
| • Ropa | 1 | 2 | | | | | | |
| Locales sociales: | | | | | | | | |
| • Paredes | 1 | 1 | | | | | | |
| • Suelos | 1 | 1 | | | | | | |

Temperatura: 1 = caliente; 2 = fría; 3 = estación del año. Sobrecarga suciedad: 1 = escasa; 2 = intensa.

desinfectante a intervalos regulares. En la práctica conviene comprobar si el producto utilizado está en las listas oficiales y si el empleo que se hace de él coincide con las condiciones de uso expresadas en las Listas correspondientes (punto 8.3.3).

Deben estar claramente establecidas tanto la distribución de tareas entre el personal, como las respectivas responsabilidades. Estas últimas se refieren al depósito y dilución de los productos químicos empleados, al cuidado de los aparatos utilizados en la L + D, superficies a tratar y utensilios a emplear, así como al establecimiento de las pertinentes directrices laborales estándares (SOP). Aun cuando la realización de la L + D corra a cargo de una empresa subcontratada, la responsabilidad del estado final de las superficies tratadas será de la Dirección del establecimiento (9).

Por consiguiente, una organización funcional y racional del trabajo es la base del control del funcionamiento del establecimiento en condiciones higiénicas de garantía. La L + D es sólo una parte del programa higiénico de trabajo.

De todo esto se deduce claramente que la eficacia de la L + D también es resultado de la postura adoptada por el personal encargado y responsable de la realización del trabajo.

Los programas respectivos deben crearse de acuerdo con el funcionamiento de la empresa y adaptarse a las áreas correspondientes de la misma, ya que dentro de un establecimiento pueden registrarse exigencias distintas según las zonas. Por ello, la aplicación del programa en vigor a otras condiciones de trabajo no debe hacerse sin el debido asesoramiento. Así, en áreas en que sólo se disponga de plazos cortos para la atención de las instalaciones, se optará por los productos de acción rápida, como v.gr., sucede con los oxidantes, que también pueden utilizarse a plena satisfacción con bajas temperaturas (zonas refrigeradas) (45). Por esta razón, conviene preparar una pauta de requisitos específicos a cumplir en toda la línea industrial a tratar (en la Tabla 8.11 se incluye un ejemplo parcial referido a higiene de la obtención de carne de ave), que puede servir como modelo de compendio estándar de directrices laborales aplicables a diversas situaciones. Un programa completo de L + D comprende la totalidad de las operaciones a realizar, incluidos preparación y postratamiento del proceso de producción.

## 8.5.1 Ejemplos de áreas de producción

En el Capítulo 7 se han expuesto ejemplos del tema del transporte de animales. Las superficies exteriores de los mataderos pueden tratarse con NaOH o productos liberadores de cloro (HOCl) para prevenir el contagio de gérmenes patógenos (20, 22, 32). Sobre todo cuando se utilicen productos generadores de cloro deberán estar limpias las superficies a tratar.

### Superficies de trabajo

A intervalos semanales se realiza una limpieza a fondo, para lo cual el producto empleado se puede dejar durante toda la noche en las cañerías de conducción o canales de desagüe. Para la limpieza se recomienda el empleo de espuma, en cuyo caso deberá enjuagarse al final a razón de 8 litros de agua caliente por $m^2$ (38). En las zonas de sacrificio conviene aplicar alternativamente productos limpiadores alcalinos (lunes a jueves) y ácidos (fin de semana) (45). Scholz y Steigert (52) han elaborado un ejemplo concreto:

1. Después de cerrar el establecimiento, retirar la suciedad grosera.
2. Enjuagado previo con agua caliente (60°C) tomando en consideración los puntos de fusión de las grasas presentes.
3. Aplicación de la espuma (limpiador clorado de espuma al 2%; 4 ml de producto concentrado por $m^2$ de superficie a limpiar); tiempo de actuación: 15-20 minutos.
4. Enjuagado con agua caliente (60°C).
5. Dejar secar las superficies; eliminar los charcos; desinfectante al 1%; 2 ml de producto concentrado/$m^2$ de superficie; tiempo de actuación: 1 hora.
6. Enjuagar con agua potable.

## Recintos frigoríficos

Los congeladores profundos pueden tratarse con compuestos de amonio cuaternario (CAC) sustituyendo el agua por alcohol propílico, si es caso en combinación con glicerina y glicoles. Según Gerriets (22), las antesalas deben limpiarse diariamente, debido a su elevada tasa de suciedad, mientras que los frigoríficos propiamente dichos se limpiarán a razón de una vez por semana.

## Transportes frigoríficos

Para los vehículos de transporte frigorífico (industrias cárnicas), se ha propuesto el siguiente modo de actuación (23, 52):

1. Enjuagado previo con agua caliente (45-60°C).
2. Aplicación de espuma con un producto espumante clorado a baja presión (2%).
3. Enjuagado al cabo de 15-20 minutos.
4. Pulverización de un desinfectante (CAC, 1%).
5. Enjuagado al cabo de 1 hora.
6. Control de resultados.

**Tabla 8.12** Cuestionario de control para una instalación de lavado de manos.

| | | | | | | |
|---|---|---|---|---|---|---|
| Funcionamiento sin tocar con las manos | sí | □ | no | □ | | |
| Existe suministrador de líquido | sí | □ | no | □ | | |
| Limpieza | buena | □ | regular | □ | mala | □ |
| Temperatura del agua | caliente | □ | templada | □ | fría | □ |
| Suficiente presión del agua | sí | □ | no | □ | | |
| Se dispone de jabón | sí | □ | no | □ | | |
| Se dispone de desinfectante de manos | sí | □ | no | □ | | |
| Se dispone de toallas no recuperables | sí | □ | no | □ | | |
| Se dispone de recipiente para residuos | sí | □ | no | □ | | |
| Depósito de objetos extraños | sí | □ | no | □ | | |

### 8.5.2 Actividad práctica del personal

En el entorno así preparado como básicamente higiénico se encuentran los operarios profesionales con su personal comportamiento, el cual no siempre corresponde a las exigencias y medidas deseables y previstas.

A este respecto, Bergler (4) ha descrito como barreras para una buena higiene en la realización de la actividad correspondiente:

- Déficit de desarrollo y perfeccionamiento.
- Escaso interés personal.
- Asignación al capítulo higiénico de una importancia secundaria.
- Normativas escasamente atractivas y comprensibles.
- Falta de control sistemático de las prescripciones higiénicas.
- Responsabilidades confusamente establecidas.
- Deficiente evaluación de las consecuencias de comportamientos erróneos.

Según esto, las actuaciones higiénicas son competencia también del personal trabajador. Tampoco deben menospreciarse las diferencias culturales en la concepción de una actividad o las barreras lingüísticas (formas de expresión en idiomas extraños o también excesivamente abstractas). Esto es aplicable asimismo a las directrices laborales formuladas. Aquí debe considerarse que la sola existencia de unas bases adecuadas no supone necesariamente una puesta en práctica eficiente.

Las disposiciones sobre higiene personal deben ser lo más racionales y mensurables posible. Sin embargo, no siempre pueden evitarse prescripciones carentes de posibilidad de control. Para vigilar el cumplimiento de las normas o disposiciones, puede recurrirse al empleo de cuestionarios de control.

### 8.5.3 Cometidos de dirección

La higiene no es sólo resultado de comportamientos personales, sino que también debe ser considerada y llevada a la práctica por la Dirección de los establecimientos. Las crecientes exigencias higiénicas en el marco de los sistemas de aseguración de la calidad inducen a la adopción de iniciativas más estrictas. También es imprescindible someter los útiles de uso personal (ropa protectora, botas, casco, delantales, herramientas de trabajo) a tratamientos de efectos seguros, v.gr., empleo de instalaciones lavadoras de ropa o de aparatos limpiadores a fondo de las botas. Cada vez se utilizan más instalaciones en los accesos a las zonas limpias de los establecimientos que sólo permiten el paso tras el debido lavado de manos. Se dispone asimismo de cepillos insertados en el suelo de los pasillos de acceso para limpiar la suela de botas o zapatos (55). A veces se utilizan también delantales de un solo uso, lo que permite ahorrar agua y productos químicos. Problema mínimo constituyen las blusas, cuya desinfección se realiza con ayuda del calor. Los elementos de trabajo de pequeño tamaño deben estar en número suficiente, para permitir su tratamiento repetido. Con esta finalidad se utilizan máquinas lavadoras y desinfectantes para los medios de trabajo, cuyo funcionamiento debe disponerse en serie, con frecuencias previamente acordadas (Capítulo 6, Fig. 6.8, Tabla 8.13).

**Tabla 8.13** Disposiciones encaminadas a asegurar la higiene en el establecimiento, según el Art. 6 de la RL 71/118/EWG y de la Orden de Higiene de la Carne de Ave (Legislación alemana).

- Obligación por parte del propietario de permitir inspeccionar regularmente la higiene general de las condiciones de producción, también efectuando controles microbiológicos
- Los controles se extienden a instalaciones, utensilios de trabajo y máquinas de todos los escalones y, si es caso, también al producto
- El propietario de la empresa debe estar en condiciones de hacer saber, a petición de quien proceda, la clase, frecuencia y resultado de los controles
- El veterinario oficial debe analizar a intervalos regulares los resultados de los controles; de acuerdo con cuáles sean estos resultados, procede realizar otras comprobaciones
- A partir del informe emitido por el veterinario oficial, el propietario del establecimiento debe corregir las deficiencias denunciadas en aquél
- El personal debe realizar ejercicios relativos a la higiene; el veterinario oficial debe participar en la constitución y realización de dichos ejercicios

Las decisiones sobre la adquisición de utensilios de trabajo deben hacerse con criterios de utilidad práctica y de economía: es recomendable la instalación de cabinas cerradas de pulverización como alternativa de tinas de inmersión y lavado para herramientas de mano abiertas y generadoras de aerosoles.

También los utensilios utilizados en la L + D deben probarse como tales en lo referente a su función:

- Aparatos dosificadores (comprobación de su funcionamiento mediante análisis de la composición de la solución preparada y que se vaya a utilizar) (23).
- Grado de conservación de otros aparatos (un ejemplo se expone en la Tabla 8.12, referente a una instalación para el lavado de manos).

Son bien conocidas determinadas recomendaciones fundamentales:

- No hacer funcionar los grifos de agua con la mano.
- Toallas desechables, jabón líquido, recipientes para acoger restos de papel.
- Número de toilettes en consonancia con el volumen de producción.
- Ubicación (lo más próximas posible a las plazas de trabajo).
- Agua corriente tibia para lavar las manos.
- En las tinas para esterilizar los cuchillos, la temperatura del agua debe estar como mínimo a 82°C (Ap. 2, Cap. 1 de la FIHV).

## Medidas de perfeccionamiento del personal

Este capítulo se contempla expresamente en las nuevas disposiciones legales. A este respecto es importante la realización acorde con los objetivos de cada sección (metódica de la enseñanza, con unidades que no sean de duración excesiva, clara forma de expresión), así como la regularidad y las propuestas acordes con las áreas y problemas de trabajo correspondientes. Con alguna frecuencia se omite la valoración de controles a intervalos regulares del personal en formación (52). Pero aquellos establecimientos que cumplen estrictamente los controles, quedan excluidos de comprobar la eficacia de sus propios esfuerzos higiénicos, a los que son retados de manera constante. También deben evaluarse con precaución las ofertas hechas a este respecto por instituciones extrañas.

## 8.6 Referencias legales

En las disposiciones legales referentes a la carne se alude con frecuencia, aunque sólo en términos generales, a la necesidad de practicar la L + D. Son raras, pues, las especificaciones concretas. FIHV (Ap. 2, Cap. II Nr. 4) y GFIHV (Ap. 2, Cap. II Nr. 8) disponen que los productos empleados en la L + D no deben tener ningún efecto perjudicial y que deben poderse eliminar a fondo mediante enjuagado, de acuerdo con lo dispuesto en las instrucciones de empleo. Revisten particular importancia los siguientes conceptos:

- Utilizar siempre la expresión «inmaculadamente limpio».
- Practicar la L + D varias veces, y, en caso preciso, al final de la jornada laboral.
- Poder limpiar y desinfectar con facilidad.
- Disponer de superficies lisas e impermeables.

En cambio, en las disposiciones legales de la UE encaminadas a asegurar la calidad, se encuentra un nuevo y avanzado concepto: de acuerdo con las normas renovadas (y adaptadas a las distintas nacionalidades) de la UE referentes a higiene de la producción de carne de ave y de mamíferos, los mataderos respectivos están obligados a formular y llevar a la práctica un plan propio de aseguración de la calidad (las ventajas más importantes se resumen en la Tabla 8.13). A este respecto, es obligatoria asimismo la posibilidad de realizar con eficacia la L + D programada, aun cuando no esté previsto el empleo de desinfectantes comprobados.

## 8.7 Descontaminación superficial de canales

En los últimos tiempos, además de la descontaminación mencionada hasta ahora de utensilios e instalaciones (L + D), también revisten gran actualidad los esfuerzos que se concentran en estabilizar o incluso reducir la sobrecarga de gérmenes que se producen en las superficies de los alimentos obtenidos (v.gr., carne), si es caso no por actuaciones erróneas, sino como consecuencia de la técnica industrial habitual.

A tal fin se dispone de una serie de métodos, algunos de ellos todavía en desarrollo. Se trata de procedimientos o productos químicos, físicos y biológicos (Tabla 8.14).

Estos tratamientos desarrollan un efecto higiénico adicional, por lo que deben seguirse. Esto no es óbice en manera alguna para que las canales o los alimentos obtenidos de ellas contacten lo menos posible con superficies, y que permanezcan lo más limpias posible las superficies de contacto inevitable.

También de este ejemplo se deduce que limpieza y desinfección en manera alguna constituyen una actuación posiblemente compensable cuando muestre una deficiencia aislada, sino que el proceso de la L + D representa un elemento importante de la concepción total del tratamiento higiénico de la carne y productos cárnicos.

**Tabla 8.14** Técnicas de descontaminación de superficies (origen: fuentes diversas).

| | |
|---|---|
| 1. Químicas | • Alcoholes<br>• Aldehídos (glutardialdehído)<br>• Ácidos orgánicos<br>• Ácidos inorgánicos<br>• Fosfatos<br>• Compuestos sulfurados<br>• Compuestos clorados<br>• $H_2O_2$<br>• Compuestos de N inorgánico |
| 2. Físicas | • Empleo de diversas longitudes de onda (UV, microondas, ultrasonidos)<br>• Empleo de la temparatura<br>• Actuaciones mecánicas (desecación, presión, modificación de la atmósfera) |
| 3. Biológicas | • Flora competidora (cultivos estárteres, flora protectora)<br>• Metabolitos (bacteriocina, colicina, natamicina)<br>• Enzimas (lisozima, lactoperoxidasa) |

## 8.8 Referencias bibliográficas


1 ANDRADE, N. J., T.A. BRIDGEMAN, and E.A. ZOTTOLA (1998): Bacteriocidal Activity of Sanitizers against Enterococcus faecium Attached to Stainless Steel as Determined by Plate Count and Impedance Methods. J.Fd. Prot. **61,** 833-838

2 BANSEMIR, K., H. MROZEK, u. H. PUDER-BACH (1975): Oberflächenfeinstruktur und Keimverteilung bei verschiedenen Materialien. Gesundheitswes. u. Desinfekt. **67,** 434-442

3 BERDING, H.-H. (1991): Reinigungs- und Desinfektionstechnik, Systematik und sachgerechte Anwendung. Fleischwirtsch. **71,** 854-858

4 BERGLER, R. (1980): Barrieren bei der Durchsetzung von Erkenntnissen in der Hygiene. Zbl. Bakt. Hyg. I, Abt. Orig. **B172,** 1-43

5 BLOOMFIELD, S.F., and E. LOONEY (1992): Evaluation of the Repeatibility and Reproducibility of European Suspension Test. Methods for Antimicrobial Activity of Disinfectants and Antiseptics. J. Appl. Bact. **73,** 87-93

6 BÖHM, R. (1986): Organische Säuren als Desinfektionsmittel. Fleischwirtsch. **66,** 976-979

7 BÖHM, R. (Vorsitz) (1999): 5. Liste der nach den Richtlinien der DVG geprüften und als wirksam befundenen Desinfektinsmittel fur den Lebensmittelbereich (Handelspräparate) vom 1.2.1999. Dtsch. Tierärztebl. **47,** 236-251, **48,** 1065-1070

8 BREMNER, A.S. (1977): Poultry Meat Hygiene and Inspection. Bailliere Tindall, London, pp. 28, 29, 114

9 BURT, S.A., and M.H. HINTON (Eds.) (1996): Microbial Control in the Meat Industry. 5. Cleaning and Disinfection of Equipment and Premises. Concerted Action CT94-1456, University of Bristol Press, UK, Bristol

10 CARPENTIER, B., and O. CERF (1993): Biofilms and their Consequences, with

Particular Reference to Hygiene in the Food Industry. J. Appl. Bact. **75,** 499-511

11 COLIN, P. and J.C. ALLO (1991): Microbiological Qualities of Water Used in Poultry Processing Plants in: R.W.A.W. Mulder, A.W. de Vries (Eds.): Quality of Poultry Products III, pp. 155-161. Spelderholt Centre for Poultry Research and Information Services, Beekbergen, The Netherlands.

12 deWIT, J.C., and E.H. KAMPELMACHER (1981): Some Aspects of Microbial Contamination of Hands of Workers in Food Industries. Zbl. Bakt. Hyg. I, Abt. Orig. **B172,** 390-400

13 deWIT, J.C., and E.H. KAMPELMACHER (1982): Microbiological Aspects of Washing Hands in Slaughterhouses. Zbl. Bakt. Hyg. I, Orig. **B176,** 553-561

14 DIN 10113 - 3 (1997 I): Bestimmung des Oberflächenkeimgehaltes auf Einrichtungs- und Bedarfsgegenständen im Lebensmittelbereich. Teil 3: Semiquantitatives Verfahren mit nährbodenbeschichteten Entnahmevorrichtungen (Abklatschverfahren). Verlag Beuth, Berlin

15 DIN 10113 - 2 (1997 II): Bestimmung des Oberflächenkeimgehaltes auf Einrichtungs- und Bedarfsgegenständen im Lebensmittelbereich. Teil 2: Semiquantitatives Tupferverfahren. Verlag Beuth, Berlin

16 DIN 10113 -1 (1997 III): Bestimmung des Oberflächenkeimgehaltes auf Einrichtungs- und Bedarfsgegenständen im Lebensmittelbereich. Teil 1: Quantitatives Tupferverfahren. Verlag Beuth, Berlin

17 DIN EN 1276 (1997): Quantitativer Suspensionsversuch zur Bestimung der bakteriziden Wirkung chemischer Desinfektionsmittel und Antiseptika in den Bereichen Lebensmittel, Industrie, Haushalt und öffentliche Einrichtungen. Verlag Beuth, Berlin

18 DVG (2000): Richtlinien für die Prüfung chemischer Desinfektionsmittel. Deutsche Veterinärmedizinische Gesellschaft e.V, Gießen, 3. Auflage

19 EARNSHAW, A.M., and LM. LAWRENCE (1998): Sensitivity to Commercial Disinfectants, and the Occurrence of Plasmids within Various Listeria monocytogenes Genotypes Isolated from Poultry Products and the Poultry Processing Environment. J. appl. Microbiol. **84,** 642-648

20 EDELMEYER, H. (1985): Reinigung und Desinfektion bei der Gewinnung, Verarbeitung und Distribution von Fleisch. Verlag Holzmann, Bad Wörishofen, S. 34, 65, 80, 95, 104, 105, 123

21 FREUND, R. (1996): Reinigung und Desinfektion von handgeführten Geräten bei Schlachtung und Zerlegung. RFL - Rundsch. Fleischhyg. Lebensmittelüberw. **48,** 75-77

22 GERRIETS, E. (1972): Die Desinfektion. Bundesgesundheitsbl. **15,** 103-105

23 GERSTEIN, J., R. ORTH, und J. BAUMGART (1993): Reinigungs- und Desinfektionsmaßnahmen. Mikrobiologische Bewertung im Bereich der Zerlegeabteilung eines Fleischwarenbetriebes. Fleischwirtsch. **73,** 740-744

24 HANEKE, M., u. G. REUTER (1992): Desinfektionsreiniger in der Fleischgewinnung und -verarbeitung Problematik der Umsetzung von Eintragungsempfehlungen der DVG- Liste in die Praxis in: Proc. DVG, 33. Arbeitsgebiet Lebensmittelhygiene vom 29.9. bis 2.10.1992 in Garmisch-Partenkirchen, pp. 91-102

25 HEIR, E., G. SUNDHEIM, and A.L HOLCK (1999): Identification and Characterization of Quaternary Ammonium Compound Resistant Staphylococci from the Food Industry. Int. J. Fd. Microbiol. **48,** 211-219

26 HOLAH, J.T. (1995 I): Special Needs for Disinfectants in Food-handling Establishments. Rev. sci. tech. Off. int. Epiz. **14,** 95-104

27 HOLAH, J.T. (1995 II): Disinfection of Food Production Areas. Rev. sci. tech. Off. int. Epiz. **14,** 343-363

28 INGELFINGER, E. (1993): Reinigung und Desinfektion in Naßräumen. Fleischwirtsch. **73,** 977-980

29 JOHN, A. (1998): Neue Wege in der Schaumreinigung; Fleischwirtsch. **78,** 111-113

30 JOSEPHSON, K.L, J.R. RUBINO, and I.L PEPPER (1997): Characterization and Quantification of Bacterial Pathogens and Indicator Organisms in Household Kitchens with and without the Use of a Disinfectant Cleaner. J. appl. Microbiol. **83,** 737-750

31 JUVEN, B.J., and M.D. PIERSON (1996): Antibacterial Effects of Hydrogen Peroxide and Methods for its Detection and Quantitation. J. Food Prot. **59,** 1233-1241

32 KLINGER, M.J. (1973): Hygienemaßnahmen in einer Geflügelschlachterei. Dt. Geflügelwirtsch. Schweineprod. **25,** 1183-1185

33 KNAUER-KRÄTZL, B., u. G. REUTER (1992): Wirkstoffe in DVG-gelisteten Desinfektionsmitteln für den Lebensmittelbereich- Bewertungsversuch nach biologischen Kriterien in: Proc. DVG, Arbeitsgebiet Lebensmittelhygiene vom 29.9. bis 2.10 1992 in Garmisch-Partenkirchen, pp. 103-114

34 KNAUER-KRÄTZL, B., A. BUSCHULTE, M. SOMMERER, G. REUTER (1993): Wirkstoffe in Desinfektionsmitteln für den Lebensmittelbereich - Vorteile und limitierende Faktoren in: Proc. DVG, Arbeitsgebiet Lebensmittelhygiene vom 28.9. bis 1.10.1993 in Garmisch-Partenkirchen, Vol. II, pp. 125-131

35 LANGSRUD, S., and G. SUNDHEIM (1998): Factors Influencing a Suspension Test Method for Antimicrobial Activity of Disinfectants. J. appl. Microbiol. **85,** 1006 -1012

36 MATTILA-SANDHOLM, T., and G. WIRTANEN (1992): Biofilm Formation in the Industry: a Review. Food Reviews Int. **8,** 573-603

37 MERCK KGaA: Merck Air Sampler MAS 100, Fa. Merck, Darmstadt

38 MOJE, M. (1994): Technik und Hygiene beim Schlachten von Rindern. Institut für Technologic der Bundesanstalt für Fleischforschung, Kulmbach (Hrsg.): Kulmbacher Reihe, **13,** S. 111-131

39 MROZEK, H. (1996): Grundvorgänge bei der Desinfektion. In: G. Wildbrett (Hrsg.): Reinigung und Desinfektion in der Lebensmittelindustrie. Verlag Behr's, S. 117

40 ORTH, R., u. H. MROZEK (1989): Bekämpfung von Listeria, Campylobacter und Yersinia ein Desinfektionsproblem? Fleischwirtsch. **69,** 977-979

41 POGGEMANN, H.-M., u. J. BAUMGART (1996): Hygienemonitoring durch ATP-Bestimmung mit dem System HY-LiteTM. Fleischwirtsch. **76,** 132-133

42 RASO, J., A. PALOP, R. PAGAN and S. CONDON (1998): Inactivation of Bacillus subtilis Spores by Combining Ultrasonic Waves under Pressure and Mild Heat Treatment. J., appl. Microbiol. **85,** 849-854

43 REUTER, G. (1984): Reinigung und Desinfektion in der Lebensmittelhygiene. Fleischwirtsch. **64,** 668-674

44 REUTER, G. (1989): Anforderungen an die Wirksamkeit von Desinfektionsmitteln für den lebensmittelverarbeitenden Betrieb. Zbl. Bakt. Hyg. **B187,** 564-577

45 REUTER, G. (1941): Zur Wirksamkeit von Reinigungs- und Desinfektionsmaß-

nahmen bei der Fleischgewinnung und -verarbeitung. Fleischwirtsch. **74,** 808-813

46 REUTER, G. (1994 II): Hygieneüberwachung in Fleischversorgungs- und Verarbeitungsbetrieben durch den Amtlichen Tierarzt. Fortbildungsveranstaltungen der ATF, Bundestierarztekammer Bonn,

47 RÖDEL, W., H. HECHELMANN, J. DRESEL (1994): Hygieneaspekte zu Schneidunterlagen aus Holz und Kunststoff. Fleischwirtsch. **74,** 814-821

48 SALVAT, G., and P. COLIN (1995): Cleaning and Disinfection Practice in the Meat Industries of Europe. Rev. sci. tech. Off. Epiz., **14,** 329-341

49 SCHMIDT, U. (1982 I): Kontamination von Lebensmitteln: Reinigungs- und Desinfektionsmittel. Fleischwirtsch. **62,** 435-436

50 SCHMIDT, U. (1982 II): Kontamination von Lebensmitteln: Reinigung und Desinfektionsmittel. 10. Seminar Umwelthygiene, Tierärztliche Hochschule Hannover, 19.2.1982

51 SCHMIDT, U. (1984): Reinigungsmittel in der Fleischwirtschaft - vergleichende Untersuchungen zur Wirksamkeit. Fleischwirtsch. **64,** 1231-1236

52 SCHOLZ, S., u. M STEIGERT (1990): Hygienemanagement in modernen Fleischzerlegebetrieben, Schwerpunkt: Kühltransportfahrzeuge. Fleischwirtsch. **70,** 758-766

53 SCHRÖDER, K. (1993): Reinigung und Desinfektion im Fleischwarenbetrieb in: Bayerische Landestierärztekammer (Hrsg.): Praxis der Hygieneüberwachung durch den amtlichen Tierarzt. München.

54 SOMMERER, M. (1993): Oberflächenaktive Verbindungen in Desinfektionsmitteln für den Einsatz im Bereich der Lebensmittel tierischer Herkunft - Stoffcharakterisierung und Nachweisverfahren. Vet.-med. Diss. FU Berlin, J.-Nr. 1688

55 STEIGERT, M., u. A.C. EYCKELER (1995): Erweiterung und Modernisierung eines Produktionsbetriebes. Fleischwirtsch. **75,** 274-275

56 STEPHAN, F. u. K. FEHLHABER (1993): Untersuchungen zur Hygiene des Luft-Sprüh-Kühlverfahrens in der Geflügelschlachtung in: Proc. DVG, 34. Arbeitstagung des Arbeitsgebietes Lebensmittelhygiene in Garmisch-Partenkirchen, Vol. I, S. 193-200

57 TAYLOR, J.H., and J.T. HOLAH (1996): A Comparative Study with Respect to the Bacterial Cleanability of a Range of Wall and Floor Surface Materials Used in the Food Industry. J. appl. Bact. **81,** 262-266

58 TEUFEL, P. (1984): Reinigung und Desinfektion bei der Gewinnung und Verarbeitung von Fleisch. Fleischwirtsch. **64,** 675-681

59 TRANI, M., W. ARNETH (1997): Rückstände des Desinfektionsmittels Tego® 2000 auf ausgewahlten Werkstoffoberflächen. Fleischwirtsch. **77,** 534-537

60 WALLHÄUSSER, K.H. (1988): Praxis der Sterilisation, Desinfektion, Konservierung. Verlag Thieme, Stuttgart, S. 453, 456, 501, 547, 564, 568, 605

## Disposiciones legales

* Geflügelfleischhygiene-Verordnung (GFI-HV) W.F. vom 29.6.2000, BGB1. I, S. 997
* Richtlinie des Rates über die Qualität von Wasser für den menschlichen Gebrauch (80/778/EWG) vom 15.7.1980, Amtsbl. Nr. L229/11
* Richtlinie des Rates zur Änderung und Aktualisierung der Richtlinie 71/118/ EWG zur Regelung gesundheitlicher Fragen beim Handelsverkehr mit frischem Geflügelfleisch (92/116/EWG) vom 17.12.1992, Amtsbl. Nr. L62/1
* Richtlinie des Rates 89/392/EWG vom 14.6.1989 zur Angleichung der Rechtsvorschriften der Mitgliedstaaten für Maschinen. Amtsbl. der EG, L.183/9 vom 29.6.1989
* Fleischhygieneverordnung (FIHV): Verordnung über die hygienis-chen Anforderungen und amtlichen Untersuchungen beim Verkehr mit Fleisch W.F. vom 23.5.2001, BGB1.I, S. 982
* Gesetz zur Verhütung und Bekämpfung von Infektionskrankheiten beim Menschen (Infektionsschutzgesetz) vom 20.7.2000, BGB1 I, S. 1045 und Gesetz zur Neuordnung seuchenrechtlicher Vorschriften (Seuchenrechtsneuordnungsgesetz - SeuchenRNeuG) vom 20.7.2000, BGB1. I, S. 1033
* Verordnung über die Qualität von Trinkwasser für den menschlichen Gebrauch (Trinkwasserverordnung - TrinkwV 2001)
* Bekanntmachung der Neufassung der Gefahrstoffverordnung vom 15. 11. 1999 (BGB1. I, S. 2233), zuletzt geändert durch Artikel 2, § 38 des Gesetzes vom 20.7.2000, BGB1. I, S. 1045,1076

# 9 Limpieza y desinfección en la industria láctea

GERHARD WILDBRETT

## 9.1 Necesidad de la limpieza y desinfección

La leche obtenida higiénicamente es pobre en gérmenes. Sale de la ubre sana con una tasa microbiana comprendida entre $10^1$ y $10^3$ gérmenes por ml. Este contagio primario ya se encuentra en el canal de la leche. Durante el ordeño mecánico, la leche que sale baña los extremos de los pezones, lo que representa una importante fuente de infección. En su largo camino desde la ubre hasta el consumidor último, la leche contacta con superficies muy variadas de recipientes, instalaciones industriales, depósitos y envases. Los gérmenes presentes en estas superficies determinan decisivamente la tasa microbiana de la leche al ser arrastrados por ésta. Estos gérmenes alteran las características organolépticas típicas de la leche, la descomponen pramaturamente o incluso en casos extremos amenazan la salud de las personas.

Para evitar las contaminaciones arriba descritas, hay que mantener de forma continuada en perfecto estado higiénico todas las superficies que vayan a contactar con la leche. Sólo una L + D regular y efectiva en todas las etapas de la obtención de la leche, así como en la elaboración y transformación de ésta, puede evitar riesgos indeseables, pues la higiene es indivisible. Son difíciles de determinar las reinfecciones siguientes al calentamiento de la leche a partir de superficies mal limpiadas y/o desinfectadas, especialmente cuando la leche ultracalentada (UHT) y asépticamente envasada debe conservarse largo tiempo. Desde el punto de vista del consumidor, la capacidad de conservación de los alimentos, junto con sus características organolépticas, constituyen características de calidad de máxima importancia. Esto hace que prevalezcan elevadas exigencias higiénicas en todos los establecimientos industriales lecheros. Se dispone de técnicas avanzadas y muy desarrolladas para la obtención, elaboración y transformación de la leche, pero esto por sí solo no basta para satisfacer las elevadas exigencias que hoy día manifiesta el público consumidor. Necesita ineludiblemente ser completado con métodos higiénicos valiosos, es decir, efectivos y de garantía.

Los objetivos de las medidas de limpieza y desinfección en establecimientos de la industria lechera pueden resumirse brevemente como sigue:

**Objetivos de la limpieza:**
1. Cumplir las exigencias de aspecto.
2. Recuperar el completo funcionamiento de las instalaciones y utensilios después de su empleo.
3. Alargar la vida útil de utensilios e instalaciones.
4. Asegurar la calidad de los alimentos frente a influencias químicas perjudiciales.
5. Crear una condiciones óptimas para una desinfección eficaz.

**Objetivos de la desinfección:**
1. Proteger al consumidor de amenazas sanitarias.
2. Asegurar la calidad de los alimentos frente a influencias microbianas nocivas.
3. Asegurar la capacidad de conservación.

## 9.2 Disposiciones legales

### 9.2.1 Puntos de vista generales

La inocuidad de los alimentos constituye preocupación principal del legislador, que ha publicado muchas disposiciones con esa finalidad (58). La Orden de Higiene de los Alimentos (LMH-VO germana) de 5.8.1997 reviste importancia principal a este respecto. Su objetivo principal es la protección de los alimentos frente a influencias indeseables. Por ello, todos los que fabrican, manipulan y sacan al mercado productos alimenticios están obligados a adoptar precauciones particulares (punto 3 de la LMH-VO). Este objetivo principal se completa con disposiciones especiales complementarias:

- Lugares de trabajo (Apéndice, Caps. 1 y 3).
- Locales, instalaciones y utensilios de los lugares de trabajo (Apéndice, Caps. 2 y 4).
- Manejo de alimentos, incluida la higiene personal (Apéndice, Cap. 5).

Al amparo de la LMH-VO, en la Orden de la Leche de 24.4.1995 se encuentran las especificaciones especiales para el sector lechero. Esta disposición debe proteger a la leche, derivados y otros productos lácticos de influencias externas perjudiciales. Como criterio esencial para lograr esto, la Orden de la Leche recurre a la tasa de gérmenes contenidos en la misma. Los valores límites de la tasa microbiana citados en los Apéndices 4 y 5 de la Orden de la Leche para leche cruda y leche certificada, leche pasteurizada y ultracalentada, sólo pueden observarse cuando, por una parte, la leche se obtiene, se trata o se transforma cuidadosamente, y, por otra parte, se mantienen constantemente en perfecto estado higiénico los utensilios, instalaciones y recipientes de transporte de la leche.

### 9.2.2 Requisitos previos para una limpieza y desinfección eficaces

La LMH-VO de 1997 (legislación alemana) destaca la exigencia general de que en los establecimientos deba ser posible una buena práctica higiénica. Como requisito técnico para ello, la LMH-VO (Apéndices) y la Orden de la leche (punto 20, Apéndice 2) coinciden repetidamente en que las superficies en contacto con la leche o sus productos, aunque también los recintos e instalaciones, deben ser fáciles de limpiar y desinfectar. Para los sistemas cerrados, muy difundidos en la esfera lechera, esta exigencia significa que las técnicas de pulverizado habituales para ello deben poderse aplicar con eficacia. Como los métodos de pulverizado no ofrecen suficiente seguridad, las partes críticas, como los grifos de los recipientes en que se transporte la leche, deben poderse desmontar, lo que facilita su limpieza manual. Como requisito previo para una L + D eficaz, la Orden de la Leche (punto 20) exige superficies lisas de materiales resistentes a la corrosión. Para las membranas de separación sólo se utilizarán aquellos aparatos que permitan limpiar y desinfectar eficientemente con productos químicos habitualmente utilizados en lechería, con zonas de pH comprendidas entre 2 y 11, y temperaturas hasta de 80°C.

### 9.2.3 Organización de la limpieza y desinfección

Las medidas higiénicas practicadas diariamente o que se repiten todavía con mayor frecuencia, requieren un plan higiénico cuidadosamente elaborado, en el que debe quedar determinado como mínimo:

1. ¿Qué debe limpiarse, y, si es preciso, desinfectarse en particular?
2. ¿Con qué frecuencia o en qué momento debe practicarse la limpieza y desinfección?
3. ¿Qué método debe utilizarse y en qué condiciones (temperatura, concentración, duración y eventualmente también presión)?
4. ¿Qué productos químicos limpiadores y desinfectantes deben utilizarse?
5. ¿Quién es responsable de la práctica de la L + D?

Cada plan higiénico debe contar como complemento con un plan de control de la higiene alcanzada. En él se determinará:

1. ¿Quá hay que controlar?
2. ¿En qué puntos debe efectuarse el control?
3. ¿Con qué frecuencia deben llevarse a cabo los controles?
4. ¿Cómo deben realizarse los controles (determinación de la toma de muestras y métodos de control)?
5. ¿Quién es responsable de la práctica de los controles?

Para el último punto citado, la Orden de la Leche prescribe obligatoriamente un laboratorio acreditado.

En el curso de un programa de «Control Analítico de Puntos Críticos» (HACCP), L + D se llevarán a efecto después del calentamiento y antes del envasado como Punto Crítico de Control (CCP) (72). Para ello son decisivas las anotaciones de los parámetros en que se realiza el trabajo (tiempo, temperatura, presión y concentración de las soluciones), ya que justifican la seguridad del procedimiento (64). Si la L + D no pueden realizarse por medios enteramente mecanizados, el encargado de llevar a cabo la operación a mano debe reflejar por escrito el cumplimiento de lo dispuesto, reflejando también las desviaciones que pudieran producirse.

### 9.2.4 Requisitos referentes al personal

A partir de las prescripciones de la Ley Federal de Epizootias de 1979, la Orden de la Leche de 1995 contiene disposiciones referentes a la higiene del personal. Exige limpieza personal y, sobre todo, máximo cuidado con la higiene de las manos. Como requisitos necesarios a tal fin, se prescriben (Orden de la Leche, punto 20):

- Instalaciones para la limpieza y desinfección de las manos, con disponibilidad de agua fría y caliente.
- Disponer de productos para la L + D, que deben, por descontado, no atacar a la piel.
- Disponer de toallas para las manos de un solo uso o medios higiénicos similares para secar las manos.

También en los establecimientos productores de leche debe haber una instalación para el lavado de manos (Orden de la Leche, Apéndice 2).

La dirección de una empresa industrial lechera requiere conocimientos técnicos que deben demostrarse en una prueba de suficiencia, en la que también se incluyen temas de L + D (Orden de suficiencia para dirigir un establecimiento elaborador o transformador de la leche y de una empresa comercial lechera de 22.12.1970).

Para asegurar el éxito de todas las medidas higiénicas de un establecimiento alimentario, es imprescindible la motivación de cada uno de los participantes. Por ello, la LMH-VO (punto 4) obliga al personal que trabaje en establecimientos alimentarios a ser instruido y adoctrinado sobre temas de higiene alimentaria (63).

### 9.2.5 Requisitos sobre medios auxiliares para la limpieza y desinfección

En general, en los establecimientos industriales lecheros, así como en los recintos en que se practique el ordeño, debe disponerse de agua de calidad potable (Orden de la Leche, punto 20 y Apéndice 2).

En particular para los medios desinfectantes, pero no para los limpiadores, la Orden de la Leche (punto 13) exige la comprobación de la eficacia. La utilización de productos químicos en la limpieza y desinfección, no debe influir de forma perjudicial sobre utensilios e instalaciones.

La composición de los productos limpiadores está sometida a lo dispuesto en la Ley de Productos Lavadores y Limpiadores de 1987. La responsabilidad de que las fórmulas estén de acuerdo con la ley afecta a los fabricantes y a aquellas personas que sacan el producto al mercado.

### 9.2.6 Requisitos de seguridad

El manejo de productos químicos concentrados para la L + D no está del todo carente de peligro. De acuerdo con su naturaleza, al contactar con la piel pueden provocar lesiones o quemaduras químicas, o bien irritar en forma gaseosa ojos y vías respiratorias. Por ello, la Orden de Identificación de Materias Peligrosas (punto 5) de 26.10.1993, obliga a quienes saquen al mercado preparados o productos peligrosos a etiquetarlos convenientemente. Para la protección del personal amenazado, la identificación de los posibles peligros debe hacerse en la empresa a través de letreros que indiquen qué zonas son seguras y cuáles obligan a adoptar precauciones.

Los productos empleados en la L + D se almacenarán de forma que no supongan peligro para el medio ambiente (Orden de Materias Peligrosas, punto 24).

Las empresas de productos agropecuarios deben guardar estos productos químicos en unión de los aparatos de limpieza en un recinto o armario independiente (Ley de la Leche, Apéndice 2).

# 9.3 Agua y productos limpiadores y desinfectantes

## 9.3.1 Agua

En la L + D de la industria lechera, el agua es el elemento más importante en los aspectos cuantitativo y funcional (métodos húmedos). Sirve como:

- Líquido de enjuagado.
- Medio disolvente de productos químicos auxiliares.
- Medio de transporte de la suciedad disuelta y microorganismos.
- Transferidor de energía térmica y cinética.

Entre las sustancias naturales disueltas en el agua, revisten importancia para la L + D el calcio y el magnesio, responsables principales de la dureza del agua. La dureza total del agua generada por estos elementos está compuesta por la dureza temporal (dureza carbonatada) y por la dureza permanente (v.gr., sulfatos, cloruros). Al calentar el agua, precipita únicamente la dureza temporal en forma de costras o incrustaciones. El nuevo carbonato adicional formado a partir del bicarbonato (1) se deposita, pues es mucho menos hidrosoluble que el bicarbonato, generando un sedimento de dureza cristalina:

$$Ca(HCO_3)_2 \rightarrow CaCO_3 + CO_2 \downarrow H_2O \quad (1)$$

Los cuerpos responsables de la dureza reaccionan con los principios presentes en los productos limpiadores, v.gr., lejía de sosa (2) y (3), con lo que reducen el efecto limpiador. Cuantos más productos responsables de la dureza contiene el agua, más cantidad de lejía de sosa deberá consumirse:

$$Ca(HCO_3)_2 + 2\ NaOH \rightarrow CaCO_3 \downarrow + Na_2CO_3 + 2\ H_2O \quad (2)$$

$$CaSO_4 + Na_2CO_3 \rightarrow CaCO_3 \downarrow + Na_2SO_4 \quad (3)$$

De esta manera, a partir de una fracción de lejía de sosa se genera sulfato de sosa (3), compuesto sin efecto limpiador porque no tiene reacción alcalina. Asimismo, la dureza del agua también perjudica la acción microbicida de los compuestos de amonio cuaternario (CAC), con máxima probabilidad como consecuencia de la competencia entre los iones de Ca y Mg por una parte y los CAC por otra por adherirse a la superficie celular.

La dureza del agua se expresa en grados alemanes (°dH), como mval/litro de iones alcalino-térreos o como mmol de CaO. 1°dH corresponde a 10 mg de CaO/litro o 2,8 mval/l de iones alcalino-térreos o 0,186 mmol CaO. Para neutralizar el efecto perturbador de la dureza del agua, puede precipitarse la dureza temporal agregando lechada de cal, o bien neutralizarse la dureza total con ayuda de un intercambiador de iones. Existe asimismo la posibilidad de «reblandecer» la dureza del agua agregando a los productos limpiadores compuestos orgánicos formadores de complejos. Fijan los iones alcalino-térreos de manera que ya no puedan influir negativamente sobre el efecto limpiador.

En el aspecto microbiano, el agua destinada al enjuagado final de las superficies limpiadas y/o desinfectadas debe cumplir las especificaciones correspondientes al agua potable.

## 9.3.2 Productos limpiadores

Productos limpiadores alcalinos: la mayoría de las operaciones de limpieza en las empresas lecheras requieren productos limpiadores alcalinos. De acuerdo con su composición, se distinguen:

- Productos mixtos
- Productos para mezclar
- Productos químicos básicos

Los productos mixtos se ofrecen en el comercio como mezclas preparadas. En la Tabla 1.3 se relacionan los posibles ingredientes (punto 1.3.2.1). Los fosfatos citados se sustituyen por otras sustancias, debido al peligro de eutrofismo en las aguas. Además de los responsables de alcalinidad como lejías o sosa, en los productos limpiadores alcalinos se incluyen también con frecuencia silicatos, que en parte actúan como inhibidores de la corrosión. Los limpiadores alcalinos contienen también muchas veces ténsidos. Entre el gran número de sustancias utilizadas, con fines de limpieza se emplean ténsidos no ionógenos o bien aniónicos (resumen de este tema en Stache y Kosswig; 73).

Es común a todos los ténsidos estar formados por un resto hidrófobo (cadena larga de hidrocarburos) en unión de un grupo hidrófilo. Esta constitución es la explicación de sus importantes propiedades específicas para el proceso de L + D:

- Acumulación en la superficie de separación entre el agua por una parte y el aire o superficies sólidas (principios activos), pero también microorganismos por otra.
- Disminución de la tensión superficial de soluciones L + D.
- Emulsionan la suciedad hidrófoba (grasas).
- Dispersan las partículas sólidas de suciedad.
- Formación o extinción de espuma según el tipo de ténsido (Cap. 1, Tabla 1.4).

En el trabajo de Wildbrett (81) se resumen las acciones de las diversas sustancias contenidas en los productos de L + D.

A diferencia de lo que sucede con los productos limpiadores mixtos, los productos para mezclar no son compuestos de principios activos prestos para el empleo. A cambio, el usuario debe dosificar los diversos componentes en la proporción por él deseada. La ventaja estriba en poder determinar las cantidades de los diversos componentes con gran exactitud de acuerdo con las características específicas de la empresa (clase y cantidad de suciedad, dureza del agua) y no depender, como sucede en los productos mixtos, de las proporciones de la mezcla existentes en estos últimos. Como producto químico alcalino principal emplean los establecimientos lecheros casi exclusivamente lejías, sobre todo para instalaciones calentadoras y de evaporación, aunque también en la limpieza de superficies. Los productos químicos básicos son bastante más baratos que los productos mixtos, si bien la acción limpiadora de estos últimos es notablemente superior (24).

Productos especiales: las soluciones limpiadoras marcadamente alcalinas o ácidas sobrecargan el agua residual (punto 9.11). Por ello, desde hace algunos años se observa la tendencia a emplear productos limpiadores de alcalinidad o acidez débil y que supongan menor sobrecarga residual. Su eficacia se basa en parte en la actividad de proteasas, que excluyen los residuos proteicos y por ello se convierten en una forma más hidrosoluble.

Para las superficies verticales están indicados tanto los geles como las espumas limpiadoras. Es característica de los productos limpiadores espumosos una elevada tasa de ténsidos generadores de mucha espuma. A la vez contienen estabilizadores de la espuma, los llamados «boosters».

Criterios esenciales de la eficacia de un limpiador espumoso son, además del contenido de principio activo limpiador, la capacidad de formación y conservación de la espuma, así como la posibilidad de adherencia a las superficie lisas verticales, con frecuencia nada absorbentes.

Los geles limpiadores son preparados altamente viscosos y tixotropos. Se adhieren a las superficies verticales todavía mejor que las espumas limpiadoras, que con el tiempo se deslizan hacia abajo sobre la película de líquido que escurre. De esta manera, los geles cuentan con tiempos de actuación bastante más prolongados que una cobertura de espuma.

## 9.3.3 Desinfectantes

Como grupos de principios activos germicidas, en la industria lechera se utilizan principalmente:

- Compuestos de cloro activo y yodo activo.
- Compuestos de peróxidos.
- Compuestos de amonio cuaternario (CAC).

En el punto 1.4.7 se incluye información sobre las propiedades y condiciones de empleo de estos principios activos, por lo que a continuación sólo se aportan algunas indicaciones complementarias al respecto.

Durante largo tiempo se impuso en la industria lechera el cloro activo –especialmente el hipoclorito– como compuesto desinfectante, debido a su amplio espectro de actuación y a su rapidez de acción. Pero desde que se conocen los problemas ecológicos resultantes de la aplicación de principios activos liberadores de cloro (formación de compuestos halógenos orgánicos adsorbibles [AOX]; punto 9.11.3), se prefieren de forma creciente las sustancias generadoras de oxígeno como el PES, mucho menos conflictivas desde el punto de vista ecológico. El empleo de yodo activo en forma de yodóforos se limita esencialmente a la desinfección de pezones. Unánimemente se reconoce la conveniencia de su utilización a tal fin. En cambio, limitan el empleo de yodóforos sobre superficies sólidas la posibilidad de una acumulación incontrolada en la leche de residuos de yodo, altamente activo en la esfera fisiológica (18), pero también diversos problemas de técnica de aplicación, como decoloración de las partes de plástico y el peligro de corrosión por el yodo. Cuando esta aplicación se haga después de una limpieza alcalina, deben eliminarse escrupulosamente los restos de lejía mediante enjuagado, pues el yodo sólo desarrolla su acción microbicida en medio ácido.

En virtud de sus propiedades tensoactivas, los CAC cuentan con la ventaja de que sus soluciones son capaces de dejar sentir su acción en puntos difícilmente alcanzables, como estrechas rendijas y poros. La marcada capacidad de adherencia a las superficies sólidas en forma de película de estos ténsidos catiónicos es más un inconveniente que una acción protectora deseable contra reinfecciones procedentes del entorno (punto 9.13).

## 9.3.4 Productos combinados para la limpieza y desinfección

Las medidas de L + D regularmente necesarias requieren un notable gasto de trabajo, tiempo, energía y agua. Es comprensible, pues, que en la práctica se prefieran los métodos que ahorren tiempo y costos. Una posibilidad de esto consiste en reunir limpieza y desinfección en una única operación. Esta modalidad de actuación requiere cumplir por razones de seguridad higiénica con algunos requisitos previos:

1. Residuos de producto relativamente escasos, que mayormente puedan eliminarse simplemente con agua.
2. Garantía de enjuagados previos intensivos, por ejemplo mediante integración en un programa de limpieza completamente automatizado.
3. Ausencia de gérmenes patógenos.

Especialmente en establecimientos de productos agropecuarios se ha extendido la práctica de la L + D en una operación única. Además de exigir menos tiempo, tiene las ventajas de ahorrar agua y energía, además de permitir un almacenado más simplificado (sólo un producto combinado en lugar de un producto de limpieza y de otro para la desinfección), ya que únicamente se aplica y se calienta una solución. Sin embargo, el efecto desinfectante sólo se logra cuando en la fórmula del producto mixto prevalece una superior dosificación del principio activo microbicida, al objeto de compensar la pérdida de eficacia consecuente a la reacción con componentes de la suciedad (la llamada merma de acción por las proteínas).

Por lo demás, al elaborar la fórmula combinada del producto a utilizar en la L + D debe tenerse en cuenta que las sustancias microbicidas sólo desarrollan su acción óptima dentro de una zona específica de pH (punto 1.4.7).

En el caso de combinar limpieza y desinfección, el componente desinfectante también favorece la limpieza al disgregar los componentes de la suciedad (compuestos peróxidos y de cloro activo) o bien reduciendo la tensión superficial de la solución (CAC).

## 9.3.5 Limpiadores y desinfectantes comprobados

La oferta comercial comprende gran número de productos químicos limpiadores y desinfectantes. El usuario práctico apenas está capacitado para decidir sobre su idoneidad. Por ello, la Asociación Agropecuaria Alemana (DLG) publicó ya en 1950 unas características de calidad para los productos de L + D a utilizar en la industria lechera. A instancia del fabricante o de expendedores se citan los productos que cumplen las exigencias mínimas exigidas en las normas de comprobación competentes. En la actualidad existe la posibilidad de conseguir las características de calidad DLG sólo para los siguientes empleos:

**Grupo 1:** Productos combinados L + D para máquinas ordeñadoras, utensilios y recipientes.
- 1a. Productos de acción rápida (referida a efecto germicida).
- 1b. Productos de acción lenta (referida a efecto germicida).

**Grupo 2:** Productos combinados para L + D de tuberías de lechería.
- 2a. Productos alcalinos
- 2b. Productos ácidos

**Grupo 3:** Desinfectantes para instalaciones de centrales lecheras

Además de la DLG, también la Asociación Alemana de Medicina Veterinaria (DVG) comprueba a petición de parte desinfectantes a utilizar en la obtención, elaboración y tratamiento de alimentos de origen animal. Esta entidad publica asimismo los resultados de las comprobaciones en una Lista constantemente actualizada. La inclusión en las Listas[1] de la DLG o DVG ratifica la eficacia de un desinfectante (punto 9.2), como se dispone en el punto 13 de la Orden de la Leche (1995). Por último, la Asociación Alemana de Higiene y Microbiología (DGHM) también comprueba desinfectantes, v.gr., para la desinfección de manos.

Las comprobaciones efectuadas por la DLG superan ampliamente a las de la DVG porque incluyen puntos de vista de técnica de aplicación, como tolerancia de materiales y comportamiento de la espuma, así como tests de eficacia sobre desinfectantes.

Los productos incluidos en las listas de calidad DLG se someten durante todo el año a controles consistentes en muestreo al azar en la fábrica o en el comercio. El análisis de los controles garantiza al usuario en buena medida la seguridad de los productos que utiliza.

Además de productos para la L + D de superficies «muertas», la DLG proporciona características de calidad para desinfectantes empleados en el animal (productos para la higiene de las mamas, incluidos los destinados a bañar los pezones). La concesión presupone la comprobación de un efecto protector de la piel y cuerpo de los pezones y, en un test microbiano, la obstaculización del contagio de microorganismos. Como complemento de esto, también se estudian los productos para el baño de pezones en lo referente a posibles residuos, de acuerdo con la Orden de Cuantías Máximas. Los productos relacionados están sometidos a un control continuado mediante toma de muestras regular por el fabricante o vendedores.

## 9.4 Ensuciamiento de superficies

Las fuerzas adhesivas entre superficies y medio de contacto son responsables de que, tras la utilización, las superficies aparezcan sucias. Principalmente se trata de

[1] Las listas de productos comprobados, así como las correspondientes normas sobre métodos de comprobación, pueden solicitarse de la Deutschen Landwirtschaftsgesellschaft, Eschborner Straße 122, en D-60489 Frankfurt/Main o de la Deutschen Veterinärmedizinischen Gesellschaft, Frankfurter Straße 89, en D-35392 Gießen.

**Tabla 9.1** Ejemplos de clases de suciedad de algunas zonas de un establecimiento lechero.

| Área | Tipo de suciedad | Componentes principales | Capacidad de eliminación | Métodos de limpieza |
|---|---|---|---|---|
| Salas de ordeño<br>Tinas refrigeradas<br>Tanques transporte | Restos de leche, líquidos | Proteínas, grasas, sales | Buena | Ácidos y/o álcalis en alternancia regular |
| Calentamiento y concentración de la leche | Costras de leche, sólidas | Lactoglobulina, fosfato y citrato de Ca | Difícil | Ácidos y alcalinos regularmente |
| Mantequería | Restos de nata, líquidos, película de mantequilla | Grasa, proteína | Discretamente difícil | Alcalinos |
| Quesería-moldes | Restos de cuajada | Caseína | Discretamente difícil | Alcalinos y ácidos en alternancia |
| Ultrafiltración<br>Leche<br><br>Suero de leche | Leche concentrada, película de gel<br>Suero concentrado, película de gel | Proteína, grasa, fosfato Ca<br>Proteína de suero<br>Sales Ca | Discretamente difícil<br>Discretamente difícil | Regularmente alcalinos y ácidos |

restos adheridos de alimentos, pero que, como no pueden aprovecharse ya como tales alimentos, pasan a denominarse suciedad. De esta manera existe un cambio continuado de alimentos en suciedad. Quizá se diferencie ésta en estado y composición de la suciedad existente sobre otras superficies que teóricamente no contactan con productos alimenticios, v.gr., las caras exteriores de aparatos destinados a la producción, o paredes, suelos y techos de los recintos de producción y depósito de un establecimiento alimentario. Las suciedades que cabe esperar de acuerdo con las secciones del establecimiento, varían notablemente en lo referente a composición y estado (Tabla 9.1).

La Tabla 9.1 permite deducir, asimismo, que las industrias lecheras no pueden valerse de un único producto limpiador, ya que dentro del concepto de limpieza hay que atender a cometidos muy diferentes, a la vez que son muy diversos los materiales que forman las superficies a tratar, como acero inoxidable, cristal, cerámica y plástico. Como factores que participan inevitablemente en todos los procesos de ensuciamiento y de limpieza, desempeñan papel decisivo en el depósito, adherencia y eliminación de la suciedad.

En contacto con leche sin calentar, la formación de un revestimiento se inicia con la adsorción de fosfolípidos, los cuales fijan micelas de caseína, glóbulos grasos o bacterias. Estas últimas encuentran en la película de leche condiciones óptimas para su multiplicación; en las instalaciones de ordeño se encuentran sobre todo gérmenes psicrótrofos, cuyas proteasas desestabilizan la caseína, la cual precipita y refuerza todavía más la película adherida. Los compuestos de amonio cuaternario y los ténsidos no ionógenos también actúan precipitando las proteínas, con lo que pueden favorecer la formación de revestimiento (42). Una vez que las superficies han perdido su lisura original como consecuencia de las capas depositadas sobre ellas inicialmente, se crean las condiciones óptimas para que se formen más capas superpuestas.

En contacto con superficies calientes, la formación de revestimiento tiene lugar en tres fases, dependientes del tiempo (41):

1. Durante la fase de inducción se produce la preparación de la superficie todavía sin ensuciar, consistente en la separación de la leche calentada de las proteínas sensibles al calor –lactoalbúmina y sales de calcio–, que se depositan sobre las superficies calentadas.
2. La fase de transición, de corta duración, se caracteriza porque la masa del revestimiento comienza a aumentar considerablemente.
3. Decisiva para el grosor del revestimiento es la fase de crecimiento, en la que la masa de éste se deposita sobre las superficies. Por lo regular, la masa aumenta en proporción directa con el tiempo.

Las capas de revestimiento que se producen en las membranas de separación están formadas preferentemente por proteínas adsorbidas. Llegan a la membrana mediante la corriente de filtración en transversal con la corriente de producto. La capa de cobertura no sólo recubre la superficie de la membrana, sino que, siempre que lo permitan las dimensiones del agregado proteico, llega a introducirse en los poros, obstruyéndolos.

El depósito y la adherencia de la suciedad obedecen a acciones mutuas entre los componentes de la leche y las superficies. Estas acciones favorecedoras de la formación de revestimientos pueden atenuarse o incluso anularse del todo modificando adecuadamente las superficies, v.gr. aplicando a las superficies metálicas productos con politetrafluoretileno (PTFE, Teflon) que rechacen la suciedad.

## 9.5 Consideraciones generales sobre los métodos de limpieza y desinfección

### 9.5.1 Efectos de factores determinantes

Las medidas de L + D son procesos muy complejos. En ellas participan siempre tres componentes: superficies, soluciones y agua, así como suciedades y/o microorganismos. Estos factores determinan el éxito de los tratamientos. El esquema referente a la limpieza expuesto en la Figura 9.1 puede aplicarse con pocas variaciones a la desinfección: en lugar de la solución limpiadora actúa la solución desinfectante en unión de suciedad, la cual mayormente desempeña papel secundario, ya que el desinfectante va por lo regular precedido por una etapa limpiadora, que afecta asimismo a los microorganismos. El tipo, cantidad y estado fisiológico de los factores arriba citados determinan esencialmente el éxito de un desinfectante.

Los parámetros de trabajo químicos, mecánicos, de temperatura y tiempo apenas pueden separarse entre sí en la práctica. Por lo regular actúan juntos, pudiendo sustituirse entre sí hasta cierto punto. Esto admite la posibilidad de mejorar las medidas de limpieza y desinfección con objetivos diferentes:

Objetivo 1: Ahorro de energía: v.gr., con frecuencia basta una temperatura baja de la solución para eliminar la suciedad o matar los gérmenes, cuando a título compensatorio se alarga el tiempo de actuación.

Objetivo 2: Con el fin de reducir la contaminación del agua residual, puede aplicarse menor cantidad de producto químico, siempre que se compense con una superior temperatura o acción mecánica.

Objetivo 3: Mayor cuidado del material: Los daños por acciones químicas o térmicas pueden evitarse reduciendo la concentración y/o temperatura de la solución, pero incrementando el tiempo de actuación y/o la acción mecánica.

Objetivo 4: Se consigue abreviar los procesos de tratamiento aumentando la química, mecánica y/o temperatura.

Con vistas a proteger los materiales, la sobrecarga química de las aguas residuales y los ahorros de energía y tiempo son los factores responsables de la eficacia que deben combinarse de manera óptima entre sí. La opinión tan frecuente en la práctica de que una acción limpiadora insuficiente puede mejorarse incrementando la concentración de la solución, sólo está justificada cuando se trabaja con concentraciones inusualmente bajas. Más bien, diversos autores (25, 50, 68) han coincidido en que no aumenta la eficacia de una solución limpiadora por el hecho de prepararla por encima de la concentración específica del producto limpiador; en ocasiones, incluso puede proporcionar efectos más débiles.

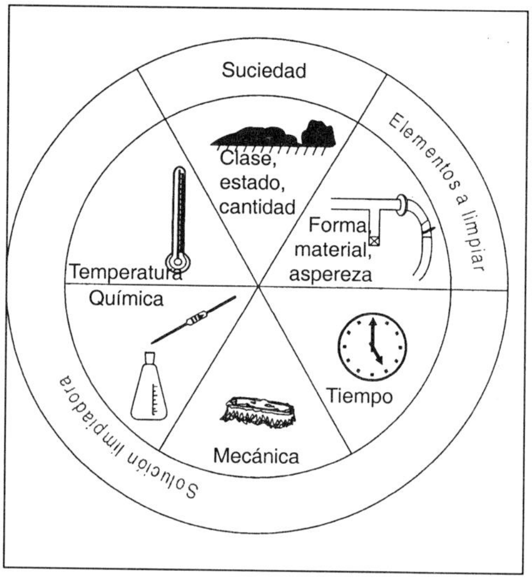


**Fig. 9.1** Factores determinantes del resultado de la limpieza (19).

## 9.5.2 Métodos e instalaciones de limpieza *in situ* (*cleaning in place* = CIP)

Las industrias lecheras aprovechan en lo posible los sistemas de limpieza CIP para su L + D, es decir, que se limpian y desinfectan sin modificar esencialmente las instalaciones de la empresa o incluso sin desmontarlas. Con ello, la CIP ahorra tiempo de trabajo frente a los métodos antiguos, a la vez que, practicada con cuidado, ofrece mayor seguridad en lo referente a resultados, ya que éstos ya no dependen de la realización manual de las operaciones, que exigía más cuidado y esfuerzo físico por parte del personal.

Por último, se acortan también los tiempos sin trabajar que deben establecerse para practicar las necesarias limpiezas intermedias, cuando las instalaciones funcionan continuadamente.

En lo referente a la práctica de la CIP, se distinguen las siguientes variantes:

1. Producto limpiador a fondo perdido: aquí la solución recién preparada sólo sirve para una operación de limpieza, para verterla luego en el agua residual, por ejemplo cuando después de un solo uso se ensucia mucho y ya no cabe esperar una soportable acción residual, por ejemplo tras la primera etapa de limpieza alcalina de instalaciones de evaporación o UHT.
2. Producto limpiador recuperado: después de ser usada, la solución se guarda en un tanque de depósito hasta su siguiente empleo. Pero para ello puede ser necesario reajustar la solución limpiadora (punto 9.11.7). Como es inevitable que escurra algo del agua de enjuagado, la cual diluye la solución, la concentración tiene que ajustarse automáticamente hasta que la conductibilidad eléctrica de la solución recupere el valor deseado.

Las soluciones desinfectantes sólo sirven excepcionalmente para empleo repetido porque generalmente la concentración de principio activo disminuye mucho durante el tiempo de depósito. En la práctica es frecuente combinar ambos principios de empleo, guardándose las lejías limpiadoras después de su uso, mientras que ácidos y soluciones desinfectantes se preparan inmediatamente antes de su aplicación.

La disposición de la instalación CIP en la empresa admite dos posibilidades: bien cada sección cuenta con su propia instalación, absolutamente autónoma, bien existe una central de limpieza para la totalidad del establecimiento, a partir de la cual se realiza la L + D en todas las áreas de la empresa. Esto último exige, sin embargo, largas cañerías acompañadas de elevadas pérdidas de presión y calor en su trayecto hasta las distintas secciones. Por estas razones en los grandes establecimientos se prefieren las instalaciones descentralizadas de CIP. No obstante, las diversas estaciones reciben las soluciones limpiadoras almacenadas, y en ocasiones también el agua de enjuagado, de un núcleo central. Luego, en cada punto, la solución a utilizar se calienta a la temperatura necesaria y, una vez utilizada, se devuelve al tanque central de depósito que volverá a enviarla a otras áreas. Las soluciones que no admiten almacenado se preparan inmediatamente antes de su empleo en las secciones descentralizadas.

En el Boletín Profesional Nr. 18 de la DIN (11) se incluye información sobre las características técnicas de una instalación CIP.

Las elevadas exigencias técnicas propias de las instalaciones CIP son causa también del alto coste tanto del proyecto como de la composición y mantenimiento de las mismas (proporción alrededor de 1:2). El sistema CIP también implica una elevada seguridad en lo referente a eficacia. Es muy importante en las instalaciones cerradas que debido al trabajo que ello supone no se abran cada día, ni puede controlarse su estado higiénico. Pese a ello, Buchheim *et al.* (10) recomiendan abrir y vigilar como mínimo una vez al año las instalaciones de calentamiento en las que cabe esperar la formación de un revestimiento interior a expensas del producto. En el punto 9.10.2 se expresan las posibilidaes de un control continuado del resultado de la limpieza.

### 9.5.3 Enjuagados previo y final

La importancia del enjuagado previo con agua nunca podrá valorarse suficientemente. Contribuye de manera esencial a hacer la limpieza más económica y ecológicamente más conveniente, pues el enjuagado previo:

- Reduce la pérdida de principio activo de las soluciones limpiadoras.
- Disminuye la sobrecarga de suciedad de las soluciones limpiadoras.
- Reduce la carga de suciedad de las aguas residuales, en cuanto que pueden utilizarse los restos de producto contenidos.
- Disminuye la pérdida de eficacia de las sustancias germicidas al combinar L + D en una sola operación.

Aumentando la velocidad de la corriente, se incrementa el efecto de enjuagado. Por añadidura, pueden enjuagarse más fácilmente con agua caliente residuos viscosos de productos, como v.gr., nata enfriada. En el trabajo de Kessler (41) se hallarán más datos al respecto.

Cada limpieza y cada desinfección química deben ir seguidas de un enjuagado con agua potable para obtener superficies con escasa o nula cantidad de residuos. El ácido nítrico puede eliminarse con mucha facilidad mediante enjuagado; la lejía de sosa requiere tiempos de enjuagado algo más prolongados. Debido a su acción superficieactiva, la capacidad de enjuagado de losténsidos es peor, dependiendo del potencial eléctrico del principio activo. Como consecuencia, los ténsidos anfóteros y catiónicos pueden enjuagarse bastante peor del acero refinado, por lo regular cargado negativamente, que los ténsidos aniónicos. Por la misma razón, el acero refinado adsorbe cantidades notablemente mayores de ténsidos catiónicos como el propileno (PP), que sólo puede desarrollar acciones mutuas hidrófobas con la cadena hidrocarbonada de un ténsido (1). En la bibliografía especializada son dispares las opiniones referentes a la capacidad de eliminación mediante enjuagado de los ténsidos no iónicos: mientras que Kessler (41) los clasifica como dotados de buena capacidad de enjuagado en comparación con los ténsidos catiónicos, Helmschrott y Wildbrett (31) aluden a la capacidad de adherencia muy marcada de un ténsido no iónico. La razón de las diferentes opiniones podría estar en las diversas constituciones moleculares, distintas en cada producto en particular, pese a la coincidencia en lo básico de todos ellos. Así, el número de etoxigrupos polares que se forman en la solución acuosa de grupos oxonium con carga positiva podría determinar esencialmente la intensidad de adherencia.

En la práctica, los residuos de soluciones limpiadoras y desinfectantes pueden eliminarse notablemente mejor con enjuagados a intervalos que mediante enjuagado continuado sin pausas intermedias. El procedimiento reduce la cantidad de agua necesaria para enjuagar, por una parte al ser más cortos los tiempos de enjuagado, y por otra, debido a la superior eficacia.

## 9.6 Limpieza y desinfección de las secciones de producción

El requisito previo para lograr productos lácteos de alta calidad debe tomar en consideración la zona de producción, pues todas las medidas adoptadas a continuación, como la refrigeración de la leche recién ordeñada y su posterior calentamiento, sólo permiten suavizar, pero no eliminar, las consecuencias de una deficiente higiene en la obtención de la leche.

### 9.6.1 Higiene de la ubre

La higiene del ordeño se inicia con el lavado de las manos y antebrazos del personal encargado de ordeñar, acompañado del cuidado de la ubre. Para esto último, no sólo hay que realizar la limpieza a fondo de la ubre utilizando paños no recuperables o mediante lavado, sino también bañando los pezones con una solución desinfectante una vez concluido el ordeño, con objeto de proteger las mamas de enfermedades. Como principios activos microbicidas pueden citarse sobre todo los yodóforos, compuestos liberadores de cloro y clorohexidina. La ventaja de este último compuesto es una acción bactericida más prolongada sobre la piel de los pezones (65). En las poblaciones animales infectadas con *Str. agalactiae* es imprescindible practicar además una desinfección intermedia de los utensilios lecheros después de ordeñar cada vaca. En las plazas de ordeño, la desinfección intermedia se realiza automáticamente con solución de ácido peracético (PES) o cloramina T en cada cambio de animal.

### 9.6.2 Instalaciones de ordeño

Frente a la limpieza manual llevada a cabo antiguamente con subsiguiente desinfección de los utensilios de ordeño, la automatización ha supuesto un considerable avance higiénico. Con objeto de ahorrar energía, el agua necesaria para la limpieza se calienta muchas veces aprovechando el calor sustraído a la leche en su enfriamiento, pese a lo cual los aparatos de limpieza automática cuentan con un calentador que, con ayuda de un termostato, garantiza disponer de la temperatura requerida por el sistema de limpieza practicado, a la vez que compensa las pérdidas de calor que sufre la solución circulante.

En la práctica agropecuaria, las operaciones de L + D se combinan en una sola actuación por razones económicas. Las perspectivas para esto son óptimas, pues el enjuagado previo practicado a fondo una vez concluido el ordeño, e incluido en el programa, elimina en buena medida los restos de leche de la instalación. Cuando es muy pequeña la cantidad de leche que ingresa en la solución, el principio activo bactericida conserva bastante su efecto destructor de gérmenes.

El programa de L + D de una instalación de ordeño discurre como sigue (14):

- Eliminación de los restos de leche aspirando con una esponja.
- Enjuagado previo con agua templada (30-35°C) circulando durante 3-5 minutos.
- L + D del circuito cerrado con la solución de un producto de L + D compro-

bado (ver punto 9.3.5) en la concentración de empleo recomendada, a 45-55°C y durante 15 a 20 minutos.
- Enjuagado final con agua fría de la conducción (calidad potable), durante 3-5 minutos.
- Eliminación del agua residual con una esponja absorbente. Imprescindiblemente, las esponjas deben limpiarse y desinfectarse a fondo después de su utilización.

En general, es habitual limpiar alternativamente con álcalis y ácidos.

La frecuencia de la alternancia depende de la dureza del agua y de la formación de revestimiento a partir del producto limpiador alcalino. Las durezas de agua medias y altas requieren un cambio de un tiempo a otro de ordeño. Si se trabaja con aguas blandas, basta por lo común con limpiar con producto ácido una vez a la semana.

Los pocos restos de leche que quedan después del enjuagado previo permiten un bajo volumen de solución para L + D, con el menor consumo que ello supone de agua, energía y productos químicos auxiliares. La escasa cantidad de líquido llena las tuberías lecheras sólo parcialmente. Sin embargo, una acusada turbulencia de los líquidos de enjuagado garantiza que éstos lleguen a todas las partes de las superficies. La turbulencia se consigue introduciendo aire a oleadas en las vías de conducción, en las que se genera un discreto vacío. Debido a esto, las soluciones deben ser lo menos espumosas posible, ya que la espuma producida impediría el contacto directo del líquido circulante con las superficies a tratar, comprometiendo con ello el éxito de la operación. En lo referente a principios activos bactericidas como por ejemplo los CAC, la postulada escasa formación de espuma limita el empleo en tuberías de ordeño. Los inhibidores de espuma agregados no sólo reducen la tendencia a la formación de espuma, sino que en bastantes ocasiones atenúan la acción microbicida.

El producto «Schwall-R», con una mezcla de dos fases (líquido y aire) a alta velocidad, proporciona un efecto mecánico notablemente superior al de los productos limpiadores descritos. A partir de una mezcla aire-líquido se forman tapones sueltos que llenan la totalidad de la luz de los tubos. La elevada energía cinética de los conglomerados de líquido favorece la separación de la suciedad de la pared de los tubos. De acuerdo con la velocidad de desplazamiento, las tensiones de empuje alcanzan entre 50 y 250 N/m; con ello, el valor es de 10 a 30 veces más elevado que en la circulación de limpieza convencional (26).

En el caso de que ingresara leche por absorción en la conducción de vacío, ésta se limpiará inmediatamente después de concluido el ordeño. En otro caso, basta con limpiar y desinfectar una o dos veces al año la conducción de vacío. A tal fin, la DLG recomienda (14):

- Enjuagado previo con agua caliente a unos 30°C mediante aspiración a través de una manguera.
- Limpiar con la solución de L + D calentada a unos 40-50°C, con 15 minutos como tiempo de actuación.
- Enjuagado final con agua fría de la conducción ordinaria.

Como máximo deben aspirarse cada vez 10 litros de líquido, con lo que no puede ingresar agua en la bomba de vacío. Por ello, el enjuagado final debe repetirse las veces que sean necesarias hasta que fluya el agua limpia.

De Gran Bretaña llega el método de la limpieza con agua hirviente (*acid boiling water*). El sistema consiste en introducir en los circuitos de aparatos y conducciones de ordeño una determinada cantidad de agua hirviente, dependiente de las dimensiones de las instalaciones de ordeño, a la que se añade ácido nítrico, sulfúrico o cítrico (65). El agua de salida debe exhibir al menos durante 2 minutos una temperatura mínima de 77°C. El método tiene la ventaja del bajo precio a que resulta cada operación de limpieza, ya que el costo de los productos químicos empleados es bastante menor que el de los productos utilizados en la L + D mediante circulación, mientras que el costo del agua y energía empleadas viene a ser el mismo en ambos procedimientos.

En un estudio comparativo de la limpieza con agua hirviente con los sistemas de circulación convencional, Aumann *et al.* (3) comprobaron resultados bastante similares en lo concerniente a limpieza obtenida (determinación mediante bioluminescencia, punto 9.10.4). Resultaban difíciles de limpiar, independientemente del método empleado, la parte superior de los colectores de la leche y los casquillos de goma de los pezones. Tampoco el número de unidades formadoras de colonias (KBE) de la leche cruda mostraba diferencias de acuerdo con el método empleado. Sin embargo, la limpieza realizada con agua hirviente se mostraba más propensa a variaciones que el procedimiento convencional que combina productos L + D, sobre todo con aporte desigual de agua, con temperaturas de ésta demasiado bajas a la entrada –deben ser como mínimo 96°C– o con velocidad de corriente excesivamente lenta en la conducción de la leche. En las conducciones de leche de cloruro de polivinilo blando (PVC), se excluye el empleo de agua hirviente, debido a la sensibilidad de este material ante el calor.

Un problema especial lo constituyen en muchas regiones los *puestos de ordeño campestres*, pues fuera de los edificios de las granjas faltan las debidas instalaciones. Sin embargo, para asegurar la higiene en estos lugares es habitual llevar agua caliente a los puntos de ordeño para enjuagar los aparatos y conducciones de ordeño a continuación de efectuar éste, con objeto de que no se resequen en ellos restos de leche.

El agua utilizada en el enjuagado se recoge en un depósito de vacío para volverla a emplear. En el establecimiento se procede luego a la L + D de las secciones, tras conexión con el aparato de limpieza automática y de acuerdo con el programa adoptado.

## 9.6.3 Depósitos de refrigeración y bidones de la granja

Los depósitos de refrigeración de las granjas productoras de leche cuentan con aparatos de limpieza automática programables. Así, el encargado puede poner en marcha la limpieza con sólo apretar un botón, una vez vaciado el depósito. La limpieza consta de las tres fases de actuación: enjuagado previo, limpieza y desinfección en una sola operación, y de enjuagado final. Para ello, los líquidos llegan a un elemento pulverizador –en los grandes depósitos pueden ser varios– que los distribuye uniformemente sobre toda la superficie. El método automatizado constituye en lo referente a resultados una medida más elevada de seguridad, aunque desigual, que la limpieza practicada antiguamente a mano con cepillos, en la que la escasa cantidad de solución se enfría inmediatamente en contacto con el depósito, por lo que muchas veces la concentración prevista de empleo no puede respetarse y muchas partes como los suelos y grifos de salida no se limpian con la intensidad deseada. Como consecuencia de esto, se duplican en ocasiones las tasas de gérmenes de la leche que sale de las instalaciones de ordeño, por contaminación en los depósitos de refrigeración.

Ahora como siempre, los bidones de la granja se siguen limpiando a mano. Debido a la escasa cantidad de líquido, generalmente sólo templado, el tiempo de actuación para realizar la desinfección suele ser inferior a 15 minutos. Además del fondo del recipiente, debe ponerse atención en la limpieza manual de un collar de grasa producido posiblemente al formarse la nata, ya que con la grasa pueden acumularse también bacterias en esa zona. Como alternativa al trabajo puramente manual, puede recurrirse a la utilización de aparatos pulverizadores de acción manual que alivian esta tarea y distribuyen los líquidos uniformemente por todas las superficies (69).

## 9.7 Limpieza y desinfección de vehículos colectores y tanques de transporte de leche

De acuerdo con la DIN 10502, Sección I (12), basada en la Orden de Recipientes para Transportes de Alimentos de 13.4.1987, los tanques destinados a transportar alimentos líquidos deben estar construidos de manera que las superficies que establezcan contacto mediato o inmediato con los alimentos puedan limpiarse automáticamente por completo y de forma irreprochable, es decir, sin formación de sombreados. Por consiguiente, los vehículos colectores de leche deben contar en cada compartimento con una pared que lleve incorporado un dispositivo propio para la limpieza, o bien disponer de dos aberturas para la introducción de un aparato limpiador. La limpieza automática se lleva a cabo en el método CIP pulverizando el espacio interior del tanque. Simultáneamente, la corriente de los líquidos limpiadores atraviesa todos los conductos seguidos por el flujo de leche hasta el vehículo colector. Como sólo hay que eliminar pequeños residuos de leche sin desecar, L + D pueden realizarse conjuntamente en una sola operación cuando se utiliza un producto limpiador con aditivo bactericida. El curso del programa a seguir comprende luego las siguientes etapas (cada una con una duración aproximada de 5 minutos):

- Enjuagado previo con agua caliente.
- L + D combinadas en solución calentada a 45°C y en la concentración recomendada.
- Enjuagado final con agua de la conducción general.

La limpieza alcalina rutinaria debe sustituirse por un tratamiento ácido a intervalos de una semana aproximadamente. Básicamente, los tanques colectores deben limpiarse a diario después de su último vaciado. La experiencia indica que entre los diversos viajes de recolección de leche efectuados en un día basta con enjuagar el tanque sólo con agua fría de la conducción general, siempre que no se realicen más de un máximo de 3 viajes.

Si la limpieza es deficiente, los tanques colectores se convierten en peligrosas fuentes de contaminación (42). Entonces, la tasa de gérmenes de la leche entregada en la central lechera puede sobrepasar las cifras máximas autorizadas, aun cuando la leche salga de las granjas productoras con tasas microbianas que responden a las exigencias legales. Para las centrales lecheras que vayan a tratar la leche, esta circunstancia puede suponer un riesgo no previsto. Por ello, la central debe asegurarse fehacientemente de que el empresario responsable del transporte lleva a cabo la L + D de forma adecuada. Cuando el tanque para transporte de leche no tenga instalado ningún dispositivo limpiador, la central lechera deberá preparar un medio al efecto, en cuyo caso también pueden realizarse a la vez L + D.

## 9.8 Limpieza y desinfección de establecimientos elaboradores y transformadores de la leche

### 9.8.1 Tanques de depósito

Los tanques de depósito se incluyen generalmente en el programa de CIP. La Figura 9.2 muestra el esquema de una instalación CIP para tanques de depósito de leche. Bajo la tapa de los depósitos horizontales hay dispuestas varias cabezas de rociado, para repartir el líquido por las paredes, tapa y fondo de los tanques. Los depósitos verticales cuentan en el centro de la cara interna de la tapa con un dispositivo pulverizador. Las bombas impulsoras generan en las cabezas de rociado una presión de trabajo como máximo de 10 bar (rociado a baja presión); en cambio, los métodos de alta presión funcionan con presiones entre 30 y 120 bar. Sólo se emplean en el caso de que el chorro deba alcanzar directamente superficies muy distantes en tanques horizontales, o bien suciedades muy adheridas situadas enfrente. A medida que aumenta la separación entre las toberas y los puntos a limpiar, disminuye notablemente la eficacia del chorro limpiador. Los chorros de líquido procedentes de una o varias toberas sólo impactan contra puntos concretos de las paredes del tanque. Un mecanismo movido a motor o mediante presión de agua dirige el chorro de manera que llegue directamente por lo menos una vez a cada área de la superficie.

Las cabezas esféricas rociadoras a baja presión cuentan con un gran número de orificios, también dirigidos a la tapa del tanque, o bien disponen de una ranura rotatoria para la salida de los líquidos. De esta manera se baña de líquido uniformemente toda la superficie interna del tanque. Conviene enjuagar la superficie con la mayor turbulencia posible. El lavado de todas las paredes del tanque exige una elevada cantidad de líquido (de 5.000 a 12.000 litros/h). Deben evitarse aplicaciones a intervalos con pausas de 15 a 60 segundos, porque el líquido se acumula en el fondo del tanque, donde impide prácticamente el efecto mecánico de enjuagado.

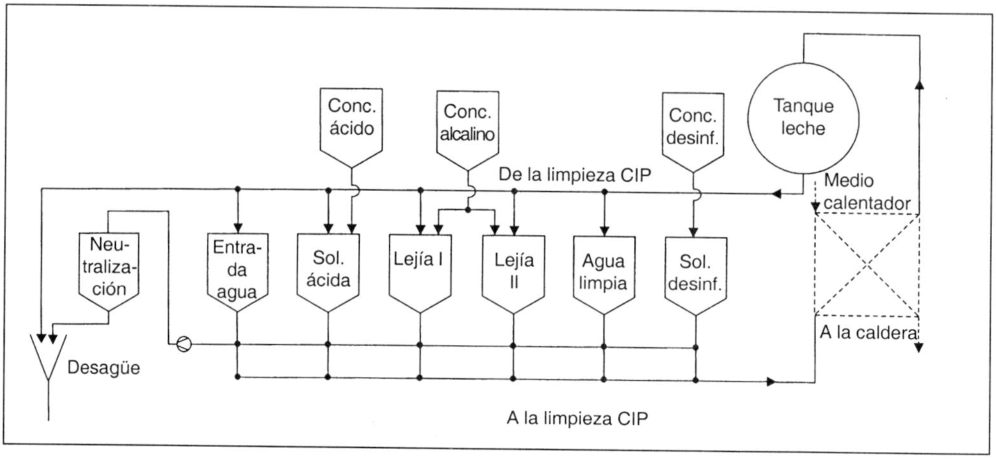


**Fig. 9.2** Esquema de una instalación CIP para tanques-depósitos de leche (2).

Kielwein (42) propone el siguiente programa de limpieza para depósitos de leche fría (cada etapa dura unos 5 minutos):

- Enjuagado previo con agua caliente.
- Limpieza alcalina.
- Enjuagado final con agua de la conducción.

Si se emplea un producto mixto de L + D, estas dos operaciones pueden realizarse simultáneamente en una sola.

Para dar cabida a las elevadas cantidades de leche que actualmente se entregan por lo general en las centrales lecheras, en las secciones de entrada existen varios tanques de grandes dimensiones. Forzosamente, operaciones como el llenado, vaciado y limpieza deben discurrir una tras a otra. Por consiguiente, es imprescindible asegurar que las distintas corrientes de líquido vayan en dirección contraria entre sí, con lo cual el producto y los líquidos de enjuagado no pueden mezclarse. A tal fin se emplean válvulas de gobierno automático con dispositivo antiescapes y una posibilidad de regulación automática de cada vía de conducción. Es importante hacer actuar varias veces cada válvula durante la limpieza, con lo cual los líquidos en circulación pueden enjuagar por entero residuos de productos y también de soluciones. En un informe técnico de la DIN (11) pueden obtenerse más detalles sobre este tema.

## 9.8.2 Instalaciones de calentamiento

Debido al peculiar tipo de suciedad (punto 9.4), la limpieza de las instalaciones de calentamiento requiere efectuarse en dos etapas: los productos alcalinos deben eliminar los restos de grasas y proteínas, y las soluciones ácidas los depósitos minerales. El programa expuesto en la Tabla 9.2 puede servir de referencia para la práctica de estas limpiezas. A la duración total de 48 a 71 minutos hay que añadir, además, la fase previa con agua a unos 80°C y 30 minutos de duración, anterior al ingreso de cada nueva partida. La fase previa contribuye también a asegurar el correcto estado microbiano de la instalación al comenzar ésta a funcionar. Por lo regular no es necesaria una desinfección por separado. Sin embargo, pese a practicar una CIP correcta, se han encontrado en juntas microorganismos supervivientes en forma de biopelícula (4). En las junturas, los gérmenes tienen oportunidad de sobrevivir, incluso en condiciones de esterilización, ya que al apretar las juntas, se desplaza el agua de su entorno y disminuye la actividad agua (62). Para una mayor seguridad de la producción se aconseja bien emplear una solución desinfectante en las condiciones recomendadas por el fabricante, bien la desinfección térmica con agua a >85°C y un tiempo de actuación de 10 minutos como mínimo.

Los enjuagados con agua concluyen tan pronto como el aparato de control incluido en la conducción indica, midiendo la turbiedad (restos de producto en el agua del enjuagado previo) o la conductibilidad eléctrica (residuos de lejía o ácido en el agua de enjuagado), que el agua fluye limpia.

La concentración comparativamente menor de los ácidos parece tolerable porque se carga de suciedad menos que la de los álcalis. Por último, es conveniente que la temperatura de la solución ácida no supere los 70°C, puesto que temperaturas más altas no mejoran la limpieza en términos significativos. Quizá debería ensayarse en la práctica partir de una solución calentada a 60°C.

A veces resulta ventajoso permutar el orden de las soluciones (Tabla 9.2), o sea, limpiar primero con ácido y después con álcali. La razón de esto podría ser la formación de un revestimiento diferente a lo normal sobre las placas de calentamiento. Estudios realizados a este respecto indican que el revestimiento se forma como consecuencia de la limpieza en el precalentador independientemente del orden de las soluciones, pero no en cambio en la propia sección de calentamiento. Aquí sólo se conseguían placas limpias de todo revestimiento cuando primero se limpiaba con ácido y a continuación con álcali. En lo referente a tolerancia de los materiales, la limpieza alcalina debería ir seguida por un breve tratamiento ácido, con objeto de volver a neutralizar el acero refinado activado por la lejía. También se recomienda una limpieza ácida antes del tratamiento alcalino en las instalaciones UHT (10), así como en el caso de existir costras minerales muy adheridas tras el calentamiento de concentrados de suero con más del 25% de extracto seco (41).

**Tabla 9.2** Ejermplo de programa de limpieza de calentador de leche.

| Etapa de limpieza | Líquidos de enjuagado o limpieza | Concentración, % | Temperatura, °C | Tiempo de actuación, minutos |
|---|---|---|---|---|
| Enjuagado previo | Agua | – | Fría | 5-8 |
| Limpieza alcalina | Lejía sódica | 1,5-2,0 | 70-85 | 20-30 |
| Enjuagado intermedio | Agua | – | Fría | 3-5 |
| Limpieza ácida | Ácido nítrico | 0,5-1,0 | 60-70 | 15-20 |
| Enjuagado final | Agua | – | Fría | 5-8 |

Con objeto de ahorrar tiempo y energía, se han creado métodos para limpiar calentadores de leche en una única operación (22, 27). Los aparatos especiales diseñados para tal fin disponen de lejía de sosa, que proporciona la alcalinidad necesaria para eliminar las proteínas, y, además, de generadores de complejos altamente eficaces. Deben disolver los revestimientos minerales, mejorando con ello el efecto imbibidor del álcali frente a los residuos de proteína, con lo que puede prescindirse de una limpieza ácida.

## 9.8.3 Mantequería

Los tanques de depósito de nata, los calentadores de ésta, la instalación de batido continuo y la máquina empaquetadora, en unión de las conducciones de conexión, se limpian por el procedimiento CIP en circuito. El programa expuesto a continuación puede servir de ejemplo del curso de la limpieza de las instalaciones mantequeras y de la planta envasadora aneja:

- Fundir los restos de grasa aplicando vapor, recogerlos y proceder a su recuperación, v.gr., como grasa de mantequilla.
- Enjuagado previo con agua calentada como mínimo a 40°C.
- Limpieza alcalina a 70°C durante 6-12 minutos (limpieza a fondo perdido).
- Enjuagado final con agua fría.

Muchas empresas desinfectan además con vapor la conducción de la nata antes de iniciar el trabajo. Después, para enfriar, conviene enjuagar a fondo primero con agua fría del grifo y luego con agua de hielo.

Como productos limpiadores alcalinos sirven los que contienen silicatos. La película de silicato que se deposita a partir de la solución durante la limpieza impide que la mantequilla se adhiera al metal. El efecto antiadherente se explica porque la película conserva algo de humedad; por ello no debe desecarse del todo. Esta película debe volverse a formar después de cada producción. En las superficies de acero sometidas a chorro de arena no son necesarias soluciones limpiadoras que contengan silicatos, pues sobre las superficies rugosas la mantequilla no tiende a adherirse.

Para la limpieza de tanques de depósito y calentadores, ver los puntos 9.8.1 y 9.8.2.

En la mantequería es particularmente importante la limpieza de los suelos, pues cualquier resto de grasa agrava el peligro de que el personal resbale, pese a ser los suelos antideslizantes, de acuerdo con las disposiciones vigentes. La temperatura de la solución limpiadora debe ser más elevada que la temperatura de fusión de la grasa de la manteca (28-38°C), más bien a unos 50°C, debido al inevitable enfriamiento en el suelo.

## 9.8.4 Quesería

Debido a su importancia para la calidad de los productos finales y también con vistas al éxito económico de los empresarios queseros, conviene citar siquiera sea someramente la bibliografía referente a métodos específicos de L + D en el sector de la quesería. Esto permite comprobar que los establecimientos queseros pueden recurrir a procedimientos también utilizados por otras empresas. Tal sucede, v.gr., para la L + D de tanques de depósito de leche de quesería (punto 9.8.1), calentadores (punto 9.8.2), superficies de libre acceso, recipientes abiertos, máquinas empaquetadoras o las caras externas de instalaciones cerradas, así como suelos (punto 9.8.9). Capítulo aparte es, en cambio, la limpieza de moldes para quesos bien mediante baño de inmersión, bien en túnel de rociado. El sistema de inmersión es imprescindible para los moldes de quesos utilizados en la fabricación de grandes «ruedas», que pueden pesar más de 100 kg. Pero también puede utilizarse en moldes de pequeño tamaño, como los del queso Camembert. Los moldes cilíndricos perforados para el queso Camembert se reúnen en cestos de alambre, en los que se sumergen en un baño limpiador. De esta manera se desprenden más fácilmente los residuos adheridos de producto, que especialmente se eliminan también de los orificios de exudado; las tinas de inmersión cuentan con potentes bombas, que provocan corrientes turbulentas en el baño limpiador; en lugar de una bomba puede utilizarse asimismo un generador de ultrasonidos (2).

En lugar del método de desinfección expuesto en la Tabla 9.3, puede dejarse actuar un desinfectante entre 6 y 12 horas. Para ello basta la concentración más baja citada en la Tabla, puesto que el prolongado tiempo de actuación compensa la reducida concentración del principio activo.

La utilización de una máquina se ofrece para limpiar a diario moldes de pequeño tamaño y en gran número. Estos moldes atraviesan un túnel de limpieza. Con un tiempo de actuación de la solución limpiadora de 2 a 4 minutos, dicha duración queda muy por debajo de la requerida en el método de la inmersión. Como compensación, las máquinas funcionan con soluciones calientes (60-75°C). Si se trabaja con moldes de plástico, la solución no debe exceder los límites superiores mencionados, debido a la sensibilidad de estos materiales a las temperaturas elevadas. Los moldes de acero refinado soportan también temperaturas elevadas.

En la práctica se han impuesto los métodos de una sola fase para la limpieza mecánica de moldes que se citan a continuación (51):

**Tabla 9.3** Ejemplo del curso seguido en la limpieza y desinfección de moldes de quesería por el método de la inmersión (51).

| Etapas del procedimiento | Concentración de la solución,% | Temperatura, °C | Tiempo de actuación, minutos |
|---|---|---|---|
| Limpieza alcalina | 1,5 aprox. | 60-65 | 15-30 |
| Enjuagados intermedios con agua | — | — | — |
| Limpieza ácida | 0,5-1,5 según prod. limp. | 60-65 | 15-20 |
| Enjuagados intermedios con agua | – | – | – |
| Desinfección | 0,1-0,3 según prod. desinf. | 50 | 5-15 |
| Enjuagado final con agua de conducción | – | – | – |

- Limpieza alcalina con un producto a base de silicato, con un agregado germicida de cloro activo, o bien
- Limpieza ácida a base de ácido fosfórico en combinación con un ténsido.

A diferencia de los métodos alcalinos, que limpian y desinfectan los moldes en una sola operación, se lleva a cabo la desinfección tras una limpieza ácida en otra etapa con solución PES. En lugar del ácido fosfórico, ecológicamente indeseable, el producto limpiador puede estar constituido por ácidos orgánicos.

Los transportadores de queso acerados pueden limpiarse en las máquinas limpiadoras de moldes. Para su desinfección, Zickerick (86) recomienda el tratamiento en una manga de vapor; en cambio, para los transportadores revestidos de PVC, es recomendable su inmersión en una solución de PES al 4%, ya que éstos no resisten las altas temperaturas de la acción del vapor.

Para evitar la infestación por mohos extraños durante la maduración de los quesos, debe mantenerse sobre todo el aire con el menor número posible de gérmenes. Los filtros de aire requeridos, así como los conductos de ventilación, deben limpiarse y desinfectarse regularmente.

Para combatir eficazmente la *Listeria monocytogenes*, pueden adoptarse las siguientes medidas (86):

- L + D a fondo de todas las instalaciones y utensilios de la quesería, sobre todo también de las instalaciones cepilladoras para el tratamiento superficial de los quesos.
- Instalar en todos los accesos a la zona de producción esterillas desinfectantes, para evitar los perjuicios resultantes de pisar con los zapatos.
- Desinfección de los sifones de depósito. El líquido contenido en ellos, rico en gérmenes, bajo ningún concepto debe salpicar a los quesos durante la limpieza.

## 9.8.5 Botellas

Las máquinas lavadoras de botellas utilizadas en la industria lechera con elevados rendimientos por hora, funcionan por un procedimiento combinado de reblandecimiento y rociado. Las botellas atraviesan la instalación en una cadena transportadora colocadas sobre soportes (Fig. 9.3). El transporte automatizado permite introducir una cabeza rociadora en el interior de las botellas, las cuales atraviesan las siguientes etapas:

- Vaciado de residuos.
- Reblandecimiento de la suciedad.
- Reblandecimiento con lejía: aquí tiene lugar la limpieza principal. Se desprenden las etiquetas pegadas. La solución contiene un 1,5-2% de lejía de sosa, más un concentrado de principio activo.
- Rociado con lejía.
- Rociado intermedio.
- Rociados de agua caliente y fría.
- Rociado con agua de la conducción.
- Retirada de las botellas: Las botellas limpias quedan dispuestas para su inmediato llenado tras el control visual, que comprueba su perfecto estado.

En la bibliografía especializada (2, 9, 67) se encontrará la descripción de los procesos en las diversas etapas.

Alimentación de las máquinas lavadoras de botellas:
Con objeto de ahorrar agua y energía, sólo fluye agua fresca del último puesto rociador alimentado con agua potable, así como de la zona intermedia de rociado. En la

zona anterior a ésta, aporta agua la zona cargada con menos suciedad a la sección que va primero en el curso del proceso. De esta manera, el agua atraviesa la instalación a contracorriente de las botellas, calentándose así con ahorro de energía. Sólo las soluciones alcalinas deben calentarse en el exterior.

En la práctica, para la limpieza de botellas se utiliza por lo general lejía de sosa en combinación con los llamados concentrados de principios activos. Tienen por objeto eliminar los trastornos que plantea la dureza del agua, emulsionar las grasas, neutralizar la formación de espuma, y mejorar la penetración de la solución hasta la capa de goma existente debajo de las etiquetas.

Desprendimiento de etiquetas:
Las etiquetas conviene despegarlas enteras, separándolas luego de la lejía mediante un dispositivo especial. Esta posibilidad de desprendimiento se ve muy influida por el tipo de cola y modo de pegado (9). Las etiquetas de papel desmenuzadas en el líquido alcalino dificultan la extracción de la máquina, y pueden obstruir las cabezas de rociado. Con objeto de evitar en lo posible su fragmentación, la concentración de la lejía reblandecedora se limitará al mínimo necesario para una limpieza suficiente, reblandeciendo el papel de las etiquetas, pero sin romperlas.

Producción de espuma:
En las máquinas lavadoras de botellas, el rellenado y el proceso de enjuagado favorecen la producción de espuma en la solución alcalina. Esto resulta perjudicial porque dificulta el desprendimiento de las etiquetas, y el revestimiento de espuma reduce el efecto mecánico del chorro de lejía. A la formación de espuma contribuyen el pegamento de las etiquetas disuelto en gran cantidad y el lubricante para la cadena transportadora de botellas y los productos de desdoblamiento de la proteína de la leche como suciedad generadora de espuma. En cambio, la grasa sin saponificar reduce la producción de espuma.

Formación de costras de lejía:
Las «costras de lejía» se depositan en la zona de rociado con agua caliente, ya que las botellas con sus soportes, así como la cadena transportadora, llevan álcali hasta allí desde la zona de rociado con lejía. Según Schlüssler (67), a partir de un agua de trabajo con 20° dH (carbonato cálcico), con un consumo de 10 $m^3$ de agua de lavado se generan 3,6 kg de costra de lejía. La pérdida de lejía origina un superior consumo de producto limpiador, y la costra depositada dificulta el funcionamiento de la cadena transportadora; asimismo, las botellas limpiadas se deslizan peor sobre soportes que presenten costras.

Protección de las botellas limpias frente a reinfecciones:
Mediante tratamiento en una instalación reblandecedora y rociadora con una lejía al 1,2-2,0%, calentada a 55-90°C y durante un tiempo entre 10 y 25 minutos, las botellas quedan prácticamente exentas de gérmenes. Sin embargo, en las siguientes zonas de rociado con agua es posible una reinfección. En las «máquinas de un solo extremo», preferibles quizá por razones de espacio, la entrada de botellas sucias y la salida de las limpias están muy juntas entre sí (Fig. 9.3). Por ello, no se puede excluir con seguridad una reinfección por gotitas cargadas de gérmenes (54). Esto obliga a agregar continuamente un desinfectante al agua empleada en el enjuaga-

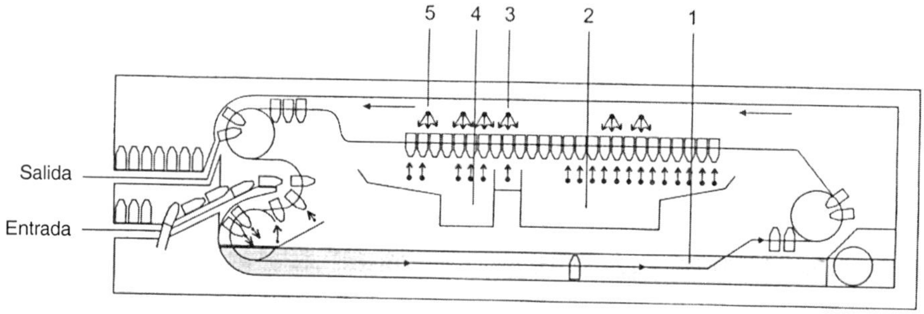


**Fig. 9.3** Instalación limpiadora de botellas por el procedimiento de reblandecimiento y enjuagado (67).

do final. A tal fin se utilizan dióxido de cloro, hipoclorito o productos a base de PES (9). Al no estar permitida la existencia de restos de desinfectante en las botellas, el último chorro debe ser de agua limpia de calidad potable (máx. 0,3 mg de cloro/litro). La incorporación de producto bactericida al agua limpia sirve –y esto conviene destacarse– no para desinfectar activamente las botellas, sino únicamente para impedir la multiplicación de los microbios en el agua. Para lograr una desinfección activa, haría falta una dosis del orden de 1 a 10 mg de cloro activo/litro.

Cuidados higiénicos de la instalación lavadora:
La propia máquina lavadora de botellas necesita continuos cuidados. Entre otros, se incluye la eliminación de costras minerales con ayuda de ácidos. En el trabajo de Mrozek (54) se encontrará información sobre la L + D del interior de las máquinas. Otras medidas contribuyen a la seguridad del funcionamiento de la instalación, como v.gr. la eliminación de cristales rotos y de restos de etiquetas sin desprender. El buen funcionamiento de las cabezas de rociado debe comprobarse a diario.

Los cestos para botellas fabricados con PE o PP tienden a cargarse electrostáticamente, como consecuencia de lo cual retienen polvo y adquieren mal aspecto. Por ello, los cestos para botellas deben limpiarse regularmente como estas últimas, aun cuando no después de cada utilización. Las instalaciones con túnel de lavado montadas para ello (2) funcionan bien combinando inmersión y rociado, o bien empleando sólo cabezas rociadoras. Luego es necesario enjuagar todos los restos de lejía aplicando un chorro de agua de la conducción ordinaria. Después, los residuos de ténsidos todavía adheridos rechazan la suciedad al formar una película hidrófila sobre las de plástico hidrófobas. Esto reduce la tendencia a la retención electrostática de polvo.

### 9.8.6 Instalaciones de evaporación y desecado

En comparación con las instalaciones de calentamiento, los evaporadores exigen una limpieza más intensa, debido a una mayor acumulación de costras. Como consecuencia de la sustracción de agua, se originan soluciones sobresaturadas de sales de la leche, que se depositan en la superficie de los evaporadores. En las costras depositadas se incluyen proteínas. Según enseña la experiencia, estos depósitos se forman con más intensidad preferentemente en la zona de entrada de los tubos de evaporación, así como en el último tramo de los evaporadores (41).

Hall y Hedrick (29) han propuesto el siguiente ejemplo de programa de limpieza:

- Enjuagado previo con agua caliente a 45°C.
- Limpieza alcalina con solución de lejía al 1-4%, a 80°C de temperatura, aplicada durante 54 a 60 minutos.
- Enjuagado intermedio con agua calentada a 45°C.
- Limpieza ácida con solución ácida al 0,3-0,5%, a 70°C, durante 30 minutos.
- Enjuagado final con agua caliente a 60°C.

Cuando la suciedad es intensa, la limpieza alcalina se desdobla en la práctica en dos operaciones: la primera etapa es una aplicación muy breve de lejía (2-3 minutos). Tiene por objeto eliminar la fracción principal del revestimiento orgánico fácilmente solubilizable. A ésta sigue un enjuagado intermedio con el agua recuperada del primer enjuagado previo, con lo cual la lejía aplicada a continuación no se carga excesivamente de suciedad. La segunda etapa de limpieza alcalina debe eliminar por completo los residuos orgánicos. De acuerdo con el grado de ensuciamiento, dura entre 30 y 45 minutos.

Como la limpieza interna no llega a las superficies externas, éstas deben limpiarse aparte. Antes de empezar a funcionar, la instalación debe desinfectarse con una solución de 75 mg de cloro activo/litro (41).

Los desecadores de rodillo se limpiarán con aparatos rociadores de funcionamiento manual. Se prohibe la agregación de un producto limpiador químico porque las salpicaduras de la solución supondrían un peligro para el personal. Los residuos de producto que pudieran quedar después de la limpieza, deben eliminarse a mano. La limpieza rutinaria de los *desecadores por pulverización* se realiza por procedimiento en seco. Para completar este sistema, se lleva a cabo por lo general una limpieza húmeda a la semana, que tiene por finalidad eliminar las suciedades que persistieron después de la limpieza en seco, como por ejemplo algunas costras higroscópicas de lactosa. Las cabezas de rociado o centrífugas limpiadoras necesarias se instalan en las conducciones fijas del desecador, y, concluida la limpieza, se retiran, de manera que durante la producción no puedan adherirse a ellas revestimientos adicionales. Antes de reiniciar la producción de polvo de leche, todos los tramos de la instalación deben estar realmente secos, pues en otro caso existiría el peligro de que se produzca la contaminación microbiana de la leche en polvo (41).

### 9.8.7 Instalaciones de membrana

Las membranas de separación se diferencian ostensiblemente de los materiales convencionales por la peculiaridad de su superficie: mientras que el vidrio y el metal exhiben superficies uniformemente «cerradas», las superficies membranosas muestran numerosos poros, con la excepción de las membranas de ósmosis inversa (RO). Por ello, la estructura de las membranas se asemeja un tanto a la de una esponja, constituyendo por consiguiente una superficie nada fácil de limpiar. La operación de limpieza se complica, además, por el hecho de que en una instalación se combinan distintos materiales (membranas, elementos de apoyo y transporte, separadores, juntas y sustancias adhesivas) con diferentes resistencias a los productos químicos. Por último, teniendo en cuenta las variables capas que pueden formarse sobre las membranas de acuerdo con la finalidad de empleo de las mismas, es comprensible que no puedan dictarse directrices generales para la L + D de membranas. Pese a la evidente complejidad de esta operación de limpieza, pueden proponerse algunas normas generales al respecto (45):

Para las membranas de polímeros, los fabricantes ponen límites a la temperatura de la solución limpiadora, los cuales deben respetarse escrupulosamente para no dañar de forma irreversible la capa filtrante. Asimismo, al elegir los productos más adecuados para la L + D, hay que tener en cuenta las condiciones de pH y temperatura en las que se vaya a trabajar (82), así como las recomendaciones de los fabricantes tanto de las instalaciones como de los productos limpiadores. Así, por ejemplo, para la desinfección de membranas orgánicas sirven mucho mejor los productos que contengan PES que los productos clorados. En la desinfección de membranas RO, los productos con PES tienen la ventaja añadida de que el principio activo atraviesa la membrana, por lo que también desinfecta la cara permeable. El formaldehído no debe utilizarse en presencia de residuos de proteínas, puesto que los productos resultantes de la reacción dificultan la práctica de la limpieza.

A diferencia de lo que sucede con las membranas de ultrafiltración (UF), que deben limpiarse con la presión más baja posible o incluso sin presión de ningún tipo, para lograr el efecto limpiador en membranas MF se requieren presiones más altas en diagonal a la dirección de la corriente, en combinación con una alta presión de empuje sobre las paredes. Según Gésan *et al.* (21), se ha manifestado ventajoso comenzar con una solución limpiadora alcalina sometida a elevada velocidad de corriente, con objeto de eliminar primero la capa depositada sobre la superficie membranosa y aplicar luego una elevada presión a través de la membrana, con la finalidad de que el flujo de la corriente de líquido arrastre los residuos de proteína existentes en los poros. Por añadidura, para membranas porosas sirven en especial soluciones discretamente alcalinas. Bajo la influencia de una elevada alcalinidad, los residuos proteicos se imbiben hasta tal punto en los poros, que «se encajan» en ellos y ya no pueden ser eliminados mecánicamente mediante enjuagado. En este caso, la única ayuda la proporcionan los limpiadores enzimáticos. Las proteasas en ellos contenidas desdoblan las moléculas proteicas en fragmentos más pequeños con mayor solubilidad, de manera que la corriente basta para extraerlos de los poros. Sin embargo, la suciedad pertinaz requiere en ocasiones varios tratamientos (8).

La limpieza de membranas UF a base de óxido de zirconio para la filtración de suero ácido conviene terminarla con la etapa alcalina; en cambio, cuando se trabaja con suero dulce, es recomendable concluir con la fase ácida. Como consecuencia de la carga producida y coincidente de la membrana y las proteínas, éstas se adsorben en menor cuantía.

### 9.8.8 Instalaciones asépticas

El método de esterilizar primero la leche y envasarla después en recipientes exentos de gérmenes exige estrictos requisitos referentes al estado microbiano de las superficies que contacten con el producto estéril, así como del entorno. La asepsia de las operaciones es imprescindible. Esto requiere como mínimo una reducción de la tasa de gérmenes de la instalación de 4 grados logarítmicos, y en el material de envasado de 5 grados logarítmicos.

Las altas exigencias referentes a asepsia obstaculizan las actuaciones que deben realizarse desde el exterior en casos de avería de las instalaciones. Como ayuda sirve un «guante de actuación» estéril y fijado a la instalación. Partiendo de esta posibilidad, las operaciones no realizables desde el exterior requieren como mínimo la desinfección de las manos, pero mejor el empleo de guantes estériles de un solo uso (55).

Kielwein (42) propone el siguiente programa para la limpieza y esterilización intensivas de tanques estériles:

- Enjuagado previo con agua caliente a 40-60°C durante 5 minutos.
- Limpieza alcalina con NaOH al 2-5% a 65-75°C durante 10 minutos.
- Enjuagado intermedio con agua caliente a 65-75°C durante 5 minutos.
- Limpieza ácida con $HNO_3$ al 1%, a 65-75°C, durante 10 minutos.
- Enjuagado final con agua caliente a 65-75°C, de 5 a 10 minutos.
- Esterilización con vapor a 130-150°C, 20 minutos.

Tomando en consideración el escaso ensuciamiento que suponen los restos de leche fácilmente eliminables, parece innecesariamente elevada la concentración de lejía de sosa, que podría reducirse al 1 o como máximo 2%.

Las instalaciones asépticas constituyen en opinión de Mrozek (55) un máximo de seguridad, supuesto que su construcción permita una esterilización completa y se sigan las instrucciones de empleo. Como condición preliminar para lograr la esterilización, la instalación debe limpiarse por el procedimiento circulante al concluir el ciclo de producción. Biewendt *et al.* (5) proponen el curso siguiente:

- Enjuagado previo con agua fría, 7 minutos.
- Limpieza alcalina I con NaOH al 1,5%, calentada a 60-80°C, durante 18 minutos.
- Enjuagado intermedio con agua calentada a 60-80°C, 9 minutos.
- Limpieza alcalina II con NaOH al 1,5%, calentada a 60-80°C, 12 minutos.
- Enjuagado final con agua fría, 9 minutos.

Como la lejía de sosa en agua dura deja en las superficies limpiadas un revestimiento mineral, resulta imprescindible un tratamiento con solución ácida. En caso de que la limpieza de la instalación aséptica comprenda el calentador, forma parte del programa diario una limpieza ácida regular.

En lo referente a una esterilización eficaz de las instalaciones asépticas, Mrozek (55) llama la atención sobre los puntos siguientes:

1. Para esterilizar las vías de conducción de la leche con agua caliente, hace falta una temperatura de 125°C mantenida durante 30 minutos.
2. El espacio interno cubierto (túnel estéril) puede esterilizarse químicamente rociando con solución desinfectante, alternando con el gaseado o con procedimientos físicos mediante calentamiento o con radiaciones ultravioletas. Con objeto de no castigar los materiales y respetar el medio ambiente, puede ser conveniente combinar distintos métodos.
3. La esterilización llevada a cabo antes de iniciar la producción debe comprender también las partes movibles y el reverso de la vía de conducción.

Puntos críticos de las instalaciones asépticas son las partes movibles y, como en las instalaciones convencionales, las juntas que unen las conducciones tubulares (41), así como perforaciones de conducciones de producto, sustancias auxiliares o envases, y también las aberturas de entrada en el túnel estéril. Por ello, las juntas deben vigilarse regularmente con todo cuidado y, debido al inevitable deterioro, conviene renovarlas como mínimo de acuerdo con las recomendaciones del fabricante de la instalación. En otros casos pueden ser fuente de contagio de gérmenes esporulados.

Hace muchos años salieron al mercado productos ultracalentados que se presentaban exclusivamente en *envases no recuperables*. En éstos hay que distinguir entre los prefabricados y los elaborados en inmediata relación con el proceso de llenado. La necesaria esterilización de los recipientes prefabricados puede practicarse con calor seco o húmedo, radiaciones UV o por procedimiento químico, sobre todo con $H_2O_2$ en combinación con el calentamiento del material de envasado. El calentamiento con radiaciones calóricas o aire caliente acelera el efecto del peróxido de hidrógeno y favorece la evaporación de la película líquida.

Los envases de plástico troquelado son estériles como consecuencia de la temperatura generada en el proceso de troquelado (170-230°C), por lo que no precisan esterilización subsiguiente (87), siempre que se llenen inmediatamente después de su fabricación o bien se depositen hasta su utilización protegidos de reinfecciones principalmente por gérmenes del aire.

Como consecuencia de lo dispuesto en la Orden de Envases de 1991, también se utilizan desde entonces envases recuperables para leche ultracalentada. Las botellas de cristal sucias atraviesan primero una instalación lavadora convencional (punto 9.8.5) y a continuación se limpian interiormente con vapor, para insuflarlas luego aire antes de iniciar su esterilización con una mezcla de $H_2O_2$ y vapor. Con esto se enjuagan las botellas por dentro y por fuera. Por último se cierran las botellas procedentes de la sección de llenado. De acuerdo con la termorresistencia del material de cierre, el vapor saturado o el $H_2O_2$ sirven para esterilizar los cierres antes de colocarlos sobre las botellas.

El aire estéril necesario ingresa en la sección de llenado y cierre a través de filtros sin polvo ni gérmenes. Estos filtros deben limpiarse regularmente y esterilizarse con vapor a 125°C durante 30 minutos. De acuerdo con las instrucciones de los fabricantes, los filtros deben cambiarse después de ser utilizados varias veces.

### 9.8.9 Superficies abiertas

Además de las superficies que contactan con los productos, en los establecimientos hay grandes superficies abiertas que deben limpiarse y en parte también desinfectarse. Como método de actuación para superficies de trabajo, caras exteriores de instalaciones y paredes se utiliza sobre todo el sistema de rociado a baja presión, bien con productos de L + D convencionales o con la técnica de la espuma. Para la limpieza con espuma se utilizan aparatos móviles o puntos fijos que aportan aire a presión y agua procedentes de una central y preparan la solución limpiadora inmediatamente antes. Está previsto que los aparatos móviles se conecten a la conducción de agua en el lugar de utilización. La alta presión necesaria para el enjuagado la proporciona en este caso una bomba compresora. Mediante una tobera Venturi se dosifica y aporta continuamente producto limpiador a la corriente de agua. En una cámara a presión se mezclan la solución limpiadora y el aire a presión. La espuma que sale de la tobera consecuente a la disminución de la presión se aplica a la superficie prevista con ayuda de una lanza aspersora (61). La solución limpiadora fluye paulatinamente de la masa de espuma, con lo que actúa durante largo tiempo sobre la suciedad. La retirada de la suciedad se lleva a cabo regando la superficie cubierta de espuma. Según Nielsen y Houborg (60), a continuación de la limpieza con espuma es absolutamente necesaria una desinfección final.

Una variante de la limpieza con espuma es el método de limpieza en película fina (TFC). Se caracteriza porque la solución utilizada recubre la superficie con una delgada película viscosa. Las fuerzas de tracción que se producen al resbalar la película hacia abajo refuerzan el efecto químico. El intercambio de sustancias entre la película limpiadora y la suciedad es más intenso que con geles limpiadores (76).

Ejemplo de programa para una limpieza con espuma:

- Sacar los alimentos del local.
- Eliminar mecánicamente las suciedades groseras.
- Enjuagar con agua caliente (45-50°C).
- Cubrir la superficie sistemáticamente con espuma, procediendo de abajo hacia arriba.
- Dejar actuar la espuma hasta 20 minutos.
- Enjuagar con agua caliente (45-50°C) a presión.
- Desinfectar (en caso necesario).
- Enjuagar con agua fría.

La desinfección de superficies abiertas se realiza con sistemas de rociado fijos o móviles. Como la cantidad de solución que se adhiere por unidad de superficie es pequeña, la concentración de la solución debe establecerse tan alta que se disponga de una cantidad de principio suficiente para matar los gérmenes.

Para la limpieza de los suelos existen máquinas con cepillos rotatorios o aparatos de rociado a alta presión. La retirada de la suciedad del suelo ofrece en ocasiones dificultades, ya que los suelos de locales mojados deben estar construidos a prueba de resbalones por razones de seguridad en el trabajo. El relieve que a tal fin deben exhibir las baldosas crea superficies que *a priori* no pueden considerarse como las más fáciles de limpiar. Estudios de limpieza realizados con el procedimiento del rociado a presión han demostrado que las superficies con estrechas estrías o marcados relieves retienen restos de suciedad bastante compactados; en cambio, otros tipos de superficies pueden limpiarse sin dificultad. Cuando se utilizan soluciones limpiadoras en lugar de agua, hace falta desdoblar el trabajo en dos etapas: tras la aplicación de la solución a baja presión (hasta de unos 20 bar), el líquido cargado de suciedad debe enjuagarse a alta presión; en ningún momento se superarán los 50 bar, pero a ser posible quedará entre 30 y 40 bar, en primer lugar porque es muy fuerte el retroceso que sufre la lanza de rociado aplicada a mano, y en segundo lugar porque el material de las juntas se deteriora o incluso resulta arrancado (7). Desde el punto de vista higiénico, los aerosoles generados por el aparato rociador de alta presión constituyen un riesgo: las gotitas de líquido cargadas de suciedad y microorganismos se distribuyen por toda la habitación (69). En cambio, las máquinas cepilladoras apenas forman aerosoles peligrosos, porque los cepillos giratorios están cubiertos en su mayor parte por protecciones de goma. Tienen además la ventaja de contar con un dispositivo de aspiración del agua sucia, por lo que dejan tras de sí un suelo bastante seco.

## 9.9 Limpieza y desinfección en comercios e industrias

El sistema de autoservicio actualmente generalizado presupone la distribución y empaquetado en porciones de los alimentos. Una excepción en el mercado lechero lo constituye la venta de leche a granel a partir de máquinas automáticas generalizada en algunas grandes ciudades. Constan esencialmente de un depósito metálico que acoge un bidón de plástico de unos 25 litros de capacidad y del dispositivo extractor. El bidón vacío regresa a la central lechera abastecedora; la boquilla de salida se renueva diariamente. De esta manera se evita el trabajo de limpieza de las superficies en contacto con la leche.

Particular atención merecen las máquinas cortadoras de queso. Sin embargo, el problema higiénico no está aquí en un corte adecuado como en los embutidos, sino que además las máquinas deben mantenerse limpias, lo que según enseña la experiencia no es del todo fácil, puesto que la construcción de dichas máquinas no siempre puede considerarse adecuada para una buena limpieza. A esto se une el peligro de lesiones que implica la limpieza manual. El método más seguro sería una limpieza con espuma desinfectante, si bien falta en el comercio un aparato pequeño al efecto.

Tampoco están exentos de problemas los soportes de madera para cortar (tajos). En principio exhiben una superficie porosa. Con el uso diario, su rugosidad se acentúa como consecuencia de las acciones mecánicas que sufren. Por ello deben tratarse con una solución que no sólo limpie, sino que tambien desinfecte, secándose bien a continuación. Por lo demás, Schulz (70) indica a este respecto que la clase de madera y la dirección de los cortes influyen esencialmente sobre la aptitud de los soportes de corte para el uso diario.

En el comercio y frecuentemente en establecimientos gastronómicos hay máquinas batidoras para preparar nata batida.

Como la nata no se mantiene regularmente en el aparato durante un día, durante el depósito de la nata durante varios días pueden multiplicarse los gérmenes, a pesar de la continuada refrigeración del artículo. En el curso de 4 días se apreció un aumento de las unidades generadoras de colonias (KBE) en torno a 4 potencias de 10 (40). Por esto, siempre se ha venido recomendando limpiar y desinfectar diariamente las máquinas batidoras.

De las instrucciones de funcionamiento que dirigen los fabricantes a los empresarios debe deducirse, entre otras cosas, cómo llevar a cabo la L + D. Jöckel (40) apreció diversas deficiencias al revisar estas directrices. Así, faltaba por ejemplo información sobre con qué frecuencia y en qué condiciones debe llevarse a cabo la limpieza y desinfección (temperatura, volumen y tiempo de contacto de las soluciones). Es fundamental que los aparatos estén construidos de manera que puedan limpiarse por el método de la corriente de lavado. L + D pueden realizarse en una sola operación después de un enjuagado previo del aparato con agua caliente (como máximo a 50°C); se utilizará entonces la solución de un producto combinado para L + D calentada a 45-55°C, Acto seguido se enjuagará con agua de la conducción general de calidad potable. Parece conveniente llevar a cabo una desinfección en una etapa aparte, con lo que la tasa de destrucción de gérmenes disminuye con el paso del tiempo.

Según dispone la DIN 10507, las soluciones de L + D sólo deben emplearse una vez y no dejar depósitos calizos en el interior de los aparatos. Los desinfectantes a utilizar en el método de la inmersión deben estar comprobados por la DVG.

Las instrucciones de empleo para los empresarios de máquinas para helados blandos deben contener indicaciones referentes a la limpieza. Deben ser comprensibles en general y y estar redactadas de manera resumida, ya que el personal que maneja estos aparatos, a diferencia de lo que sucede con los operarios de las fábricas de hielo, apenas tienen conocimientos sobre higiene, ignorando mayormente las consecuencias de una L + D deficiente. La agregación de conservantes a las sustancias de partida, aunque estén autorizados, no sirve para compensar unas medidas higiénicas insuficientes en la instalación.

Para la limpieza manual es necesario por lo general desmontar la mayoría de las partes que contacten con los productos. El comportamiento a seguir debe tener en cuenta los puntos siguientes:

1. Clase de producto limpiador a utilizar: Se podría citar un producto concreto, pero no se debe. Sin embargo, no basta una indicación general como «adecuado para alimentos», por lo que no debe utilizarse en ningún caso. En cambio, habría que aludir a la necesaria tolerancia de los materiales frente al producto a elegir.
2. Desinfección adicional: Tomando en consideración el peligro de contagio derivado de una higiene deficiente en el comercio del hielo (88), es aconsejable una desinfección independiente de las superficies en contacto con el producto para completar la limpieza. En caso de no recomendar determinados productos comerciales, habría que mencionar el tipo de producto germicida que podría utilizarse.
3. Cantidad de los productos limpiadores y desinfectantes a incorporar a la cantidad de agua prescrita.

Debe tenerse en cuenta la dosis recomendada, ya que la solución sólo puede emplearse una vez. Una indicación a este respecto se incluye en el directorio.

4. Temperatura de la solución: Por una parte, la temperatura debe garantizar una suficiente eficacia; por otra, se tendrá en cuenta la sensibilidad de las partes de plástico.
5. Tiempo de actuación de la solución desinfectante: Depende de la temperatura de la solución con la que se obtiene un suficiente efecto germicida.
6. Enjuagado final: A este respecto debe destacarse de forma categórica que todas las partes deben someterse a un enjuagado final con agua de la conducción de calidad potable.
7. Coadyuvantes técnicos: Conviene citar los coadyuvantes utilizables en las operaciones de limpieza.
   Antes de esto debe advertirse expresamente que trapos o paños utilizados una vez no pueden volverse a emplear, porque comprometerían el buen resultado de las medidas higiénicas.
8. Control de la limpieza: Debe promoverse el control visual de todas las partes limpiadas en cuanto a limpieza real, y, en caso preciso, se repetirá la limpieza.

Como los fabricantes de aparatos ven aumentados presumiblemente los costos por el trabajo que supone la elaboración de estas directrices, de ello debería encargarse un experto higienista.

## 9.10 Control del resultado de las medidas de limpieza y desinfección

### 9.10.1 Observaciones previas

Requisito previo para poder limpiar eficazmente superficies, es trabajar sobre materiales idóneos para su limpieza. Para poderlos probar a este respecto, en el pasado se crearon métodos de laboratorio, v.gr. por la International Association of Milk, Food and Environmental Sanitarians (35), Wildbrett y Saurer (85), Leclerq-Perlat *et al.* (48). Otro paso en este sentido está a cargo del European Hygienic Equipment Design Group (20) con su propuesta de comprobar la aptitud de instalaciones de medianas dimensiones (v.gr., homogeneizadores) para el sistema de CIP. Estos estudios necesitan llevarse a cabo con ensuciamientos estandarizados, como los que ha desarrollado v.gr. Grasshoff (23) para la limpieza de calentadores por el método del circuito cerrado.

Para controlar el resultado de la limpieza, en la práctica apenas se disponía hasta hace poco tiempo de métodos adecuados que calibrasen su importancia. Destacaban métodos microbianos de control. Resulta, sin embargo, cuestionable que los métodos microbiológicos fuesen adecuados para controlar la eficacia de la limpieza: Los microorganismos son por lo general indicadores indirectos de la suciedad, pero ni existe una correlación suficiente entre número de gérmenes residuales y cantidad de suciedad residual, ni da el número de gérmenes supervivientes información sobre la relevancia de la suciedad persistente (v.gr., influencia de los revestimientos inorgánicos sobre la transmisión del calor desde el medio calentador hasta el producto). Asimismo queda sin aclarar hasta qué punto la limpieza alcanzada corresponde a las preferencias estéticas del consumidor.

### 9.10.2 Control del resultado de la limpieza

En la bibliografía especializada se encuentran las siguientes posibilidades de control específico del resultado de las medidas de limpieza en condiciones prácticas:

- Control sensorial.
- Test de la humectación.
- Controles visuales.
- Métodos tintoriales.
- Test del estropajo.

Todas las pruebas mencionadas sólo son posibles para superficies accesibles; más información en el trabajo de Kiermeier y Wildbrett (43). Para controlar instalaciones cerradas, éstas deben abrirse o desmontarse en parte. Una excepción la constituyen las instalaciones de membrana. En ellas puede comprobarse el buen éxito de la limpieza controlando de manera continuada el flujo a través de la membrana. Concluye cuando el flujo alcanza el valor pertinente (41). En los calentadores, hay que admitir un resultado positivo de la limpieza cuando en la siguiente producción un «valor característico para la formación de revestimiento» alcanza como mínimo el valor patrón que fue determinado en la instalación limpia a carta cabal, v.gr. en el primer funcionamiento de la misma. Como valores capaces de modificar significativamente la formación de revestimientos, pueden servir entre otros la pérdida de presión en la vía de conducción de la leche o la temperatura de precalentamiento (10).

**Tabla 9.4** Métodos convencionales de control del efecto desinfectante sobre superficies (origen: 56, 77).

| Características de las superficies | Métodos: | | Capacidad de determinación microbiana | Ejemplos de empleo |
|---|---|---|---|---|
| | Clase | Realización | | |
| De fácil acceso | Directo | Estampado | Parcial | Instalaciones y aparatos, paredes, superficies de trabajo |
| | Directo | Impresión | Parcial | Manos, cosas pequeñas |
| De difícil acceso | Directo | Incrustar | Cuantitativa | Material de envasado |
| | Directo | Captación mediante rodado | Cuantitativa | Envases pequeños (botellas y |
| | Indirecto | Agitado | Parcial | recipientes preparados) |
| Inaccesibles | Directo | Frotis | Parcial | Conexiones tubos enroscados, piezas en T |
| | Indirecto | Enjuagados | Parcial | Vías de conducción de la leche en salas de ordeño, calentador(es) |

### 9.10.3 Control del resultado de la desinfección

La carga microbiana de una instalación al iniciarse la producción ($N_A$) resulta, según Mrozek (56), de las magnitudes comprtendidas en la siguiente fórmula:

$$N_A = (N_0 - N_R - N_D + N_K) \times f$$

$N_0$ = Tasa microbiana al final de la producción anterior.

$N_R$ = Reducción de la tasa microbiana como resultado de las medidas de limpieza (efecto de enjuagado).

$N_D$ = Reducción de la tasa microbiana por destrucción en la L + D.

$N_K$ = Carga de gérmenes por contaminación tras concluir la L + D.

f = Factor multiplicativo en función de las correspondientes condiciones de proliferación y del tiempo transcurrido.

La relación destaca cuán importante es desinfectar después de largos períodos de reposo y antes de iniciar la producción.

Aproximadamente, el enjuagado previo con agua fría, la limpieza a una temperatura máxima de 30°C y la desinfección subsiguiente reducen el número de gérmenes de una superficie en torno a 7-12 veces (56). En particular los gérmenes esporulados escondidos bajo los materiales de las juntas cuentan con mayores posibilidades de supervivencia, debido a las condiciones especiales allí imperantes (62).

En los métodos determinantes de la tasa de gérmenes existente en superficies limpiadas y/o desinfectadas, hay que distinguir entre métodos directos e indirectos. Los primeros son utilizables únicamente en superficies de fácil acceso. El método a elegir entre los incluidos en la Tabla 9.4 depende además de la conformación de la superficie y del tamaño del objeto, aunque también de los resultados pretendidos. Los métodos de contacto sirven especialmente con fines demostrativos, sobre todo en el marco de la enseñanza de los principios higiénicos.

Debido a la mucha mano de obra que ello frecuentemente exige, es imposible separar o desmontar parcialmente las instalaciones cerradas para tomar muestras con destino a un control microbiano de rutina, cuando se requiera una limpieza suficiente de las mismas. Por añadidura, las conducciones tubulares empalmadas de largas dimensiones no son accesibles por razones materiales. En tales casos debe recurrirse al método indirecto del arrastrado de gérmenes. Como líquido de enjuagado es suficiente por lo general el agua de la conducción, cuya tasa de gérmenes se determina como valor de referencia. Sólo debe emplearse agua destilada cuando se pretenda confirmar la esterilidad y además basten pequeñas cantidades de líquido.

Desde hace largo tiempo se recurre al control escalonado para localizar focos de infección. La necesaria toma de muestras se lleva a cabo en los puntos de control previstos. Éstos son en las instalaciones cerradas puntos de importancia neurálgica, que deben incluirse inexcusablemente en la L + D. Por añadidura, estos puntos deben limpiarse y flamearse a fondo inmediatamente antes de la toma de la muestra. El recipiente estéril que vaya a acoger la muestra debe contener un aditivo neutralizante o inactivante, en caso de que la muestra se vaya a tomar de la última agua de enjuagado.

Los alimentos cuentan con una capacidad de desprendimiento de microorganismos distinta de la del agua:

La leche entera muestra una tensión superficial (43 × $10^{-3}$ N/m) más baja que el agua (73 × $10^{-3}$ N/m). Ello le permite captar microorganismos de estrechas grietas o depresiones que no puede alcanzar el agua. Productos pastosos como la manteca o la cuajada para queso desarrollan en su tránsito tensiones de empuje sobre las paredes notablemente superiores a las generadas por el agua. Como consecuencia, el importante resultado de las medidas de desinfección sólo puede determinarse al final en el producto terminado. A ello contribuyen pruebas de capacidad de conservación y la resolución de las reclamaciones en curso. Sin embargo, los tests de capacidad de conservación sólo proporcionan resultados con notables demoras de tiempo, sobre todo si se trata de pruebas de esterilidad. Una partida sólo puede controlarse por el sistema de muestras al azar y nunca de forma completa. Por consiguiente, los controles sobre el producto final constituyen un importante medio auxiliar para asegurar la calidad, pero no permiten deducir con seguridad que una partida pueda calificarse sin lugar a dudas como correcta y apta para la entrega, que sin embargo puede resultar más tarde deficiente, y a la inversa. Asimismo, los controles estrictos sólo permiten estimar el estado higiénico de un lote y con ello minimizar el riesgo derivado de los microbios. De aquí se deduce la exigencia de un programa de HACCP para los establecimientos alimentarios (63).

### 9.10.4 Control combinado del resultado de la limpieza y desinfección

El inconveniente decisivo de los métodos de control microbiológico (que sus resultados sólo estén disponibles después de que los objetos controlados hayan sido renovados en el establecimiento), se ve superado por la determinación enzimática del adenosín-5'-trifosfato (ATP) mediante bioluminiscencia (punto 8.2.2.3). La determinación enzimática del ATP permite corregir de inmediato un resultado insuficiente de la L o D (Tabla 9.5).

Como complemento de la Tabla 9.5 hay que tener presente que las soluciones químicas limpiadoras desarrollan efecto más o menos germicida por encima de los 30°C. Pero como los gérmenes muertos como consecuencia de las medidas de limpieza o desinfección albergan ATP, lo mismo que los microbios supervivientes, esta magnitud no resulta en ocasiones informativa sobre el riesgo por gérmenes patógenos o responsables de la putrefacción. Este estado de cosas explica también la escasa correlación existente entre los resultados del análisis del ATP y la tasa de gérmenes. Tanto Griffiths (28) como Nieuwenhof (59) afirman que el método del ATP da lugar a más reclamaciones que el recuento de gérmenes, si bien en el 80% de los casos coinciden bien los resultados de ambos métodos.

Los resultados de la determinación bioluminiscente aparecen como valores relativos, expresados en unidades lumínicas relativas (RLU). Para poder valorar los resultados de acuerdo con el resultado higiénico obtenido, cada empresa debe establecer su propia escala de medida, y concretamente para cada cometido higiénico con todos los objetos incluidos. Deben determinarse los siguientes valores de referencia (52):

$G_o$ = Valor de referencia para superficies limpiadas correctamente. Se obtie-

**Tabla 9.5** Ventajas y limitaciones de la determinación enzimática del ATP mediante bioluminiscencia, según los principios de Hawromskyi y Holah (30).

| Ventajas | Limitaciones |
|---|---|
| Fácil realización | Sólo aplicable a superficies accesibles |
| Resultados fáciles, posible inmediata corrección ante limpieza y desinfección insuficientes | No informa sobre la naturaleza de los gérmenes patógenos, nocivos para los productos, inocuos) |
| Medio auxiliar demostrativo del resultado de la L + D | Posibilidad de alteración por restos de productos L + D |
| Contribuye a la motivación de los operarios | Elevado precio de los reactivos |
| Necesita poco apoyo laboratorial | Compleja expresión de resultados (RLU) |

ne como la media aritmética de repetidas mediciones del ATP durante un espacio de tiempo como mínimo de una semana. Los parámetros elegidos al respecto (clase, concentración y temperatura de la solución, así como su velocidad de corriente) deben fijarse y mantenerse exactamente. Constituyen la base de los valores correctos a considerar en el plan higiénico, que por lo demás debe contener también información sobre medidas auxiliares para el caso de que los valores ATP determinados superen el límite superior permitido.

$G_{no}$ = Valor de referencia para superficies en estado higiénico insuficiente. Como norma general, su valor es: $G_{no} = 2 \times G_o$.

$G_{opt}$ = Valor de referencia para el estado alcanzable en el mejor de los casos: sólo puede alcanzarse mediante limpiezas rigurosas.

# 9.11 Carga de las aguas residuales

## 9.11.1 Magnitudes de sobrecarga

Para clasificar la sobrecarga del agua residual por emisiones, sirven las siguientes magnitudes unificadas (definiciones en Höll, 33):

- $BSB_5$: En las aguas residuales de las centrales lecheras, el $BSB_5$ oscila entre 0,85 y 2,5 kg $O_2$/t de leche tratada, de acuerdo con el producto final (44).
- CSB.
- Nitrógeno amoniacal.
- Cociente $BSB_5$/CSB: En aguas residuales de establecimientos lecheros fluctúa entre 0,5 y 0,7.
- AOX: El cloroformo es el compuesto más importante cuantitativamente de este grupo de sustancias.

## 9.11.2 Contaminación por productos limpiadores

Ningún producto limpiador favorece al medio ambiente. Las sustancias que los componen actúan en las aguas residuales de manera distinta a través de valores variables de pH y por los diversos principios activos en ellas contenidos (39).

Los compuestos fosforados y nitrogenados se sustituyen en buena medida por formadores orgánicos de complejos, debido a sus efectos eutróficos. En lugar de los ácidos nítrico y fosfórico utilizados para eliminar revestimientos minerales, la industria química ofrece limpiadores alcalinos de una sola fase. En las instalaciones de UHT son necesarios asimismo productos limpiadores ácidos, debido a la acusada formación de revestimientos.

De acuerdo con lo dispuesto en la Ley de Productos Lavadores, los ténsidos (aniónicos o no iónicos) deben poderse desdoblar biológicamente de tal manera en el plazo de 3 horas, que pierdan del todo su actividad tensoactiva.

## 9.11.3 Contaminación por desinfectantes

Sólo puede garantizarse el buen éxito de una desinfección cuando la solución empleada contenga en gran cantidad de principio activo microbicida. Por ello, cabe esperar como regla general que las soluciones todavía contengan restos de estos principios activos sin utilizar después de ser aplicadas. Según Böhner y Guthy (6), esta fracción puede constituir en productos combinados de L + D todavía la mitad o los dos tercios del contenido inicial de cloro activo. Debido a sus múltiples posibilidades de reacción con las sustancias contenidas en el agua residual, no puede admitirse que residuos todavía activos de sustancias bactericidas entren en la instalación clarificadora, cuando ingresan cantidades extremas en el agua residual no como consecuencia de una avería (46). El problema que plantea la fracción de cloro activo sin utilizar no deriva de su acción microbicida residual en el agua residual, sino en su reacción con sustancias orgánicas para formar compuestos AOX persistentes.

Cuando ingresan en el purín soluciones de L + D utilizadas en la central lechera, el cloro activo también reacciona allí con las muchas sustancias orgánicas presentes. Las fracciones no consumidas de cloro activo no alteran la producción de biogases (78).

## 9.11.4 Contaminación con restos de producto

Con las soluciones limpiadoras ingresan en el agua residual restos de productos disueltos. Su cantidad y composición varían mucho de acuerdo con los objetivos de la limpieza y con los productos elaborados.

**Tabla 9.6** Valores CSB para leche, productos lácteos y soluciones limpiadoras (36, 71).

| Muestra | CSB, g $O_2$/l |
|---|---|
| Nata con el 30% de grasa | 850-860 |
| Leche entera con el 3,5% de grasa | 160-210 |
| Leche descremada | 90-100 |
| Suero de leche | 68-75 |
| Soluciones limpiadoras (1-2%) | 0,03-1,2* |

* Según fórmula.

Los valores expuestos en la Tabla 9.6 indican la influencia dominante que ejerce la tasa de grasa de los productos sobre el CSB. Para evaluar en términos reales la sobrecarga del agua residual por soluciones limpiadoras y suciedad, debe tenerse en cuenta que las soluciones limpiadoras sólo aportan unos mililitros de un producto láctico por litro.

### 9.11.5 Producción orientada a reducir la contaminación del agua residual

Las bases de los métodos de producción que sobrecarguen lo menos posible el agua residual con restos de producto y preparados químicos auxiliares procedentes de actuaciones higiénicas deben asentarse en proyectos e instalaciones adecuados; cabe citar como ejemplos: vías de conducción cortas para materias primas y productos, evitación de espacios muertos y de estancamiento, creación y puesta en práctica de programas para una producción lo más automatizada posible. En la producción propiamente dicha, requieren tales medidas especial atención, ya que pueden contribuir a minimizar la cantidad y capacidad de adherencia de la suciedad persistente (41). Entre otros, en el trabajo de Immerz y Guthy (34) se encontrará más información sobre medidas adecuadas para aliviar la carga de las aguas residuales.

### 9.11.6 Limpieza y desinfección reductoras de la contaminación del agua residual

En lo referente al ahorro de energía y productos químicos, es válido el principio básico de limpiar lo antes posible después de utilizar las instalaciones, con lo que se evita que los restos de suciedad modifiquen y dificulten la limpieza mediante desecación o multiplicación microbiana.

Los métodos de CIP totalmente mecanizados permiten una separación exacta de fases entre solución y agua de enjuagado. Se consigue mediante control de la conductibilidad eléctrica y limita la dilución indeseable de la solución de principio activo con el agua de enjuagado, así como la pérdida innecesaria de principio activo por el agua residual. La regulación descansa en la diferente conductibilidad eléctrica del agua y de las soluciones de sustancias químicas. Sin embargo, una elevada concentración de iones extraños puede incrementar la capacidad de conducción de una solución limpiadora y con ello simular una concentración de producto limpiador superior a la realmente existente. Este error lo evitan los aparatos dosificadores del proceso de lejías en las máquinas lavadoras de botellas; en caso necesario, también se encargan de corregir las dosis a *posteriori*.

Un consumo ahorrativo presupone que la concentración de la solución se adapta a lo pretendido en cada limpieza. Por ello es conveniente que cada establecimiento disponga de dos depósitos para almacenar distintas concentraciones de lejía, para limpiezas fáciles y difíciles. En la elección del producto limpiador es fundamental pensar que los preparados mixtos cuentan con una eficacia mayor que la lejía sola (Fig. 9.4).

El agua residual vertida en la red abierta de canales no debe superar el límite superior de pH 9. Sin embargo, como en el agua residual de las centrales lecheras hay que contar siempre con un exceso de álcali (punto 9.11.2), esta alcalinidad so-

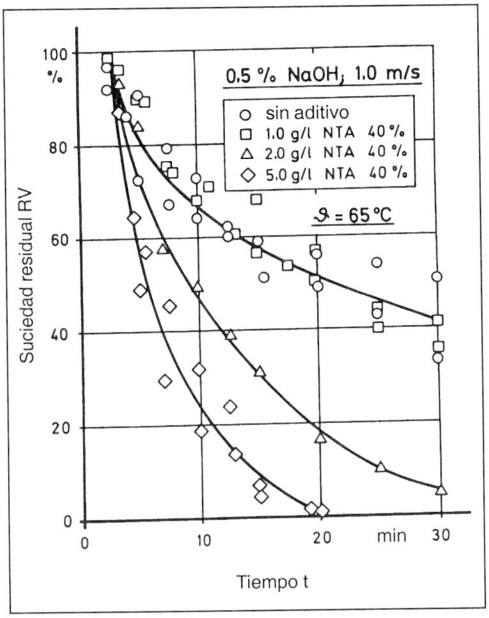


**Fig. 9.4** Suciedad residual tras limpieza con NaOH con y sin agregación de triacetato de nitrilo (NTA) (25).

brante debe ser neutralizada. La cantidad añadida de ácidos minerales –v.gr., ácido clorhídrico o sulfúrico– debe corresponder exactamente al exceso de álcali presente; la neutralización excesiva amenazaría las conducciones sensibles a los ácidos del canal de agua residual. Las tinas de neutralización cumplen asimismo la función de un amortiguador (puffer), acogiendo de una vez las aguas residuales y soluciones procedentes de las operaciones de limpieza y vertiéndolas luego repartidas cadenciosamente a lo largo del tiempo en la canalización general. En la neutralización de la alcalinidad, el dióxido de carbono tiene la ventaja frente a los ácidos minerales de evitar el peligro de la sobredosis, ya que el gas sólo se disuelve en agua limitadamente. Las centrales lecheras disponen del dióxido de carbono necesario en cantidad suficiente y sin costo en forma de gas del humo. Ahorra una cantidad de ácido necesario para neutralizar el exceso de álcali de 1,1 a 1,2 kg por 1.000 kg de leche tratada. Esta cantidad representa el 58-68% del consumo de productos químicos IDF utilizados en la limpieza (39).

Para ahorrar, asimismo, la mayor cantidad posible de desinfectante, deben hacerse las siguientes reflexiones:

1. ¿Es realmente necesario llevar a cabo una desinfección independiente?
2. Si se opta por la desinfección, queda por decidir en los sistemas cerrados si es conveniente la desinfección térmica.
3. Si se excluye la desinfección térmica, se preferirá una desinfección con productos químicos separada de la limpieza, porque requiere menos cantidad de sustancia bactericida que en la operación combinada.
4. Para la desinfección química se elegirá un principio activo que, reuniendo una reconocida eficacia con una buena tolerancia para los materiales, tenga el menor impacto posible sobre el medio ambiente. A finales de los años 90, en la esfera industrial se gastaron unas 5.000 toneladas de desinfectantes. De ellos, dos tercios correspondían a PES, y un tercio a cloro activo (6). En la bibliografía especializada se encontrará más información sobre aguas residuales (80).

## 9.11.7 Reciclado de soluciones limpiadoras

Las soluciones limpiadoras sólo pueden acoger una cantidad limitada de suciedad;

a partir de ese punto, su eficacia queda agotada. No obstante, si se consigue separar la suciedad de las soluciones, éstas podrán volverse a utilizar en operaciones de limpieza (reciclado). Los métodos de recuperación no sólo separan la suciedad orgánica de la solución y la vierten al agua residual, sino que además reducen adicionalmente el consumo de productos químicos en la limpieza.

El medio más sencillo de separar la suciedad de la solución es la sedimentación. El volumen del lodo separado puede llegar a ser el 40% de la cantidad total de álcali. También mediante centrifugación se puede separar la suciedad insoluble de la solución. Debido a la escasa diferencia de densidad existente entre las lejías y la suciedad en suspensión, no siempre resulta satisfactorio el efecto separador perseguido.

Como método más moderno de recuperación ha logrado gran auge en la práctica de la industria lechera la filtración por membrana, la llamada «cross flow filtration» o filtración tangencial. En este procedimiento, la solución a regenerar atraviesa una membrana a la velocidad de 2 a 4 m/s. Las membranas MF utilizadas a tal fin cuentan con poros de 0,1 a 2 μm. Como resultado de la diferencia de presión existente entre la cara de retención y la cara permeable, fluye a través de los poros, líquido privado en buena medida de partículas de suciedad, mientras queda retenida la fracción insoluble de suciedad. A tenor del diámetro de los poros disponibles, quedan retenidas partículas mínimas de suciedad, metales pesados ligados a proteínas, grasas sin saponificar, así como calcio en forma de jabones cálcicos. Estos últimos desarrollan un efecto tan favorable, que en el nuevo empleo de las lejías regeneradas sobre superficies a limpiar no cabe esperar la formación de revestimientos desfavorables (32). El efecto separador obtenido con membranas MF, medido como CSB, varía de acuerdo con el origen de la suciedad (32, 47).

En las soluciones limpiadoras ácidas se ahorra la regeneración mediante MF porque apenas contienen suciedad orgánica, que, cuando existe, se presenta en forma de copos fácilmente separables mediante sedimentación.

Todo procedimiento de recuperación ocasiona pérdida de solución, que debe reponerse con solución recientemente preparada. La adición regular de solución limpiadora sin utilizar permite tiempos de depósito de varios meses, siempre que el valor CSB del permeable permanezca en un bajo nivel casi constante. El producto retenido puede depositarse o bien, según Henck (32), destinarse a la producción de biogas; en ningún caso se verterá en la conducción de aguas residuales.

## 9.12 La corrosión y su prevención

Desde la utilización de acero refinado, que en los establecimientos lecheros ha reemplazado a gran número de materiales metálicos antaño frecuentes con muy variable estabilidad frente a la corrosión, pueden resolverse con mucha mayor facilidad los problemas de corrosión. El problema más importante es la corrosión del acero refinado por iones halógenos, casi exclusivamente en forma de iones de cloro. En virtud del escaso diámetro de sus iones, atraviesan los poros existentes en la película protectora de cromoxidina y atacan el hierro desprotegido. Como el ataque se concentra en unos pocos centros activos, éstos se corroen intensamente, originándose algunas depresiones crateriformes (corrosión perforante). Si las porciones asiento de esta corrosión perforante se encuentran sometidas a tensiones mecánicas, estas depresiones son el punto de partida de una corrosión con riesgo de rotura. En el Documento Nr. 139 de la IDF (38) se incluyen detalles sobre corrosión de las juntas de soldadura. Son posibles fuentes de iones de cloro el agua de la conducción general, así como productos de L + D, cuya

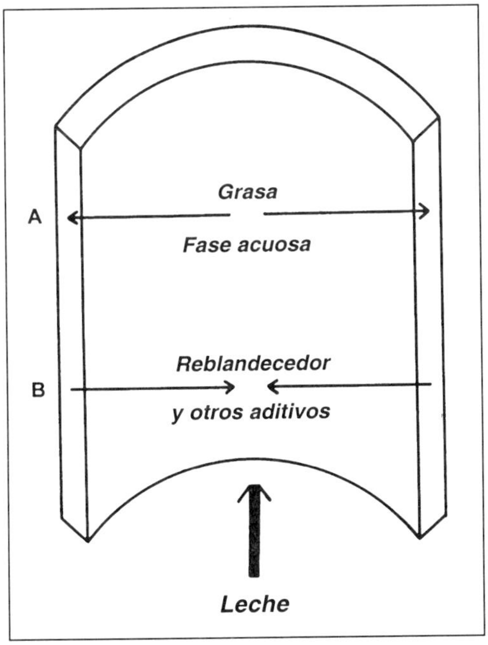


**Fig. 9.5** Procesos de difusión en un tubo conductor de leche de PVC blando (esquemático) y sus consecuencias. (A = Imbibición y saponificación; B = Agrietado de la superficie interna).

tasa de cloro debe vigilarse. Las soluciones alcalinas habitualmente utilizadas no deben contener más de 200 mg/l de cloro (66). Como una reacción ácida refuerza la corrosión causada por el cloro, antes de desinfectar con cloro activo deben eliminarse mediante enjuagado a fondo todos los restos de ácido procedentes de la anterior limpieza ácida.

Mucho más sensible a la corrosión que el acero refinado es el aluminio, cuyo revestimiento protector de óxido se ve atacado tanto por las soluciones alcalinas como por los ácidos diluidos no oxidantes (v.gr., ácido clorhídrico o sulfúrico). Como inhibidores de la corrosión, los productos limpiadores alcalinos contienen silicatos, que forman sobre los metales una película protectora inerte.

Plásticos como el PE, PP o PTFE se caracterizan por su acusada estabilidad química, mientras que los grupos polares de polímeros elevados como la poliamida (PA) o el poliéster ofrecen puntos de ataque para soluciones acuosas. Captan agua y se imbiben, lo que puede provocar el agrietado de estos plásticos.

A la inmigración de soluciones acuosas en el material se oponen fenómenos de difusión procedentes del material al medio de contacto (Fig. 9.5). Bajo la influencia de soluciones alcalinas, pasan a la solución limpiadora reblandecedores monómeros de las mangueras de PVC. Como consecuencia de la pérdida de reblandecedores, se resquebrajan las capas superficiales de la tubería de PVC, originándose grietas en la superficie. Como esto supone un riesgo higiénico, deben sustituirse todas las juntas de plástico o goma deterioradas y por ello incapaces de cumplir su función.

Se encontrarán detalladas descripciones de los problemas aquí sólo esbozados de corrosión y protección contra la misma, entre otros, en los trabajos de Schäuble (66), Wildbrett (82) y en la IDF (37).

## 9.13 Problemática que plantean los residuos

Las elevadas exigencias higiénicas imperantes en las centrales lecheras llevan consigo la necesidad de utilizar métodos químicos de L + D, pese a lo cual no se excluye por completo el riesgo de que residuos de estos productos auxiliares lleguen a la leche como consecuencia de averías en las instalaciones, de rezumado de residuos líquidos o de revestimiento, o incluso por adición ilegal. Aparte del último caso citado, la cantidad de residuos en la leche o productos lácteos depende de varios factores:

- Construcción de las instalaciones y de sus superficies (clase y rugosidad).
- Principios activos contenidos en los productos de L + D y concentración de sus soluciones de empleo.
- Composición del alimento.
- Proporción entre cantidad de alimento y superficie.

Por lo expuesto, la probabilidad de determinar la presencia de residuos químicos es máxima en la primera fracción siguiente al inicio de la producción.

Pueden presentarse cantidades elevadas de principio activo desinfectante cuando se aplique siempre el mismo principio activo en varias etapas, desde la producción de leche hasta el envasado del artículo final, por acumulación de diversas cantidades residuales (18).

Debido a su actividad superficieactiva, los ténsidos se adhieren con más fuerza que los productos químicos principales, como NaOH o $HNO_3$. Por lo general, los ténsidos pueden eliminarse de las superficies mediante enjuagados a intervalos mejor que practicando un enjuagado continuado sin pausas intermedias. El agua deja en las superficies enjuagadas una película de CAC que pasan a la leche a continuación (79). La acción captadora por parte de la leche se explica por una reacción iónica entre el catión ténsido y los grupos cargados negativamente de las proteínas. Esto queda completado por una mutua acción hidrófoba entre la cadena hidrocarbonada del ténsido y la grasa de la leche, pues en experiencias de enjuagado en condiciones estandarizadas se ha comprobado que la leche entera contiene cantidades notablemente superiores de CAC que la leche magra.

Por definición, los desinfectantes deben desarrollar acción microbicida. Por ello no puede excluirse que sus residuos ejerzan acción perjudicial sobre los procesos microbianos que tienen lugar en la acidificación de la leche o en la maduración de los quesos. Las referencias bibliográficas señalan (18) que las cantidades de residuos evidenciadas hasta ahora en la leche en condiciones prácticas son capaces de retardar la acidificación de la leche, pero sin llegar en ningún caso a anularla del todo. Una particularidad del cloro activo es su posible reacción con hidrocarburos halogenados en presencia de materia orgánica. Entre estos compuestos, sólo el cloroformo resulta interesante cuantitativamente. En la leche se han encontrado pequeñas cantidades de cloroformo (0,1-10 μ/kg) (Linderer y Guthy, 49).

Como factores activadores de la reacción se señalan las temperaturas elevadas, el contenido de cloro activo en la solución, y la frecuencia y duración del contacto con restos de leche y sus cuantías (74, 75).

La Unión Europea ha prohibido en su VO Nr. 315/93 la contaminación de alimentos con sustancias extrañas cuando su cuantía es toxicológicamente considerable y puede evitarse por medios técnicos. Los residuos de productos limpiadores presentes en la leche en las concentraciones habituales en la práctica no pueden detectarse analítica ni sensorialmente (53). En cambio pueden evidenciarse restos de productos microbicidas y también determinarse cuantitativamente. Por lo general, los métodos biológicos sólo pueden confirmar en ocasiones la presencia de una sustancia inhibidora, pero sin indicar cuál sea su naturaleza. De aquí que sean necesarios métodos químicos cuando se registren resultados microbianos positivos.

Otras referencias bibliográficas: Wildbrett (79) y Mrozek (57).

## 9.14 Referencias bibliográficas


1 AUERSWALD, D. u. WILDBRETT, G. (1989): Haftung von Dodecyltrimethylammoniumbromid an lebensmittelberührenden Oberflächen. Tenside Surf. Det. **26,** 291-296

2 AUERSWALD, D. (1996): Reinigungsverfahren. WILDBRETT, G. (Hrsg.): Reinigung und Desinfektion in der Lebensmittelindustrie, 151-188. Behr's, Hamburg

3 AUMANN, K., BICHMANN, L M. u. ORDLOFF, D. (1993): Untersuchungen über Kochendwasser- und Zirkulationsreinigung für Melkanlagen. Kieler Milchwirtschaftl. Forschungsberichte **45,** 25-42

4 AUSTIN, J. W. u. BERGERON, G. (1995): Development of bacterial biofilms in dairy processing line J. Dairy Re **62,** 509-519

5 BIEWENDT, H.-G., KRUSCH, U. u. BUCHHEIM, W. (1996): Bericht über die Typprüfung der aseptischen Abfüll- und Verschließanlage für Glasflaschen für ultrahocherhitzte Milch. Kieler Milchwirtschaftl. Forschungsberichte **48,** 321-341

6 BÖHNER, B. u. GUTHY, K. (1991): Abschätzung der Belastung milchwirtschaftlicher Abwässer durch chlorabspaltende Desinfektionsmittel. Deutsche Milchwirtschaft **42,** 981-984 u. 1286-1289

7 BÖHNER, B. WILDBRETT, G. u. GMEINER, M. (1991): Cleanability of slip resistent tiles. Tile and Brick International **7,** 238-247

8 BRAGULLA, S. u. LINTNER, K. (1986): Reinigung und Desinfektion von Umkehrosmose-, Ultrafiltrations- und Elektrodialyseanlagen. Alimenta **25,** 111-116

9 BRAGULLA, S. u. WERSHOFEN, TH. (1991): Spezielle Anforderungen bei der Flaschenreinigung in Molkereien. Deutsche Milchwirtschaft **105,** 875-877

10 BUCHHEIM, W., BIEWENDT, H.-G., KIESNER, G. u. BALDENEGGER (1998): Reinigung und Desinfektion von Mil-

cherhitzungsanlagen. Kieler Milchwirtschaftl. Forschungsberichte **50,** 367-368

11 Deutsches Institut für Normung (DIN, Hrsg. 1988): Milchwirtschaftliche Anlagen; Reinigung und Desinfektion nach dem CIP-Verfahren. DIN Fachbericht 18, Beuth. Berlin, Köln

12 Deutsches Institut für Normung (DIN, Hrsg. 1992): Transportbehälter für flüssige Lebensmittel. Anforderungen an die technische Beschaffenheit, Werkstoffe und konstruktive Merkmale. DIN 10502, Teil 1, Beuth, Berlin

13 Deutsches Institut für Normung (DIN, Hrsg. 1994): Lebensmittelhygiene. Sahneaufschlagmaschinen, Mischpatronentyp, Hygieneanforderungen, Prüfung. DIN 10507. Beuth, Berlin

14 Deutsche Landwirtschaftsgesellschaft (DLG, o.J.): Reinigen und Desinfizieren von Melkanlagen. Merkblatt 195. Frankfurt/Main

15 Deutsche Landwirtschaftsgesellschaft (DLG 1991): Bestimmungen für die Verleihung und Führung des DLG-Gütezeichens für Reinigungs- und Desinfektionsmittel (R+D-Mittel) für die Milchwirtschaft. Frankfurt/Main

16 Deutsche Landwirtschaftsgesellschaft (DLG 1998): Produkte mit DLG-Gütezeichen. Liste der Mittel zur Euterhygiene. Frankfurt/Main

17 Deutsche Veterinärmedizinische Gesellschaft (DVG 1988): Richtlinien für die Prüfung chemischer Desinfektionsmittel. 2. Aufl. Gießen

18 DUNSMORE, D. G. (1983): The incidence and implications of residues of detergents and sanitizers in dairy products. Res. Rev. **86,** 1-63

19 Eidgenössische Forschungsanstalt für Milchwirtschaft (1992): Liste der geprüften Reinigungs- und Desinfektionsmittel. Liebefeld-Bern

20 European Hygienic Equipment Design Group (1997): A method for the assessment of in-place cleanability of moderately-sized food processing equipment. Trends in Food Sci. and Technol. **8,** 54-57

21 GÉSAN, G., DAUFIN, G, BOUSSER, C. u. KRACK, R. (1996): Cleaning of inorganic membranes after whey and milk cross-flow microfiltration. Milchwiss. **51,** 887-891

22 DE GOEDEREN G., PRITCHARD, N. J. u. HASTING, A. M. (1989): Improved cleaning processes for the food industrie. KESSLER, H.-G. und LUND, D. B. (Edit). Proc. 3rd International Conference on Fouling and Cleaning in Food Processing, Prien 5.-7.6.1989,115-130

23 GRASSHOFF, A. (1983): Modellversuche zur Ablösung festverkrusteter Milchbeläge von Erhitzerplatten im Zirkulationsverfahren. Kieler Milchwirtschaftl. Forschungsberichte **35,** 493-519

24 GRASSHOFF, A. (1988): Zum Einfluß der chemischen Komponenten alkalischer Reiniger auf die Kinetik der Ablosung fest verkrusteter Beläge aus Milchbestandteilen von Erhitzerplatten. Kieler Milchwirtschaftl. Forschungsberichte **40,** 139-177

25 GRASSHOFF, A. (1989): Environmental aspects of the use of alkaline cleaning solutions. KESSLER, H.-G. und LUND, D. B. (Edit.). Fouling and cleaning in food processing: Proc. 3rd International Conference on Fouling and Cleaning in food processing, Prien, 5.-7.6.1989,107-114

26 GRASSHOFF, A. u. REINEMANN, D. (1993): Zur Reinigung von Milchsammelleitungen mit Hilfe einer 2-Phasen-Strömung. Kieler Milchwirtschaftl. Forschungsberichte **45,** 205-234

27 GRASSHOFF, A. (1998): Methoden der Reinigung in milchwirtschaftlichen Betrieben. SÖFW-J. **124,** 1037-1043

28 GRIFFITHS, M. W. (1993): Applications of Bioluminiscence in the Dairy Industry. J. Dairy Sci. **76,** 3118-3125

29 HALL, C. W. u. HEDRICK, T. J. (1996): Drying milk and milk product. The APV Publishing Comp.; Westport, Connecticut

30 HAWRONSKYI, J.-M. u. HOLAH, J. (1997): ATP: A universal hygiene monitor. Trends in Food Sci. and Technol. **8,** 79-84

31 HELMSCHROTT, D. u. WILDBRETT, G. (1985): Minderung des Tensidüberganges von Werkstoffoberflächen auf Lebensmittel. Lebensmitteluntersuch. u. -Forschung **181,** 422-426

32 HENCK. M. A. (1993): Recycling von Reinigungslaugen mit Hilfe der Crossflow-Filtration in der Milchwirtschaft. Dissertation ETH. Zürich

33 HÖLL, K. (1986): Wasser, 7. Aufl. de Gruyter. Berlin, New York

34 IMMERZ, J. u. GUTHY, K. (1985): Molkereiabwasser - Möglichkeiten und Grenzen der Beseitigung. Deutsche Molkerei-Ztg. **106,** 1110-1116, 1138-1144, 1510-1515, 1646-1653

35 International Assoc. of Milk, Food and Environmental Sanitarians, U.S. Public Health Service, The Dairy Ind. Committee (1987): 3-A Sanitary Standards for Multiple-Use Plastic Materials used as Product Contact Surfaces for Dairy Equipment. No. 20-14. Dairy and Food Sanitation, 678-682

36 International Dairy Federation (IDF 1979): Control of water and waste water in the dairy industry. B-Doc, 75, Brüssel

37 International Dairy Federation (IDF 1981): Corrosion associated with welds in austenitic stainless steel. IDF Bull. Doc 139, Broch. 3, Brüssel

38 International Dairy Federation (IDF 1983): Table of corrosiveness of chemical substances in detergent and disinfectant formulas against metals used in the dairy industry. IDF Bull. Doc 189, 3-12, Brüssel

39 International Dairy Federation (IDF 1993): Environmental influence of chemicals used in the dairy industry, which can enter dairy waste water. IDF Bull. 288, 17-31, Brüssel

40 JÖCKEL, J. (1996): Mikrobiologie der Sah-neerzeugnisse. Weber, H. (Hrsg.), Mikrobiologie der Lebensmittel, Milch und Milchprodukte. 69-104. Behr's, Hamburg

41 KESSLER, H.-G. (1996): Lebensmittel- und Bioverfahrenstechnik. Kessler, München

42 KIELWEIN, G. (1981): Reinigung und Desinfektion in der Milchwirtschaft. SCHLIESSER, TH. u. STRAUCH, D. (Hrsg.): Desinfektion in Tierhaltung, Fleisch- und Milchwirtschaft, 407-443. Enke, Stuttgart

43 KIERMEIER, F. u. WILDBRETT, G. (1996): Kontrolle des Reinigungseffektes. Wildbrett, G. (Hrsg.): Reinigung und Desinfektion in der Lebensmittelindustrie, 293-297. Behr's, Hamburg

44 KOBALD, M. u. HOLLEY, W. (1990): Emissionssituation in der Nahrungsmittelindustrie. Studie Fraunhofer Institut f. Lebensmitteltechnologie u. Verpackung, München

45 KRACK, R. (1999): Henkel-Ecolab GmbH & Co OHG, Dusseldorf: persönliche Mitteilung

46 KUNZ, u. FRIETSCH, G. (1986): Mikrobizide Stoffe in biologischen Kläranlagen. Springer, Berlin u.a.

47 LAACKMANN, M. (1991): Recycling von Reinigungslaugen aus Vacuumverdampferanlagen mittels Mikrofiltration. DMZ Lebensmittelind. u. Milchwirtschaft **112,** 1553-1555

48 LECLERQ-PERLAT, M. N. u. LALANDE, M. (1994): Cleanability in relation to surface chemical composition and

surfacefinishing of some materials commonly used in food industry. J. Food Eng. **23,** 501-507

49 LINDERER, M. u. GUTHY, K. (1994): Untersuchungen zur Problematik von Rückständen in Milch nach Reinigungs- und Desinfektionsmaßnahmen. Deutsche Milchwirtschaft **46,** 778-782

50 LÖTSCHER, D., HENCK, M. u. GALLMANN, (1994): Höhere Dosis reinigt weder besser noch schneller. Deutsche Milchwirtschaft **45,** 783-784

51 MEINCKE, M. u. WIEMER (1999): Persönliche Mitteilungen vom 26.3. und 6.4. Diversey Lever, Kirchheimbolanden

52 MEYER, B. u. LAAF, R. (1998): ATP-Bioluminiszenz versus Mikrobiologie. ZFL (Zeitschr. f. Lebensmittelwirtschaft) **49,** 23-26

53 MILLER, M. u. WILDBRETT, G. (1973): Reste von Reinigungs- und Desinfektionsmitteln in Milch und Milchprodukten. Jahresbroschüre Landesverband Bayer. Molkereifachleute und Milchwirtschaftler, 35-47

54 MROZEK, H. (o.J.): Mikrobiologie der Flaschenreinigung. SCHLÜSSLER H.-J. u. MROZEK H.: Praxis der Flaschenreinigung, 123-223. Düsseldorf

55 MROZEK, H. (1996a): Aseptisches Abfüllen. SINELL, H.-J. u. MEYER, H. (Hrsg.): Lebensmittelsicherheit. HACCP in der Praxis, 91-109. Behr's, Hamburg

56 MROZEK, H. (1996b): Kontrolle des Desin-fektionseffekts. WILDBRETT, G. (Hrsg.): Reinigung und Desinfektion in der Lebensmittelindustrie, 297-315. Behr's, Hamburg

57 MROZEK, H. (1996c): Lebensmittelkontrolle auf Reste von Reinigungs- und Desinfektionsmitteln. Biologische Rückstandsnachweise. WILDBRETT, G. (Hrsg.) Reinigung und Desinfektion in der Lebensmittelindustrie, 317-320. Behr's, Hamburg

58 MROZEK, H. (1996d): Gesetzliche Regelungen und Richtlinien. WILDBRETT, G. (Hrsg.): Reinigung und Desinfektion in der Lebensmittelindustrie, 333-343. Behr's, Hamburg

59 NIEUWENHOF, F. (IDF Hrsg., 1996): Raw milk hygiene management and ATP bioluminescence. Proc. Sympos. on Bacteriological Quality of Raw Milk. Wolfpassing 13-15, March 1996, 113-118

60 NIELSEN, F. K., u. HOUBORG, L. (1994): Foam cleaning, a modern process for cleaning and disinfecting surface. Meieriposten **83,** H.3, 85

61 OUZOUNIS, D. u. ROSSNER, D. (1992): Reinigung in der Lebensmittelindustrie. ZFL (Zeitschr. f. Lebensmittelwirtschaft) **43,** 590-599

62 PFEIFER, J. u. KESSLER, H.-G. (1995): Heat resistance of Bac. cereus spores located between seals and seal surface. J. Food Prot. **58,** 1206-1210

63 PICHHARDT, K. (1998): Hygieneschulung Lebensmittel. Springer, Berlin u.a

64 PRINCE, G. (1993): Verifikation des HACCP-Programms. PIERSON, M. D. u. CORLETT, D. (Hrsg.): HACCP-Grundlagen der produkt- und prozeßspezifischen Risikoanalyse, 115-121. Behr's, Hamburg

65 SARAN, A. (1995): Disinfection in the dairy parlour. Rev. sci. techn. Offic. int. Epiz. **14,** 207-224

66 SCHÄUBLE, R. (Hrsg. 1987): Korrosion in der Getränkeindustrie. Carl, Nürnberg

67 SCHLÜSSLER, H.-J. (o.J.): Chemie und Technologic der Flaschenreinigung. SCHLÜSSLER, H.-J. und MROZEK, H.: Praxis der Flaschenreinigung, 11-119

68 SCHLÜSSLER, H.-J. (1976): Zur Kinetik von Reinigungsvorgängen an festen Oberflächen. Brauwiss. **29,** 263-268

69 SCHMIDT, U. u. BERN, Z. (1978): Wie soil im Fleischwarenbetrieb gereinigt

und desinfiziert werden und die Wirkung kontrolliert werden? Fleischwirtschaft **58,** 1482-1490

70 SCHULZ, H. (1995): Holz im Kontakt mit Lebensmitteln - Holz antibakteriell? Holz-Zentralblatt **121,** 1395

71 SCHWARZ, (1998): Die Reinigung in Molkereien unter Berücksichtigung ökologischer Aspekte. Deutsche Milchwirtschaft **44,** 1097-1101

72 SPERBER, W. H. (1993): Festlegung kritischer Kontrollpunkte. Pierson, M. D. u. Corlett, D. (Hrsg.): HACCP - Grundlagen der produkt- und prozeßspezifischen Risikoanalyse, 57-68. Behr's, Hamburg

73 STACHE, H. u. KOSSWIG, K. (Hrsg. 1990): Tensid-Taschenbuch. 3. Aufl. Hanser. München u. Wien

74 TIEFEL, P. u. GUTHY. K. (1997a): Model tests for the formation of chloroform by chlorine containing cleaning and disinfection products. Milchwiss. **52,** 686-691

75 TIEFEL, P. u. GUTHY, K. (1997b): Der Einfluß von Milchproduktresten, Standzeit und Temperatur auf die Bildung leicht-flüchtiger Halogenkohlenwasserstoffe in chlorhaltigen Reinigungs- und Desinfektionslösungen. DMZ, Lebensmittelindustrie und Milchwirtschaft **116,** 676-682

76 TYBORSKI, TH., HENKEL-ECOLAB (1999): Persönliche Mitteilung. Düsseldorf

77 WEBER, H. (1990): Betriebshygiene und Qualitätssicherung. MÜLLER, H. u. WEBER, H. (Hrsg.): Mikrobiologie der Lebensmittel, Grundlagen, 8. Aufl., 410-529. Behr's, Hamburg

78 WELLINGER, A., EGGER, K. u. SUTTER, R. (1985): Biogasproduktion und -verbrauch. Biologische und verfahrenstechnische Grundlagen. Schriftenreihe Eidgen. Forsch. Anstalt f. Betriebswirtschaft u. Landtechnik, Tänikon, Schweiz

79 WILDBRETT, G. (1989): Zur Problematik von Reinigungs- und Desinfektionsmittelrückständen in Lebensmitteln. Lebensmitteltechnik, **21,** 680-686

80 WILDBRETT, G. (1996): Abwasserfragen. WILDBRETT, G. (Hrsg.): Reinigung und Desinfektion in der Lebensmittelindustrie 213-233. Behr's, Hamburg

81 WILDBRETT, G. (1996a): Reinigungsmittel. Wildbrett, G. (Hrsg.): Reinigung und Desinfektion in der Lebensmittelindustrie 40-55. Behr's, Hamburg

82 WILDBRETT, G. (1996b): Korrosion. Wildbrett, G. (Hrsg.): Reinigung und Desinfektion in der Lebensmittelindustrie 247-276. Behr's, Hamburg

83 WILDBRETT, G. (1996c): Lebensmittelkontrolle auf Reste von Reinigungs- und Desinfektionsmitteln. Chemische Kontrollmethoden. Wildbrett, G. (Hrsg.): Reinigung und Desinfektion in der Lebensmittelindustrie 320-329. Behr's, Hamburg

84 WILDBRETT, G, GMEINER, M., KLASNA, T. u. TOTZKE, S. (1988): Reinigungsmöglichkeiten für rutschhemmend gestaltete keramische Fliesen für Fußböden in Großküchen. Schriftenreihe der Bundesanstalt für Arbeitsschutz (Dortmund). Wirtschafts Verlag NW, Bremen

85 WILDBRETT, G. u. SAUERER, V. (1989): Cleanability of PMMA and PP compared with stainless steel. Kessler, H.-G. u. Lund, B. (Edit.): Proc. 3rd International Conference on fouling and cleaning in food processing, 163-177, Prien 5.-7. June

86 ZICKERICK, K. (1996): Mikrobiologie der Käse. Weber, H. (Hrsg.): Mikrobiologie der Lebensmittel, Milch und Milchprodukte, 258-351. Behr's, Hamburg

87 ZIMMERMANN, L. (1993): Manufacturing filling and sealing of plastic bottles in the blow mould. Reuter, H. (Ed.): Aseptic processing of foods, 225-234. Behr's, Hamburg

88 ZSCHALER, R. (1996): Mikrobiologie von Speiseeis. Weber, H. (Hrsg.): Mikrobiologie der Lebensmittel, Milch und Milchprodukte, 377-387. Behr's, Hamburg

# 10 Parásitos animales (plagas): biología y medios de lucha

Wolfgang Stein

## 10.1 Generalidades

Las explotaciones animales y la elaboración de productos de origen animal ofrecen unas condiciones de vida adecuadas a numerosos insectos, roedores y parásitos diversos. Estos pueden poner en peligro la salud de los animales o destruir productos, con lo que originan elevadas pérdidas económicas. Por ello, su destrucción o al menos el intento de reducir al mínimo su presencia resulta tan importante para la explotación ganadera y la producción de carne y leche como la eliminación de los microorganismos indeseables.

Como grupos más importantes deben citarse aquí los ácaros, insectos y roedores, con el fin de que el práctico sepa cuál es su influencia negativa, conozca su biología y comportamiento, y pueda adoptar las medidas adecuadas de lucha.

Para evidenciar la importancia de estos parásitos y poder adoptar medidas de lucha –que con frecuencia requieren mucho trabajo y dinero–, conviene determinar primero los daños que pueden ocasionar en las correspondientes áreas de acción en la industria ganadera y alimentaria.

## 10.2 Daños

Sólo el hombre está capacitado para determinar qué organismos animales o vegetales pueden considerarse parásitos: en este grupo se incluye todo lo que a él le suponga perjuicio directo o indirecto. Por consiguiente, lo que se consideran daños queda un tanto al criterio subjetivo de las personas. Pero en cualquier caso son el fundamento de las medidas de lucha que el hombre debe arbitrar para su propia defensa.

La importancia de las posibilidades de perjuicio contabilizadas a continuación puede variar mucho de unos casos a otros, presentándose también a la vez por lo general influencias negativas diversas. Esto hace que en la práctica sea con frecuencia difícil valorar la cuantía de estos daños, lo que por otra parte es necesario para poder fijar las medidas de lucha a adoptar.

## 10.2.1 Explotaciones animales

Es muy amplio el abanico de influencias negativas que ejercen los parásitos animales en la explotaciones de animales domésticos. Muchas de ellas deben tomarse muy en serio porque perjudican el bienestar de los animales y, como consecuencia de ello, provocan elevadas pérdidas económicas al ganadero.

### *10.2.1.1 Molestias*

Este tipo de relaciones entre animales domésticos y parásitos es ante todo consecuencia de la densidad de población de estos últimos. Pero también puede ser muy variable la sensibilidad de los animales (se piensa sólo en ciertas razas de cerdos).

Las formas más importantes de molestias son: vuelos o contactos con los animales, v.gr. por moscas, cucarachas o roedores, absorción de humedad de ojos y boca por moscas, penetración de insectos en los orificios del cuerpo, provocación de trastornos del sueño, y estrés en general, lo que se aprecia sobre todo en la infestación por cucarachas. Las reacciones de los animales en forma de movimientos de la piel, golpes con la cola o patadas suelen ser manifestaciones externas de molestias.

Pero no sólo los animales estabulados sufren las consecuencias de una elevada población de parásitos. También el personal que trabaja en los alojamientos del ganado puede verse molestado hasta límites de tolerancia, lo que a su vez actúa muy negativamente sobre la moral de los trabajadores.

En los alrededores de los alojamientos de los animales también pueden apreciarse en ocasiones intensas infestaciones de parásitos, v.gr., cuando las moscas penetran en grandes cantidades en los alojamientos.

### *10.2.1.2 Reducción de los rendimientos*

Las molestias mencionadas de los animales estabulados provocadas por parásitos, pueden traducirse en una considerable merma de las producciones. En numerosos estudios se ha podido evidenciar que la producción de carne y leche, aunque también la calidad de los productos obtenidos, pueden verse influidos negativamente por moscas o cucarachas.

Así, en investigaciones llevadas a cabo con animales alojados en naves sin moscas y con otros objetos de una intensa infestación por estos insectos, se han podido evidenciar reducciones de la producción de leche (hasta de un 9%), de la tasa de grasa en la leche (hasta un 12%), en la producción de carne (vacunos, 8%; cerdos, 2-3%) y en la capacidad de aprovechamiento del pienso (hasta un 13%). Lss pérdidas económicas son fáciles de deducir.

Pero debe señalarse a este respecto que los efectos de las molestias dependen de una serie de factores, no siendo siempre de la misma gravedad. Así, desempeñan papel evidente la densidad de población y especie de los parásitos, raza de los animales domésticos, estado de carnes de éstos y condiciones higiénicas generales de los alojamientos.

### *10.2.1.3 Los parásitos como responsables directos de enfermedades*

Más allá de las molestias y de sus posibles consecuencias fisiológicas van aquellos daños en los que organismos indeseables ocasionan directa o indirectamente alteraciones de salud a través de sustancias producidas por ellos, que pueden llegar a provocar la muerte. Los daños pueden producirse directamente, pero con frecuencia obedecen a la ingestión de piensos infestados. Ambas vías no siempre se diferencian claramente, por lo que todo diagnóstico debe ir acompañado siempre de un análisis del pienso.

Las alteraciones de salud están provocadas sobre todo por los siguientes grupos de parásitos y depredadores animales:

- ***Ácaros:*** Como síntomas aparecen inflamaciones de los órganos respiratorios, trastornos digestivos, irritación renal, erupciones cutáneas, eritema pruriginoso, conjuntivitis, trastornos nerviosos, exantema, aborto de las cerdas, partos prematuros, manifestaciones paralíticas (en vacas, sobre todo del tercio posterior), alergias diversas, cólicos en caballos, muerte (registradas en caballos y cerdos). Los responsables son los propios ácaros, sus partes corporales (patas, cerdas, pelos, residuos de caparazón) o sus heces (alergenos).
- ***Cucarachas:*** Los síntomas son manifestaciones cancerígenas y teratógenas. Son responsables diversas quinonas excretadas por estos insectos, que conservan su actividad después de someterse a ebullición.
- ***Escarabajos*** (especialmente de la familia de los escarabajos negros y en particular del género *Tribolium*):
  En estos insectos, como en las cucarachas, existe también una acción cancerígena a cargo de quinonas, segregadas por glándulas existentes en el abdomen. Las especies *Tribolium* son con frecuencia parásitas de piensos secos.
- ***Moscas:*** Diversas especies de moscas son conocidas como responsables de miasis. Pero las especies chupadoras de sangre aparecen con entera seguridad con mayor frecuencia, de las cuales aquí sólo citaremos las estomoxinas (*Stomoxys calcitrans*), casi regularmente presentes en los alojamientos animales, a los que sustraen elevadas cantidades de sangre cuando las infestaciones son intensas; ello puede provocar un aumento de la temperatura corporal, de la frecuencia de los latidos cardíacos y del ritmo respiratorio.
- ***Ratas:*** Como daño directo debe mencionarse aquí el devorado de animales jóvenes o enfermos, lo que puede revestir importancia cuando la infestación es intensa.

#### *10.2.1.4 Los parásitos animales como vectores de enfermedades*

Los parásitos desempeñan en general importante papel como vehiculadores de enfermedades. Su importancia en las zonas templadas puede ser menor que en los trópicos o subtrópicos, aunque numerosos estudios han evidenciado que también en latitudes templadas pueden achacarse enfermedades sobre todo a moscas, cucarachas, diversos escarabajos y roedores. Por ello, debe tomarse en consideración un contagio directo o indirecto de los animales en explotación a través de los piensos (en los que puede producirse la multiplicación de gérmenes patógenos, hasta alcanzar el número suficiente para provocar enfermedad). El número de tales contagios permanece ignorado, pero por diversas razones es presumiblemente elevado porque a los posibles vectores no se les ha prestado suficiente atención, ya que no se conocen las relaciones vector-enfermedad, o bien porque estas relaciones vienen dificultadas por el plazo más o menos largo de incubación que discurre entre el contagio y la explosión de la enfermedad.

Los ejemplos incluidos en la Tabla 10.1 no pueden por ello pretender ser completos. Se ha desistido voluntariamente de relacionar los vectores mencionados en las diversas publicaciones especializadas, ya que se trata esencialmente de resultados casuales procedentes de los parásitos concretos estudiados. Tampoco se han tenido en cuenta las enfermedades transmitidas por los parásitos genuinos, pues no pertenecen a este capítulo.

La siguiente lista de vectores mencionados da una idea de la importancia de los diversos grupos. En la bibliografía se citan moscas (sobre todo, *Musca domestica* y *Stomoxys calcitrans*) en 31 ocasiones, cucarachas (*Blattella germanica* y *Blatta orientalis*) 16 veces, roedores (ratas y ratones) 17 veces, *Alphitobius diaperinus* 3 veces.

La contaminación de los vectores se produce al visitar o ingerir excrementos, animales muertos, o alimentos y piensos desechados y arrojados. El contagio externo puede producirse a través de gérmenes adheridos, o bien internamente a través del canal digestivo y excrementos. Con frecuencia basta una sola visita al material contaminante para convertir al vector en vehiculador de gérmenes de por vida, es decir, en moscas durante varias semanas, y en las cucarachas en plazos todavía mayores. Especialmente en insectos muertos se conservan los gérmenes tiempos muy largos; así, se ha podido evidenciar la presencia de salmonelas en moscas

**Tabla 10.1** Ejemplos de enfermedades y gérmenes que pueden transmitir los parásitos animales y vegetales a los animales en explotación.

| | |
|---|---|
| **Virus** | |
| | Enfermedad de Aujeszky |
| | Viruela aviar |
| | Anemia infecciosa del caballo |
| | Influenza |
| | Viruela vacuna |
| | Leucosis |
| | Enfermedad de Marek |
| | Fiebre aftosa |
| | Enfermedad de Newcastle |
| | Peste porcina |
| | Rabia |
| | Gastroenteritis contagiosa (TGE) |
| **Rickettsias** | |
| | Rickettsiosis |
| **Bacterias** | |
| | Brucelosis |
| | Botulismo |
| | *Escherichia coli* |
| | Cólera aviar |
| | *Klebsiellas*, ssp. |
| | Leptospirosis |
| | *Listeria monocytogenes* |
| | Gérmenes de mamitis |
| | Carbunco bacteridiano |
| | *Proteus* ssp. |
| | Carbunco enfisematoso |
| | Mal rojo |
| | Muermo |
| | Salmonelosis |
| | *Spirochaeta* ssp. |
| | *Staphylococcus* ssp. |
| | Tuberculosis |
| | Tularemia |
| **Hongos** | |
| | *Aspergillus* ssp. |
| | *Cephalosporium* ssp. |
| | Histoplasmosis |
| | Hongos toxógenos |
| | *Trichophyton rubrum* |

(*continúa*)

**Tabla 10.1** (*Continuación*).

| **Protozoos** |
|---|
| Balantidium coli<br>Coccidiosis<br>Esporotricosis<br>Tricomonas |
| **Endoparásitos** |
| Ascaris lumbricoides<br>Distomum ssp.<br>Echinococcus ssp.<br>Taenia saginata |
| **Ectoparásitos** |
| Dermatitis por ácaros |

muertas al cabo de 60 días, y en heces desecadas hasta después de 20 días.

El número de gérmenes transportados por un solo insecto en su superficie puede ser muy elevado, sobrepasándose muchas veces ampliamente las cifras de varios millones. De esta manera puede alcanzarse enseguida el número de gérmenes necesario para que estalle una enfermedad (cifra que oscila dentro de amplios límites de acuerdo con la especie microbiana y con la especie y edad de los animales atacados).

Las mudas del ciclo biológico de los insectos ejercen de acuerdo con la especie de éstos y la especie de los gérmenes variable influencia sobre la acción de los vectores. Así, pudieron persistir salmonelas en la mosca *Phormia regina* tras ser ingeridas en la fase larvaria hasta la muda a imago; esto no sucedía con leptospiras y diversas especies de moscas.

El número de especies bacterianas que los insectos pueden contagiar simultáneamente por vía externa o interna puede llegar a ser de 10 (contagio externo) y un número todavía mayor por vía interna. Asimismo, en el intestino del escarabajo negro brillante de los cereales *Alphitobius diaperinus* se han encontrado cinco especies de salmonelas y 48 serotipos (de ellos, 26 patógenos) de *Escherichia coli.*

En suma, cuando se investiguen las causas de enfermedad de los animales en explotación, debe prestarse la debida atención al papel vectorial desempeñado por insectos y roedores.

#### *10.2.1.5 Alteraciones perjudiciales de los piensos*

En el capítulo precedente ya se ha insistido en que no sólo puede desempeñar papel el contagio directo de agentes patógenos a los animales domésticos, sino que también reviste importancia –y seguro que todavía en mayor medida– el contagio indirecto a través del pienso. Éste constituye con frecuencia un alimento adecuado para bacterias y hongos, por lo que permite su multiplicación activa. Revisten importancia como transmisores inclusive parásitos relativamente «inofensivos», como v.gr., gorgojos presentes en depósitos de piensos. Aquí se conoce el contagio de hongos generadores de toxina, entre los que el *Aspergillus flavus* es el más popular y con entera seguridad también el más temible.

La calidad de los piensos puede verse muy influida por la presencia de parásitos. Esto puede obedecer a excrementos directos (heces, orina, excretas de glándulas odoríferas), cadáveres, restos de mudas, pelos, por alteración de nutrientes importantes (v.gr., por la saliva) o cambio del pH. El aumento de la humedad (agua procedente de las actividades vitales ordinarias) ocasiona la formación de grumos en los piensos secos, a la vez que prepara el terreno para el asentamiento de organismos que precisan humedad, como bacterias, ácaros, mohos y otros.

Los parásitos propios de los depósitos de piensos, que dejan sentir sus efectos perjudiciales no sólo al devorar los artículos, sino también con sus excreciones (v.gr., estructuras filamentosos de diversas especies de polillas), y otras influencias negativas citadas más arriba, deben tenerse muy en cuenta sobre todo en los almacenes de piensos secos (en sacos o silos). Los piensos atacados por ácaros o gorgojos, o los atacados por especies de polillas (como las polillas de harinas, frutos secos o cereales), pueden ocasionar considerables trastornos en los animales en explotación, tal como puede deducirse de los apartados anteriores. Estas pérdidas pueden evitarse con un control cuidadoso durante el depósito y antes de administrar el pienso a los animales. Cuando las infestaciones son muy intensas, no cabe otra medida de lucha que arrojar la totalidad de la partida.

### *10.2.1.6 Otros daños*

Los diversos efectos negativos hasta aquí mencionados en los distintos apartados, resultantes de la presencia de parásitos, depredadores y bichos similares, no agotan en absoluto todas las posibilidades de perjuicios. Citaremos aquí, pues, algunos otros extremos, consecuencia asimismo de la actuación de estos organismos nocivos.

- ***Daños a los materiales:*** Aquí se incluyen, v.gr., los perjuicios ocasionados por los roedores en cables, madera, plásticos y otros materiales blandos.
- ***Obstrucción de cañerías:*** En las infestaciones de piensos secos por polillas pueden obstruirse los tubos de transporte a consecuencia de los materiales producidos por las larvas al tejer sus capullos, lo que origina considerables trastornos de funcionamiento, con su correspondiente repercusión económica.
- ***Ensuciamientos:*** Se presentan sobre todo en las infestaciones abundantes de moscas. Resultan afectados todos los objetos en que se posan las moscas, y en particular las paredes blancas, que por ello deben pintarse continuamente. Pueden producirse pérdidas elevadas cuando los huevos de gallina resultan ensuciados por excrementos de moscas y contenido del buche. Por último, en los alojamientos pueden originar las heces y orina de las ratas alteraciones tan acusadas que resulta muy deteriorada la imagen de estos recintos.
- ***Costos de las medidas de lucha:*** En las infestaciones intensas por estas plagas son imprescindibles las medidas para combatirlas. Los gastos que esto supone vienen a sumarse a los perjuicios económicos ocasionados directamente por los parásitos. El empleo de productos y aparatos, construcciones realizadas y mejoras en las instalaciones de los alojamientos, acompañado de la correspondiente mano de obra, pueden alcanzar cuantías sorprendentes.
- ***Pérdida de prestigio:*** Todo ganadero se esfuerza en producir en sus potenciales clientes la mejor impresión posible. Los alojamientos plagados de moscas o por los que circulen a diario ratas y cucarachas no ofrecen una buena imagen, llegando a la conclusión de que en tales recintos la higiene es deplorable. Tampoco hay que excluir aquí la merma de los ingresos.

## 10.2.2 Principios económicos de las industrias cárnica y lechera

En el tránsito de los productos desde las explotaciones animales hasta el consumidor, aquéllos ven aumentado progresivamente su valor financiero. Pero en este tiempo también aumenta la importancia de los parásitos presentes en los establecimientos carniceros y lecheros. Sin embargo, aquí puede asegurarse que los organismos nocivos pueden combatirse mejor merced a la mayor facilidad para llevar a cabo las pertinentes medidas higiénicas.

Pese a ello, la práctica enseña que siempre vuelven a aparecer parásitos animales que no sólo alteran negativamente los productos, sino que también perjudican el funcionamiento total del establecimiento. Por tal razón, procede aquí aludir a las posibilidades más importantes de ocasionar daño.

Papel más importante que en los alojamientos es el desempeñado por los parásitos en los artículos almacenados, los cuales en el tratamiento posterior de la carne y la leche ofrecen a los bichos adecuadas condiciones de vida, sobre todo cuando tales productos conservados o semiconservados se depositan durante un tiempo más o menos largo.

En estos parásitos propios de los almacenes se incluyen sobre todo aquellas especies que pueden desarrollarse en productos de origen animal, como distintas especies de moscas, escarabajos del tocino y diversos gorgojos. Los daños se producen por mordeduras y ensuciamientos. Pero también hay que añadir a esto todo lo que se ha dicho más arriba sobre los parásitos como vehiculadores de enfermedades.

A los gérmenes patógenos contagiados vienen a añadirse ahora, sin embargo, otros microorganismos que influyen sobre la calidad de los artículos como desdobladores de proteínas, grasas o hidratos de carbono.

Además de los propios parásitos de los almacenes, desempeñan importante papel en los establecimientos procesadores otras especies de parásitos. Su sola presencia ya es motivo para organizar amplias medidas de lucha. A este grupo pertenecen por ejemplo moscas, pececillos de plata, tijeretas, cochinillas y muchas otras especies generalmente consideradas «inofensivas».

Mayores daños todavía que los originados en los alojamientos de los animales son los perjuicios de imagen que se registran en las industrias cárnicas y lecheras. Los productos que contienen ácaros o insectos vivos o muertos, o incluso ratones enteros o parte de los mismos o heces de roedores, no sólo son rechazados por los clientes, sino que suelen provocar la anulación de los contratos de venta. Aparte de que tales deficiencias son objeto de divulgación y múltiples comentarios.

Todo establecimiento está obligado por consiguiente a adoptar medidas higiénicas o de lucha para impedir o eliminar una infestación. Tales medidas son bastante más difíciles y también más costosas que en los alojamientos. Como consecuencia también, los costos son con frecuencia muy elevados, máxime siendo frecuente que no se produzca una suspensión transitoria de la fabricación durante ese tiempo. A las medidas preventivas que serán tratadas más adelante se les asigna aquí por consiguiente una particular significación.

## 10.3 Origen y desarrollo de los parásitos

Los parásitos animales presentes en los alojamientos y en los establecimientos manipuladores de los alimentos pueden proceder de distintas fuentes. Esencialmente pueden distinguirse tres posibles orígenes.

### 10.3.1 Desarrollo *in situ*

Este origen lo tienen sobre todo las especies que «viven» en los alojamientos, en los que, en virtud de las posibilidades de desarrollo que encuentran, pueden establecer una población constante, generalmente con gran número de individuos. Disponen de las necesarias condiciones abióticas (punto 10.4) y de suficiente alimento. Los representantes más importantes en los alojamientos de ganado mayor son la mosca común (*Musca domestica*), la mosca picadora (*Stomoxys calcitrans*) y las dos especies de cucarachas, la alemana (*Blattella germanica*) y la oriental (*Blatta orientalis*); en los alojamientos de aves hay además escarabajos negros brillantes de los cereales (*Alphitobius diaperinus*).

Estas especies están presentes prácticamente todo el año, si bien las respectivas densidades de población pueden fluctuar con las distintas estaciones. Los medios en que se desarrollan son estiércol, purín, restos de piensos húmedos o ensilados. Esta abundante disponibilidad de alimento y la tolerancia de las especies arriba citadas para vivir en poblaciones muy nutridas, son la causa de las plagas masivas que se presentan en ocasiones.

### 10.3.2 Migraciones activas

Esta posibilidad de infestación depende de varios factores: medios en cantidad suficiente para alimentarse y reproducirse en las proximidades de los alojamientos, atractivo evidente de los espacios infestados, buena movilidad de las especies migratorias, sea caminando (cucarachas o roedores), sea volando (moscas, polillas, diversos escarabajos), y cuando es fácil el ingreso en los recintos (puertas y ventanas abiertas, grietas en paredes y techos).

Las distancias que pueden recorrer estas especies son de unos cientos de metros, lo que debe tenerse en cuenta, por ejemplo al situar los estercoleros.

### 10.3.3 Introducción

Por esta forma de infestación pueden ingresar también en los alojamientos y recintos industriales parásitos con muy escasa autonomía de desplazamiento. Generalmente se trata de especies de pequeño tamaño. Como vehículos actúan animales (v.gr., vacas de regreso de los prados, moscas que transportan ácaros), personas, utensilios y piensos infestados. El número de individuos introducidos es seguramente pequeño, pero cuando las condiciones son óptimas y los parásitos cuentan con cortos períodos de generación, puede llegar a formarse una nutrida población. En teoría basta una hembra fertilizada para constituir una población nueva.

## 10.4 Condiciones ecológicas

Una vez producida la infestación de alojamientos o industrias por cualquiera de las vías arriba citadas, el subsiguiente desarrollo de la población dependerá de las condiciones ecológicas imperantes. La base para el establecimiento del parásito es por descontado que éste disponga de medios de alimentación y cría que le permitan desarrollar sus etapas biológicas y luego poder sobrevivir como adulto. Pero incluso siendo óptimas las condiciones tróficas, otros factores, sobre todo abióticos, pueden ser determinantes para la suerte de la especie, que puede estar entre la multiplicación masiva y la extinción.

Las especies más problemáticas, como son moscas, cucarachas y ratas, se adaptan a las condiciones ecológicas ordinarias, si buen su densidad de población puede verse influida negativamente al modificarse las condiciones ambientales como resultado de las medidas de lucha puestas en práctica.

A continuación se repasan brevemente los factores ecológicos más importantes de alojamientos y recintos industriales (Tabla 10.2).

- De los factores abióticos es la temperatura el que ejerce mayor influencia sobre el desarrollo, duración de la vida y todos los demás procesos biológicos, sobre todo de los animales de temperatura variable. Entre la muerte por el frío y por el calor existe siempre una temperatura óptima que con frecuencia se encuentra en los recintos aquí contemplados. Este hecho es asimismo decisivo para que muchos parásitos de origen tropical o subtropical puedan acoplarse a nuestras condiciones, como v.gr. las cucarachas, o también especies sinántropas (ver punto 10.5), como diversas especies de moscas.
- También suelen ser óptimas las condiciones de humedad, tanto del aire como de los distintos sustratos. Ésta es también una de las razones por las que las moscas pueden acumularse en grandes cantidades, si bien sus larvas blancas son extraordinariamente sensibles a la humedad, debido a la finura de su cutícula.
- El factor lumínico gobierna la actividad de muchas especies animales. Entre las especies más importantes de los alojamientos son v.gr. cucarachas y roedores calificados parásitos nocturnos y crepusculares que durante el día permanecen ocultos en lugares oscuros. Sólo cuando existen poblaciones masivas son también activas estas especies durante el día.

**Tabla 10.2** Factores ecológicos importantes en alojamientos e industrias.

| Factores abióticos |
|---|
| Temperatura<br>Humedad<br>Luz<br>Ventilación<br>Pesticidas |
| **Factores tróficos** |
| Cantidad<br>Calidad<br>Accesibilidad |
| **Factores bióticos** |
| Parásitos<br>Depredadores<br>Gérmenes patógenos<br>Competidores |
| **Espacio vital** |
| Claridad<br>Posibilidades de ocultamiento<br>Conformación |

- Las corrientes de aire existentes en los locales son factor determinante de la distribución de las moscas, también en los alojamientos de los animales.
- En alimentación, la cantidad de parásitos es con frecuencia poco decisiva, pero no la calidad. Pueden tener elevadas necesidades, sobre todo de contenidos proteicos. Los parásitos omnívoros, como son cucarachas y ratas, encuentran una particular ventaja en la variedad de los alimentos que se les ofrecen (piensos, excrementos, camas...). Los parásitos no suelen tener dificultad, pues, para alcanzar su alimento; sin embargo, la ausencia de excrementos y purín como consecuencia de las medidas de lucha adoptadas, suele conseguir limitar la multiplicación de los bichos. En cambio, esto se consigue mejor en las industrias de la carne y la leche, porque en ellas puede lograrse con más facilidad el total aislamiento de los productos preparados y semipreparados.

Entre los contrarios a los parásitos que se mencionan en la exposición, corresponde máxima importancia a los competidores de la propia especie o de especies con género de vida similar, puesto que pueden ser en extremo agresivos, llegando al canibalismo. Pero los rapiñadores, parásitos y gérmenes patógenos pueden regularse hasta cierto punto en cuanto a la magnitud de su población, bien por un proceso natural, bien por la intervención del hombre con sus medidas de lucha (punto 10.7.2.1).

La constitución del espacio vital reviste trascendental importancia por muchas razones, como v.gr. en lo referente a no proporcionar escondites a los parásitos, claridad (descubrimiento de bichos), capacidad de limpieza (eliminación de restos de pienso, suciedad y otros desperdicios), corrientes de aire (evitar el estancamiento de aire con elevada tasa de humedad, lo que facilitaría la presencia de microorganismos, ácaros, gorgojos y otros organismos).

Si se considera la importancia de las condiciones ecológicas, resulta evidente que el hombre puede actuar eficazmente en muchos puntos con el objetivo de modificarlas de manera que resulten contrarias a los parásitos. Éste será el argumento utilizado con frecuencia en el apartado de las medidas de lucha.

## 10.5 Especies sinántropas y simbóviles

Los parámetros ecológicos imperantes bajo cubierto se diferencian decisivamente en muchos puntos de los prevalentes al aire libre. Los valores extremos de los diversos factores abióticos no se distancian tanto entre sí y las fluctuaciones diarias y estacionales se atenúan en mayor o menor grado. Así, sucede que muchas especies no sobreviven o sólo lo hacen difícilmente al aire libre, mientras que en los recintos construidos por el hombre encuentran unas favorables condiciones de vida. Como el hombre es el responsable de estos cambios, las especies así favorecidas reciben el nombre de sinántropas. Si son los animales los que determinan las condiciones de vida, se habla entonces de especies simbóviles.

De esta manera, muchas especies –en parte dependiendo de la ubicación geográfica– van ligadas al espacio vital del hombre, ya que sólo en él pueden vivir (especies eusinántropas, como v.gr. la mosca doméstica o la rata casera). Otras cuentan con una mayor autonomía ecológica que les permite además prosperar al aire libre (especies hemisinántropas, v.gr. muchas moscas doradas). Entre las especies simbóviles se distinguen formas abiertas (praderas) y cerradas (alojamientos), según cual sea su principal punto de presencia.

De lo dicho puede deducirse que en los alojamientos y en las industrias cárnicas y lecheras se encuentran principalmente especies que muestran una sinantropía o simbovilia más o menos marcada. Las especies de vida exclusivamente al aire libre son raras o con frecuencia sólo huéspedes extraviados, pese a lo cual pueden también plantear problemas.

## 10.6 Evaluación y vigilancia de la población parásita

En una serie de parásitos no es problema determinar una infestación: las moscas no pasan desapercibidas en los alojamientos. Más difícil resulta cuando las especies se ocultan de día para desarrollar su actividad durante la noche, y además actúan en escaso número. Para descubrirlas, pero sobre todo para detectar precozmente el inicio de una proliferación masiva, existen diversos procedimientos. Sobre todo en las industrias cárnicas y lecheras deben descubrirse cuanto antes, ya que aquí una escasa infestación puede tener ya graves consecuencias.

Prescindiendo de las trampas mecánicas, como las que se utilizan por ejemplo para descubrir los roedores (pero también para combatirlos), existe en el comercio gran número de trampas con cebo, por lo general destinadas a una especie particular de roedores. En ellas se dispone un cebo acompañado de un dispositivo de captura, con lo que los animales resultan atrapados. El cebo ofertado debe ser más atractivo que los posibles alimentos del entorno, lo que referido a los locales aquí existentes resulta con frecuencia un problema. Mejor resultado dan las trampas cebadas con sustancias que sirven de reclamo para los depredadores, las llamadas feromonas. Estas sustancias sirven para la comunicación dentro de una especie, por lo que suelen ser específicas. Sobre todo destacan las feromonas sexuales segregadas por las hembras y que atraen a los machos. En cambio, agregados de feromonas atraen a ambos sexos. Este tipo de trampa cebada existe para polillas, cucarachas y diversos escarabajos. Con estas trampas no sólo puede descubrirse una infestación, sino también llevar a cabo estudios cuantitativos para seguir el curso de la densidad de población de la especie en cuestión.

Las trampas cebadas revisten asimismo cierta importancia en la lucha directa contra los parásitos (punto 10.8).

Para la identificación especial de cucarachas sirven muchos pesticidas con efecto repelente, sobre todo preparados de piretrina. Si se aplican mediante spray en puntos inaccesibles, las cucarachas abandonan sus escondites a la desbandada.

La identificación de ácaros en el pienso no es sencilla, debido al pequeño tamaño de estos parásitos. Se puede agitar el pienso en un tubo de ensayo o bien extenderlo sobre una lámina de cristal, con cuya perturbación los ácaros tienden a desplazarse. Cuando la infestación es intensa, se aprecia un velo gris que se desplaza lentamente. Si la infestación es débil, se necesita una lupa para identificar los parásitos.

Para determinaciones cuantitativas de moscas en los alojamientos de los animales, sirve el método del recuento. En un punto previamente elegido (pared, tubería, pero también v.gr. en superficies corporales visibles de un cerdo echado sobre un costado) se cuentan las moscas presentes. De esta manera puede determinarse el curso seguido por la densidad de población y fijar el momento más adecuado para las medidas de lucha.

Los métodos de identificación aquí citados sirven también para comprobar el resultado alcanzado con los métodos de lucha y la duración de la eficacia de determinados métodos de efecto prolongado (v.gr., lacas vehiculadoras de insecticida para combatir las cucarachas).

## 10.7 Medidas de lucha

De lo expuesto en el capítulo de daños se deduce con suficiente claridad que no puede tolerarse la multiplicación masiva de parásitos en alojamientos y establecimientos alimentarios. Ello obliga a buscar métodos y productos que resuelvan el problema de los parásitos. La completa erradicación de las especies indeseables sólo es factible en raras ocasiones, al menos en los alojamientos animales. Pero el objetivo de las medidas de lucha debe ser como mínimo reducir el volumen de la población de parásitos hasta un límite tolerable. A tal fin existe una serie de posibilidades que se exponen en los apartados siguientes.

La intención de este capítulo de «Medidas de lucha» no puede ser describir con detalle todos los métodos.

Consideramos más útil y conveniente desplegar ante el veterinario práctico, técnicos agrícolas y expertos en carne y leche únicamente el repertorio de posibilidades que les permitan adoptar llegado el momento la decisión más conveniente. En cambio, la puesta en práctica de las medidas queda en manos del ganadero o del propietario del establecimiento. Cuando se utilicen medios químicos de lucha, debe contarse en cambio con los servicios de un experto en lucha contra plagas, que con su asesoramiento permita la adopción de las adecuadas medidas de lucha.

### 10.7.1 Medidas preventivas

El viejo dicho de que vale más prevenir que curar es aplicable también a la reducción de posibles daños, si bien debe señalarse que frecuentemente es más fácil decirlo que llevarlo a la práctica.

Un problema peculiar de este tipo de medidas es con seguridad la calibración de su eficacia, ya que ésta no puede evidenciarse cuando no existe ningún término de comparación. Por último, la eliminación de los parásitos también podría llevarse a cabo por otras razones. En lo referente al buen éxito de su inversión financiera, el empresario quiere contar seguramente con pruebas palpables de su esfuerzo económico. Y aquí es donde el veterinario tiene un amplio e importante campo de acción, ya que puede asesorar convenientemente con sus conocimientos y ayudar de forma convincente.

Básicamente puede afirmarse que todas las medidas adoptadas para mejorar la higiene general de alojamientos animales e industrias, resultan a la vez eficaces contra los parásitos animales. Como estas medidas se describen detalladamente en otros puntos del libro, aquí sólo las trataremos brevemente y cuando vayan dirigidas directamente contra parásitos animales.

Un importante requisito previo para la provechosa aplicación de medidas preventivas es contar con conocimientos sobre los posibles depredadores actuantes, sobre su biología, comportamiento, desarrollo e importancia. Las breves descripciones que se hacen a continuación de algunas especies importantes sólo pueden servir a este respecto como introducción. Por ello, se recomienda desde aquí profundizar en el tema recurriendo a la bibliografía especializada que se incluye al final del capítulo.

### 10.7.1.1 Medidas en la construcción

La adaptación o la nueva construcción de los edificios se rige en primer lugar como es natural por las exigencias de disponer de un adecuado alojamiento para los animales o de naves para el tratamiento económico de productos animales. Pero existe a la vez una serie de posibilidades en las que debe pensarse para buscar protección a título preventivo contra la presencia masiva de parásitos, depredadores y plagas, máxime si se tiene en cuenta que todas estas medidas, como ya se ha apuntado, contribuyen a mejorar la higiene general de los establecimientos. Aquí destacaremos algunos puntos al respecto:

- ***Claridad:*** Como muchos parásitos huyen de la luz, pueden pasar muchas veces inadvertidos e iniciar en sus escondites multiplicaciones masivas. Tales lugares se encuentran, por ejemplo, detrás de placas sueltas, en cajas de conmutadores, etc., donde viven y se multiplican sobre todo cucarachas. A este respecto tienen máxima importancia las dobles paredes, cuando las grietas por dilatación no se obturan con material elástico (v.gr., silicona). Estas dobles paredes sirven de refugio en particular a la temible *Alphitobius diaperinus,* que ataca en los establecimientos de cebo de pollos a las aves explotadas en el suelo, lo que obliga frecuentemente a su aniquilación con las medidas correspondientes de lucha.
- ***Eliminación de rincones muertos:*** Los puntos de los edificios que no pueden alcanzarse en las operaciones normales de limpieza, permiten la acumulación de basura y sirven como lugar de tranquila multiplicación para muchos parásitos.
- ***Reparación de puntos deteriorados:*** Para evitar la entrada de depredadores, sobre todo de ratas y ratones, deben obturarse los puntos dañados de paredes, techos y suelos.
- ***Instalación de rejillas contra las moscas:*** Cuando las moscas se multiplican en gran cantidad fuera de las edificaciones, puede impedirse su entrada en éstas en buena medida colocando en las ventanas rejillas de malla fina. Puede lograrse una cierta protección, aunque

no del ciento por ciento, colocando cortinas de flecos.

- ***Material aislante:*** El material aislante orgánico que se coloca en suelos, paredes y techos (heno, paja, virutas) sirve a muchos parásitos animales como sustrato de cría.
  Estos materiales deben sustituirse por fibra de vidrio, lana artificial y otros productos inorgánicos.
- ***Corrientes de aire:*** En particular las moscas son sensibles a las corrientes de aire. Por ello, la colocación de instalaciones de ventilación adecuadas pueden desplazar a estos insectos de sus lugares de preferencia o reducir la puesta de huevos en excrementos. Con esto se consigue evitar a la vez la existencia de aire estancado, que podría favorecer el asentamiento de microorganismos y de parásitos que necesitan elevadas tasas de humedad (ácaros, gorgojos, etc.).
- ***Situación de los montones de estiércol al aire libre:*** Sobre todo la mosca común, pero también la mosca picadora *Stomoxys calcitrans,* se reproducen en los montones de estiércol, desde donde los insectos adultos penetran luego en gran número en establos y casas. Como por razones económicas se suelen disponer los montones de estiércol en las inmediaciones de los alojamientos animales, al elegir su ubicación debe pensarse en la presencia de estos insectos, por lo que no deben estar precisamente enfrente de puertas o ventanas abiertas.

#### 10.7.1.2 Eliminación de las posibilidades de reproducción

La prevención más importante consiste sin duda en evitar la reproducción de los parásitos en las proximidades de los alojamientos animales e industrias alimentarias, o, lo que es más realista, reducir el número de insectos, ya que no se puede eliminar radicalmente su presencia.

Poniendo en práctica de manera eficaz las medidas que se suelen arbitrar en el curso del trabajo de los establecimientos, se puede evitar casi siempre la multiplicación masiva de las indeseables moscas y cucarachas, principales representantes de insectos nocivos.

En la programación de tales medidas debe pensarse sobre todo en que las moscas que se quieren combatir tienen una vida de sólo dos o tres semanas en condiciones ordinarias. Por consiguiente, si se desea impedir la existencia de una nueva generación, la profilaxis debe tratar de evitar precozmente el desarrollo de los insectos hasta el estado adulto. En otras palabras, los sustratos que sirven para la multiplicación de las moscas deben tratarse como mínimo cada 14 días de tal manera que mueran las fases larvarias en desarrollo.

Esto es aplicable sobre todo a las capas sólidas que sobrenadan en los canales de estiércol líquido dispuestos en el suelo y que son el lugar preferido por las moscas domésticas para su multiplicación. Así, en una capa sólida de este estiércol se contaron más de 10.000 estadios de desarrollo de moscas domésticas. De esto se deduce que también los demás sustratos que contienen excrementos deben eliminarse al mismo tiempo, así como los residuos de piensos.

El estiércol líquido puede calentarse a 40-60°C, con lo que mueren todas las formas de insectos en él contenidas. Lo mismo se consigue manteniéndolo en pozos cubiertos, al abrigo del aire.

Los montones de estiércol al aire libre deben comprimirse lo más posible, con lo cual se crean unas condiciones anaerobias y aumenta la temperatura. Cubriendo el conjunto con una lámina de plástico, se matan también las larvas de mosca que buscan la superficie de los montones huyendo de las altas temperaturas interiores; a la vez se impiden inmigraciones y la puesta de huevos. Si es posible, el estiércol se transportará cada dos semanas a otros puntos de depósito situados a gran distancia de los alojamientos animales, con lo que se evita el ingreso de parásitos; se tendrán en cuenta las disposiciones legales correspondientes. En cualquier caso, esto supone además una adecuada medida preventiva.

Los ensilados sirven sobre todo a la mosca picadora *Stomoxys calcitrans* como lugar de reproducción. También aquí la cobertura con láminas de plástico puede reducir la población de este parásito.

#### 10.7.1.3 Medidas preventivas en los establecimientos manipuladores de carne y leche

En los establecimientos que fabriquen alimentos, corresponde a la profilaxis importancia especial. Por una parte aumenta considerablemente el valor de los productos en virtud de su elaboración sin obstáculos; por otra, sólo una escasa infestación de los productos por parásitos animales obligaría a desechar la totalidad de la partida afectada.

Por esta razón, en la UE se ha introducido un concepto de aseguración de la producción de empresas alimentarias que también es aplicable a los parásitos que deben tratarse aquí (HACCP = Control Analítico de Puntos Críticos). Los puntos críticos en este caso, referentes a los parásitos, son: puntos de entrada e inmigración, escondites, vías de difusión. Deben vigilarse regularmente (punto 10.6), comprendiendo la totalidad del recorrido desde el ingreso de las materias primas hasta el consumidor final.

Así, las medidas a adoptar en la práctica son:

- Impedir la penetración activa de parásitos (colocar mallas en las ventanas, mamparas ante las puertas, eliminación o reparación de las partes deterioradas de los edificios, etc.). Como los productos de origen animal suelen tener olores fuertes, con frecuencia son detectados a grandes distancias por insectos y roedores.
- Control cuidadoso de las mercancías ingresadas, con objeto de evitar entradas pasivas. Esto no es fácil de realizar, ya que v.gr. las moscas ponen sus huevos en la carne, donde luego se desarrollan escondidas las larvas. (En muchas especies basta un vuelo de pocos segundos para poner huevos).
- Eliminación inmediata y total de residuos.
- Almacenamiento de materias primas y artículos preparados y semipreparados a temperaturas lo más bajas posible y en recintos perfectamente cerrados. Cada grado que desciende la temperatura reduce la actividad de insectos y ácaros, hasta que se suspende su ciclo biológico cuando llega por debajo del llamado punto cero de desarrollo (por encima de la muerte por frío).
- Un buen envasado proporciona con frecuencia suficiente protección contra la infestación de los artículos por parási-

tos. Pero esto por desgracia no siempre sucede, ya que también las láminas de plástico (y no digamos el papel) pueden ser perforadas por los roedores, larvas recién nacidas pueden penetrar a través de orificios pequeñísimos, o bien las moscas pueden poner huevos entre el alimento y la envoltura con ayuda de su aparato de puesta perforador. (Particularmente amenazadas resultan aquí las variedades de queso que salen al mercado desprovistas de envases al vacío impermeables a olores).

- Control de los artículos expedidos, como medida adicional de seguridad.

Por desgracia, todos estos procesos son de reducida eficacia porque en el largo camino desde el productor hasta el consumidor puede originarse una infestación de los artículos y de la que el fabricante no tiene ninguna responsabilidad, pese a lo cual le es atribuida con frecuencia (pérdida de prestigio). Pese a todo, la prevención debe ocupar lugar preponderante en los establecimientos, puesto que permite evitar muchos perjuicios.

## 10.7.2 Medidas de lucha

Cuando las medidas preventivas no tuvieron el éxito buscado, se hacen necesarias las medidas de lucha. Su necesidad puede variar de unas especies animales a otras, debiendo establecerse según los posibles daños, la intensidad de la infestación, pero también de acuerdo con las disposiciones legales, como v.gr. la Ley Federal de Epizootias.

Básicamente pueden distinguirse tres tipos de lucha: biológica, física y química. Aquí se hará referencia a las más importantes, sus posibilidades, límites y peligros. Los expertos en esta lucha, empresas profesionales, industrias y la bibliografía especializada citada al final de este capítulo, proporcionan en cada caso información y ayuda.

### *10.7.2.1 Lucha biológica*

Aquí se incluye la utilización de organismos vivos como enemigos de los parásitos. Entre ellos se cuentan rapiñadores, parásitos (parásitos y parasitoides) y gérmenes patógenos.

La importancia de la lucha biológica es sólo escasa en la esfera aquí tratada, por lo que debemos renunciar a las explicaciones teóricas de los métodos y de las bases de su posibilidad de empleo. Por ello, sólo describiremos aquí un ejemplo debido a su limitada difusión en la práctica.

La mosca de los depósitos o mosca del estiércol (*Ophyra aenescens*) es antagonista de la mosca doméstica. Ambas especies se multiplican en lugares parecidos de los alojamientos. Las larvas depredadoras de *Ophyra* pueden devorar durante su vida hasta 20 larvas de mosca doméstica. A diferencia de la mosca doméstica, las moscas de los depósitos adultas son muy reacias a volar y muestran predilección hacia el sustrato de cría, por lo que permanecen en los canales de estiércol líquido sin molestar a los cerdos, pero tampoco a terneros, vacunos jóvenes y personas. Una infestación artificial con *Ophyra* puede mantener muy baja y a perpetuidad la población de mosca doméstica. Hasta el presente no se conocen inconvenientes de este proceder. (Información, v.gr. en Fa. Agrinova, D-74847 Obrigheim).

En otras experiencias se han introducido en alojamientos animales hongos, ácaros, feneumones o diversos depredadores con más o menos éxito, pero deben continuar estos estudios. El futuro dirá si deben incluirse en la práctica en el marco de las medidas integradas (punto 10.7.2.4). Pero también conviene señalar que penetran naturalmente en los alojamientos enemigos que merman la población de parásitos sin que su acción aparezca a la vista.

Al empleo de enemigos biológicos en las industrias cárnica y lechera se oponen objeciones higiénicas (v.gr., contaminación adicional de los productos por cadáveres, restos de mudas o excrementos de los organismos beneficiosos), por todo lo cual no podemos recomendar aquí este medio de lucha.

### 10.7.2.2 Medios de lucha físicos

Los procedimientos físicos de eliminación o al menos de reducción de parásitos tienen frente a los métodos químicos descritos a continuación la ventaja de no resultar tóxicos para el medio ambiente y no actuar como contaminantes. En cambio debe tenerse en cuenta que tardan cierto tiempo en actuar y que no son tan eficaces.

Se dispone de los siguientes medios para alojamientos y establecimientos industriales:

- ***Temperatura:*** En teoría pueden utilizarse temperaturas altas y bajas para combatir ácaros e insectos, si bien la regulación activa de este factor abiótico por el hombre en los amplios recintos de alojamientos animales e industrias diversas apenas desempeña algún papel (con la excepción quizá del *Alphitobius diaperinus*; ver allí). Sin embargo, las oscilaciones estacionales ocasionan con frecuencia en los meses invernales una merma de la multiplicación. El depósito que se practica habitualmente de los productos cárnicos y lácteos a temperaturas de refrigeración o congelación, reduce asimismo la actividad de los parásitos o incluso llega a matarlos. Las temperaturas elevadas (por encima de 45-50°C) destruyen las larvas de moscas en montones de estiércol apretados y eventualmente cubiertos (sobre todo en los lados).
- ***Luz:*** Las fuentes luminosas con elevada proporción de radiaciones UV («luz negra») atraen a numerosos insectos voladores. En el comercio se ofrecen diversas trampas luminosas en las que se combina esta luz con superficies pegajosas o rejillas con corriente de alta tensión. Estas trampas pueden ejercer acción muy beneficiosa en habitaciones pequeñas y oscuras, aunque sus efectos pueden verse atenuados o incluso anulados por numerosos factores. Entre éstos se cuentan otras fuentes de luz, las radiaciones solares, fuentes de olor intenso o bien el ingreso continuado de nuevos insectos desde el exterior. Por ello, estas lámparas carecen de eficacia en los alojamientos de animales. Tampoco en los establecimientos transformadores de alimentos suele tener éxito duradero su instalación. A esto vienen a añadirse los cuidados continuados (vaciado de las trampas, cambio de las tiras pegajosas o de las fuentes de luz) que con demasiada frecuencia quedan desatendidos, además de que los animales muertos abandonados en los huecos de las trampas pueden servir para la multiplicación de otros bichos (especialmente ácaros). La instalación de lámparas-trampas no está indicada al aire libre, debido a la gran cantidad de insectos indiferentes y beneficiosos que resultan atrapados.

- ***Campos eléctricos:*** En la lucha contra los roedores pueden utilizarse aparatos eléctricos (v.gr., de 450-500 Mhz), que influyen negativamente sobre todo en el comportamiento de los animales. Pero los resultados obtenidos son muy discutibles, y sobre todo carentes de efecto, por lo que su empleo no tiene justificación en los locales aquí tratados.
- ***Ultrasonidos:*** Tampoco los ultrasonidos parecen ser capaces de alterar la conducta de ratas y ratones.
  Los estudios llevados a cabo no se han visto coronados por el éxito.
- ***Cortinas de aire:*** Las cortinas de aire dispuestas en vertical u horizontal en las puertas, contribuyen a evitar la entrada de moscas en los alojamientos. Pero los efectos deseados no se producen incluso generando corrientes de aire de alta velocidad (27 m/segundo), por lo que en la práctica no llegan a instalarse los ventiladores que serían necesarios.
- ***Trampas:*** Las universalmente conocidas trampas mecánicas (jaulas y cepos) utilizadas en la lucha contra los roedores sirven bien cuando se trata de infestaciones pequeñas y establecimientos reducidos, pero en la mayoría de los casos deben ceder su puesto a los métodos que utilizan cebos, descritos más adelante.

Para combatir las moscas en los alojamientos hay trampas pegajosas de diferentes tamaños y formas (Información: v.gr., Fa. Aeroxon, D-71332 Waiblingen). Cuando las infestaciones son muy intensas, las tiras o superficies pegajosas se ennegrecen en muy poco tiempo con el acúmulo de moscas adheridas. Pero el éxito de esta medida sólo puede evaluarse determinando el porcentaje de la población existente eliminada por este procedimiento. Si es muy abundante la entrada de moscas desde el exterior o bien tiene lugar una multiplicación masiva en el interior del alojamiento, este método puede que no tenga el buen éxito buscado. Los informes y valoraciones que se tienen de los procedimientos físicos de lucha indican que la eliminación eficaz y radical de los parásitos por tales métodos sólo es posible en raras ocasiones, si es que se consigue. De aquí se deduce que los procedimientos químicos detallados a continuación son hoy los más importantes, pese a todos los reparos argumentados en su contra.

### 10.7.2.3 Lucha química

En etos procedimientos se utilizan sustancias tóxicas que matan los organismos «objetivo» o bien –en muchos casos– impiden su reproducción. Los productos de lucha que nos interesan a nosotros (pesticidas) son acaricidas (contra ácaros), insecticidas (contra insectos) y rodenticidas (contra roedores). Para combatir las larvas de mosca se emplean productos larvicidas.

Existe gran número de principios activos y una cantidad prácticamente incalculable de preparados fabricados a partir de aquéllos. Como continuamente están entrando y saliendo del mercado productos de esta naturaleza, renunciamos a confeccionar aquí ninguna lista al respecto. Por ello procede únicamente mencionar sólo determinados principios activos en casos concretos. Comerciantes y expertos en lucha antiparasitaria están siendo instruidos de forma continuada sobre las nuevas ofertas y preparados admitidos legalmente, por lo que puede recurrirse a su asesoramiento en caso preciso.

Pero también en la forma de empleo existe una amplia serie de modalidades, cuya utilización depende de la especie parasitaria, producto, particularidades locales y utensilios disponibles. Los métodos a utilizar en alojamientos y empresas cárnicas y lecheras deben describirse aquí en el marco de lo posible. En la descripción de los diversos parásitos se hallan otros procedimientos especiales.

Básicamente, los pesticidas pueden aplicarse en forma sólida, líquida o gaseosa, de acuerdo con los métodos y utensilios disponibles. En la práctica diaria, sin embargo, sólo se emplean unos cuantos métodos, de manera que el encargado de la lucha, si es que desea ejecutar él mismo las medidas, no es necesario que disponga de un gran parque de material. Con frecuencia se venden los productos ya en una forma que permite su aplicación directa.

Los productos de lucha ejercen sus efectos al ser comidos, contactados o respirados; muchos cuentan asimismo con acciones combinadas o están compuestos por varios principios activos de diferente modo de acción.

***Cebos:*** En el apartado dedicado a determinar una infestación ya se ha aludido al procedimiento de los cebos. Para combatir directamente los parásitos se utiliza un alimento (también agua en muchos casos) que actúa como cebo mezclado con un pesticida. El objetivo principal de este método son ratas, ratones y cucarachas, pero también combate las moscas. Los requisitos previos para una buena acción son que el cebo sea más atractivo que los productos existentes en el medio circundante, que sea bien aceptado por los parásitos a los que va destinado y que a la vez sea atractivo a cierta distancia.

Las ventajas específicas del método de los cebos son: especificidad, prolongado tiempo de acción, pequeñas cantidades de producto y gran seguridad cuando la distribución es la adecuada. Para conseguir esto último, se citan para casi todas las clases de empleo dosis de cebo ofertadas de manera que sólo resulten accesibles a los parásitos a los que van destinadas. En principio, los cebos no deben nunca presentarse al descubierto.

En el comercio puede comprarse una extensa variedad de cebos preparados, dirigidos a parásitos determinados y a particulares puntos de empleo. Citamos algunos ejemplos: bloques y candelas (en particular para lugares húmedos), granulados con semillas o copos de avena (cuando conviene colocar cebos en muchos puntos), pelotillas (contra ratas), en forma de gel (utilizables en pequeñas cantidades y para la colocación en puntos escondidos), pastas (que impregnan la piel de los roedores, los cuales las ingieren al acicalarse), cebos líquidos para bebederos (cuando los depredadores no tienen ningún otro sitio donde beber). Además hay preparados líquidos y para la paja, para la fabricación propia de cebos. Esto resulta especialmente oportuno cuando la ingestión del alimento utilizado puede ensayarse previamente con cebo fresco. Los cebos viejos son rechazados con frecuencia. Pero en la fabricación y almacenado es imprescindible pensar en la toxicidad de los pesticidas utilizados.

***Lacas:*** Lacas transparentes y mezcladas con insecticida se utilizan sobre todo para combatir las cucarachas, pero también contra otras especies de parásitos corrientes. Una vez secas, conservan en su superficie el pesticida durante largo tiempo (varios meses). Los insectos que se posan sobre estas lacas, se intoxican por contacto. Lss buenas lacas cuentan sobre todo con las siguientes propiedades: prolongada acción de contacto, lavables con agua sin que por ello pierdan eficacia, conservación de sus efectos aunque se adhiera suciedad, mínima cesión de insecticida al medio ambiente, elevada resistencia al fregado, nula tendencia a amarillear. Las lacas se aplican con pincel o spray en forma de barreras de unos 5-10 cm de anchura en lugares por los que, según indica la experiencia, transitan muchos insectos.

***Productos extensibles («pintables»):*** Son productos que contienen insecticida; se colocan para combatir las moscas en los alojamientos en lugares frecuentados por éstas y fuera del alcance del ganado. El efecto tóxico por ingestión puede reforzarse agregando azúcar.

***Capas de color:*** La mezcla de colores para pintar paredes con insecticidas, con objeto de luchar contra las moscas, apenas puede recomendarse, ya que la eficacia del insecticida se ve atenuada frecuentemente por la capa alcalina de cal, además de incrementarse el peligro de que se produzcan resistencias.

***Pulverizaciones, nebulizaciones y rociados:*** En estos tres procedimientos, el pesticida se disuelve, suspende o emulsiona en agua. Las cantidades de agua necesarias disminuyen desde el rociado hasta la nebulización, pues en el mismo orden se reduce el tamaño de las gotas (resultante del aparato utilizado en la aplicación); pero debe tenerse en cuenta que, al disminuir la cantidad de agua, aumenta la concentración del pesticida. El método del rociado se emplea allá donde deben tratarse extensas superficies con cantidades elevadas de agua. Las gotas más finas de los pulverizados penetran también en las grietas más estrechas y espacios escondidos. En cuanto a las gotitas de las nebulizaciones, permanecen largo tiempo suspendidas en el aire, por lo que este procedimiento es el más eficaz para combatir los insectos voladores.

Con cualquiera de estos métodos, utilizando los aparatos correspondientes, también pueden tratarse superficies pequeñas con buenos resultados, como v.gr. los lugares preferidos por las moscas para su reposo o escondrijos de cucarachas. Antes de su aplicación, deben vaciarse los locales; los animales sólo volverán a sus alojamientos después de que se hayan secado los revestimientos húmedos y se haya ventilado suficientemente los recintos. El desalojado no es necesario en todos los procedimientos, aunque resulta aconsejable, sobre todo si se trata de ganado joven. En ocasiones es preciso llevar a cabo una descontaminación para eliminar residuos de insecticida, concluida la exterminación de los parásitos. Si se aplican en locales de tratamiento de alimentos, éstos deben extraerse previamente, o, por lo menos, mantenerlos cerrados herméticamente. Lo mismo es aplicable lógicamente a los piensos para el ganado. Vale más pecar por exceso que por defecto a la hora de adoptar medidas de seguridad.

***Método ULV (Método Ultra-Low-Volume):*** En este procedimiento se aplica el principio activo puro (nebulizado). Por consiguiente, sólo hacen falta cantidades mínimas, y puede evitarse el empleo no siempre posible de agua (v.gr., en presencia de aparatos eléctricos).

***Gaseado:*** El método más eficaz para combatir parásitos consiste en aplicar gases venenosos (bromuro de metilo, ácido cianhídrico, combinación del fósforo e hidrógeno). Requisito imprescindible es, sin embargo, disponer de locales que puedan cerrarse herméticamente. Esto ya explica que este procedimiento no se tenga en cuenta normalmente en las explotaciones animales. En todo caso, el pienso infestado puede tratarse cubierto con láminas impermeables a los gases o en silos. En los establecimientos alimentarios ya es más frecuente poder aplicar este sistema. La aplicación siempre deben llevarla a cabo únicamente firmas autorizadas y competentes.

Cada vez se vienen utilizando más gases inertes (sobre todo dióxido de carbono), en lugar de compuestos muy tóxicos. También es aplicable a los primeros lo ya expuesto.

***Vaporización:*** Los productos con una elevada tensión de vapor pueden emplearse en locales para luchar contra insectos voladores. Las llamadas tiras contra insectos contienen principalmente diclorvós (DDVP), compuesto que se evapora lentamente, alcanzando en el aire concentraciones bajas, pero suficientes para matar v.gr., moscas y polillas durante 3 ó 4 meses en locales no muy ventilados.

***Controladores de la reproducción:*** La transformación (metamorfosis) de un insecto desde huevo hasta animal adulto pasando por la fase larvaria, y en muchos insectos (holometabólicos) pasando también por la fase de pupa, está controlada hormonalmente. Si se actúa artificialmente sobre este proceso, puede alterarse su curso, anulándolo por entero o bien produciendo insectos adultos incapaces de reproducirse.

Las sustancias utilizadas a tal fin son los reguladores de la reproducción (IGR = *insect grow regulators*). De gran importancia son los juvenoides, hormonas juveniles elaboradas artificialmente que, introducidas en el momento oportuno en el metabolismo de los insectos, interrumpen el desarrollo general, originándose formas intermedias entre larvas y pupas. Las mudas no se producen normalmente, los huevos resultan estériles y se provocan otras diversas influencias negativas.

Estas sustancias se han empleado también con éxito contra los parásitos que aquí venimos tratando, como la mosca común, estomoxinas (moscas picadoras) y escarabajos negros brillantes de los cereales. La aplicación puede realizarse mediante bolas para lamer, granulados o por incorporación al pienso. Después de pasar por el tracto digestivo del ganado, los reguladores del desarrollo llegan a las heces, donde ejercen su acción sobre los insectos que se desarrollan en ellas (*feed through methode*).

Correctamente utilizadas, estas juvenoides pueden suponer una importante contribución a reducir la cantidad de pesticidas empleados. Este mismo objetivo se persigue en la forma de lucha descrita a continuación.

#### 10.7.2.4 Lucha integrada

Es comprensible que la utilización de sustancias tóxicas en la inmediata proximidad de alimentos o animales domésticos provoque inquietud. Ello ha obligado a estudiar la manera de reducir su empleo. Pero absolutamente sin pesticida no se puede actuar, ya que otros métodos no son lo bastante contundentes o actúan con demasiada lentitud, o bien porque las campañas de lucha deben realizarse con productos autorizados legalmente, v.gr. por la Ley Federal de Epizootias (legislación germana).

La combinación racional de las medidas de lucha descritas en apartados anteriores proporciona frecuentemente con una fórmula integrada el éxito deseado en la aniquilación o por lo menos en la reducción de las poblaciones de parásitos y depredadores. Un programa integrado de este tipo puede estar constituido por los siguientes apartados:

1. Estudiar la infestación (por el procedimiento HACCP, punto 10.7.1.3) para localizar los puntos en que sea necesario aplicar medidas de lucha.
2. Adopción de medidas higiénicas, sobre todo para impedir la multiplicación de los parásitos.
3. Adopción de medidas biológicas, físicas y biotécnicas (v.gr., utilización de *Ophyra aenescens* o depredadores contra la mosca común; empleo de cebos y trampas).
4. Aplicación correcta de pesticidas para mantener las superficies a tratar lo más pequeñas posible. Elegir productos eficaces, pero que sean lo menos tóxicos posible para los organismos de sangre caliente.
   Seleccionar asimismo el método de aplicación, que deberá contaminar el ambiente mínimamente.
5. Control de resultados: no debe limitarse a un examen superficial, sino que conviene extenderlo a los escondites en que puedan guarecerse los restos de una población, sobreviviendo así a las medidas de lucha. Tampoco nos debemos dejar engañar por la visión de gran número de parásitos muertos, pues muchos productos cuentan con un intenso efecto inicial, pero su tiempo de actuación es breve. El control debe prolongarse durante varias semanas en el caso de las cucarachas, ya que más tarde pueden eclosionar larvas de capullos de huevos no advertidos y generar insectos adultos que escapan a las medidas de lucha adoptadas, dando lugar a nuevas e importantes infestaciones.
6. Medidas profilácticas: tras una campaña de lucha, debe considerarse si procede adoptar medidas preventivas adecuadas, con objeto de impedir nuevas infestaciones o el incremento de una población parásita reducida al mínimo.

## 10.8 Problemas toxicológicos de los pesticidas

Básicamente debe partirse siempre del principio de que los pesticidas son tóxicos para los organismos de sangre caliente. En general hay productos altamente venenosos y otros cuya toxicidad se deja sentir de forma indirecta, si bien todos se han creado para matar organismos vivos, y los procesos fisiológicos de insectos, animales domésticos y personas sobre los que actúan con frecuencia no se diferencian mucho. Sin embargo, en virtud de las muchas leyes, disposiciones y prescripciones legales existentes, rara vez corren peligro el usuario y los animales domésticos, si bien por ignorancia o descuido estos productos pueden provocar con facilidad una desgracia. El usuario de productos de lucha contra parásitos y depredadores debe tener en cuenta las siguientes reglas:

- Entre los productos eficaces, elegir el que resulte menos tóxico para los animales de sangre caliente.
- Leer con atención las instrucciones de empleo y cumplirlas puntualmente.
- En la aplicación de preparados para rociar, pulverizar o nebulizar, no incurrir en errores de cálculo.
- Llevando puesta ropa protectora, no comer, beber o fumar.
- Si se tratan alojamientos, desalojar previamente a los animales; cuando se traten locales donde se depositen alimentos, extraer éstos de los recintos o bien cubrirlos de forma hermética.
- Después de utilizar ropas protectoras, lavar éstas, y lavar asimismo a fondo las superficies de piel expuestas.
- Los restos de pesticida no empleados se eliminarán como basura especial. Los productos líquidos no se verterán en los desagües ni en el campo (¡peligro para las aguas subterráneas!).
- Después de llevar a cabo una lucha contra parásitos, es necesario en ocasiones descontaminar determinados locales o alojamientos especiales, con objeto de eliminar residuos todavía presentes. (En el comercio se ofrecen productos adecuados para tal fin).

## 10.9 Resistencia a los pesticidas

En los tratamientos con productos químicos pueden producirse fracasos debidos a que los organismos que se intenta eliminar se han hecho resistentes a aquéllos. Esta resistencia obedece a producirse mutaciones indeseables. Entonces, al aplicar el pesticida, los individuos resistentes pueden reproducirse y crear una población insensible a una posterior lucha parasiticida. Esto se produce con particular velocidad cuando se trata de especies con un corto período de generación y la población está bastante aislada, como sucede v.gr., con las moscas de los establos.

La insensibilidad puede consistir en cambios morfológicos (v.gr., engrosamiento de la cutícula quitinosa), fisiológicos (v.gr., rápido desdoblamiento del pesticida captado) o en modificaciones del comportamiento de los individuos (v.gr., mayor movilidad o hipersensibilidad, con lo que los parásitos huyen rápidamente de los lugares envenenados). En ratas resistentes a los anticoagulantes, el rodenticida –explicado de forma sencilla– no puede impedir el proceso de coagulación de la sangre porque la afinidad de la vitamina K corporal hacia el fermento tromboquinasa es mayor que hacia el anticoagulante.

La resistencia puede ser contra un determinado pesticida, contra un grupo de compuestos químicamente relacionados (v.gr., carbamatos) o contra varios grupos de productos (v.gr., carbamatos y compuestos de fósforo orgánico).

La resistencia se presenta sobre todo cuando se repite la aplicación de un mismo producto. En estos casos, la resistencia puede romperse cambiando de pesticida. Sin embargo, en la resistencia de grupo arriba citada, el resultado puede ser insatisfactorio.

Lo mejor es recurrir a un tratamiento químico solamente cuando sea absolutamente necesario. Observando pausas prolongadas, se interrumpe la selección, con lo que los individuos no resistentes pueden volverse a reproducir y aumenta de nuevo la sensibilidad de toda la población.

Constituye siempre un gran error aumentar la concentración de los preparados utilizados, ya que con ello lo único que se consigue es reforzar el proceso de selección, además de poderse presentar problemas de toxicidad.

## 10.10 Especies importantes

En este apartado sólo trataremos brevemente algunas especies de presentación frecuente en alojamientos e industrias y que pueden originar daños de importancia. El número de especies realmente existentes es enormemente alto. Únicamente de moscas de alojamientos se han registrado 207 especies; de moscas de la leche y el queso, 311 especies; y, en la carne y productos cárnicos, 185 especies. Por ello, remitimos al lector interesado a las obras citadas en la bibliografía, en las que encontrará más información sobre las diversas especies, sobre todo referente a su biología, ecología y comportamiento.

En el apartado «Lucha» se mencionan en cada caso los métodos desarrollados para combatir los parásitos en cuestión. Los procedimientos generales a seguir se hallarán en el apartado dedicado a medidas de lucha.

### 10.10.1 Ácaros (Acaridae)

Los ácaros son animales arácnidos. Se presentan sobre todo allá donde existe un elevado grado de humedad, por lo general acompañado de formación de velos. Entre las especies más importantes que aquí nos interesan están el ácaro de la harina (*Acarus siro* L.) y especies de los géneros *Tyrophagus* y *Tyroglyphus*.

***Presentación:*** En piensos almacenados descuidadamente, en establecimientos de lechería.
***Daños:*** Devorado de los artículos, contaminaciones por suciedad, alteraciones del olor y sabor, trastornos de salud.
***Aspecto:*** Forma entre oval y alargada y coloración de gris pálido a castaño rojizo (según especies), cuerpo sin diferenciar en partes. En estado adulto, cuatro pares de patas. Las especies que aquí nos interesan miden menos de 1 mm.
***Desarrollo:*** Del huevo sale una larva con sólo seis patas y que pasará por dos fases de ninfa antes de alcanzar el estado adulto. Duración del ciclo a temperatura ambiente: 2 ó 3 semanas.
***Lucha:*** Son de aplicación todas las medidas encaminadas a reducir la humedad, sobre todo en los depósitos de pienso. Lucha química con acaricidas.

### 10.10.2 Cucarachas (Blattodea)

En este grupo, dos especies revisten importancia especial: la cucaracha oriental o de cocina (*Blatta orientalis* L.) y la cucaracha alemana (*Blatella germanica*).

***Presentación:*** En lugares húmedos y calientes de alojamientos animales y establecimientos alimentarios.

***Daños:*** En establecimientos alimentarios, sobre todo parásitos que, al ensuciar y contaminar los alimentos, los hacen no aptos para el consumo. Transmiten gérmenes patógenos y otros microorganismos nocivos. En los alojamientos, ensucian los piensos y molestan a los animales, especialmente a los cerdos.

***Aspecto:*** Cucaracha oriental: color castaño oscuro hasta casi negro. Larvas castaño claro recién nacidas; más tarde también negras del todo. Las larvas recién eclosionadas miden unos 6 mm, y hasta 30 mm los individuos adultos. Los machos están dotados de alas; las hembras, sólo con muñones de alas. Cucaracha alemana: adultas, más pequeñas y estrechas que las cucarachas orientales (10-15 mm de longitud), de color castaño amarillento con dos rayas longitudinales de tono castaño oscuro sobre el protórax. Ambos sexos tienen alas.

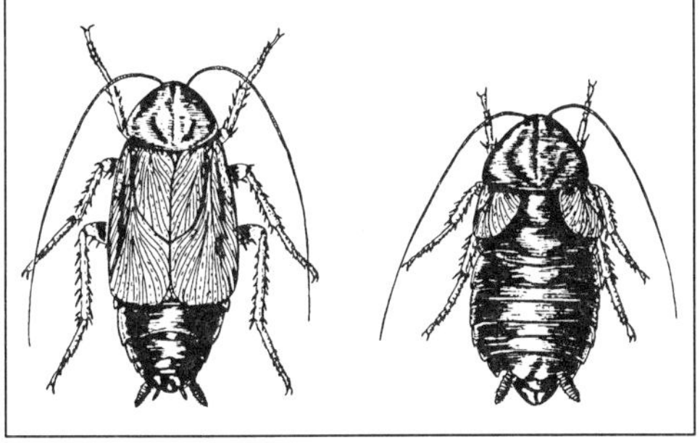

**Fig. 10.1** Cucaracha oriental. Izquierda: macho; derecha: hembra. (Tomado de Stein, W.: Vorratsschädlinge und Hausungeziefer. Ulmer, Stuttgart 1986).

***Desarrollo:*** Cucaracha oriental: los huevos se encuentran en el interior de una cápsula (ooteca), formación entre castaña rojiza y negra de unos 10 mm de longitud que ponen las hembras al cabo de pocos días. Las larvas eclosionadas de los huevos experimentan de siete a diez mudas. El desarrollo completo a temperatura ambiente dura hasta un año y medio, mientras que con temperaturas más bajas se prolonga hasta dos años.

Cucaracha alemana: las ootecas permanecen adheridas a la parte posterior del abdomen de las hembras hasta inmediatamente antes de la eclosión de las larvas. El número de fases larvarias oscila entre cinco y diez. El desarrollo dura a 30°C y con el 70% de humedad (parámetros óptimos) unos tres meses.

***Lucha:*** Resulta muy difícil, debido al ocultamiento y vida nocturna de las cucarachas, máxime si se tiene en cuenta que los huevos contenidos en las ootecas no resultan accesibles y que las larvas

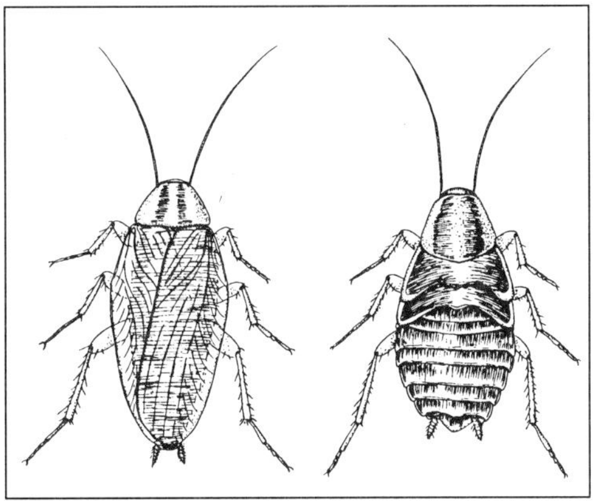

**Fig. 10.2** Cucaracha germánica. Izquierda: individuo adulto; derecha: larva. (Tomado de Stein, W.: Vorratsschädlinge und Hausungeziefer. Ulmer, Stuttgart 1986).

eclosionadas pueden iniciar una nueva infestación al cabo de algunas semanas.

Es particularmente importante atacar sobre todo los escondites de los insectos (pulverizar o inyectar con aparatos a presión). Con ayuda de insecticidas repelentes (v.gr., piretrina o piretroides) se pueden extraer las cucarachas de los escondites, concentrarlas en puntos concretos y allí aniquilarlas convenientemente.

El empleo de lacas insecticidas se ha recomendado para luchas de larga duración. Su aplicación está particularmente indicada en establecimientos manipuladores de alimentos. En el método de los platillos, se colocan placas cargados de laca a una distancia de 1,6-4,0 mm de las paredes. Las cucarachas que intentan esconderse bajo estos platillos acaban muriendo por contacto repetido.

### 10.10.3 Escarabajos de piensos secos

Diversas especies de escarabajos pueden ingresar en los piensos secos. Son típicos parásitos de almacenes que provocan daños principalmente al devorar los artículos depositados. Son especies importantes el gorgojo de la harina de arroz (*Tribolium* ssp.), el escarabajo de los cereales (*Oryzaephilus surinamensis*) y especies de *Cryptolestes*. Los individuos adultos de estas especies son castaños, estrechos y sólo miden unos milímetros de longitud; sus larvas son amarillentas o amarillas castañas. Como estos parásitos pasan desapercibidos, pueden provocar fácilmente infestaciones masivas.

Como medidas de lucha están unas buenas condiciones de almacenamiento (frescas, secas, en recipientes bien cerrados o en sacos de papel apilados en varias filas), pero cuando las infestaciones son intensas, puede recurrirse al gaseado (bajo lámina o en silos).

### 10.10.4 Escarabajo negro brillante de los cereales (*Alphitobius diaperinus*)

***Presentación:*** Granjas de cebo de aves y cerdos.

***Daños:*** Vehiculador de diversos gérmenes patógenos; perjuicios materiales por roedura.

***Aspecto:*** Larvas castañas amarillentas (parecidas al gusano de la harina), hasta de 12 mm de longitud. Escarabajos adultos: 6 mm de longitud, castaños negruzcos o negros del todo, brillantes.

***Desarrollo:*** Se suceden entre siete y diez fases larvarias en las condiciones de las granjas de cebo de aves y a lo largo de cuatro o cinco semanas.

***Lucha:*** Es muy difícil y rara vez consigue la erradicación, ya que larvas y adultos se ocultan frecuentemente en escondites, y los pocos días que transcurren entre dos períodos de cebo apenas bastan para adoptar las pertinentes medidas de lucha.

En particular, consisten en:

- Extraer y eliminar cuidadosamente las camas infestadas.
- Limpiar a fondo el alojamiento.
- Reparar las grietas y desconchados existentes en paredes y techos.
  En las edificaciones nuevas deben construirse paredes y techos macizos.
- En los meses fríos del año, dejar enfriar bien el alojamiento entre dos períodos de cebo.

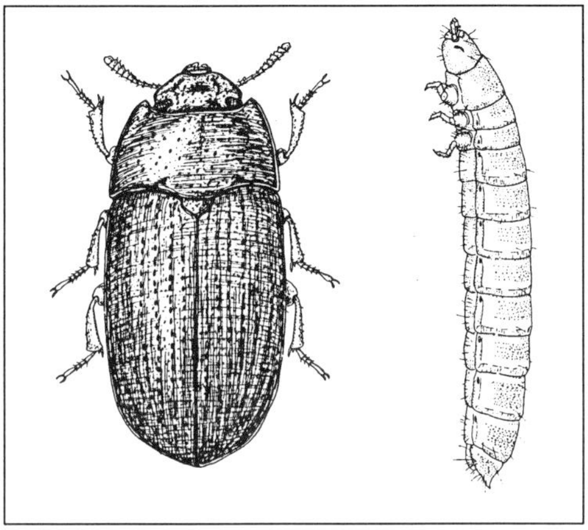

**Fig. 10.3** Escarabajo negro brillante de los cereales. Adulto y larva. (Tomado de Stein, W: Vorratsschädlinge und Hausungeziefer. Ulmer, Stuttgart, 1986).

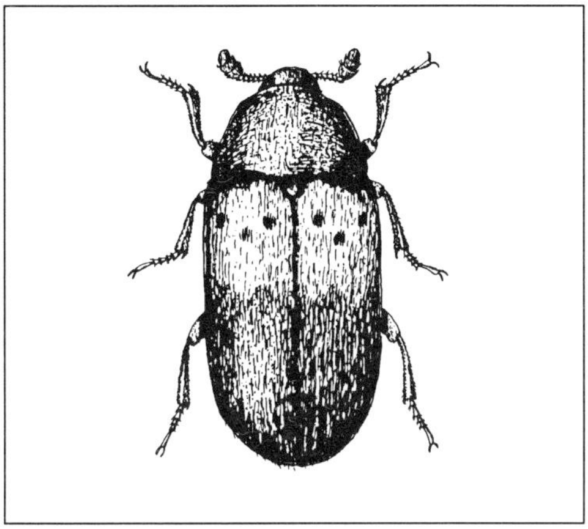

**Fig. 10.4** Escarabajo común del tocino. (Tomado de Stein, W.: Vorratsschädlinge und Hausungeziefer. Ulmer, Stuttgart 1986).

- Con calefacción en los suelos o con bandas de calentamiento a lo largo de las paredes, pueden generarse altas temperaturas (superiores a 45°C).
- Lucha química: tratamiento de todo el alojamiento entre dos períodos de cebo, pero a las larvas y escarabajos adultos ocultos en su escondite sólo se llega incompletamente. En las paredes, a unos 80 ó 100 cm de altura, inalcanzable para los animales domésticos, puede aplicarse una franja de 50-60 cm de anchura de insecticida que mata los parásitos que se arrastran hacia arriba.

Colectivamente, con una aplicación integrada de las medidas, pueden conseguirse los mejores resultados.

### 10.10.5 Escarabajos del tocino (*Dermestes* spp.)

Pueden presentarse allá donde haya carne y residuos cárnicos. Su buena aptitud para el vuelo les permite una difusión extensa y rápida. Las medidas generales de higiene, como la limpieza, rápida elaboración de las materias primas, cierre de las posible vías de entrada de insectos voladores, y, sobre todo, una inmediata eliminación de desperdicios, son requisitos previos para evitar infestaciones. Las medidas químicas apenas son recomendables para los locales que aquí deben tratarse.

### 10.10.6 Polillas

En los piensos secos y en otros productos desecados, como la leche en polvo, pueden encontrarse diversos microlepidópteros, que desarrollan acción nociva al devorar las larvas los productos, y contaminar el medio con sus excrementos y residuos de las mudas.

En primer lugar hay que citar aquí la polilla de la fruta seca (*Plodia interpunctella*), que puede encontrarse en todos los productos posibles.

La constante vigilancia de los locales de producción amenazados debe llevarse a cabo con trampas de feromonas. También puede recurrirse al gaseado como medio de lucha. Depositando pequeñas cantidades de producto en los arcones de congelación durante una semana, se pueden limpiar de parásitos vivos.

### 10.10.7 Moscas del queso (*Piophila casei*)

***Presentación:*** En establecimientos de carnicería y lechería.
***Daños:*** Devorado por larvas y transmisión de microorganismos por imagos.
***Aspecto:*** Las larvas son de tonalidad clara, hasta de 8 mm de longitud, carecen de patas y tienen capacidad para el salto. Las moscas adultas miden entre 4 y 5 mm y son de color negro brillante.
***Desarrollo:*** Por lo general se produce en el interior del sustrato, pero también en la capa exterior. La duración del desarrollo a temperatura ambiente es de tres a cuatro semanas. La transformación en pupa se produce en lugares oscuros y secos.
***Lucha:*** Cumplimiento de las medidas generales de higiene en la fabricación, envasado y depósito de las mercancías.

### 10.10.8 Mosca común (*Musca domestica*)

***Presentación:*** En alojamientos de todo tipo y en establecimientos alimentarios.
***Daños:*** Devorado por las larvas carentes de patas, transmisión de microorganismos, ensuciamiento por heces (v.gr., de huevos), contaminación de personas y animales.
***Aspecto:*** Conocido por todo el mundo.
***Desarrollo:*** Las larvas se desarrollan sobre todo en los excrementos de la mayoría de las especies animales en explotación, pero también en ensilados, piensos húmedos y otros sustratos ricos en proteínas. La duración del desarrollo es de dos semanas en condiciones óptimas.
***Lucha:*** Cumplir las medidas de higiene general, realizar la lucha biológica, utilizar tiras pegajosas y llevar a cabo una lucha con productos químicos.

### 10.10.9 Mosca picadora (*Stomoxys calcitrans*)

***Presentación:*** Sobre todo en establos de bóvidos y équidos.
***Daños:*** Sustracción de sangre.
***Aspecto:*** Semejante al de la mosca común. En posición de reposo, las alas aparecen más separadas que en la mosca común. Probóscide (trompa) picadora horizontal (la trompa de la mosca común es vertical).
***Desarrollo:*** En el estiércol, ensilado y sustancias vegetales en putrefacción. En condiciones óptimas, la duración del desarrollo es de dos o tres semanas.
***Lucha:*** Como en la mosca común.

### 10.10.10 Otras especies de moscas

En los alojamientos y establecimientos alimentarios pueden encontrarse gran número de otras especies de moscas. Las más importantes son las moscas de la carne (*Sarcophaga* ssp.), moscas doradas (*Lucilia* ssp.), moscardas (*Calliphora* ssp.) y moscas brillantes (*Phormia* ssp.). La actividad devoradora de las larvas deteriora la carne, los productos cárnicos y los quesos. Además, las imagos tienen importancia como vectores.

Medidas de lucha, como en la mosca común.

### 10.10.11 Ratas (rata emigrante, *Rattus norvegicus* y *Rattus rattus*)

De ambas especies, la rata emigrante dependiente de la humedad reviste la mayor importancia. Presentación, daños, aspecto y desarrollo son conocidos en general.

La lucha se lleva a cabo hoy casi exclusivamente con rodenticidas, que impiden la coagulación de la sangre y provocan hemorragias internas en los animales (anticoagulantes). Su empleo exige desplegar grandes precauciones con objeto de que otros seres vivos (niños, mascotas) no tengan acceso a los diversos cebos. En el comercio se ofrecen en ocasiones cajas de cebos que se pueden cerrar. Una lucha cuidadosa a cargo de un experto en combatir los parásitos debe considerar, antes de iniciar cualquier acción, la densidad de la población parásita, delimitar el área afectada y los lugares óptimos para la colocación de los cebos; luego, se efectuará un cuidadoso control de los resultados obtenidos.

### 10.10.12 Ratón casero (*Mus musculus*)

Presentación, daños, aspecto y desarrollo son por lo general bien conocidos. La lucha contra el ratón casero es algo más difícil que contra las ratas, ya que el primero toma poco alimento en un punto, y por ello escaso cebo, por lo que no siempre ingiere la cantidad mortal de anticoagulante. Por ello es necesario aumentar el número de puntos en que se coloque cebo.

## 10.11 Referencias bibliográficas


1 FRITZSCHE, R. u. R. KEILBACH (1994): Die Pflanzen-, Vorrats- und Materialschädlinge Mitteleuropas mit Hinweisen auf Gegenmaßnahmen. Fischer, Jena und Stuttgart

2 MEHLHORN, B. u. H. MEHLHORN (1996): Zecken, Milben, Fliegen, Schaben. 3. Aufl., Springer, Berlin, Heidelberg, New York

3 STEIN, W. (1986): Vorratsschädlinge und Hausungeziefer. Biologie, Ökologie, Gegenmaßnahmen. Ulmer, Stuttgart

4 STEINBRINK, H. (1989): Gesundheitsschädlinge. Einführung in Biologie und Bekämpfung. Barth, Leipzig

5 WEIDNER, H. (1993): Bestimmungstabellen der Vorratsschädlinge und des Hausungeziefers Mitteleuropas. 5. Aufl., Fischer, Stuttgart, Jena, New York

# Índice alfabético

**B**



**C**

D

F



G

M



N



O

**P**

## Q



## R



## S

## T